地球物理测井学

第一卷 测井解释【储层评价】

武宏亮 冯 周 李潮流 等编著

石油工业出版社

内容提要

本书详细介绍了不同岩性储层测井响应特征、评价方法、非常规油气储层测井解释评价等。本书可供从事油气地质勘探的研究人员使用，也可作为高等院校相关专业师生参考用书。

图书在版编目（CIP）数据

地球物理测井学. 第一卷. 测井解释. 储层评价 / 武宏亮等编著. -- 北京：石油工业出版社，2025.1
ISBN 978-7-5183-7286-7

Ⅰ. P631.8

中国国家版本馆 CIP 数据核字第 2024NH1215 号

责任编辑：林庆咸
责任校对：郭京平
装帧设计：李　欣　周　彦

出版发行：石油工业出版社
　　　　　（北京安定门外安华里2区1号　100011）
　　　网　　址：www.petropub.com
　　　编辑部：（010）64523708　图书营销中心：（010）64523633
经　　销：全国新华书店
印　　刷：北京中石油彩色印刷有限责任公司

2025年1月第1版　2025年1月第1次印刷
787×1092毫米　开本：1/16　印张：19.75
字数：500千字

定价：200.00元

（如出现印装质量问题，我社图书营销中心负责调换）
版权所有，翻印必究

《地球物理测井学》

编 委 会

主　编： 李　宁

副主编： 焦方正　何江川　江同文　卢　涛　李国欣　窦立荣
　　　　　雷　平　金明权　吴柏志

委　员：（按姓氏笔画排序）

王　兵　王才志　王克文　王泽丹　王贵文　王雪松
石玉江　田中元　刘向君　江如意　汤　彬　苏学斌
李　军　李安宗　李俊军　杨立强　肖立志　肖承文
宋　永　张　锋　陈　宝　陈　锋　武宏亮　范宜仁
尚　捷　周　军　庞奇伟　胡启月　胡英杰　袁　超
高　杰　郭海敏　赫志兵　谭茂金

《测井解释：储层评价》
编 写 组

组　　长：武宏亮
副组长：冯　周　李潮流
成　　员：（按姓氏笔画排序）

王长胜　王克文　田　瀚　冯庆付　刘忠华　闫伟林
李　霞　肖承文　吴兴能　张　浩　罗兴平　周金昱
赵太平　胡法龙　信　毅　俞　军　袁　超　殷树军
郭清滨　黄　科　董丽新　谢　冰　赖　强

序

经过中国测井界学人的共同努力，总计 14 卷 26 个分册的《地球物理测井学》终于问世了！这不仅是对推动测井学科进步做出的重大贡献，更是对测井先哲未竟事业和治学精神的赓续与弘扬。

地球物理测井是石油工业十大学科之一，被誉为洞察地下油气藏的"眼睛"。地球物理测井诞生于 1927 年。1939 年，翁文波院士在中国大陆首次成功测井，开创了我国的测井事业，成为中国测井第一人。但长期以来，由于地球物理测井一直被称为"测井技术"，应有的学术地位没有得到充分体现，因而大大影响了测井学科的高质量发展。令人尊敬的测井前辈谭廷栋先生是喊出"测井学"的第一人。谭先生一生投身测井，60 岁后更是为测井学正名而大声疾呼。这里之所以用"正名"而不用"倡导"或其他，是因为谭先生从来就认为测井是一门"学"，而不只是一门"技术"。他多次提到，"Reservoir Geophysics"（矿场地球物理学）一词中有"学"，在 20 世纪 50 年代翻译时出了问题，才变成了现在这个"技术"的叫法。谭先生还多次由衷感激地提到中国石油勘探开发研究院秦同洛教授，说他在国家科委确定石油工业十大学科的会议上能仗义执言："如果集声电核于一身的测井都不是学，石油上还有哪个敢说自己是学？"测井入选石油工业十大学科后，谭先生更是逢人便说、遇会便讲此中原委，且声情并茂、手舞足蹈，令与会者为之动容。于是，在他的亲自带领下，经过测井界同仁一起努力，1998 年第一部《测井学》终于问世了，这是测井发展史上的一个重要里程碑。从 1939 年到 1998 年，历经 60 年姗姗来迟的这部《测井学》了却了谭先生最大的一桩心愿。两年后，他安详地阖上了双眼……当时参加先生追悼会的超过了 300 人，除了在京院所和有关司局的领导外，各大油田测井公司的主要负责同志差不多都到了。大家共同追思这位杰出的地球物理测井学家。我代表谭先生培养的所有硕士、博士毕业生题挽联一副："测井学先哲英灵永存，悼我师晚辈再写春秋。"

作为翁文波院士和谭廷栋先生的学生，我不仅忠实地继承了导师的遗志，尽全力推动测井学的发展，而且还努力从中国测井行业战略发展的高度出发，大力倡导"学科大发展，方有大作为"的理念。我认为，只有从国家、人民群众和专业人士这三个层面的需求出发撰写出版三类图书，即大百科全书、科普图书和专业著作，才能全方位确立、展现并提升测井学科的学术地位。于是，我从 2015 年起，用 6 年时间牵头遴选编撰测井条目，使地球物理测井第一次以一个完整学科定位写入《中国大百科全书》；从 2020 年起，我用 3 年时间组织编写出版了大型科普丛书《走进石油（第二版）》之测井分册《洞察地下油气藏：石油地球物理测井》，同时走进中国科技馆大讲堂，以《万米特深地球物理测井：一项极具挑战的"反向探月"工程》为题，向全国观众普及测井知识；从 2021 年起，我领衔担任主编，带领全国测井界知名专家学者精心编著这部《地球物理测井学》，旨在进一步提升测井学科的影响力。

令人骄傲和兴奋的是，在中国石油、中国石化、中国海油、延长石油、相关高校和科研院所各路专家学者的通力合作下，《地球物理测井学》如期面世了！这套书系统阐述了 90 多年来测井学科发展的理论技术成果，系统总结了各类测井方法在油气勘探开发实践中的应用效果。正如中国石油勘探开发研究院窦立荣院长所说："此次李宁院士领衔主编的《地球物理测井学》不仅保留和传承了 1998 年版《测井学》专著的经典内容，更重要的是立足当前非常规油气和深地深海等复杂油气藏测井理论技术挑战，融入了 30 年来我国测井领域取得的最新理论技术成果和海外推广应用的成功案例，必将为推动我国测井学科发展、技术进步和行业壮大产生重大而深远的影响。"

这套书的第一大特点是论述系统全面、内容丰富详实，涵盖了从测井解释、测井软件、测井装备、电法测井、声波测井、核测井、核磁共振测井、工程测井、油气井射孔、生产测井、测井岩石物理、测井地质应用、测井人工智能到测井简史等测井学科的各个分支。正因如此，我国测井界百余位知名教授、长江学者和现场技术专家都参与其中。著作内容的系统、全面还体现在首次将测井简史作为测井学不可或缺的一部分，分两册单独成卷。我国自主研制的渗透率测井仪原型机于 2024 年 3 月 3 日在华北油田任 91 井测试成功，即将在深地塔科 1 井实施世界首次万米特深井渗透率测井作业，一举实现从 0 到 1 的重大技术突破，为百年地球物理测井史再添辉煌一笔。

这套书的第二大特点是突出学术性，尤其强调对学科基础理论的阐述，特别是首次引入了中国学者导出的理论公式和提出的方法原理，不但丰富发展了测井基本理论，而且有助于推动建立中国在国际地球物理学界的地位和声望。例如，一直以来石油院校教材中测井饱和度计算的经典内容是美国学者阿奇提出的经验公式，以及翻译照搬苏联教材中的分层各向均匀体积模型，而在这套书中介绍的饱和度一般形式（通解方程），则是由中国学者针对复杂岩性给出的非均质各向异性模型导出，并详细证明了以往教材中的那些公式都是一般形式在给定条件下的特例（均为通解方程的特解）；又如，过去测井数据处理的主要方法和工业软件都是国外引进的，而现在《测井软件》一卷的核心内容则是中国学者提出的广义测井曲线理论和中国科研团队研发的目前装机量最大、年处理井数最多的大型国产测井工业处理软件 CIFLog。

这套书的第三大特点是首次把每一测井分支领域的理论方法、技术系列和现场应用以卷为单位有机统一起来。根据统一的顶层设计，每卷的第一分册论述该卷所涉及的测井细分领域的理论基础，用作高校教材，其读者主要是在校大学生和研究生等；第二分册论述该细分领域的技术方法，其读者主要是工程师和做毕业论文的研究生及博士后研究人员等；第三或第四分册提供该细分领域理论技术的典型应用实例，其读者主要是现场工程技术人员和现场实习的高校毕业生等。以第一卷《测井解释》为例，它的第一至第四分册分别为《测井解释：理论方法》《测井解释：储层评价》《测井解释：国内实例》《测井解释：国外实例》。作为一个分支领域的理论基础，每卷的第一分册相对独立和完备，应在较长时间内保持稳定；而它之后的各分册则应经常再版更新，及时补充最新的技术进展和最新的现场应用成果。

这套书的第四大特点是首创用微信扫描书中测井图件的二维码，就能在 CIFLog 测井软件中立即打开这幅测井图件并对其进行修改和二次处理。通过这一功能，学生可以看到处理相应井的方法、公式和参数，观摩学习并掌握要领；老师可以更方便地备课；现场工程技术人员可以参考所用方法，方便改写添加自己的处理公式和参数，从而大大缩短调整处理方案的时间，节省精力。同时，利用 CIFLog 智能助手，可以通过输入一段描述文字，快速推荐书中的相关案例图件。

总之，《地球物理测井学》定位明确，编写起点高，是目前国内地球物理测井领域最具理论性、系统性、创新性和权威性的一部著作。即便从国际测井发展史上来看，能集中如此多的行业专家学者精心编著这样大体量的学科专著也是绝无仅有的。2024 年，这套书入选国家出版基金资助项目，这在中国测井界也是第一次。衷心希望广大读者能够从中获益。

最后，特别感谢中国石油天然气集团有限公司原副总经理焦方正教授、中国石油科技管理部两任总经理匡立春教授和江同文教授在这套书出版立项过程中给予的鼎力支持。特别感谢中国石油勘探开发研究院各位领导、专家给予的全力协助与配合。

中国工程院院士

2024 年 12 月　于北京海淀

《地球物理测井学》
分卷册目录

卷次	分册名	卷次	分册名
第一卷	测井解释：理论方法	第六卷	核测井（上册）
	测井解释：储层评价		核测井（下册）
	测井解释：国内实例	第七卷	核磁共振测井
	测井解释：国外实例	第八卷	工程测井
第二卷	测井软件（上册）	第九卷	油气井射孔（上册）
	测井软件（中册）		油气井射孔（下册）
	测井软件（下册）	第十卷	生产测井（上册）
第三卷	测井装备（上册）		生产测井（下册）
	测井装备（下册）	第十一卷	测井岩石物理
第四卷	电法测井（上册）	第十二卷	测井地质应用
	电法测井（下册）	第十三卷	测井人工智能
第五卷	声波测井（上册）	第十四卷	测井简史：国内油气
	声波测井（下册）		测井简史：固体矿产

前 言

随着油气勘探开发的不断推进，测井评价地质对象从中浅层常规碎屑岩逐渐向深层超深层致密碎屑岩、缝洞型碳酸盐岩、非均质火山岩及非常规页岩油等领域发展，储层普遍具有非均质性和各向异性更强、岩性及矿物组分类型多、油气水赋存状态复杂等特点，测井解释评价难度越来越大。为此，中国石油、中国石化、中国海油和延长石油等先后组织了针对不同地区、不同储层类型的测井技术攻关，取得了一批技术上有创新、生产应用上有实效的研究成果，对推动我国测井解释评价技术发展发挥了重要作用。

本书以不同类型储层为研究对象，系统阐述不同类型储层典型特征和测井解释评价思路、技术方法与实际应用，尤其是立足当前深层超深层和非常规油气等复杂地质工程条件下测井评价面临的挑战，广泛吸收了近年来国内外先进的测井数据处理和解释评价最新技术，尽可能全面展示测井解释评价与地质应用的技术发展水平。

本书共四章。第一章介绍碎屑岩储层类型、基本特征、孔隙结构评价、参数定量计算、储层下限与产能预测等内容，由李潮流、刘忠华、胡法龙等编写；第二章介绍碳酸盐岩储层类型、基本特征、岩性岩相识别、参数定量计算、有效性评价及流体识别等内容，由武宏亮、冯周、田瀚等编写；第三章介绍火山岩储层类型、基本特征、岩性识别、参数定量计算、流体识别与评价等内容，由武宏亮、冯周、田瀚等编写；第四章系统介绍非常规储层类型，以及页岩油气、水合物、煤层气、富油煤等典型储层测井解释评价方法，由刘忠华、田瀚等编写。武宏亮和冯周负责全书统稿。

本书是在中国石油、中国石化、中国海油和延长石油等单位相关研究成果基础上编写而成，同时参考和引用了国内外学者正式发表的论文、著作及相关文献。在本书编写过程中，中国石油勘探开发研究院宋连腾、徐彬森、张浩等，中国石油塔里木油田公司勘探开发研究院信毅等，中国石油西南油气田公司勘探开发研究院唐玉林对相关章节内容的编写提供了协助；昆仑数智科技有限责任公司刘国强、中国石油大学（北京）王贵文、长江大学刘瑞林等专家学者提出了宝贵修改意见与建议。在此一并向他们表示由衷的感谢！

由于测井解释评价研究的理论性、实践性很强，加之笔者水平限制，书中难免存在不足，敬请读者批评指正。

目　录

第一章　碎屑岩测井解释评价 ·· 1

　　第一节　碎屑岩储层类型与基本特征 ·· 1
　　第二节　碎屑岩储层孔隙结构与测井评价 ····································· 10
　　第三节　碎屑岩储层参数定量计算 ·· 29
　　第四节　碎屑岩储层下限计算 ·· 43
　　第五节　碎屑岩储层产能预测 ·· 48

第二章　碳酸盐岩测井解释评价 ·· 59

　　第一节　碳酸盐岩储层类型与基本特征 ·· 59
　　第二节　碳酸盐岩测井响应特征 ·· 65
　　第三节　碳酸盐岩岩性岩相测井识别 ·· 70
　　第四节　碳酸盐岩储层参数定量计算 ·· 98
　　第五节　碳酸盐岩测井解释方法与应用 ······································· 122

第三章　火山岩测井解释评价 ·· 153

　　第一节　火山岩储层类型与基本特征 ··· 153
　　第二节　火山岩测井响应特征 ··· 164
　　第三节　火山岩岩性岩相测井识别 ··· 180
　　第四节　火山岩储层参数定量计算 ··· 194
　　第五节　火山岩测井解释方法与应用 ··· 205

第四章　非常规油气测井解释评价 ·· 224

　　第一节　非常规储层类型及三品质测井评价内涵 ······························· 224
　　第二节　页岩气储层测井解释评价 ··· 231

第三节	页岩油储层测井解释评价	247
第四节	水合物测井解释评价	259
第五节	煤层气测井解释评价	266
第六节	富油煤测井解释评价	278

参考文献 295

二维码目录

二维码使用说明

图 2-4-6	107
图 2-4-12	111
图 2-4-18	115
图 2-4-23	120
图 2-4-24	121
图 2-5-17	138
图 2-5-25	147
图 2-5-26	148
图 3-3-10	187
图 3-5-14	221
图 4-3-1	248
图 4-3-3	250
图 4-3-4	250

第一章　碎屑岩测井解释评价

在非常规油气尚未进入勘探开发领域之前，全球已发现的油气储量主要位于碎屑岩和碳酸盐岩地层。碎屑岩包括各种砂岩、砂砾岩、砾岩、粉砂岩和泥岩等碎屑沉积体系，其岩性划分主要依据不同矿物的含量及颗粒粒度分布。与碳酸盐岩和其他岩类储层相比，碎屑岩储层具有四个特点：（1）孔隙形态主要受颗粒形态和粒度粗细控制，而碳酸盐岩的孔隙形态变化很大；（2）沉积作用控制强，发育更多类型的沉积与构造特征；（3）孔隙度和渗透率之间的相关性往往较碳酸盐岩储层要更强；（4）压实过程比较清楚，并易于开展定量分析。本章在分析碎屑岩储层主要类型与基本特征的基础上，重点讨论碎屑岩孔隙结构、孔渗饱等储层关键参数测井计算方法，并介绍储层下限产能预测基本原理及主要方法模型。

第一节　碎屑岩储层类型与基本特征

碎屑岩是陆源碎屑岩的简称，主要由陆源碎屑物质组成。对陆源碎屑岩特征的描述应该从其组成、结构、构造和颜色四个方面开展，但是涉及碎屑岩储层分类的一般只有其组成和结构信息，因此本节仅讨论碎屑岩储层的组成与结构相关内容。

一、碎屑岩的组成

碎屑岩的组成可分为颗粒、杂基、胶结物和孔隙。其中，杂基和胶结物又称为填隙物。

1. 颗粒

颗粒又称为碎屑，是由母岩继承下来的陆源碎屑物质沉积组分，是母岩机械风化的产物，占碎屑岩组成的50%以上，其组分和性质决定了碎屑岩的性质。碎屑岩的颗粒包括矿物碎屑和各种岩屑。

1）矿物碎屑

目前已经发现的矿物碎屑约有160种，最常见的约20种。但在一种碎屑岩中，主要矿物碎屑通常不超过5种，按密度大小可分为相对密度小于2.86的轻矿物（主要为石英、长石）和相对密度大于2.86的重矿物（主要为岩浆岩中的副矿物和部分铁镁矿物，如榍石、锆石、辉石、角闪石等）两类。

（1）轻矿物。

①石英。

石英抗风化能力很强，既抗磨又难分解，同时在大部分岩浆岩和变质岩中石英含量高，因此石英是碎屑岩中分布最广的一种碎屑矿物。它主要出现在砂岩及粉砂岩中，在砾岩中含量较少,在黏土岩中则更少。

②长石。

长石主要来源于花岗岩和花岗片麻岩。地壳运动比较剧烈、地形高差大、气候干燥、物理风化作用为主、搬运距离近以及堆积迅速等条件,是长石大量出现的有利因素。一般认为,在碎屑岩中钾长石多于斜长石,在钾长石中正长石略多于微斜长石,在斜长石中钠长石远远超过钙长石。造成相对丰度的这一差别,一方面与母岩成分有关,另一方面又与不同类型长石矿物在地表环境的相对稳定度有关。长石很容易水解,各种长石稳定度的顺序是:钾长石最稳定,钠长石较不稳定,钙长石最不稳定。

(2)重矿物。

重矿物种类很多,根据其风化稳定性可分为稳定和不稳定两类。从砂岩成分来看,在成分纯、分选好的石英砂岩中重矿物含量少,而且其中只含有那些风化稳定度高的重矿物组分(如锆石、电气石、金红石等)。

黑云母和白云母也是砂岩中常见的重矿物组分。云母是片状矿物,因此在搬运过程中表现较低的沉降速度,常与细砂级甚至粉砂级的石英、长石共生。黑云母的风化稳定性差,主要见于距母岩较近的砾岩或杂砂岩中,经风化及成岩作用常分解为绿泥石和磁铁矿,经海底风化还可海解为海绿石。白云母的抗风化能力要比黑云母强得多,相对密度也略小,常见其呈鳞片状平行分布于细砂岩、粉砂岩的层面上,有时会富集成层。

2)岩屑

岩屑是母岩的碎块,又称为岩块,是保持着母岩结构的矿物集合体。因此,岩屑是提供沉积物来源区的岩石类型的直接标志。砂岩的岩屑平均含量一般在10%~15%,常见的岩屑有各类侵入岩岩屑、变质岩岩屑、喷出岩岩屑,以及硅岩、黏土岩、碳酸盐岩和砂岩岩屑等。

2. 填隙物

在碎屑岩中杂基和胶结物都可成为碎屑颗粒间的填隙物,但它们在性质、成因以及对岩石所起的作用等方面都是不同的。

1)杂基

杂基是碎屑岩中细小的机械成因组分,其粒级以泥为主,可包括一些细粉砂。杂基的成分,最常见的是高岭石、水云母、蒙脱石等黏土矿物,有时见有灰泥和云泥。各种细粉砂级碎屑,如绢云母、绿泥石、石英、长石及隐晶结构的岩石碎屑等,也属于杂基范围。

在不同的碎屑岩中杂基含量不同,有的杂基含量甚高,而有的却完全不含杂基。如果碎屑岩中保留大量杂基,表明沉积环境中簸选作用不强。在潟湖及湖泊的低能环境中形成的砂岩,以及洪积及深水重力成因砂岩中都混有大量杂基,这正是不成熟砂岩的特征。

2)胶结物

胶结物是碎屑岩中以化学沉淀方式形成于粒间孔隙中的自生矿物。它们有的形成于沉积—同生期,但多数是成岩—后生期的沉淀产物。碎屑岩中主要胶结物包括硅质(石英、玉髓和蛋白石)、碳酸盐(方解石、白云石)和一部分铁质(赤铁矿、褐铁矿)。此外,硬石膏、黄铁矿,以及高岭石、水云母、蒙脱石、海绿石、绿泥石等黏土矿物都可以作为碎屑岩的胶结物。

3.孔隙

颗粒、杂基、胶结物和孔隙构成了整个岩石，岩石中未被固体物质（不包括沥青质）充填的空间称为孔隙或裂缝。孔隙和裂缝是油（含沥青质）、气、水的赋存场所。碎屑岩的孔隙类型包括孔、洞、缝三种。

二、碎屑岩的结构

碎屑岩的结构是指其组成中各组分的几何特征（大小、形态等）及其相互关系，包括碎屑颗粒的特征（粒度、圆度、形状），杂基和胶结物的特征，以及它们之间的关系。碎屑岩的结构不但是岩石分类的基本依据之一，而且也是成因分析的重要标志。

1.粒度

碎屑颗粒的大小称为粒度，一般用颗粒直径表示。在碎屑岩中，判断搬运方式、沉积介质能量的主要标志是碎屑的粒度。一般来说，粗粒陆源碎屑物质常见于高能环境，相对搬运距离近一些，而细粒陆源碎屑物质常见于低能环境，搬运距离相对要远一些。碎屑岩的粒度变化将导致岩性和物性的变化，给测井及其解释提供了基础。因此，碎屑岩的分类首先是粒度分类。表1-1-1列出了国家能源局2019年颁布的行业标准中关于碎屑颗粒粒级分级的规定。

表1-1-1 碎屑颗粒粒级分级表

粒度分类		分级界限	
大类	小类	粒级 d（μm）	孔隙度（ϕ）
砾	巨砾	$d \geqslant 256000$	$\leqslant -8$
	粗砾	$64000 \leqslant d < 256000$	$-8 \sim -6$
	中砾	$4000 \leqslant d < 64000$	$-6 \sim -2$
	细砾	$2000 \leqslant d < 4000$	$-2 \sim -1$
砂	巨砂	$1000 \leqslant d < 2000$	$-1 \sim 0$
	粗砂	$500 \leqslant d < 1000$	$0 \sim 1$
	中砂	$250 \leqslant d < 500$	$1 \sim 2$
	细砂	$125 \leqslant d < 250$	$2 \sim 3$
	极细砂	$62.5 \leqslant d < 125$	$3 \sim 4$
粉砂	粗粉砂	$31.25 \leqslant d < 62.5$	$4 \sim 5$
	细粉砂	$3.9 \leqslant d < 31.25$	$5 \sim 8$
泥		$d < 3.9$	> 8

碎屑岩的粒度命名是研究碎屑岩的基础，按照上述标准，有些碎屑岩的粒度分选非常好，其碎屑基本属于一个粒级，它的粒度分类和命名就非常简单，只要在相应的粒级后加一个"岩"字就行，如细砾岩、中砂岩。但是，大部分碎屑岩都是由几个不同粒级的碎屑所组成，其命名基本原则如下：以含量大于或等于50%的粒级定岩石的主名，在

相应的粒级后加"岩"字；含量介于25%~50%的粒级以形容词"xx质"的形式写在主名以前；含量在10%~25%的粒级作次要形容词，以"含xx"的形式写在最前面；含量小于10%的粒级一般不反映在岩石的名称中。例如，某碎屑岩含细砾石15%，中砂55%，粗粉砂30%，则命名为"含细砾的粗粉砂质中砂岩"。

2. 圆度

碎屑颗粒原始棱角在搬运介质运移过程中，被磨圆的程度称为圆度，一般分为棱角状、半圆状和圆状，或称为好、中、差三类。

3. 胶结类型

胶结物与碎屑颗粒的相互关系和结合方式称为胶结类型或支撑类型，一般分为基底胶结、孔隙胶结、接触胶结和充填胶结。

三、碎屑岩储层物性特征

油气储层的物性特征是指其孔隙度、渗透率等属性参数的基本特征，它们不仅是储层研究的基本对象，而且也是储层测井解释评价的核心内容。

1. 孔隙特征

岩石的孔隙，广义上讲是指岩石中未被固体物质所充填的空间部分，也称储集空间或空隙，它包括粒间孔、粒内孔、裂缝、溶洞等。而狭义的孔隙则是指岩石中颗粒间、颗粒内和填隙物内的空隙。碎屑岩储层的孔隙按成因分为原生孔隙和次生孔隙两大类。其中，原生孔隙指沉积物沉积后、成岩作用之前或同时所形成的孔隙，主要包括正常粒间孔隙、残余粒间孔隙、粒内孔隙和矿物解理缝、杂基内微孔隙、层理层间缝等；次生孔隙是指在成岩作用之后，由于溶解、重结晶和白云岩化作用等产生的孔隙，包括颗粒及粒内溶孔、粒间溶孔、铸模孔、晶间孔等。广义的次生孔隙还包括裂缝，如构造裂缝、成岩裂缝、溶洞等。碎屑岩储集空间以粒间孔隙为主（包括原生粒间孔隙和次生粒间孔隙），其他类型的孔隙相对较少，但在有些埋深大的古老地层经历了强压实等成岩作用，其他类型的孔隙也可成为主要储集空间。表1-1-2列举了碎屑岩储层常用的孔隙分类方案。

表1-1-2 碎屑岩储层常用孔隙分类方案

分类方法	分类标准	分类结果
按孔隙与颗粒的接触关系	孔隙在岩石中分布的位置	粒间孔隙
		粒内孔隙
		填隙物内孔隙
按孔隙成因	成岩作用前或中	原生孔隙
	成岩作用后	次生孔隙
按孔径大小	孔径 > 0.5mm	超毛细管孔隙
	0.0002mm < 孔径 < 0.5mm	毛细管孔隙
	孔径 < 0.0002mm	微毛细管孔隙
按孔隙对流体的渗流情况	孔隙连通	有效孔隙
	孔隙孤立	无效孔隙

对表1-1-2中的孔隙分类方案补充说明如下：

（1）超毛细管孔隙：孔径大于0.5mm，或裂缝宽度大于0.25mm。自然条件下，流体在重力作用下可在其中自由流动，胶结疏松的砂体大多属于超毛细管孔隙。流体的流动遵循静水力学的一般性规律。

（2）毛细管孔隙：孔隙直径在0.0002~0.5mm，裂隙宽度在0.0001~0.25mm。在这种孔隙中，无论是在流体质点间，还是流体和孔隙壁间均处于分子引力的作用之下。由于毛细管的作用，流体不能自由流动，只有在外力大于本身的毛细管力时，流体才能在其中流动，一般的砂岩孔隙多属于此类。

（3）微毛细管孔隙：孔隙直径小于0.0002mm，裂缝宽度小于0.0001mm。在此类孔隙中，分子间的引力很大，要使液体在孔隙中流动需要非常高的压力梯度。因而，在正常地层条件下流体不易流动，这就是人们常将孔道半径大于或小于0.1μm作为流体能否在其中流动的一个分界线的原因。黏土岩和致密页岩的孔隙一般属于此种。

此外，有效孔隙与无效孔隙的区别如下。

（1）有效孔隙：孔隙间互相连通，流体在自然条件下可在其中流动的孔隙空间。

（2）无效孔隙：指岩石中那些孤立而互不连通的孔隙及微毛细管孔隙。

2. 孔隙度的影响因素

对于碎屑岩而言，由于它是由母岩经破碎、搬运、胶结和压实而成，碎屑颗粒的矿物类型、数量及成岩后的压实作用就成为影响这类岩石孔隙度的主要因素。

1）岩石的矿物成分

在其他条件相同时，一般石英砂岩的储集物性好，这主要是因为石英颗粒具有更强的抗压强度，其莫氏硬度为7.0，理论切变模量平均值约为45GPa，而正长石矿物的莫氏硬度为6.0，理论切变模量仅为27.8GPa，在相同压实程度下石英颗粒可承担更高的上覆压力从而保护原生粒间孔隙。此外，长石的亲油、亲水性比石英强，当被油、水润湿时，长石颗粒表面所形成的液膜不易移动，在一定程度上减少了孔隙的流动截面和储集体积。

另外，当碎屑岩储层中含有黏土矿物时，黏土矿物的硬度低，伊利石的莫氏硬度为1.0~2.0，高岭石的莫氏硬度为2.0~2.5，说明黏土矿物在埋深压实作用下会产生急剧的塑性变形，降低原生孔隙。而且黏土矿物遇水发生膨胀，特别是蒙脱石类黏土矿物的吸水膨胀性能最为突出，会对孔隙度和渗透率等造成较大影响。

2）颗粒的排列方式及分选性

不同的颗粒排列方式对孔隙空间的形态和大小有着很大的影响。斯利赫特就最简单的理想岩石模型（等径球体）进行研究，认为理想土壤的孔隙度大小与组成它的颗粒粒径大小无关，仅取决于排列方式（即相邻两个球形颗粒中心点连线与垂直方向夹角θ）。当$\theta=90°$时，孔隙度为47.6%；当$\theta=60°$时，孔隙度为25.9%。

3）埋藏深度

沉积岩随着上覆岩层的加厚、埋深的加大，地层静压力和温度也随之增大，使得岩石排列更加紧密，颗粒间发生非弹性的、不可逆的移动，使孔隙度迅速下降。当紧密排列到达最大限度时，上覆地层压力的进一步增加就会促使颗粒在接触点上的局部溶解，溶解的矿物（如石英）则在孔隙空间形成新的结晶或矿物，进一步导致孔隙度的降低，严重时可导致孔隙的消失，成为不渗透层。因此，通常情况下，孔隙度尤其是原生孔隙随着埋深的增加而减小。

图 1-1-1 是对柴达木盆地东部某气田的浅层粉砂岩储层柱塞岩样在不同覆压条件下测量的孔隙度的相对变化，可以看出随着覆压的加大，相当于岩石经历更大埋深和更强烈的压实，其孔隙度呈现明显的降低趋势，在 4000psi（27.58MPa）覆压下其孔隙度较地面常压测量值降低约 30%。

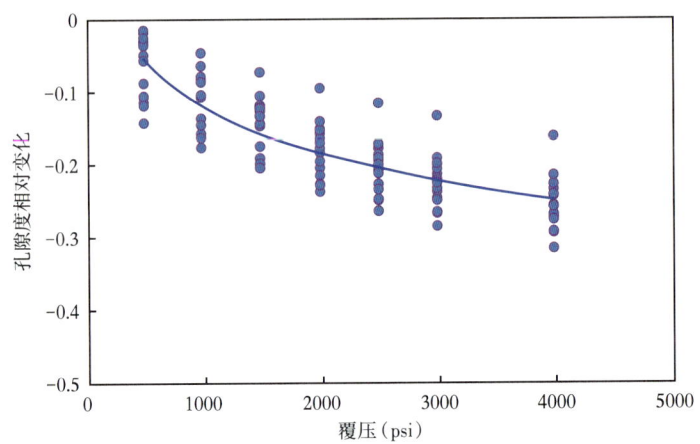

图 1-1-1　某地区粉砂岩储层柱塞样品在不同覆压下测量的孔隙度相对变化

4）成岩作用

由于地下通常存在着一定的水溶液，在一定温度、压力条件下，不同的水溶液对岩石矿物具有选择性溶解的特点，进而形成次生孔隙。一般而言，有机酸水溶液对硅酸盐矿物易溶，而对碳酸盐矿物难溶，无机酸水溶液则正好相反。

3. 渗透性

储层的渗透性是指在一定的压差下，岩石本身允许流体通过的性能。同孔隙度一样，它也是储层研究的最重要参数之一，它不但影响着油气的储能，而且更重要的是控制着油气的产能。渗透性的好坏常用渗透率来表示，由于它具有明显的方向性，故它具有矢量特性，这一点与孔隙度不同。描述储层的渗透性通常采用绝对渗透率、有效渗透率和相对渗透率三个物理量。影响储层绝对渗透率的因素很多，主要包括三个方面。

1）岩石特征

主要指岩石的粒度、分选、胶结物和层理等，它们对渗透率均有影响。疏松砂岩的粒度越细，分选越差，渗透率就越低；在具有正韵律的沉积岩层中，粒度向上逐渐变细，渗透率也相应降低，以致在注水开发时，油层下部会出现过早水淹的情况。

2）孔隙结构

一般而言，绝对渗透率不仅与孔隙度有关，主要还取决于孔隙结构。凡影响岩石孔隙结构的因素都影响渗透率。此外，孔隙的连通性、迂曲度、内壁粗糙度等对绝对渗透率也有一定影响。

3）压力和温度

温度不变时，渗透率随静压力的增大而相应减小，当压力超过某一数值时，渗透率就急剧下降。泥质砂岩比砂岩渗透率减小得更快。而随温度升高，压力对渗透率的影响将减小,特别是在压力较小的情况下。这是由于温度升高,引起岩石骨架和孔隙中流体发生膨胀,阻碍了压实,绝对渗透率随着压力升高而降低的程度自然减弱。

四、碎屑岩储层类型

为更好地评价各类储层的基本特征,以反映储层的质量和特性,首先要对储层进行分类。储层分类有很多标准,具体采用什么标准除了因研究目的不同而有较大的区别外,还要求反映储层的特色和各类储集体之间的差异。同时此标准还应具有一定的代表性,尤其是具有沉积单元(成因单元或能量单元)的整体代表性,以便满足油藏精细描述和各种储层建模的要求。

1. 按颗粒粒度分类

碎屑岩颗粒粒度的不同,决定了其储层类型的差异,不同类型储层也对应不同的孔渗分布范围和孔隙结构特征。按照粒度大小,可将碎屑岩分为以下四大类。

1)粗碎屑岩类

粗碎屑岩的一般特征是粒度大于2mm的陆源碎屑含量超过50%,包括砾岩和角砾岩。除此以外,组分中还有小于2mm的碎屑填充物和胶结物。粗碎屑岩一般搬运距离不远,碎屑粒径大,作为填隙物的砂、粉砂和黏土物质是与粗碎屑同时或大致同时沉积下来的。

图1-1-2给出了某油田含砾粗砂岩的微电阻率扫描成像测井特征图版,第3道图像上可见亮色不规则团块状砾石分布在砂质颗粒中,其尺寸往往肉眼可辨。

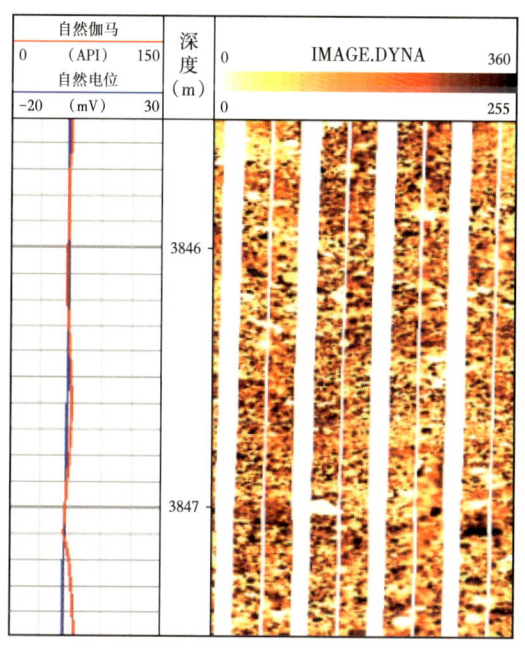

图1-1-2 含砾粗砂岩微电阻率扫描成像测井特征图版

2)砂岩类

在碎屑岩中,粒度为0.1~2mm的陆源碎屑超过50%的岩石称为砂岩。砂岩分布很广,在沉积岩中仅次于黏土岩而居第二位,约占沉积岩总量的1/3。砂岩通常是良好的

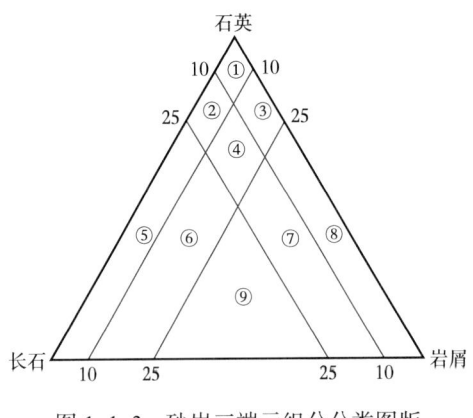

图 1-1-3 砂岩三端元组分分类图版

储油层和储水层，我国大庆油田、胜利油田的石油大多都储存在砂岩中，研究砂岩具有很大的实际意义。

砂岩可根据粒度和成分进一步分类。按照粒度的分类见表 1-1-1。按照砂岩的成分分类，目前的方案很多，通常根据三种碎屑组分（石英、长石、岩屑）为端元组成三角形，按照端元组分的含量将砂岩细分为石英砂岩、长石砂岩和岩屑砂岩三大类，共包括九个小类，如图 1-1-3 所示。

3）粉砂岩类

凡是粉砂粒级的陆源碎屑物质含量超过 50% 的岩石称为粉砂岩，粉砂岩的碎屑组分以石英为主，其次为白云母及长石，岩屑极少见或不存在。粉砂岩按粒度又可以进一步细分为粗粉砂岩和细粉砂岩两类，见表 1-1-1。

粉砂岩除按粒度分类外，还可按碎屑成分分为单成分粉砂岩（石英含量可达 90% 以上）和复成分粉砂岩（陆源碎屑组分较复杂，除石英外，还有一定数量的长石、白云母等），或按胶结物成分分为钙质粉砂岩、铁质粉砂岩和硅质粉砂岩等。

4）黏土岩类

黏土岩是主要由黏土矿物组成的沉积岩，黏土矿物的含量大于 50%，其他组分还包括细粒的粉砂等，通常也称为泥岩。黏土岩的粒度很细小，按对数粒级分类，颗粒直径小于 0.0039mm 的（即粒径中值大于 8）均划分为黏土。图 1-1-4 是四种黏土矿物的扫

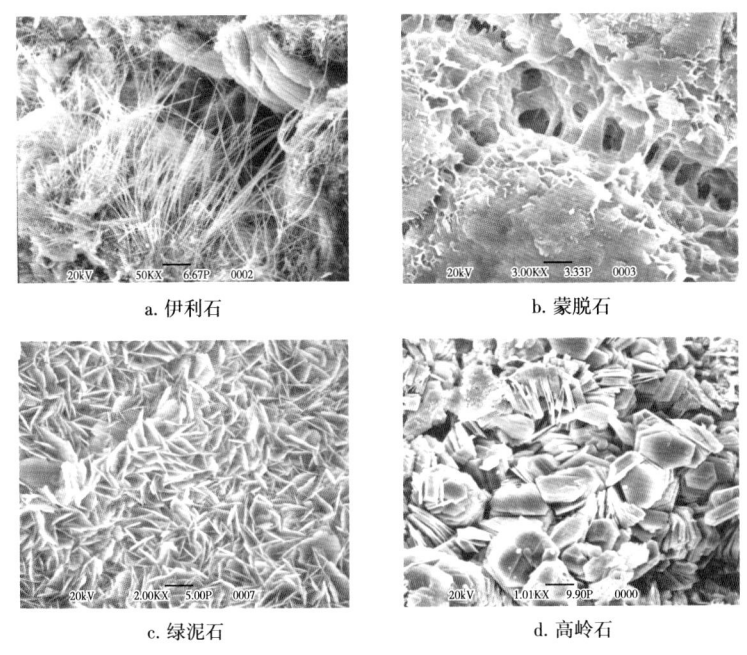

a. 伊利石　　　　　　　　　　　　b. 蒙脱石

c. 绿泥石　　　　　　　　　　　　d. 高岭石

图 1-1-4　四种常见黏土矿物扫描电镜图像

描电镜图片。大量的实际资料证明，绝大部分的黏土岩是母岩风化过程中黏土物质被搬运到盆地中，以机械沉积或胶体凝聚的方式沉积而成，即主要是陆源成因的。

黏土岩既是主要的生油岩石，也是储层的良好盖层。黏土岩具有以下独特的性质。

（1）吸附性：黏土颗粒细小，比面积大，具有很强的吸附能力。黏土颗粒是带负电的，因而黏土颗粒表面总要吸附一层正离子，形成阳离子薄膜。自然电位测井中泥岩薄膜电位的产生，就是因为泥岩中黏土矿物具有阳离子薄膜的作用，只允许 Na^+ 通过而不允许 Cl^- 通过。

由于黏土岩选择吸附离子所形成的偶电层，共外层离子在外电场作用下移动形成电流，增加导电能力。因而，在碎屑岩层系中泥岩通常具有较低的电阻率。中子测井主要反映岩石中的含氢量，在泥岩层段由于大量黏土矿物晶间孔中吸附水使得其中子测井值高于其他岩石。

（2）放射性：在各种沉积岩中，黏土岩具有较高的放射性，这主要是因为黏土岩一般沉积在深水等低能沉积环境中，能够以某些方式使得钾、钍和铀沉淀下来，而这三种核素具有较高的放射性。

（3）吸水性及隔水性：黏土岩的颗粒可大量吸附 H^+ 及 OH^- 等形成水化层，因而具有隔水性，成为不渗透层，使得泥岩常常是良好的油气封盖层。

图 1-1-5 给出了典型的砂岩、泥质粉砂岩与泥岩隔层的测井响应特征图版，可以看出，砂岩储层段（2242~2247m）具有自然伽马低值、自然电位负异常、电阻率高值、中子—密度曲线（互容刻度）包络线面积小等特征，而泥岩则具有自然伽马高值、自然电位曲线基值、电阻率低值、中子—密度曲线（互容刻度）包络线面积大、中子曲线数值高等特点，泥质粉砂岩（2251~2254m）的测井曲线特征值则介于二者之间。

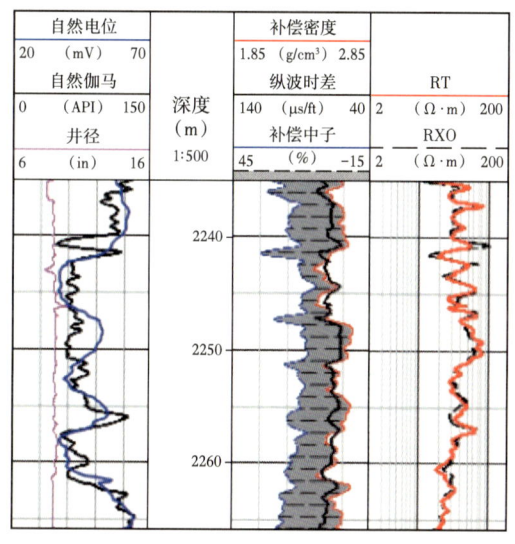

图 1-1-5　典型砂岩与黏土岩测井响应特征图版

2. 按储层物性分类

在油田生产中，除了采用按粒度分类以外，还常常根据储层的物性高低进行分类，常见方案见表 1-1-3。

表 1-1-3　常见碎屑岩储层物性分类方案

分类标准		分类结果	分类标准	分类结果
岩性		碎屑岩储层	储集空间	孔隙型储层
		碳酸盐岩储层		洞穴型储层
		其他岩类		裂缝型储层
物性	孔隙度	高孔储层		孔洞型储层
		中孔储层		缝洞型储层
		低孔储层	油气性质	稠油储层
	渗透率	高渗储层		常规油储层
		中渗储层		非常规油储层
		低渗储层		煤层气储层

表 1-1-3 是分别根据储层的孔隙度和渗透率进行分类的，在实际生产中不方便使用，无论对于碎屑岩储层，还是碳酸盐岩或其他岩类储层，大部分油田都是把孔隙度和渗透率两个指标放在一起考虑，进行储层类型划分，表 1-1-4 是 2020 年颁布的地质矿产行业标准中规定的 DZ/T 0217—2020《碎屑岩储层分类方法》。

表 1-1-4　碎屑岩储层分类方案

分类	碎屑岩孔隙度（%）	油藏空气渗透率（mD）	气藏空气渗透率（mD）
特高	≥30	≥1000	≥500
高	≥25~<30	≥500~<1000	≥100~<500
中	≥15~<25	≥50~<500	≥10~<100
低	≥10~<15	≥5~<50	≥1.0~<10
特低	<10	≥1.0~<5	≥0.1~<1.0
致密		<1	<0.1

第二节　碎屑岩储层孔隙结构与测井评价

储层的孔隙结构指的是岩石所具有的孔隙和喉道的几何形状、大小、分布及其相互连通特性。大量岩心实验、测井及测试资料均表明，衡量碎屑岩储层渗流能力不能仅仅依据其孔隙度大小，有时候具有相同或相近孔隙度的储层，其渗透率可能相差巨大，主要是因为其孔隙大小及其连通性的差异。孔隙结构是碎屑岩储层微观物理研究的核心，特别是对低孔低渗、致密砂岩储层而言具有重要意义，一方面，孔隙结构的变化影响电阻率的高低，进而影响流体性质的准确判识；另一方面，孔隙结构的优劣决定储层储集能力和产出能力的大小。本节着重讨论砂岩储层孔隙结构的实验分析与测井表征技术。

一、利用压汞实验分析碎屑岩储层孔隙结构

碎屑岩储层的孔隙示意图如图 1-2-1 所示,碎屑岩孔隙结构研究即对孔隙和喉道特征进行分析评价。压汞法是目前实验室用来测定孔隙结构最常用的方法,其原理是根据水银对岩石孔隙表面呈非润湿性的特点,在施加压力后能克服喉道的毛细管阻力进入孔隙并流出。目前实验室根据压汞数据能够提供描述孔喉大小分布的物理参数。

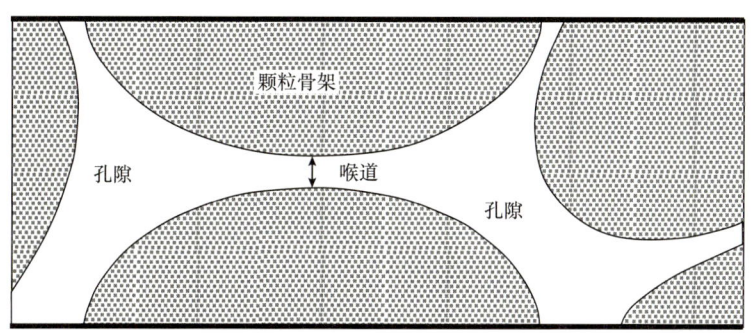

图 1-2-1 碎屑岩储层的孔隙—喉道示意图

1. 排驱压力与最大连通孔喉半径

储层排驱压力是指孔隙系统中连通孔隙的最大毛细管压力,即沿毛细管压力曲线的平坦部分作切线与纵轴相交就是排驱压力,与排驱压力相对应的就是最大连通孔喉半径。排驱压力是划分岩石储集性能好坏的主要标志之一,因为它既反映了岩石的孔隙喉道的集中程度,同时又反映了相对集中的孔喉大小。

实际应用中通常把进汞曲线的初始拐点对应的压力作为排驱压力,例如图 1-2-2 中 A 点对应的进汞压力就是排驱压力。另外,进汞曲线平直段对应的饱和度分量即 S_{AB} 大小、倾斜角 α 反映了最大连通的孔隙喉道集中程度。

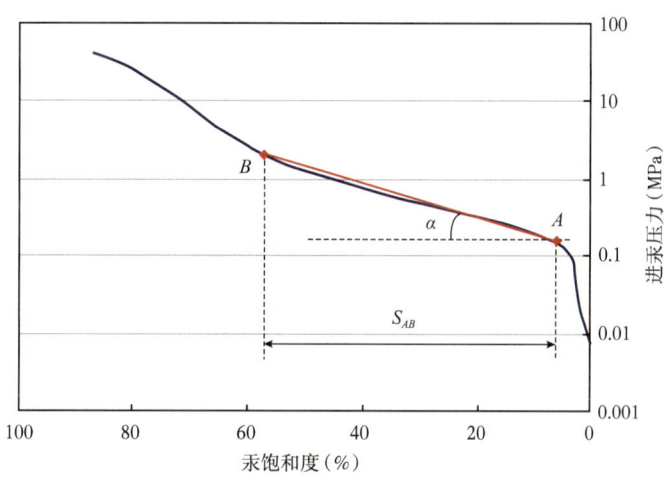

图 1-2-2 压汞曲线定量分析示意图

显然,当孔隙系统中很多喉道尺寸都接近于最大连通喉道时,一旦出现汞开始进入的现象,则在不大的压力下很多喉道都会被突破,相当于图 1-2-2 中平直段 AB 水平方

向延伸大，S_{AB} 值大，α 角小，表明最大连通的孔隙喉道集中程度高，也就是说岩石的孔隙结构均匀。反之，如果岩石中仅发育个别的最大连通喉道，喉道半径数值整体分布不均匀时，只有不断增大压力才能保证进汞依次突破越来越小的喉道，相当于图 1-2-2 中平直段 AB 水平方向延伸小，S_{AB} 值小，α 角大，最大连通的孔隙喉道集中程度越低，岩石的孔隙结构越分散。

2. 饱和度中值压力

饱和度中值压力指在进汞饱和度为 50% 时对应的毛细管压力（p_{50}）。这个数值反映当孔隙中存在油、水两相时，用以衡量油的产能大小。一般说来，排驱压力越小，p_{50} 也越低。p_{50} 越小，表明岩石（对油的）渗滤性能越好，具有高的生产能力；p_{50} 越大，则表明岩石致密程度越高（偏向于细歪度），虽然仍能出油，但生产能力越小。

3. 分选系数（或称标准偏差）

分选系数用于衡量样品中孔隙喉道大小标准偏差，它直接反映了孔隙喉道分布的集中程度。在总孔隙中，具有某一等级的孔隙喉道占绝对优势时，表明其孔隙分选程度好。分选系数的数值大于 0，其值越小，反映孔隙分布越均匀。S_p 计算公式为：

$$S_p = \frac{\psi_{84} - \psi_{16}}{4} + \frac{\psi_{95} - \psi_5}{6.6} \tag{1-2-1}$$

式中：ψ_i 为在正态概率曲线上累计水银饱和度为 i % 时所对应的 ψ 值。

4. 相对分选系数

相对分选系数用来表征孔隙大小分布的均匀程度，定义为分选系数与孔喉半径均值的比值，其物理意义相当于数理统计中的变异系数：

$$D = \frac{S_p}{d_{av}} \tag{1-2-2}$$

5. 平均孔隙半径

$$\overline{R} = \sqrt{\frac{\sum_{i=1}^{n} R_i^2 S_i}{S_i}} \tag{1-2-3}$$

式中：R_i 为第 i 个压力对应的孔径，μm；S_i 为第 i 个压力区间的进汞饱和度，%。

6. J 函数

由于根据柱塞岩心实验所反映的毛细管压力仅仅是储层中的一点，要得到代表某一类地层的毛细管压力，必须将所有从个别岩心所得到的资料加以平均和综合。考虑到油层的非均质性，为了表征一个油层的毛细管压力特征，同时考虑到其孔隙度和渗透率的变化，只有这样才能更好地进行油层评价和对比，为此，Leverett 提出了 J 函数模型：

$$J_i = 2\frac{\sqrt{K/\phi}}{R_i} \tag{1-2-4}$$

式中：J_i 为第 i 点的 J 函数值；R_i 为第 i 点的孔隙喉道半径，μm；K 为渗透率，mD；ϕ 为孔隙度。

以上6个参数是目前最常用的压汞实验孔隙结构表征参数，它们能够从孔喉的连通程度与半径、孔喉大小分选程度等不同角度对储层孔隙结构进行定量表征。但是进一步分析来看，这些孔隙结构表征方法具有以下几点明显的不足。

（1）不能反映地层条件下的储层性质。压汞实验都是在常温、常压的实验室条件下完成的，没有考虑温度、围压对样品渗流特性的影响，特别是温度条件。在地层中高温条件下，岩石孔隙表面的润湿性、流体分子的扩散能力等都会与实验室条件下有所区别，因此实验结果只能在一定程度上代表储层孔隙结构特性。

（2）不能反映储层连续的孔隙结构变化。显然，柱塞样品的性质仅仅代表地层的某一点的属性。在低孔低渗储层中，纵向上一套砂体内部由于沉积过程中物源、水动力环境等因素的变化，都会造成储层物性和孔隙结构的改变，因此单个深度点的柱塞样品不可能完全代表一个砂体单元或一个小层的宏观物理性质，也不可能对储层进行连续取样分析。因此实验手段无法提供储层连续的孔隙结构信息。

（3）难以与测井信息建立定量关系。除孔、渗数据以外，目前的文献报告中很少见到利用测井资料定量表征孔隙结构的模型，其主要原因在于压汞实验提供的孔隙结构参数在物理意义上与地层测井参数之间联系不紧密，很难据此提出利用测井资料，特别是常规测井信息来刻画储层的孔隙结构。

二、利用核磁共振测井评价碎屑岩储层孔隙结构

核磁共振测井是唯一能够提供关于储层孔隙空间尺寸的测井方法，已广泛应用于储层孔隙结构评价。假设储层的横向弛豫以表面弛豫为主，根据核磁共振测井处理得到的横向弛豫时间 T_2 分布反映了储层中不同尺寸孔喉的相对比例。传统上，反映谱几何形态的参数，如 T_2 几何均值 T_{2gm}、T_2 截止值 $T_{2cutoff}$ 等参数对于刻画储层品质、求取渗透率等方面具有重要意义。此外，还发展提出了多种刻画孔隙结构的方法和参数模型。

1. 核磁 T_2 谱球管模型处理方法

刘堂晏、周灿灿等（2005）提出了利用 T_2 谱进行孔隙结构分析的球管模型法，基本假设是将储层的孔隙系统看成不同尺寸的球管组合而成，其原理如图1-2-3所示。

通过球管模型，引入路径概念，就可以利用 T_2 谱及路径数据计算喉道分布数据，从而将 T_2 谱转化为喉径分布，最终得到喉径均值、分选系数等孔隙结构参数。

2. T_2 谱三组分方法

三组分方法是刘忠华等于2007年提出的。该方法

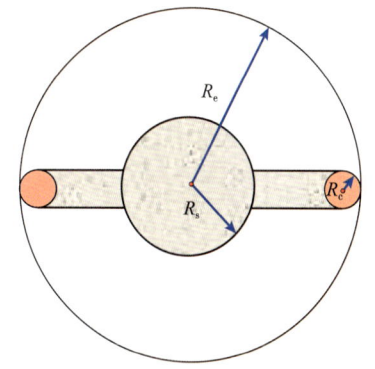

图1-2-3 球管模型原理示意图

通过对一批低孔低渗样品的核磁共振和压汞实验测试数据对比分析，利用压汞的排驱压力（主要反映储层喉道粗细和渗流能力）数据对样品进行分类，提出了依据 T_2 谱的三个分量 C_1、C_2 和 C_3 的相对比例进行比较，从而实现对储层品质进行分类评价的目的。其

中 C_1、C_2 和 C_3 三个分量分别指 T_2 谱中 1~10ms、10~100ms 和 100~1000ms 组分的累加。表 1-2-1 是利用该方法对碎屑岩储层品质分类的标准，表中所列的Ⅰ类—Ⅳ类储层具体产能在不同的地区可能不一样。

表 1-2-1 三组分方法储层分类方案

类型	C_1	C_2	C_3
Ⅰ类	小	中	大
Ⅱ类	小	大	中
Ⅲ类	中	大	小
Ⅳ类	大	中	小

三组分储层品质分类方法在华北油田二连地区的多口探井、评价井中得到很好的应用。图 1-2-4 为华北二连油田某井 1890~1913m 处的核磁共振测井处理成果图。图中 53—56 号层，自然伽马曲线数值为 110~120API，自然电位曲线幅度无明显异常，核磁共振孔隙度为 10%左右。利用三组分分析方法处理结果表明本段储层孔隙结构很差，以四类为主 PORCLA=1，C_3 小于 0.1，电阻率 35~50Ω·m，综合解释为干层。该井在 1895.0~1910.8m 进行常规及压裂试油，结论为干层。

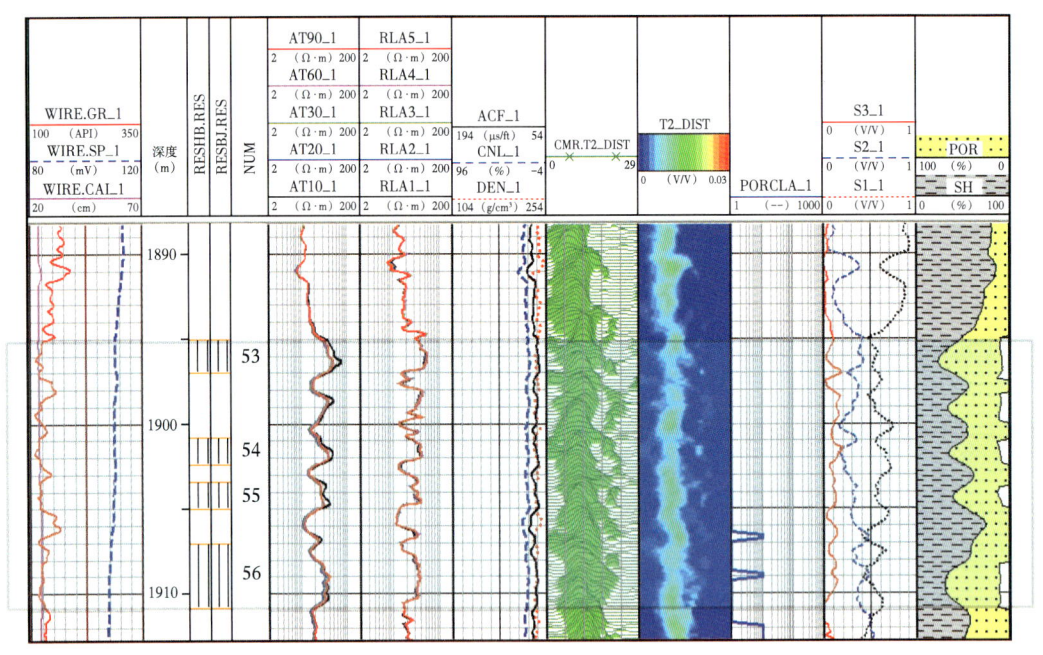

图 1-2-4 华北二连地区某井核磁共振三孔隙组分法评价储层品质实例

3. T_2 谱转换伪毛细管曲线方法

Yakov V 等早在 2001 年就提出了将横向弛豫时间转换为毛细管压力的方法。根据核磁共振测井响应机理及毛细管压力理论，T_2 谱与毛细管压力曲线之间存在一定关系，当明确了它们的转换关系后，可直接将 T_2 数据转为毛细管压力数据，进而提取一系列孔隙结构参数，达到连续深度定量表征储层孔隙结构的目的。为此，国内外很多学者开展了一系列理论及实验研究，建立了针对目标区的转换系数确定方法，并开展了规模应用，取得了较好的应用效果。

1）线性转换方法

该方法是假设在表面弛豫机制起主导作用，并且孔隙半径与喉道半径呈线性比例关系，将 T_2 数据利用线性模型直接转换计算得到毛细管压力数据：

$$p_c = C \frac{1}{T_2} \tag{1-2-5}$$

式中：C 为转换系数。

通过实验刻度求取 C，就可以将 T_2 数据转换为压汞毛细管压力数据。

2）幂函数转换方法

该方法利用幂函数关系将核磁共振 T_2 谱累计曲线转换为伪毛细管压力曲线。当储层物性较差时，转换关系具有一段性，采用单一幂函数来构造伪毛细管压力曲线；储层物性较好时，转换关系具有分段性，大孔和小孔处采用不同幂函数来分段构造伪毛细管压力曲线：

小孔或短弛豫分量：

$$p_c = m_1 (1/T_2)^{n_1} \tag{1-2-6}$$

大孔或长弛豫分量：

$$p_c = m_2 (1/T_2)^{n_2} \tag{1-2-7}$$

相对于线性转换方法，幂函数法可以在更大的弛豫时间范围内确保 T_2 谱与压汞曲线更好地吻合，这对于具有双重孔隙组分的储层而言转换精度更高。

3）二维等面积刻度转换方法

以上两种转换方法存在一个共同问题，就是没有考虑最大进汞饱和度。岩心实验的 T_2 谱是100%饱含水的，而压汞实验只能驱替一部分润湿相流体。转换的伪毛细管压力曲线都是假设100%进汞的情况。针对这一问题，邵维志等于2009年提出了二维等面积刻度转换方法，原理如图1-2-5所示。

该方法首先将 T_2 谱横向刻度为伪毛细管压力曲线（微分形式），然后自动搜索拐点，以拐点为界将孔隙分为大孔径和小孔径两部分，利用等面积刻度分别确定两部分的转换系数 D_1 和 D_2。利用这种转换方法，尽管 T_2 谱测量的小孔径认为100%饱含水，但经过系数刻度之后，对应的伪毛细管压力曲线是和实际压汞曲线进汞量接近的，从而避免了上述问题。

4. T_2 谱分布形态评价储层孔隙结构

该方法利用伪毛细管压力曲线转换方法提取排驱压力，在此基础上建立同时考虑孔隙度、最大连通孔喉半径及孔喉分选性等三种因素的新型孔隙结构参数 δ。与岩电实验数据的综合分析表明，δ 与地层因素 F 之间具有很好的相关性，据此可以利用 δ 参数对电阻率进行孔隙结构校正并预测完全含水时的电阻率，为提高复杂孔隙结构储层流体识别和评价精度提供了一种新的思路和方法。

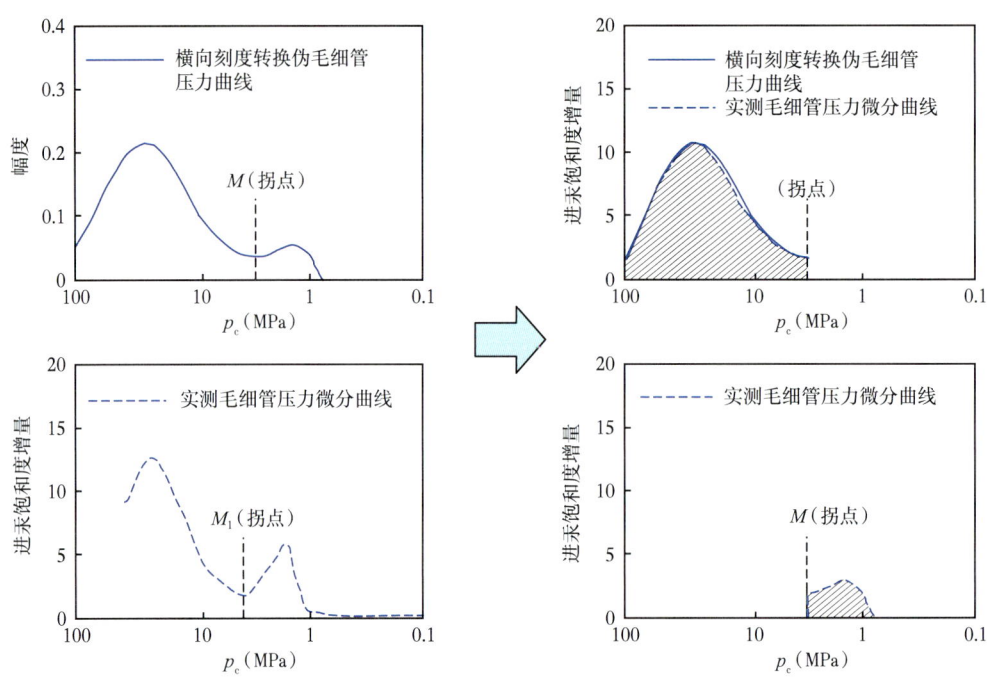

图 1-2-5 分段等面积刻度转换原理示意图

1）方法原理

大量研究均表明在碎屑岩储层等多孔介质中，渗透率呈现随孔隙度增大而增加的趋势，但不同孔隙度区间和不同孔隙结构储层具有不同的变化特征。

压汞实验是最常用的储层品质分析手段。按照毛细管理论，孔隙大小与连通的喉道半径控制了流体渗滤能力。传统观点认为，储层最大连通喉道半径（对应 p_d）控制了其渗透率的高低，高排驱压力对应低渗透率。

但是，在低孔低渗储层中，具有相近孔隙度和排驱压力（反映最大连通喉道半径）的样品，渗透率可以相差 1~2 个数量级，其原因在于其孔隙系统中不同尺寸孔喉分布情况或分选性。图 1-2-6 所示两块样品来自鄂尔多斯盆地苏里格气田致密砂岩储层，孔隙度约为 6%，排驱压力约 0.7MPa，但渗透率相差 26 倍，原因在于其孔喉分选性差异（表现在压汞曲线平直段的形态差异）。针对致密砂岩油藏的研究认为，压汞实验确定的相对分选系数越小，喉道半径越接近于平均值，渗透率越低。

综合以上分析，能够反映致密砂岩储层孔隙结构特征并控制其渗透性高低的主要因素应当至少包括孔隙度、最大连通喉道半径 R_{max} 和孔喉分选性三个方面，而且随着孔隙度和连通喉道半径增大、孔喉大小分布越偏离均质，渗透率都表现为增大的趋势。因此综合这三个因素，定义反映致密砂岩储层孔喉空间分布与配置关系的结构参数 δ：

$$\delta = \frac{\phi^C R_{max}}{\sqrt{S_p}} \quad (1-2-8)$$

式中：C 为刻度系数。

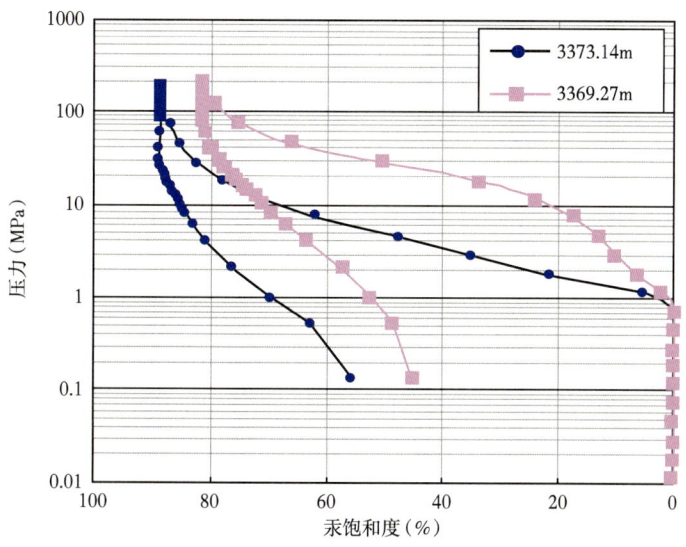

图 1-2-6 相近孔隙度—排驱压力下由孔喉分选性引起的渗透率差异实例

δ 具有与喉道半径相同的量纲，物理意义上可理解为经孔喉分选性校正后的连通喉道半径。如果用 p_d 来代替连通喉道半径，则式（1-2-8）又可以写成：

$$\delta = \frac{\phi^C}{p_d \sqrt{S_p}} \quad (1\text{-}2\text{-}9)$$

ϕ 可以由常规测井或核磁共振测井提供。排驱压力是压汞实验参数，但可以根据 T_2 谱转换伪毛细管压力曲线提取。假设 T_2 谱连续反映储层孔隙的分布，引入如下公式定量计算孔隙分布的离散程度：

$$S_p = \frac{1}{N} \sum_{i=1}^{N} \frac{(\bar{x})^4}{\left[\bar{x}^2 + (x_i - \bar{x})^2\right]^2} \quad (1\text{-}2\text{-}10)$$

式（1-2-10）表明，$0 < S_p \leqslant 1$。S_p 反映了数组 $\{x_i\}$ 围绕其平均值 $\bar{x}$ 分布的离散程度。S_p 值越大分布越均匀，$S_p=1$ 时分布最均一，例如，所有尺寸的孔隙（x_i）完全平均分布是其极端情况。反之，除某一尺寸外其他大小的孔隙均不存在时 S_p 取最小值，此时分布最为发散。

利用式（1-2-9）计算的 δ 综合考虑了孔隙度、孔喉连通情况以及不同孔隙大小的分选性等因素，能够较其他参数和模型更好地反映致密砂岩储层以渗透率为代表的孔隙结构属性。

2）利用 δ 表征致密砂岩渗透率应用实例

图 1-2-7 是 δ 模型、压汞最大连通喉道半径（排驱压力）模型与致密砂岩储层渗透率相关性实验数据对比，44 块样品来自渤海湾盆地沙河街组深层。渤海湾盆地沙河街组深层是埋深在 3500~4800m 的强压实致密砂岩，以发育少量原生粒间孔隙、大量粒间次生溶蚀孔为主要特征，颗粒间成长线性—凹凸接触。图 1-2-7a 表明，p_d 代表的最大连通喉道半径反映储层渗透性的规律比较明显，p_d 越大渗透率越低，但对于渗透率小于

1mD 的致密砂岩数据点明显发散、多解性增强（椭圆形区域标示）。44 块样品数据点总体相关系数为 0.87。而采用 δ 表征渗透率，渗透率低于 1mD 的致密砂岩样品数据点与 δ 值基本成单调的幂函数关系（图 1-2-7b），数据点集中分布在趋势线附近，总体相关系数提高到 0.96，说明 δ 模型能够更准确地刻画致密砂岩储层渗透率。

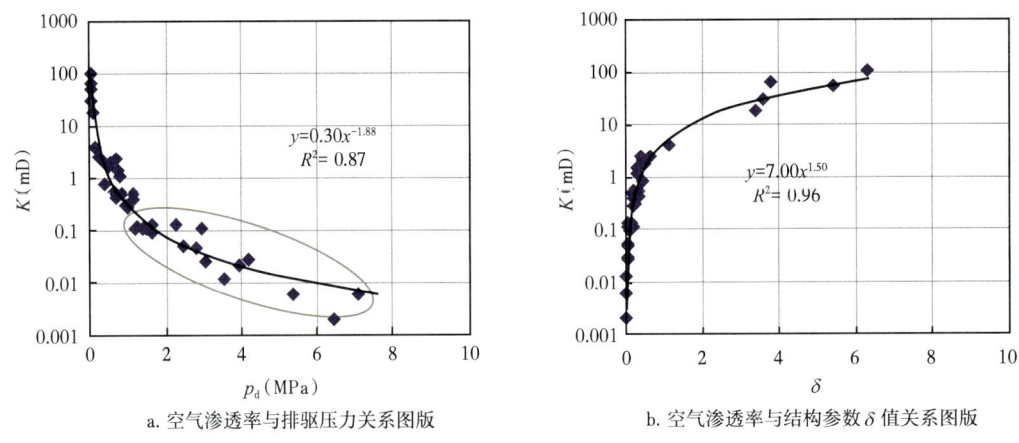

a. 空气渗透率与排驱压力关系图版　　　　b. 空气渗透率与结构参数 δ 值关系图版

图 1-2-7　渤海湾盆地沙河街组深层致密砂岩 44 块样品的 $K—p_d$、$K—δ$ 相关性对比

鄂尔多斯盆地姬塬—白豹地区广泛发育次生孔隙型特低渗透储层，图 1-2-8 是该地区两口井利用 δ 模型估算的渗透率与岩心分析值对比结果，图中 GR、SP、T_2 分别为自然伽马、自然电位和核磁共振 T_2 谱，p_d 是根据 T_2 谱转换毛细管压力曲线计算的排驱压力，第 5 道 PERM 曲线及杆状图分别为根据 δ 公式估算的渗透率及岩心渗透率。对比表明二者具有很好的一致性，绝对误差小于半个数量级，特别是图 1-2-8b 中 1848~1856m 井段发育的致密储层，计算曲线与岩心值的趋势及绝对数值均很好地吻合，反映参数 δ 在表征复杂孔隙结构储层渗透率方面具有独特优势。

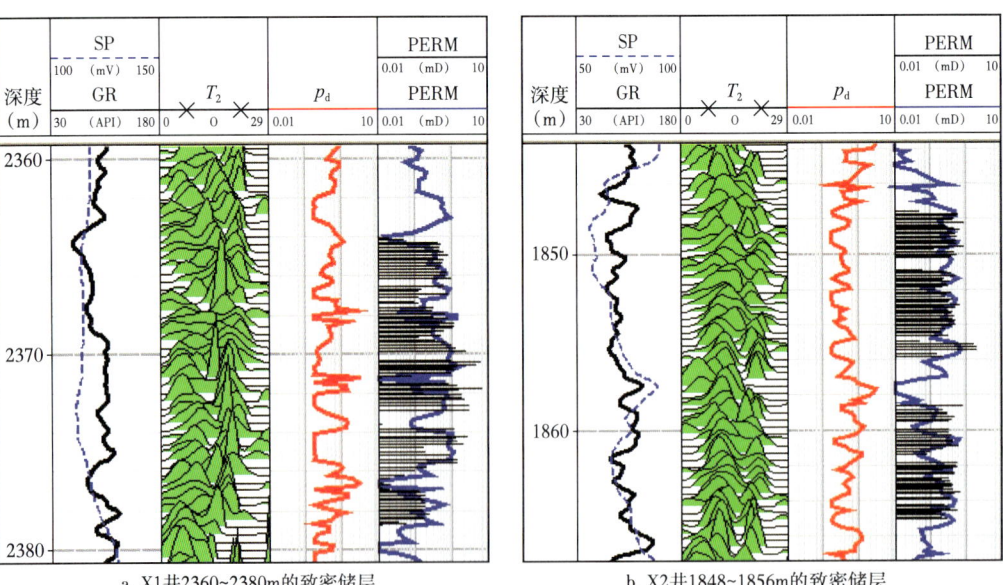

a. X1 井 2360~2380m 的致密储层　　　　b. X2 井 1848~1856m 的致密储层

图 1-2-8　利用 δ 模型计算致密砂岩储层渗透率实例

核磁共振测井信号可能受烃类和采集参数等因素的影响，T_2 谱不一定完全反映孔喉尺寸大小，此时应注意方法的适用性，必要时可以在信号处理过程中进行含烃影响校正，并尽可能选择能够反映孔隙尺寸的采集模式。另外，在不同地区公式和模型的具体形式、参数值需要由实验确定。

三、利用 CT 成像分析碎屑岩储层孔隙结构

岩心 X 射线 CT 成像技术是近十年来国内外针对致密砂岩、页岩储层的一项孔隙结构分析方法，其精度要远高于核磁共振分析技术。CT 是利用锥形的 X 射线穿透物体，根据射线衰减图像重构得到三维立体图像（图 1-2-9a、b）。由于孔隙的密度明显低于岩石骨架的密度，在图像中孔隙对应的亮度低于矿物骨架，通过设定一个阈值分割图像，将高于阈值的和低于阈值的像素点分别用数字 0 和 1 代替，分别代表骨架和孔隙，就得到一个二值化的数字图像（图 1-2-9c），按照切片顺序将若干张图像组合即可得到反映真实岩心孔隙结构的三维数字孔隙格架。

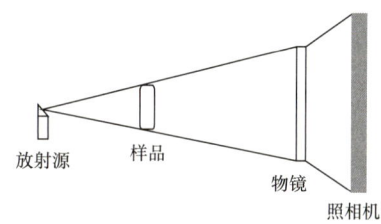
a. CT 中 X 射线穿透物体示意图

b. X 射线衰减图像重构三维立体图像

c. 三维立体图像二值化结果

图 1-2-9　岩心 X 射线 CT 成像原理示意图

1. 基于微米级 CT 数字图像的孔隙分析

从 CT 图像提取得到的数字孔隙格架，每一个像素点实际上代表着一定尺度的岩石体元，它可以是当前分辨率能够识别的孔隙或矿物骨架，也可以是包含了当前分辨率无法识别的更小孔隙与矿物骨架的组合体，统计所有表示孔隙的像素点所占比例就得到了基于数字图像的数字岩心孔隙度。

从图 1-2-9a 可以看出，对一定尺寸样品，影响 CT 图像分辨率的因素包括几何放大倍数（由放射源与物镜的距离决定）、物镜放大倍数和仪器内部 CCD 的像素矩阵大小。目前常用微 CT 成像设备由 2048×2048 个像素组成，对于直径 1in（25.4mm）的柱塞样，其像素分辨率约为 25.4mm/2048=12.4μm。

显然，在一定的硬件设备条件下，CT 图像分辨率主要取决于样品尺寸。若要提高分辨率，需减小样品尺寸。微米级 CT 的极限分辨率在 0.5μm 左右，而纳米级 CT 的分辨率最高可达 65nm，但需要将样品尺寸减小到 65μm。

对一批致密砂岩 1in 柱塞样品进行微米级 CT 成像（两次扫描拼接的图像分辨率约为 7.6μm），统计分割后的数字岩心孔隙度，结果见表 1-2-2。分析表明，在 7.6μm 像素的分辨率下，微米级 CT 仅能识别致密砂岩的少部分孔隙空间，最小仅识别全部孔隙的 4.7%，最大仅 33.4%。显然，这样的孔隙格架并不能反映致密砂岩储层的真实情况，会给后期的数值模拟带来极大误差。与此形成对比的是，贝雷砂岩主要发育微米—毫米级的大孔隙，微米级 CT 能够识别其中 80% 以上的孔隙。

表 1-2-2 长 7 段致密砂岩微米级 CT 识别孔隙所占总孔隙的比例

岩心编号	气测渗透率（mD）	气测孔隙度（%）	微米级 CT 单一阈值分割孔隙度（%）	微米级 CT 识别孔隙比例（%）
贝雷砂岩	109.9	18.3	14.84	81.1
A157-15-24	0.0619	8.5	0.51	6.0
B28-3-17	0.037	8.1	0.56	6.9
B28-3-19	0.028	7.1	0.33	4.7
B28-3-45	0.2166	11.5	3.12	27.1
H22-6-90	0.1031	6.2	0.77	12.4
H22-6-94	0.262	10.0	3.32	33.2
Y32-6-15	0.1046	11.2	3.74	33.4
Z53-7-33	0.044	7.9	0.56	7.1

为了明确致密砂岩储层的真实孔隙分布，选取鄂尔多斯盆地涧 111 井长 7 段的一块岩样（深度 2094.9m，氦气孔隙度 5.25%，空气渗透率 0.045mD），采用微米级 CT、高压压汞、等温吸附等手段开展了不同分辨率的孔隙识别，并将不同分辨率的实验结果进行融合处理，得到表 1-2-3 和图 1-2-10 所示的致密砂岩孔隙分布比例。可以看出，长 7 段致密砂岩储层中尺寸低于 1μm 的孔喉比例可能高达 80%，它们都属于微米级 CT 无法识别的微孔喉。

表 1-2-3 涧 111 井长 7 段样品不同尺寸孔隙体积分布比例

毫米级孔	微米级孔			亚微米级孔	纳米级孔
	微米级大孔	微米级中孔	微米级小孔		
>1mm	62.5μm~1mm	10~62.5μm	1~10μm	100nm~1μm	2~100nm
0	6.8%	11.3%	0.8%	59.2%	21.9%

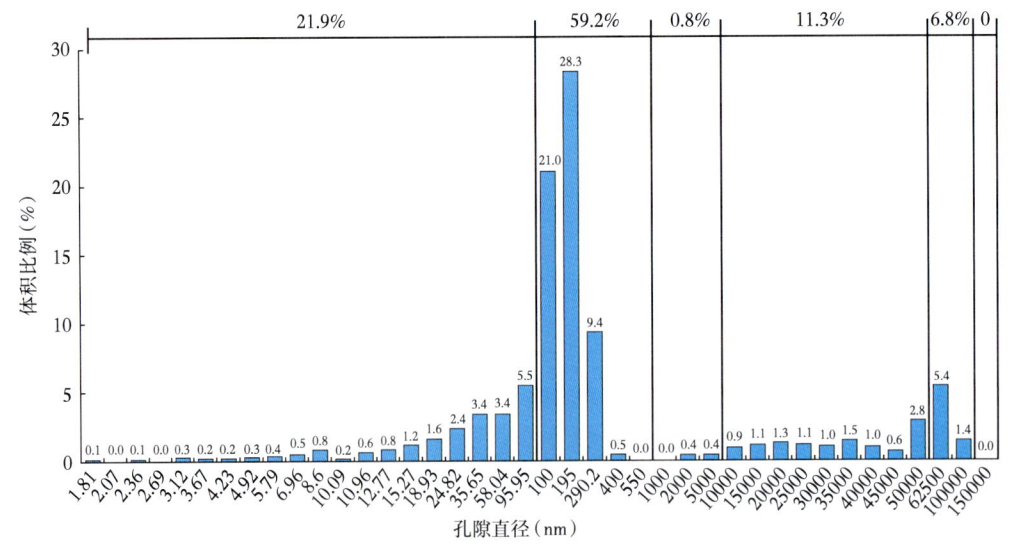

图 1-2-10 涧 111 井长 7 段样品不同尺寸孔隙分布直方图

除了分辨率以外，从CT图像提取孔隙格架另外一个需要关注的方面就是阈值的设定。如果假设CT图像的灰度分布在0~255，如何选择一个合理的阈值将孔隙和格架分开是一个非常重要的环节。阈值选择过低会将部分低密度骨架矿物误判为孔隙，选择过高会导致部分孔隙丢失，从而影响最终的孔隙格架的准确性。图1-2-11分别是一块常规中高孔渗砂岩样品和一块致密砂岩样品CT图片灰度分布对比，表明致密砂岩的图像灰度分布表现为强烈的非均质性，图像处理过程中很难选取一个合理的灰度阈值以实现二值化分割。因此针对致密砂岩储层，基于CT图像准确构建三维数字孔隙格架的过程存在很强的多解性，其结果也将影响模拟精度。

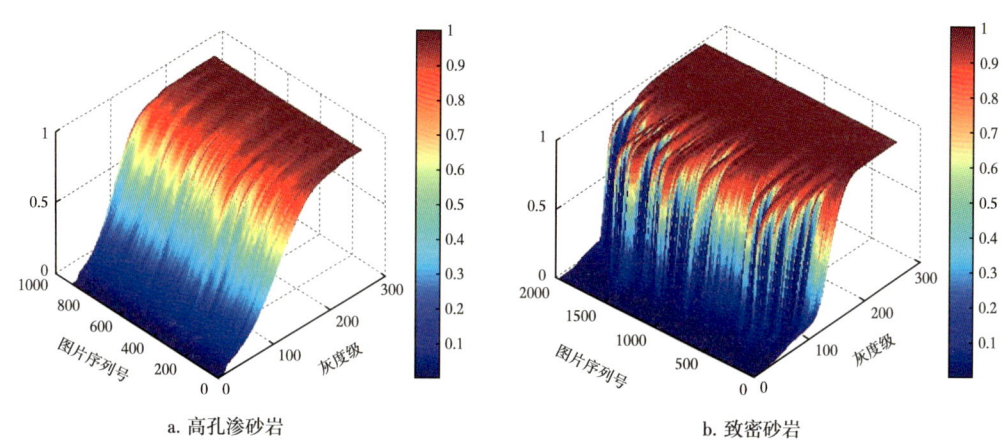

a. 高孔渗砂岩　　b. 致密砂岩

图1-2-11　典型砂岩样品的微米级CT图像灰度分布谱图

2. 利用聚焦离子束扫描分析纳米级孔隙

聚焦离子束（focused ion beam，简称FIB）扫描是将液态金属离子源产生的离子束经过加速、聚焦后照射到样品表面产生二次电子信号获得高分辨率图像的方法，其原理与扫描电镜（SEM）类似，但聚焦离子束测试技术可以清晰地在纳米级尺度的分辨率下对岩石中各组分尤其是孔隙进行三维显微形貌及结构的观察与分析，因而在研究纳米级孔隙方面得到广泛应用。

对1in直径的砂岩样品，在其圆柱端面区域内，利用聚焦离子束扫描技术排布扫描出几千张超高分辨率、大小相同的小图像，将这些小图像拼接成一张超高分辨率、超大面积的图像，其分辨率与每一张小图像相同。这一过程称为MAPS成像，如图1-2-12所示，根据这样的图像可以对样品中的各种孔隙，包括残余粒间孔、溶孔、有机质微孔的形状、分布开展精细分析，实现微米级CT无法观测到的纳米孔定量描述。

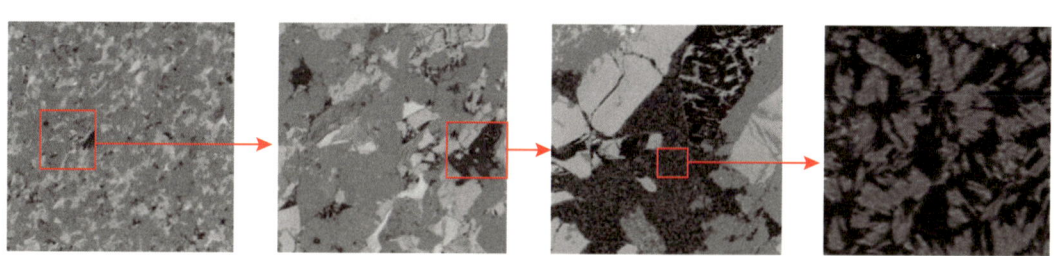

图1-2-12　MAPS扫描测试流程示意图

进一步地，如果将上述测量系统与 X 射线能谱分析仪 EDS 组合起来，就可以对图像中不同位置进行能谱测量并确定其矿物类型。图 1-2-13 和图 1-2-14 分别给出了砂岩储层中常见的石英、伊利石两种矿物的 MAPS 图像及其能谱特征图，其中图 1-2-13a 和图 1-2-14a 为聚焦离子束扫描的小图像，图 1-2-13b 和图 1-2-14b 为对图像中任意一像素点（图 a 中蓝色圆圈标识的位置）进行能谱分析确定的元素谱图，据此可以确定矿物。至此，就得到了高分辨率图像及图像中每一像素点对应的矿物，如图 1-2-15 所示。将二者进行综合分析，既可以确定出目标样品中每一种矿物对应的图像灰度，还可以判断其矿物类型及其中的纳米级微孔的发育尺度，为构建高分辨率致密砂岩孔隙格架提供关键信息。

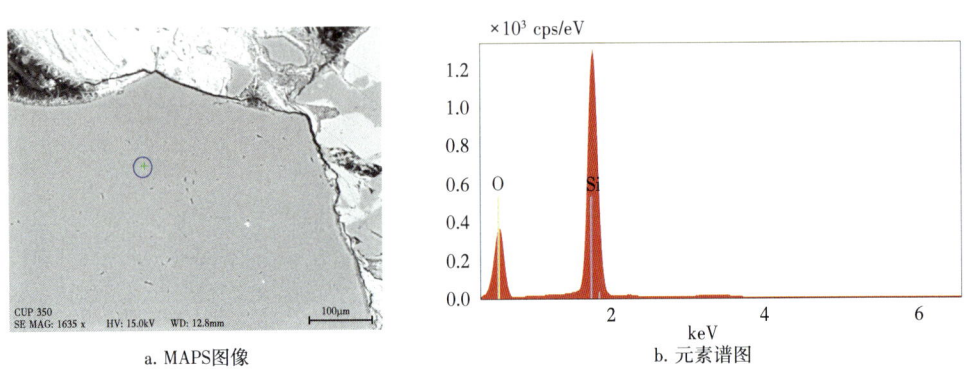

a. MAPS 图像　　　　　　　　　　b. 元素谱图

图 1-2-13　石英颗粒的 MAPS 图像及其对应的能谱图版

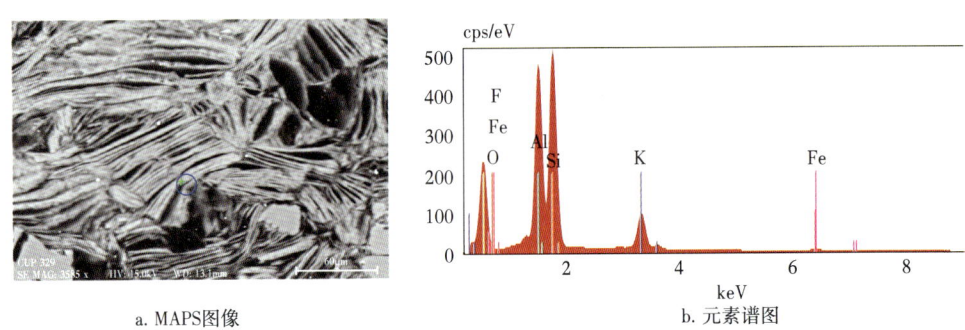

a. MAPS 图像　　　　　　　　　　b. 元素谱图

图 1-2-14　伊利石颗粒的 MAPS 图像及其对应的能谱图版

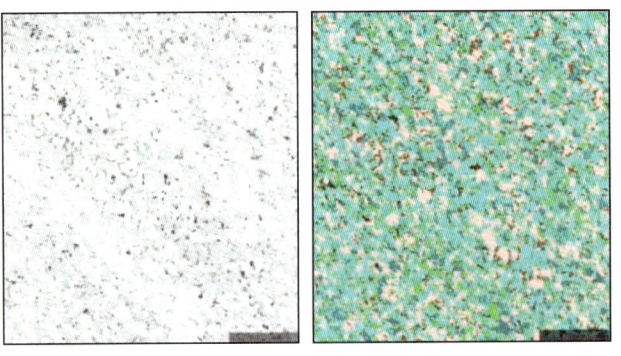

图 1-2-15　致密砂岩样品同一区域 MAPS 图像及对应的矿物识别实例

3. 利用三维数字图像表征储层孔隙结构

无论采用何种方式获取三维数字岩心，其本质是一种三维的数字图像。对岩石物理学家而言，感兴趣的是其中孔隙的几何形状及其空间分布特征。为了描述并提取数字图像的特征，如纹理、几何形状等，需要引入一些专门的数学形态学处理算法。边缘检测就是一种常用的、基于微分运算的边界提取算法，它采用微分算子、拉普拉斯高斯算子或 Canny 算子计算数字图像的梯度场，并通过设置阈值、寻找局部极大值作为局部边界的原理来提取和分割特定区域。

图像的腐蚀和膨胀也是依据数学形态学方法发展起来的一种图像处理算法，起源于岩相分析对岩石结构的定量描述工作，其基本思想就是用具有一定形态的结构元素去度量和提取图像中的对应形状，实现图像特征分析与目标识别，处理结果较微分运算方法更加光滑。本书主要介绍图像的膨胀、腐蚀、开运算和闭运算等算法的基本原理。

1）结构元素

结构元素是图像腐蚀和膨胀运算的基本组成部分，通常比待处理图像小得多，在二维平面上就是一个数值为 0 或 1 的矩阵。其原点指向图像中需要处理的像素位置，大小决定需要处理的范围，数值为 1 的点决定结构元素的邻域像素在运算时是否需要参与计算。

2）腐蚀运算

腐蚀运算也称为侵蚀运算，就是用一个结构元素，如 3×3 的矩阵，扫描数字图像的每一个像素，结构元素与其覆盖的图像进行"与"操作，如果都为 1 输出图像的像素为 1，否则为 0。显然，这种算法使得处理目标减小一圈。

3）膨胀运算

膨胀运算也称为扩张运算，过程同上，如果都为 0，输出图像的像素为 0，否则为 1。算法处理结果是使得处理目标扩大一圈。

4）开运算

开运算将腐蚀和膨胀结合起来，对图像作先腐蚀后膨胀处理就是开运算，它可以平滑图像的轮廓，削弱图像狭窄的部分。开运算的主要作用与腐蚀运算相似，但具有基本保持目标原有大小不变的优点。

5）闭运算

对图像作先膨胀后腐蚀的处理就是闭运算。为了更加直观地显示图像运算结果，以二维孔隙介质图像为例介绍上述过程，如图 1-2-16 所示。

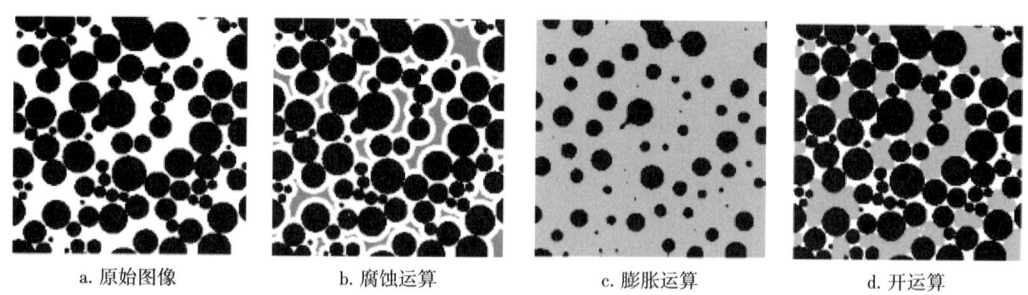

a. 原始图像　　b. 腐蚀运算　　c. 膨胀运算　　d. 开运算

图 1-2-16　二维数字的图像腐蚀、膨胀和开运算示意图

图 1-2-16a 为原始的二维数字图像，其中黑色代表岩石颗粒，用 0 表示，白色代表岩石孔隙，用 1 表示，图像尺寸为 200×200 个像素点。选取半径 R 为 5 个像素的圆作为结构元素，对图 1-2-16a 中的孔隙空间（白色区域）分别进行腐蚀、膨胀和开运算，结果如图 1-2-16b 至图 1-2-16d 所示，图中灰色部分代表孔隙空间经过相应运算后的结果，腐蚀运算收缩目标图像，膨胀运算扩大目标图像，开运算 $X \cdot B$ 可以理解为结构元素 B 在 X 内滚动所能达到的最远处的 B 的边界所构成的空间。因此，如图 1-2-16d 中灰色区域所示，开运算结果显示所有半径大于 R 的孔隙空间。

设岩石孔隙空间中最大孔隙半径为 R_{max}，当结构元素半径为 R_{max} 时，开运算结果为孔隙空间中的最大孔隙。对岩石孔隙空间进行开运算，随着结构元素半径的减小，开运算结果表征的孔隙空间按照孔隙半径的大小依次增加。若设孔隙空间的开运算结果表征油驱水过程中的油，其余孔隙空间表征地层水，则该过程与水湿岩石的排驱过程相似。在水湿岩石中非润湿相油首先占据孔隙空间中大孔隙，随着驱替压力的增大，油按照孔隙半径由大到小的顺序依次侵入。因此，利用岩石孔隙空间的开运算可以模拟水湿岩石的排驱过程，进而确定在不同含水饱和度下孔隙空间中油和水的分布。

另一方面，针对高分辨率扫描图像数据量巨大、存储和计算困难等问题，有学者还提出了对三维数字岩心点阵进行拓扑简化的方法以提取孔和喉，最终只针对简化后的孔隙—喉道数据体开展数模。拓扑简化处理方法主要有多向扫描法、孔隙中轴线法、最大球法、多面体法等。

（1）多向扫描法。该方法通过对孔隙空间进行多方向切片扫描来搜索孔隙、喉道，并将不同方向的扫描切片交叉位置作为喉道，但很难准确定位孔隙。

（2）孔隙中轴线法。中轴线就是相互连通的孔隙管道的中心位置连线。由于连接孔隙的空心管道截面形状极其不规则，中轴线无法表征孔隙的尺寸和形状，但它能够反映孔隙空间分布特征。有学者基于该方法将中轴线的节点定义为孔隙，中轴线上的局部最小区域作为喉道（图 1-2-17a）。

（3）最大球法。该方法以孔隙空间的任意一点为圆心放置一个球体，然后不断地增大球体半径直至球体边缘接触到孔隙壁界面即骨架为止，并将所有的以该孔隙簇的点为中心的、半径最大的球体作为孔隙，连接相邻孔隙的小球体作为喉道（图 1-2-17b）。

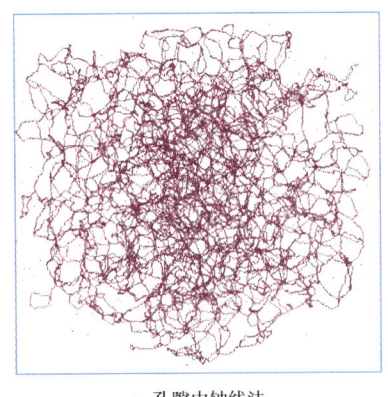
a. 孔隙中轴线法

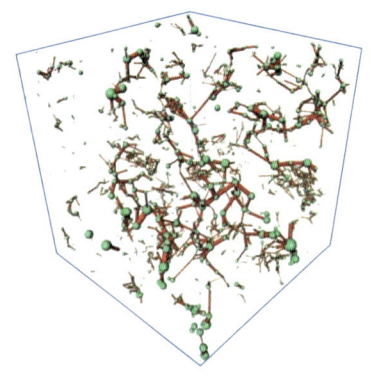
b. 最大球法

图 1-2-17　砂岩储层三维数字图像孔隙结构表征实例

（4）多面体法。沉积过程模拟所建立的数字岩心数据体，由于每个颗粒的位置已知，增大每个颗粒的半径直至所有孔隙被填充，在这一过程中记录下每个颗粒的交界点，将所有交界点连接起来就形成了多面体，其顶点对应孔隙，所有顶点间的连线对应喉道。

4. 致密砂岩多组分孔隙格架构建

致密砂岩储层微米级CT结果与真实孔隙分布存在突出矛盾，其根本原因在于传统的二值图像分割过程将微米级CT图像的每个像素点看成非0即1、非孔隙即骨架，这种处理方法过于简单。实际上微米级CT图像的每个像素点代表的是一定体积（相当于分辨率尺度）的地层单元，其内部还存在着微米级CT未能识别的微孔隙。因此，有必要认真分析每个像素点内部的微孔隙发育情况。

采用前面介绍的MAPS成像与EDS能谱分析技术相结合，对表1-2-2中的8块致密砂岩样品进行了配套测试，将图像信息与能谱结果进行对比分析，发现石英和钠长石密度接近、高岭石和伊利石密度接近、方解石和钾长石密度接近，无法在灰度图像上区别开来，同时又考虑到上述三类矿物电学性质较为接近，因此将长7段致密砂岩矿物组分划分为五种：（1）高岭石和伊利石；（2）石英和钠长石；（3）钾长石和方解石；（4）绿泥石；（5）孔隙。每一种组分对应的微米级CT图像的灰度分布及其发育的微孔比例见表1-2-4。

表1-2-4 致密砂岩储层孔隙分类及发育特征统计表

组分	孔隙类型	面孔率	微米级CT图像灰度分布
孔隙	残余粒间孔	1	[0, 82]
钾长石、方解石	粒内溶孔	0.1	[110, 120]
高岭石、伊利石	晶间孔	0.3	[83, 94]
石英、钠长石	晶间孔	0.03	[95, 109]
绿泥石	晶间孔	0.05	[121, 255]

按照表1-2-4所给出的方案，对8块致密砂岩样品的微米级CT图像进行多组分分割，得到的5大类组分体积含量见表1-2-5。表1-2-6列出了这8块样品X射线衍射的主要矿物组分体积含量。

表1-2-5 根据微米级CT图像分割的8块致密砂岩样品各组分体积含量

岩心编号	孔隙	高岭石与伊利石	石英和钠长石	钾长石和方解石	绿泥石
A157-15-24	0.0051	0.1450	0.7038	0.10987	0.0363
B28-3-17	0.0056	0.1291	0.7072	0.1172	0.0411
B28-3-19	0.0033	0.1182	0.6908	0.1251	0.0626
B28-3-45	0.0312	0.1036	0.7456	0.0766	0.0430
H22-6-90	0.0077	0.0483	0.6590	0.2292	0.0559
H22-6-94	0.0332	0.1043	0.6807	0.1097	0.0721
Y32-6-15	0.0374	0.1411	0.7178	0.0800	0.0238
Z53-7-33	0.0056	0.1187	0.6324	0.1620	0.0813

表 1-2-6 8 块致密砂岩样品 X 射线衍射全岩分析结果

岩心编号	石英	钾长石	斜长石	方解石	白云石	菱铁矿	黄铁矿	黏土矿物
Y32-6-15	66.9	5.3	12.8	1.9	3.1	0.7	—	9.2
B28-3-17	54.8	9.1	17.8	4.3	2.5	0.8	0.7	10
B28-3-19	48.5	10.9	23.9	1.3	4	0.7	—	10.5
A157-14-24	31.5	11.3	42.3	3.4	0.4	—	0.4	10.7
Z53-7-33	37.6	6.8	35.2	3.6	2.9	—	—	14
B28-3-45	54.9	7.3	26.2	1.2	1.8	—	—	8.6
Y32-6-64	54.4	4.5	18.6	1.5	3.3	2.4	—	15.3
H22-6-91	26.9	13.6	48.6	3.1	1.4	—	—	6.5

为了验证上述分割方法的合理性，利用 X 射线衍射的组分含量数据来进一步标定多组分分割的结果，如图 1-2-18 所示。可以看出，尽管来源完全不同，但这种多组分分割方法的结果与 X 射线衍射测试结果基本吻合，数据点集中分布在 45°线附近，进一步验证了该方法的合理性。

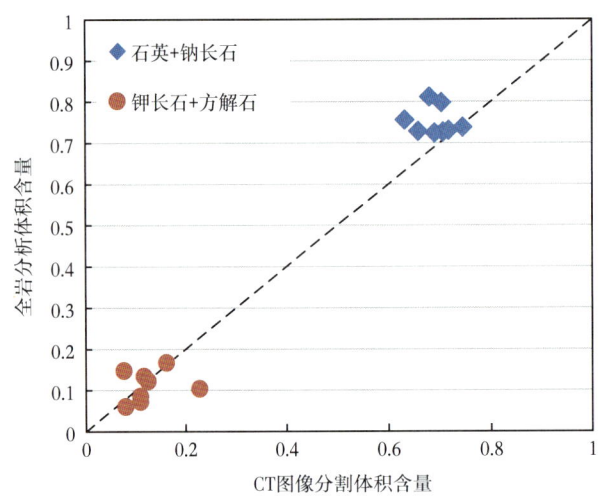

图 1-2-18 8 块致密砂岩样品 CT 图像分割组分含量与 X 射线衍射分析结果对比

进一步对各种组分包含的微孔隙类型进行分析，结果表明致密砂岩储层中除了尺寸相对较大的残余粒间孔以外，还发育大量的次生溶蚀微孔，主要包括粒内溶孔和晶间孔等。

1）残余粒间孔

致密砂岩储层一般都经历了强烈的压实和成岩作用，原始沉积时在颗粒、杂基及胶结物之间的大部分孔隙因压实胶结而消失，仅残余少量粒间孔，存在于颗粒之间的胶结物也有可能被进一步溶蚀使得粒间孔被改造并使其空间形态更加趋于复杂化。残余粒间孔一般是致密砂岩储层所有类型的孔隙中尺寸最大、最容易被识别的，表 1-2-2 中的样品经微米级 CT 识别出来的主要是残余粒间孔，如图 1-2-19a 所示。如果微米级 CT 图像某一个或某一簇像素（点）被判识为残余粒间孔，其对应的面孔率可看成 100%。

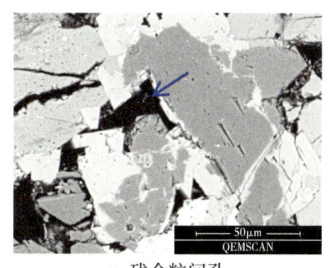 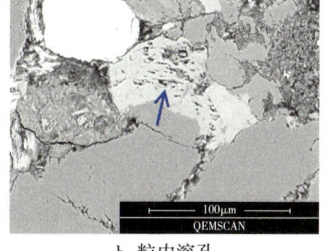 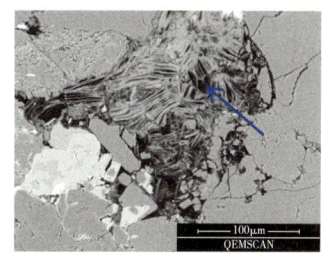

a. 残余粒间孔　　　　　　　b. 粒内溶孔　　　　　　　c. 晶间孔

图 1-2-19　鄂尔多斯盆地长 7 段致密砂岩主要孔隙类型

2）粒内溶孔

陇东地区延长组长 7 段致密砂岩储层中钾长石、方解石是主要的可溶矿物组分，被酸性溶液溶蚀后可产生数量可观的粒内溶孔，其形状极不规则，尺寸一般也小于残余粒间孔。通过对上述 8 块样品的测试结果统计分析，钾长石和方解石对应的微米级 CT 图像灰度一般分布在 110~120 之间，粒内溶孔的面孔率约为 10%，如图 1-2-19b 所示。

3）晶间孔

主要指高岭石、伊利石和绿泥石等黏土矿物的微孔隙，尺寸极为细小，只能通过 MAPS 成像技术的纳米级扫描才能发现。分析表明，陇东地区长 7 段致密砂岩中伊利石和高岭石组分的杂基微孔隙最为发育，面孔率约 30%，绿泥石所含晶间孔面孔率仅 5%，如图 1-2-19c 所示。

除杂基晶间孔以外，石英、钠长石等自生矿物也发育少量的晶间孔，面孔率约为 3%。

通过对微米级 CT 图像中每个像素点对应的组分类型（孔隙或矿物骨架）、灰度分布等数据的综合分析，确定出长 7 段致密砂岩储层的微米级 CT 图像中主要矿物的图像灰度分布、微孔隙发育程度及其面孔率数值（表 1-2-4），其中每一种矿物组分的灰度截止值划分标准是由其密度值及对应的灰度值经统计确定的，在陇东地区长 7 段基本适用。在其他地区或其他层位，由于岩性差异导致矿物最大密度和最小密度的极限值存在差异，这一分类方案可根据实际资料的标定进行调整。

多组分三维数字岩心的总孔隙度可以表示为：

$$\phi_t = V_p \times 1 + V_{il+kao} \times 0.3 + V_{kfa+ca} \times 0.1 + V_{chl} \times 0.05 + V_{qu+al} \times 0.03 \quad (1-2-11)$$

式中：V_p、V_{il+kao}、V_{kfa+ca}、V_{chl} 和 V_{qu+al} 分别为基于微米级 CT 图像分割的孔隙、伊利石 + 高岭石、钾长石 + 方解石、绿泥石和石英 + 钠长石的体积含量。

将式（1-2-11）与多矿物组分三维数字岩心结合，可得长 7 段储层致密砂岩三维数字岩心的总孔隙度，见表 1-2-7。计算结果表明，在建立多组分三维数字岩心后，数字岩心孔隙度与岩心气测孔隙度接近，对比如图 1-2-20 所示，数据点基本分布在 45° 线上，说明表 1-2-4 中的孔隙度分配方法基本合理。

表 1-2-7 多矿物组分三维数字岩心孔隙度计算结果

岩心编号	多组分数字岩心孔隙度（%）	气测孔隙度（%）
A157-15-24	8.25	8.5
B28-3-17	7.93	8.1
B28-3-19	6.82	7.1
B28-3-45	9.45	11.5
H22-6-90	6.11	6.2
H22-6-94	9.95	10.0
Y32-6-15	11.04	11.2
Z53-7-33	7.42	7.9

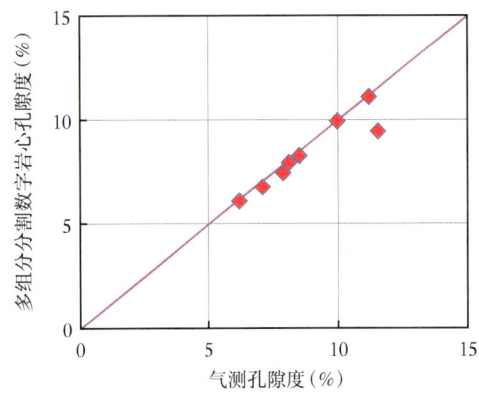

图 1-2-20 8块致密砂岩多组分分割数字岩心孔隙度与气测孔隙度对比

将多组分分割、每一组分对应的微孔比例等信息综合起来，可以发现，致密砂岩微米级CT图像中每一像素点实质上是具有一定体积、对应于某种特定矿物组分、包含一定比例微孔隙的地层单元，传统的单一阈值分割、非0即1的处理方法丢失了大量信息。

为了保留这些微孔信息，根据表1-2-4所示的方案，对微米级CT图像的每一点确定其对应的矿物或组分类型，并赋予一定的面孔率，相当于将每一点都看成具有一定孔隙度的次一级储层单元，它对样品的孔隙度、渗透率、电阻率等都具有贡献，从而构建出一个虚拟的高分辨率孔隙格架，如图1-2-21所示。

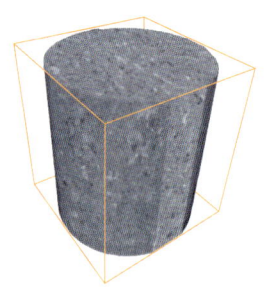  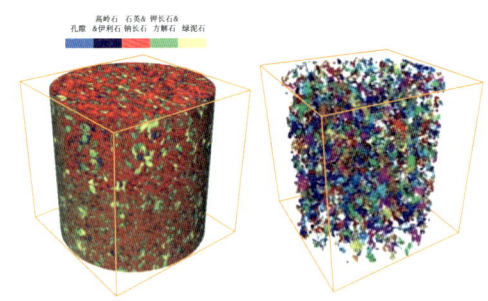

a. 微米级CT三维图像　　b. 单一阈值分割的孔隙格架　　c. 三维多组分数字孔隙格架

图 1-2-21 1in致密砂岩柱塞样CT图像与多组分孔隙格架构建实例

图 1-2-21 给出了表 1-2-2 中 H22-6-94 号样品的微米级 CT 图像（图 1-2-21a）、单一阈值分割的孔隙格架（图 1-2-21b）和多组分孔隙格架（图 1-2-21c）。该样品气测孔隙度为 10.0%，单一阈值分割处理的孔隙度仅 3.32%，而采用多组分分割的方法映射

后的孔隙格架孔隙度为 9.95%，与气测孔隙度非常相近，说明这种方法能够考虑致密砂岩中实际存在的所有孔隙，从而为下一步的数值模拟提供准确的输入信息。

第三节　碎屑岩储层参数定量计算

储层参数的定量计算是个反演问题，是基于岩石物理研究所确定的各类测井响应模型，从实测的测井资料推算地层岩石中各类组分的体积含量。这个过程也是测井资料处理解释的重要环节之一，最常用的响应模型就是岩石物理体积模型。本节重点介绍基于岩石物理体积模型和最优化处理基本方法原理，并通过实际例子阐述各个环节应注意的技术细节。

一、岩石物理体积模型简介

图 1-3-1 是测井解释常用的岩石物理体积模型示意图，它表示沿着井轴方向在仪器探测范围内截取一块边长为单位长度、体积为单位体积的立方体岩石，图 1-3-1a 为纯岩石示意图，图 1-3-1b 为含泥质岩石示意图。在测井解释当中，纯岩石是指泥质含量为零的岩石，实际应用时也包含泥质含量很少的岩石（一般在 10% 以内）。设想沿井轴方向把岩石矿物颗粒集中在一起，使矿物颗粒之间一点没有孔隙，形成一块物理性质均匀、占单位体积立方体岩石一定比例的长方体，如图 1-3-1a 中"纯岩石骨架"所示。同样，可以设想把岩石中所有孔隙也集中在一起，孔隙中可能有水和油气两种，对于纯水层油气含量为零。而对于含泥质岩石，由于泥质组分中黏土矿物吸附一定的水，因此含泥质岩石的组分就复杂一些。

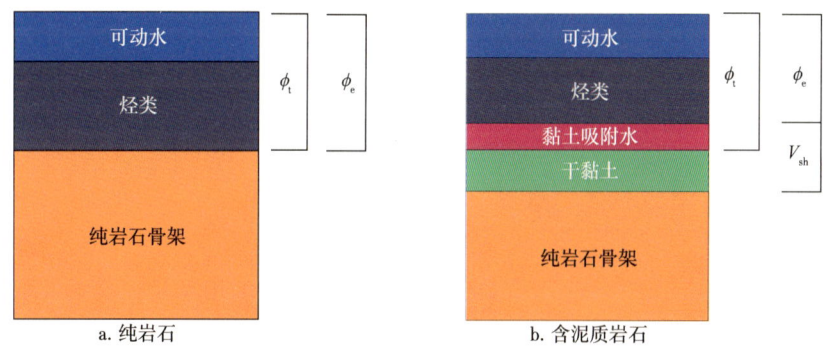

图 1-3-1　碎屑岩储层岩石物理体积模型示意图

在讨论储层参数的计算时，经常要用到图 1-3-1 所示的岩石物理体积模型，基本原理就是将补偿声波、补偿密度和补偿中子等孔隙度测井曲线的响应看成图中各个组分的响应之和，每个组分的响应是其理论值与相应的体积分数的乘积。对于纯岩石，有：

$$\begin{cases} \phi_N = \phi_t \left[\phi_{Nw} S_w + \phi_{Nh} (1-S_w) \right] + (1-\phi_t) \phi_{Nma} \\ \rho_b = \phi_t \left[\rho_w S_w + \rho_h (1-S_w) \right] + (1-\phi_t) \rho_{ma} \\ \Delta t = \phi_t \left[\Delta t_w S_w + \Delta t_h (1-S_w) \right] + (1-\phi_t) \Delta t_{ma} \end{cases} \quad (1-3-1)$$

式中：ϕ_t 为储层总孔隙度，在纯岩石中它等于有效孔隙度；ϕ_N、ϕ_{Nw}、ϕ_{Nh}、ϕ_{Nma} 分别为中子测井值、地层水的中子测井响应值、油气的中子测井响应值和纯岩石骨架的中子测井响应值；ρ_b、ρ_w、ρ_h、ρ_{ma} 分别为密度测井值、地层水的密度测井响应值、油气的密度测井响应值和纯岩石骨架的密度测井响应值，g/cm³；Δt、Δt_w、Δt_h、Δt_{ma} 分别为纵波时差测井值、地层水的纵波时差、油气的纵波时差和纯岩石骨架的纵波时差值，μs/ft；ϕ_t、S_w 分别为总孔隙度及含水饱和度。

如果是含泥质岩石，则式（1-3-1）中还需要增加黏土矿物部分的贡献：

$$\begin{cases} \phi_N = \phi_e[\phi_{Nw}S_w + \phi_{Nh}(1-S_w)] + (1-\phi_e-V_{sh})\phi_{Nma} + V_{sh} \times \phi_{Nsh} \\ \rho_b = \phi_e[\rho_w S_w + \rho_h(1-S_w)] + (1-\phi_e-V_{sh})\rho_{ma} + V_{sh} \times \rho_{sh} \\ \Delta t = \phi_e[\Delta t_w S_w + \Delta t_h(1-S_w)] + (1-\phi_e-V_{sh})\Delta t_{ma} + V_{sh} \times \Delta t_{sh} \end{cases}$$ （1-3-2）

式中：ϕ_e 为储层有效孔隙度；ϕ_{Nsh}、ρ_{sh}、Δt_{sh} 分别为泥质的中子、密度和声波测井值；V_{sh} 为泥质含量。

二、泥质含量计算

如前所述，泥质含量是测井解释中必须计算但又最难以准确计算的一个解释参量，在泥质砂岩的解释评价中占有相当重要的位置，因为泥质含量的高低不但影响储层的有效孔隙度、渗透率，而且对电阻率也有重要影响，从而影响饱和度的计算。图1-3-2解释了泥质含量对电阻率的影响，可以看出，对于含油饱和度为75%的纯砂岩油层，其电

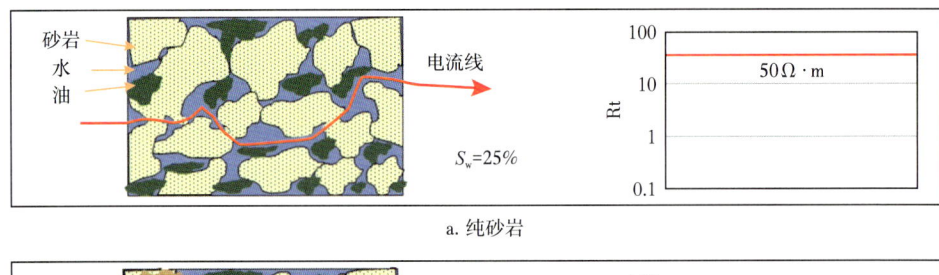

a. 纯砂岩

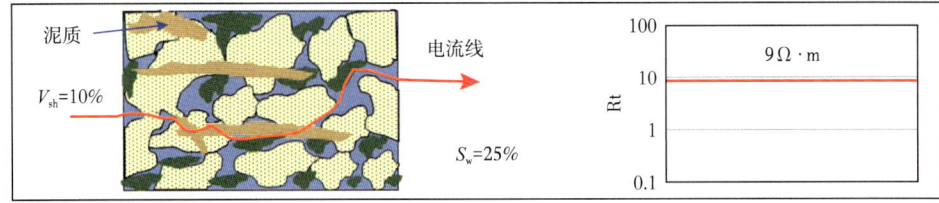

b. 含泥质10%的泥质砂岩

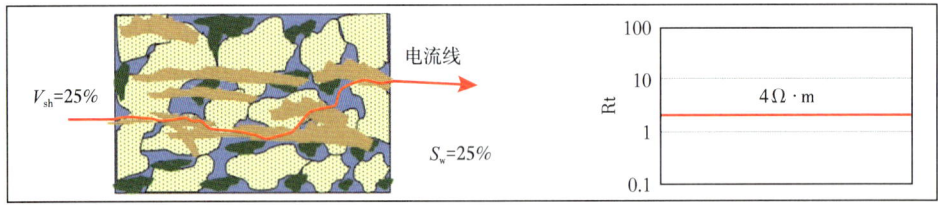

c. 含泥质25%的泥质砂岩

图1-3-2 泥质含量对油层电阻率的影响示意图

阻率可能高达 50Ω·m，当储层中含 10% 的泥质时，由于黏土岩的导电作用，增加了岩石的导电路径，虽然含油饱和度没有变化，但电阻率下降到 9Ω·m，如果泥质含量增加到 25%，电阻率有可能进一步下降到 4Ω·m。由此可见，泥质含量参数是油层准确评价的关键因素之一，因此，在所有的测井资料处理方法和软件中，第一步就是设计各种泥质含量计算模型。

最常用的泥质含量计算是采用自然伽马测井，如图 1-3-3a 所示，假设在砂泥岩剖面中自然伽马曲线最大值为 GR_{max}，最小值为 GR_{min}，某一位置的测井值为 GR，则对应的泥质含量计算公式为：

$$V_{sh} = \frac{2^{GCUR \times \Delta GR} - 1}{2^{GCUR} - 1} \tag{1-3-3}$$

其中：

$$\Delta GR = \frac{GR - GR_{min}}{GR_{max} - GR_{min}}$$

式中：GCUR 为经验系数。

除自然伽马测井以外，自然电位和补偿中子测井也都是常用的泥质含量计算方法，如图 1-3-3b 所示，假设在砂泥岩剖面中自然单位曲线最大值为 SP_{max}，最小值为 SP_{min}，某一位置的测井值为 SP，则对应的泥质含量计算公式为：

$$V_{sh} = \frac{SP - SP_{min}}{SP_{max} - SP_{min}} \tag{1-3-4}$$

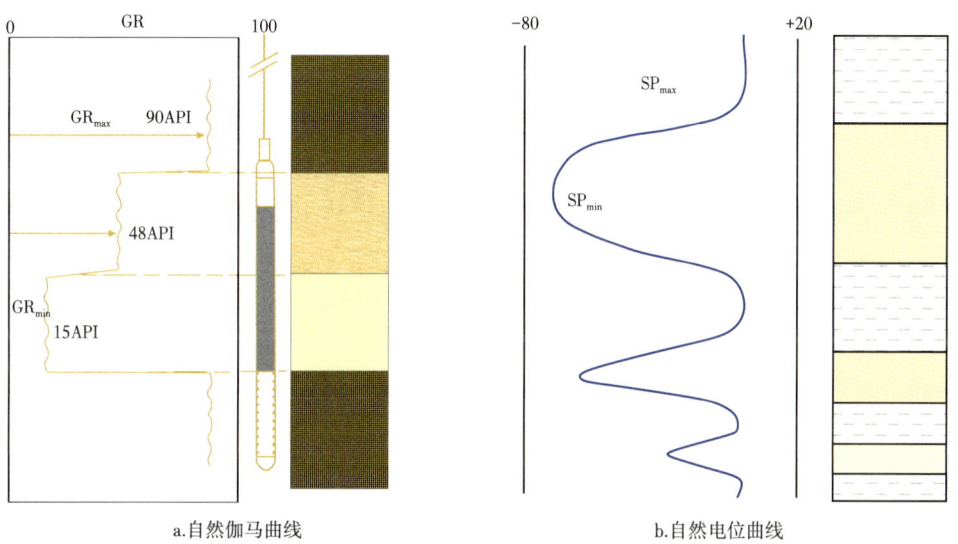

图 1-3-3 常规测井曲线反映泥质含量示意图

实际上，可以采用以下的通式来估算泥质含量：

$$V_{sh} = \frac{LOG - LOG_{min}}{LOG_{max} - LOG_{min}} \tag{1-3-5}$$

式中：LOG 表示能够用于表征泥质含量高低的任何测井曲线值，例如前面的自然伽马、自然电位和补偿中子测井等，甚至有文献指出在某些时候可以借用电阻率测井曲线来估算泥质含量；$\text{LOG}_{\max}$、$\text{LOG}_{\min}$ 分别为解释层段的测井曲线极大值和极小值。

在一口井中可以依据测井曲线的丰富程度选用多种方法计算，最后选择各种方法的最小值作为当前深度位置的泥质含量。

三、孔隙度计算

1. 单一曲线计算孔隙度

式（1-3-1）列出了纯岩石的测井响应方程，其中的中子、密度和声波测井都是常用的孔隙度表征曲线。对于纯岩石地层，根据式（1-3-1），如果孔隙中完全饱含水，$S_w=1.0$，则有：

$$\phi_t = \frac{\text{LOG} - \text{LOG}_{\text{ma}}}{\text{LOG}_f - \text{LOG}_{\text{ma}}} \quad （1-3-6）$$

式中：LOG 为中子、密度或补偿声波等孔隙度测井曲线值；LOG_f、LOG_{ma} 分别为岩石孔隙中地层水的测井响应值和岩石骨架的测井响应值。

对于含泥质岩石储层，如果岩石孔隙中完全饱含水，根据式（1-3-2）可以推得有效孔隙度的计算公式：

$$\phi_e = \frac{\text{LOG} - \text{LOG}_{\text{ma}}}{\text{LOG}_f - \text{LOG}_{\text{ma}}} - V_{\text{sh}} \frac{\text{LOG}_{\text{SH}} - \text{LOG}_{\text{ma}}}{\text{LOG}_f - \text{LOG}_{\text{ma}}} \quad （1-3-7）$$

式中：LOG_{SH} 为泥质部分的中子、密度或补偿声波等孔隙度测井响应值，其他符号意义同上。

需要说明的是，以上计算孔隙度的过程都是假设孔隙中完全含水，对于含油气的储层，此时 $S_w < 1.0$，利用式（1-3-6）和式（1-3-7）计算总孔隙度和有效孔隙度时如果仍然采用纯水的测井响应值，其结果相较于地层真实值偏低，此时须开展油气信息校正。此外，上面的计算过程中还需要已知纯岩石骨架、泥质的测井响应值，这些参数都是未知的，特别是岩石骨架是由多种矿物组成的，其骨架测井响应值取决于具体的矿物种类和相对含量，因此如果仅以某种单一矿物的骨架值作为近似，利用上式计算的孔隙度还需要进行岩性校正。

上述理论方法的未知参数过多，且难以逐点确定，在实际生产中，特别是在油气田的储量计算过程中，往往采取根据储层"四性"关系特征，利用"岩心刻度测井"方法分层位建立计算模型。资料点的选取是在精细岩电归位和小层划分的基础上，选择岩心采样密度每米大于 7 块，测井曲线质量可靠，各曲线之间一致性良好的层点，单元层测井参数和物性参数均取平均值。孔、渗参数解释模型建立过程中，首先对物性参数与测井参数之间进行相关性分析，优选出最佳的组合关系，在综合考虑地质—物理意义、测井曲线可靠性等因素的基础上，利用一元或多元回归方法建立经验关系式。

某油田在砂岩储层中选取目的层段 20 口井 36 个层点，建立岩心实测孔隙度与声波时差测井曲线图版（图 1-3-4），据此确定该层段有效孔隙度计算公式如下：

$$\phi_e = 0.153\Delta t_p - 26.4 \qquad (1\text{-}3\text{-}8)$$

式中：ϕ_e 为计算的有效孔隙度，%；Δt_p 为纵波声波时差测井值，μs/m。

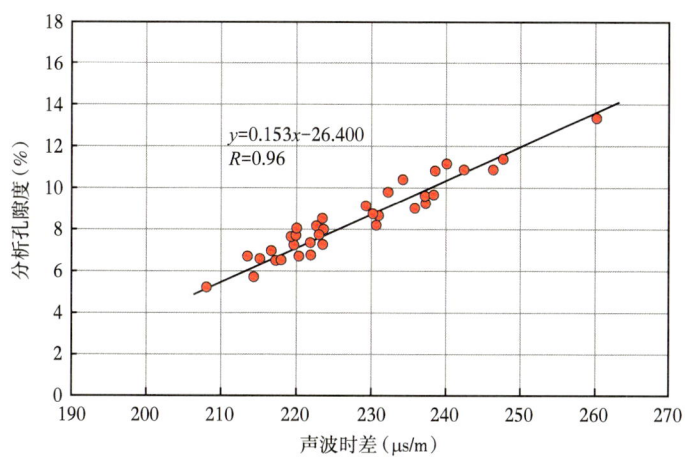

图 1-3-4　某油田砂岩储层分析孔隙度与声波时差关系图

2. 应用两种以上的孔隙度曲线计算孔隙度

对于由两种以上的矿物组成的复杂岩性地层，推荐采用两种孔隙度曲线（中子—密度或中子—声波）交会的办法来计算孔隙度，图 1-3-5 是原理示意图。图 1-3-5 中，W、Q、C、G 点分别代表纯水、纯石英、湿黏土点和干黏土点，WQ 是纯砂岩线，CQ 为湿泥岩线，QG 为干泥岩线，X 轴为补偿中子，Y 轴为补偿密度，也可以采用声波作 Y 轴。参加交会井段的测井数据分布在 $\triangle WQC$ 中。以线段 QG 代表总孔隙度的零线，线段 QC 代表有效孔隙度的零线，任一测井数据点距离线段 QG、QC 的距离就分别代表该点的总孔隙度、有效孔隙度。

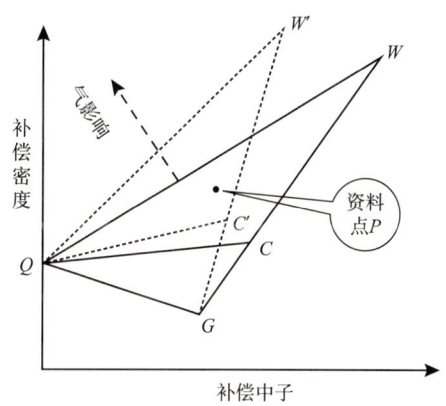

图 1-3-5　中子—密度交会迭代计算地层孔隙度原理示意图

图 1-3-5 中以 P 点代表某一个测井数据点。如果该点对应的地层为水层，就可以用 $\triangle WQC$ 来计算有效孔隙度，用 $\triangle WQG$ 计算总孔隙度。如果地层含气，假设含气饱和度为 S_g，那么地层实际的流体点就不是 W，而是 W'，W' 的位置取决于地层含气饱和度，需要确定，计算公式为：

X 坐标

$$I_H = S_w I_{Hw} + (1-S_w) I_{HOG} \qquad (1\text{-}3\text{-}9)$$

式中：I_H 为含氢指数；I_{Hw} 为纯水的含氢指数，一般取 1.0；I_{HOG} 为孔隙中烃类的含氢指数。

Y 坐标

$$\rho_f = S_w \rho_w + (1-S_w)\rho_{OG} \qquad (1\text{-}3\text{-}10)$$

式中：ρ_w 为纯水的密度，一般取 1.0g/cm³；ρ_{OG} 为孔隙中烃类的密度。

地层含烃饱和度是未知的，首先给定初始值，利用式（1-3-9）、式（1-3-10）可以计算一个流体点 W'，得到一个新的 △$W'QC'$，利用新的三角形计算 P 点的孔隙度 ϕ。根据计算的 ϕ 值再估算含烃饱和度并重新确定 △$W'QC'$ 位置，这样反复迭代循环后得到一个最终的 △$W'QC'$，它比较接近 P 点的储层实际流体特征。

经过上述迭代运算得到的孔隙度是经过岩性校正和油气校正的，迭代过程在计算孔隙度的同时也就得到了较为符合实际地质特征的岩性剖面，也就是说岩性剖面与孔隙度的计算是相互制约、同步进行的，计算的孔隙度结果更能接近实际。

应该指出的是，上面讨论的这种计算方法与油田生产中利用大量岩心实验资料建立地区经验解释模型是有区别的。利用岩心分析资料与某一种孔隙度测井资料进行相关性分析并建立回归方程，所得到的经验公式通常只适用于特定地区，严格地说只适用于取心层位所在的地层。当地层岩性甚至含油气性发生改变时就不再适用（如从油层变为气层）。而这种迭代算法具有更好的适用性。

3. 利用核磁共振测井计算孔隙度

核磁共振测井测量的主要是地层孔隙介质中氢核对仪器测量响应的贡献，不受岩石骨架的影响，能够避开常规单一曲线计算孔隙度过程中岩性骨架确定不准带来的误差，比较准确地确定孔隙度。

对于饱和水的岩石，横向弛豫时间 T_2 谱中短弛豫组分对应岩石的小孔径孔隙或微孔隙，长弛豫组分反映岩石中的较大孔径的孔隙（假设岩石的润湿性为水湿且孔隙中完全饱含水），因此 T_2 谱分布的积分面积就代表总孔隙度 ϕ_t（前提是实验或测井仪器经过严格的测前刻度），计算公式为：

$$\phi_t = \int_{T_{2\min}}^{T_{2\max}} S(T_2) dT_2 \quad (1-3-11)$$

式中：$T_{2\min}$ 和 $T_{2\max}$ 分别代表横向弛豫时间 T_2 谱的最短时间和最长时间，ms。

如果能够确定代表可动孔隙的横向弛豫时间下限 $T_{2\text{cutoff}}$，则可以利用下式计算可动孔隙度：

$$\phi_m = \int_{T_{2\text{cutoff}}}^{T_{2\max}} S(T_2) dT_2 \quad (1-3-12)$$

进一步地，如果已知含泥质岩石中泥质部分对应的横向弛豫时间上限 $T_{2\text{cl}}$，则可以利用下式计算泥质微孔隙相对含量：

$$\phi_{\text{cl}} = \int_{T_{2\min}}^{T_{2\text{cl}}} S(T_2) dT_2 \quad (1-3-13)$$

在实际核磁共振测井处理时，通常给定多个不同的区间截止值，利用上面的积分公式可以分别计算不同区间内的孔隙度相对体积，从而得到反映碎屑岩储层不同孔径大小的区间孔隙度曲线，用于孔隙结构和储层品质分析。

四、渗透率计算

1. 计算渗透率的一般方法

渗透率是指可动流体在岩石中的流动能力，准确地计算渗透率对于储层产能预测以及采收率具有重要意义。由于岩石具有各向异性，可以将渗透率分为水平渗透率和垂直渗透率；根据岩石成岩过程，又可以将渗透率分为原生渗透率（又称基质渗透率）和次生渗透率。基质渗透率主要受沉积和成岩作用控制，次生渗透率主要受压实、胶结、断裂和溶解等作用控制。

1）基于岩心实验数据的经验公式法

孔隙度和渗透率是衡量储层物性好坏的两个关键参数，对于以粒间孔隙为主的碎屑岩储层，通常情况下随着孔隙度增大渗透率也呈现增大的趋势，但是储层遭受的成岩作用会改变其孔隙结构，特别是孔喉的连通性，因此对于低孔低渗、致密砂岩等经历较强烈成岩作用的碎屑岩储层，二者之间的关系变得复杂，一般很难建立一个统一形式的通用方程。

在实际生产中，往往采用岩心实验数据多元回归的方法建立渗透率计算经验公式，例如，对某油田的砂岩储层段各测井参数与渗透率的单相关分析表明，气层段渗透率与实验分析孔隙度、自然伽马、声波时差、密度相关性较高。采用 45 口井 71 个层点进行多元回归，建立计算模型如下：

$$\lg K = -0.02035 GR + 0.01689 \Delta t - 0.33283 \rho_b + 0.19569 \phi + 1.81229 \quad (1-3-14)$$

对具体的研究区块，可以采用分层位、分沉积微相类型或分流动单元的方法分别建立能够满足生产精度要求的渗透率计算区域模型。

2）用 Timur 公式计算渗透率

多年来，对渗透率的探讨大多集中在应用孔隙度和束缚水饱和度 S_{wi} 来评价地层渗透率，其中 Timur（1968）公式具有代表性，其一般形式为：

$$K = \frac{A\phi^B}{S_{wi}^C} \quad (1-3-15)$$

式中：S_{wi} 为束缚水饱和度，%；ϕ 为孔隙度，%；A 为与油气类型有关的系数；B、C 为与岩性指数和饱和度指数有关的系数。

Timur 公式应用比较广泛，但也有观点认为该模型不适用于渗透率低于 100mD 的砂岩储层。

2. 利用核磁共振测井计算渗透率

利用核磁共振测井估算渗透率是基于实验和理论模型的相结合。在这些模型和关系式中，当所有其他因素都保持不变时，渗透率随着连通孔隙率的增加而增加。如前所述，在满足一定的前提条件下，核磁共振 T_2 谱可以认为是孔隙尺寸大小的度量，但在几乎所有的砂岩和一些碳酸盐岩中，孔隙尺寸大小与喉道粗细之间存在很强的相关性，因此基于核磁共振测井估算渗透率的两个常用公式中都有 ϕ^4 项。两个常用的经典公式为 Coates 模型及 SDR 模型。

1）自由流体模型（Coates 模型）

$$K = \left[\left(\frac{\phi}{C}\right)^2 \frac{FFI}{BVI}\right]^2 \quad (1-3-16)$$

式中：BVI 为束缚水饱和度；FFI 为可动水饱和度；ϕ 为有效孔隙度；C 为经验系数变量，与储层经历的成岩过程有关，不同地层取值不同。

2）平均 T_2 模型（SDR 模型）

$$K = aT_{2gm}^2\phi^4 \qquad (1-3-17)$$

式中：T_{2gm} 为 T_2 谱的几何平均值，ms；a 为系数，取决于地层类型。

3）系数法

除此以外，针对具有复杂孔隙结构的碎屑岩储层，近些年的研究认为，核磁共振 T_2 谱代表的不同尺寸孔喉对渗透率的贡献不同，大孔喉具有更好的连通程度和导流能力，对渗透率的贡献更大，因此提出了核磁共振谱系数法计算渗透率。

影响碎屑岩储层渗透率的因素主要包括孔隙度及孔道的弯曲度等，因此有如下关系：

$$K \propto \frac{\phi}{2Y}\frac{1}{S_p^2} \qquad (1-3-18)$$

式中：S_p 为孔隙比表面；Y 为孔道弯曲度。

在电阻率测井中，影响储层的地层因素大小的主要因素就是孔隙大小及其连通程度：

$$F = \frac{X}{\phi} \qquad (1-3-19)$$

式中：F 为地层因素；X 为电法测井中孔道的弯曲度。

借鉴该思路，孔道的弯曲度不仅会影响岩石的导电路径和电性，而且还会影响岩石中流体的渗流能力，对岩石的渗透率产生影响。

核磁共振孔隙度是由 T_2 分布通过刻度直接得到，此外由 T_2 分布还可以把孔隙度分解成不同弛豫时间区间的孔隙度分量，即 P_1，P_2，$\cdots$，P_n，是与 T_{2i}（$i=1$，$\cdots$，n）对应的各孔隙系统在观测到的总孔隙系统中所占的比重。根据 $\frac{1}{T_2} = \rho\frac{S}{V}$，可以得到每一个 T_{2i} 与比表面的关系，把 T_2 分布转化为孔喉半径分布。因此，在充分考虑 T_2 谱分量能够准确反映影响渗透率因素的基础上，提出了核磁共振多组分表征方法。

核磁共振多分量谱系数计算渗透率的方法首先是要把整个 T_2 谱变为 8 个分量（bin）。渗透率与每个分量的关系如图 1-3-6 所示，大孔隙部分含有自由流体较多，与渗透率的相关性好，对整体的渗透率贡献大；小孔隙部分与渗透率的相关性变差，束缚流体越多相关性就越差。这 8 个区间能够合理地反映出不同孔隙度区间对渗透率的贡献，从而可以按照贡献的大小对不同孔隙区间有区别的进行组合，基于这一思路，谱系数计算渗透率的公式为：

$$K = \frac{f(G)\phi^{\frac{3}{4}}\sum_{i=1}^{n}(2i-1)\phi_i r_i^2}{8n^2} \qquad (1-3-20)$$

式中：$f(G)$ 为权系数函数；r_i 为分量 i 的孔喉半径；n 为分量的个数。

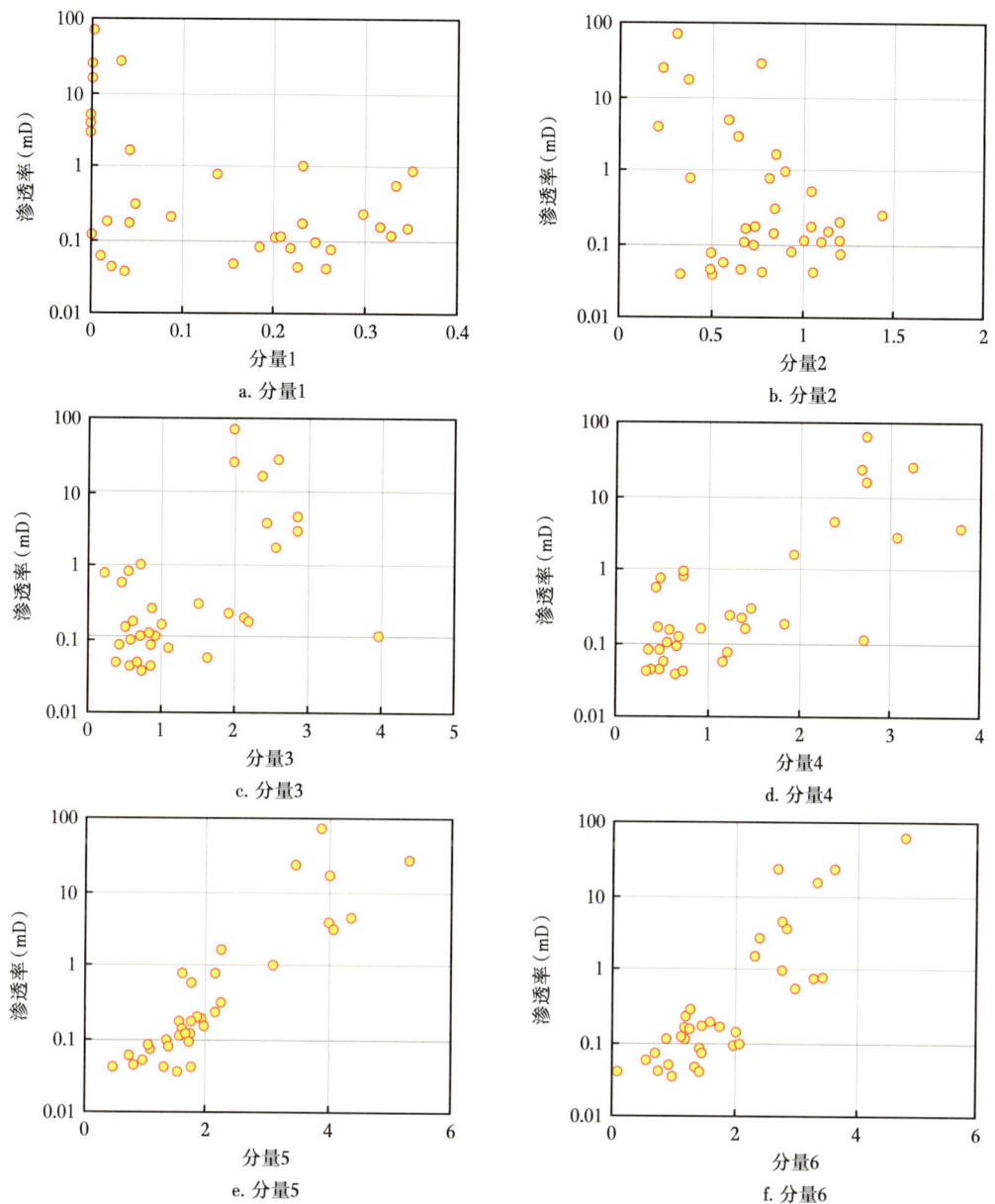

图 1-3-6　核磁共振不同分量与渗透率关系法分析

为了能够利用式（1-3-20）计算渗透率，另外要有配套的岩石物理实验。选择毛细管压力实验作为配套数据进行刻度，确定 T_2 谱与孔喉半径转化关系：

$$r_i = \frac{0.735}{55.8\left(\dfrac{1000}{T_{2i}}\right)^{0.86}} \qquad (1-3-21)$$

式中：T_{2i} 为分量 i 的 T_2。

通过该转化关系，就可以将 T_2 谱分布转化为孔喉半径分布（图 1-3-7、图 1-3-8）。

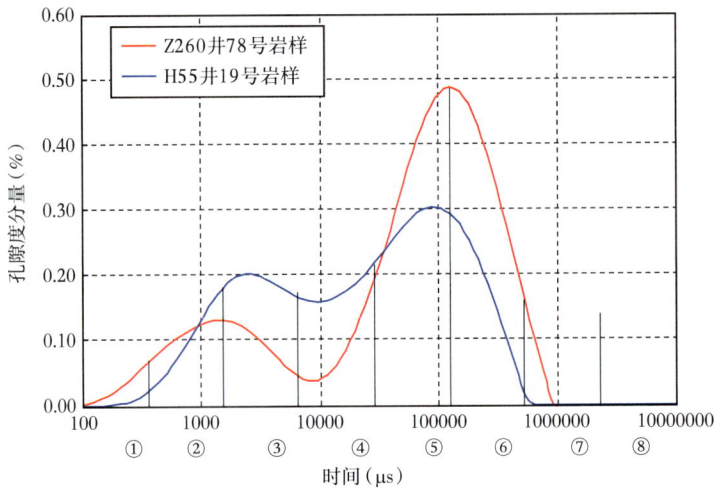

图 1-3-7　核磁共振 T_2 谱分布图

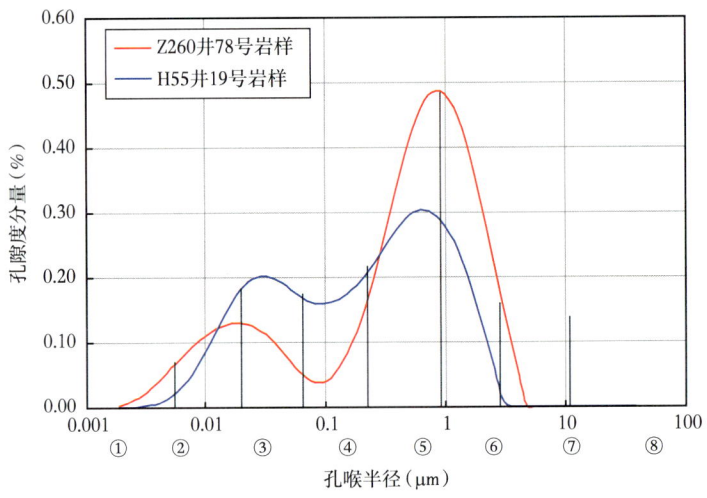

图 1-3-8　应用核磁共振转换孔喉半径分布图

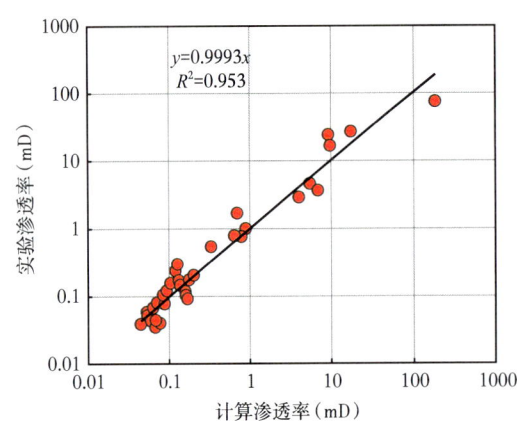

图 1-3-9　谱系数方法求取渗透率与实验分析结果对比

图 1-3-9 是谱系数法计算渗透率与实验气测渗透率的对应关系。该方法计算的特低渗致密砂岩储层渗透率与气测渗透率的相关系数为 0.953，与常规 SDR 模型和 Coates 模型相比有较大的提高，绝对误差小于半个数量级。图 1-3-10 为长庆油田某井致密砂岩储层段核磁共振测井处理结果，对该井利用谱系数法计算渗透率与岩心分析渗透率相关性非常好，计算精度明显提高。

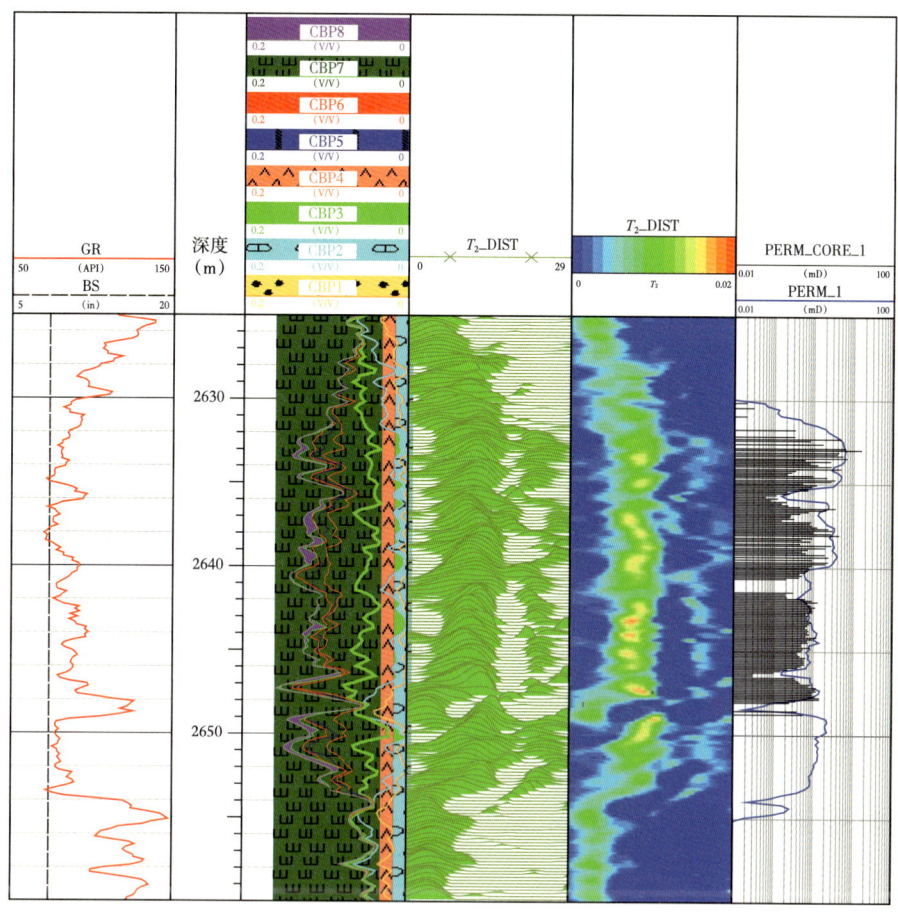

图 1-3-10 长庆油田某井核磁共振多分量谱系数计算渗透率实例

五、饱和度计算

储层含油饱和度是单井解释和储量计算的关键参数，准确计算该参数是测井解释的重要目标之一，也是复杂储层测井岩石物理研究的重点内容。自 1942 年阿奇公式发表以来，建立了电阻率测井与含油饱和度之间的转换桥梁，直到今天该公式仍然是饱和度计算的基本模型。

1. 阿奇公式

阿奇（Archie）最早提出了关于岩石电阻率与其岩性、孔隙度和含水饱和度的关系，从而奠定了测井资料综合定量解释的基础。他根据实验研究的结果，分别对具有粒间孔隙的含水纯岩石和含油气纯岩石概括成两个基本的解释关系式，后来被称为阿奇公式，其一般形式为：

$$F = R_0 / R_w = a\phi^{-m} = a/\phi^m \quad (1\text{-}3\text{-}22)$$

$$I = R_t / R_0 = R_t / (FR_w) = b/S_w^n = b/(1-S_o)^n \quad (1\text{-}3\text{-}23)$$

式中：R_0 为岩石孔隙 100% 饱和水时的电阻率，$\Omega \cdot m$；R_w 为岩石中所含地层水的电阻率，

- 39 -

$\Omega \cdot m$;ϕ 为岩石有效孔隙度;a、b 为与岩石性质有关的岩性系数;m 为与孔隙结构有关的指数;F 为地层电阻率因素,简称地层因素,它是 100% 饱和地层水的岩石电阻率 R_0 与所含地层水的电阻率 R_w 的比值,其大小只与地层的岩石性质、孔隙度和孔隙结构有关;n 为饱和度指数,与油气水在孔隙中分布状况有关;S_o 为岩石孔隙空间中含油饱和度;S_w 为岩石孔隙空间中含水饱和度;I 为地层电阻率指数,也称为地层电阻增大系数,它是含油气岩石的电阻率 R_t 与该岩石完全含水时的电阻率 R_0 的比值。

阿奇公式本来是针对不含泥质的纯砂岩地层而言的,但实际上几乎对一切常见储集层都基本适用,因为一切连通孔隙的水都可导电,故阿奇公式中的孔隙度实际上是连通孔隙度,S_w 则是含水体积占连通孔隙体积的百分数。应用时,要对已知岩性的储集层确定公式中的具体参数。

在目前常用的测井解释关系式中,只有阿奇公式最具有"综合"的性质,它是连接孔隙度测井和电阻率测井这两大类测井方法的桥梁,因而构成了测井资料综合解释的基础,特别是人工解释的基础。因此,虽然阿奇公式的提出已有八十多年了,但关于阿奇公式的研究和应用还在继续中,尤其关于确定 a、m 和 n 的方法有所发展。

2. 影响 R_0 和 m 的因素

在讨论确定 a 和 m 的方法之前,先用体积模型方法说明一下影响含水岩石电阻率和 m 值的因素。假设电阻率测井的供电电流是从垂直井轴流向地层的,由于孔隙孔道弯弯曲曲,电流在岩石中也是曲折流动的,因为一般沉积岩的矿物颗粒是不导电的,假设岩石等效结构及其等效电路。它仍是边长为 L 的立方体,垂直电流方向截面积为 A,等效孔隙体积为 V_ϕ。但考虑到电流在孔隙中曲折流动,需要把导电孔隙体积的长度设想为 L_w,等效孔隙截面积为 A_w,且 $V_\phi = L_w A_w$。如图 1-3-11 所示。

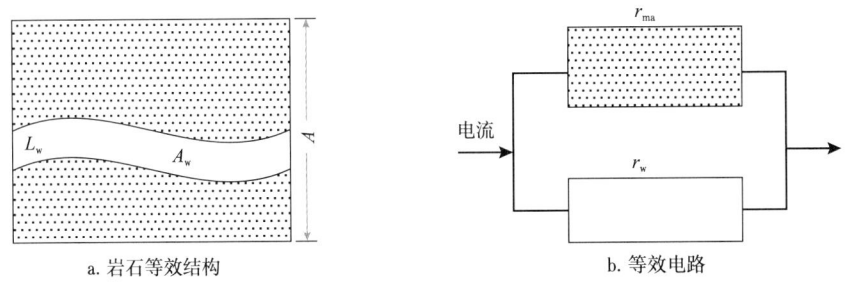

a. 岩石等效结构   b. 等效电路

图 1-3-11 电流通过含水纯岩石的等效模型示意图

假设岩样电阻为 r_0,其骨架电阻为 r_{ma},孔隙流体电阻为 r_w,则根据电阻并联有:

$$\frac{1}{r_0} = \frac{1}{r_{ma}} + \frac{1}{r_w} \quad (1\text{-}3\text{-}24)$$

但 $r_{ma} \to \infty$,式(1-3-24)改写为:

$$\frac{1}{R_0 \dfrac{L}{A}} = \frac{1}{R_w \dfrac{L_w}{A_w}} \quad (1\text{-}3\text{-}25)$$

由于 $V = LA$,$V_\phi = L_w A_w$,且 $\phi = V_\phi / V$,式(1-3-25)变为:

$$\frac{R_0}{R_w} = \frac{1}{\phi}\left(\frac{L_w}{L}\right)^2 \qquad (1\text{-}3\text{-}26)$$

式（1-3-26）说明纯岩石地层因素 $F=R_0/R_w$ 的地质意义，即 F 是与地层孔隙度成反比，并随孔道曲折度 L_w/L 增大而明显增大。因此，纯岩石的地层因素是一个常数，它只与地层的岩石性质、孔隙度大小和孔隙结构复杂程度有关，与岩石孔隙中所含流体的性质无关，故名为"地层因素"。但实验表明，如果岩石含有泥质或其他导电矿物，则在淡水饱和的条件下测量的 F 值偏低，因为泥质或其他导电矿物的附加导电性影响较大。这时要用高含盐量的盐水饱和，才能测出反映岩性和孔隙特征的 F 值。

式（1-3-26）还说明，$R_0=FR_w$，即含水纯岩石的电阻率与其地层因素 F 和地层水电阻率 R_w 成正比。这个关系对测井解释有很大的重要性。第一，在定性判断油水层中常采用相邻油水层电阻率比较的方法，那就只能是 F 和 R_w 基本相同的两个地层互相比较，即在 R_w 相同的解释井段内，岩性和孔隙度基本相同的两个地层互相比较，一般 $R_t/R_0 \geq 3\sim5$ 可能就是油气层。第二，计算含水饱和度时，必须知道这个地层 100% 饱和水时的电阻率 R_0。对岩性比较纯的地层，确定 R_0 的最好方法就是按 $R_0=F\times R_w$ 计算，其中 F 用孔隙度测井资料确定，R_w 由试水资料或自然电位等测井资料确定。

为了说明影响 m 的因素，将 m 变换如下：

$$m = \frac{\lg a + \lg\dfrac{A_w}{A} - \lg\dfrac{L_w}{L}}{\lg\dfrac{A_w}{A} + \lg\dfrac{L_w}{L}} \qquad (1\text{-}3\text{-}27)$$

式中：A_w/A 为在垂直电流方向上的孔隙截面积与岩样截面积之比，可称为截面孔隙度。

式（1-3-27）说明，纯岩石的 m 值与截面孔隙度 A_w/A 和孔道弯曲度 L_w/L 有关，而后两个参数显然取决于孔隙度大小及孔隙形状。而岩石的孔隙度和孔隙形状取决于岩石性质、岩石颗粒的粗细、分选好坏、胶结物的性质、含量及胶结程度等。

3. 确定 a 和 m 值的方法

a 和 m 是综合解释中经常用到的一组解释参数，而且对解释结果有重要影响，选择合适的 a 和 m 值是定量解释中的关键之一。式（1-3-21）虽然可以说明影响 m 值的因素，但却不能用来确定 m 值的大小。通常是根据 $R_0/R_w=a\phi^{-m}$ 确定 a 和 m。该式两端取对数可得：

$$\lg\frac{R_0}{R_w} = \lg a - m\lg\phi \qquad (1\text{-}3\text{-}28a)$$

或

$$m = \frac{\lg\dfrac{aR_w}{R_0}}{\lg\phi} = \frac{\lg\dfrac{a}{F}}{\lg\phi} \qquad (1\text{-}3\text{-}28b)$$

（1）利用岩心实验确定 F—ϕ。式（1-3-28a）说明，在双对数坐标纸上，F—ϕ 关系是一条直线，该直线在 $\phi=100\%$ 时的纵坐标为 a，其斜率为 m。因此，确定 a 和 m 值最基本的方法，是取本地同类岩性的若干块岩样，在盐水饱和及大气压条件下测量其 F 值和相应的 ϕ 值，并作图，最后用图解法或最小二乘法确定 a 和 m（图 1-3-12）。

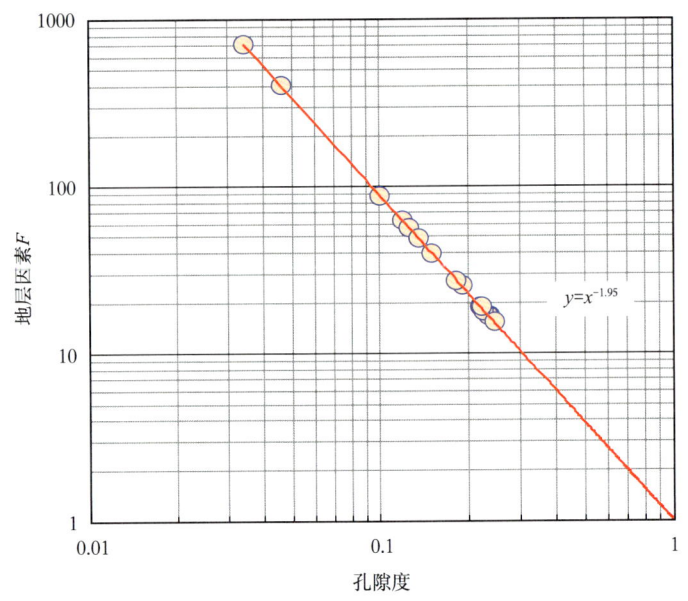

图 1-3-12　利用实验确定 a 和 m 的图版

（2）用纯水层测井资料，一般都是用深探测的电阻率测井与某一种孔隙度测井资料组合，对完全含水的岩性较纯的地层（最好侵入也是比较浅的）进行计算，其方法有三种：

①第一种方法是作图，并用同样方法求 a 和 m。

②第二种方法是电阻率—孔隙度交会图，也称 Picket 交会图。根据 $S_w=100\%$ 的水线确定 a 和 m，该线斜率是 m。

③第三种方法是水层太少时，令 $a=1$，按式（1-3-28b）计算 m。对一个地区的同一种岩性来说，在孔隙度有限的变化范围内，令 $a=1$ 求出的 m 值与按实验资料趋势求出的 a 结果很相近。

4. 确定 b 和 n 的方法

大量实验资料说明，系数 b 很接近于 1，常取 $b=1$，故主要讨论指数 n 的问题。在介绍确定 n 的方法之前，先简要说明影响 n 的因素。对于含油气的纯岩石，其导电性取决于含水的孔隙体积（ϕS_w）和导电孔隙体积的几何形状（图 1-3-11）：

$$\frac{R_t}{R_w}=\frac{1}{\phi S_w}\left(\frac{L'_w}{L}\right)^2 \qquad (1\text{-}3\text{-}29)$$

式中：R_t 为含油气岩石的真电阻率；L'_w/L 表征油气层导电孔隙弯曲的程度。

为了比较同一岩石含油与不含油在电阻率上的差别，将式（1-3-29）两端分别比上式（1-3-26）两端得：

$$\frac{R_t}{R_0}=\frac{1}{S_w}\left(\frac{L'_w}{L_w}\right)^2 \qquad (1\text{-}3\text{-}30)$$

比较式（1-3-29）、式（1-3-30）可以看出，影响 n 的主要因素是：非导电流体（油气）的相对体积（ϕS_h，$S_h=1-S_w$）、在孔隙中的分布及其对岩石的润湿性，油气在孔隙中的连通情况以及它与地层水之间的表面张力。一般在含油和水的亲水岩石中，当含油饱和度较低而低于某个临界值时，油将以彼此孤立的绝缘球状态存在，并且只存在于较大的孔隙中。当含油饱和度超过这个临界值而继续增加时，这些绝缘球将逐渐连接起来，其电性干扰也逐渐增加，直到含水饱和度减小到束缚水饱和度为止。如果岩石中有些亲油的矿物颗粒，则会在其表面形成油膜，它们将会降低地层水的导电性，甚至使部分地层水成为绝缘的，故含有亲油矿物的岩石应有较高的 n 值。

通常采用实验测量确定 R_I—S_w 关系式。在本地选择有代表性的岩样，在实验大气压条件下，测量它在不同含水饱和度时的 R_t 和 $S_w=100\%$ 时的 R_0，计算 $R_I=R_t/R_0$，做出图形（图1-3-13），用图解法或最小二乘法可求出 b 和 n。这样确定的 b 大多接近于 1，而 n 在 1.5~2.2 范围内，在勘探初期没有实验条件时，选择 $b=1$，$n=2$ 可得最好的近似值。

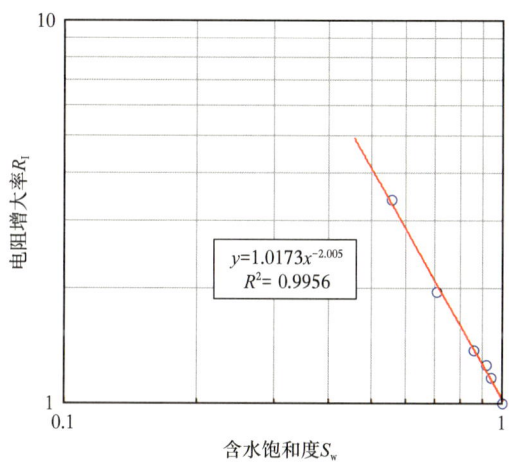

图 1-3-13　利用实验确定 b 和 n 的图版

第四节　碎屑岩储层下限计算

有效储层是指在现有工艺条件下能获得工业油流的储层，在实际生产当中，有效储层的概念会随着生产技术的进步和采油技术的提高而发生变化，以前判定为无效的储层可能在后来发现工业油流，例如在整个 20 世纪，全球的石油工业几乎从未把富含有机质的烃源岩层系作为有效储层，而今天页岩油气已经实现了商业化开采。本节讨论确定碎屑岩储层岩性、物性下限和有效厚度的基本方法原理。

一、影响储层物性下限的因素

影响储层物性下限的因素很多，包括地层压力、流体性质、储层岩性等。

1. 地层压力

当地层压力小于油气藏的饱和压力时，随着地层压力的增大，在同一大小的孔喉半径下成藏阻力增大，物性下限值增大。当地层压力大于饱和压力时，随着地层压力的增大，剩余饱和压力随之增大导致在同一大小的孔喉半径下物性下限值降低。

2. 流体性质

对于原油，其轻质组分越多或者有溶解气，代表其黏度、密度就越小，因此流动所需的最小半径就相对较低，物性下限值也较低，反之则大。

3. 储层岩性

当岩石中颗粒越细，细粒的黏土矿物或粉砂质含量增多，一般来讲其对应的孔隙半径减小、孔隙度和渗透率随之降低，成为非储层。从储集空间上看，当颗粒之间的原生孔隙随着压实埋深的加大而逐渐散失，次生孔隙增加，而原生孔隙的比表面一般要大于次生孔隙的比表面，导致储层的物性下限值增大。

二、确定有效储层物性下限的常用方法

依据储层物性下限确定时所取数据的来源，把各种方法归结为动态法和静态法两类。静态法所用参数为实验结果和经验取值，而动态法所用参数来自实际生产过程中，可根据不同时期调整物性下限值。

1. 静态法

1）压汞实验法

因储层孔隙结构不同，导致其渗透率不同。即根据压汞实验的中值压力与渗透率的关系得到渗透率下限值，根据岩心化验得到的孔渗关系求出对应的孔隙度下限。

2）孔隙度含水饱和度相渗曲线组合法

根据曼农（Man-non，1972）划分下限的方法，对于任一种岩样的相对渗透率曲线，其临界水饱和度和残余油饱和度之间的范围所对应的毛细管压力曲线上的高度则为过渡带，在过渡带中油水同产。对于确定的水饱和度，它相应有油（气）和水的相渗透率曲线，当水相的渗透率曲线占主导地位时，储集岩在开采条件下主要是产水。因此，可以根据对油（气）的相对渗透率的下部拐点来作为划分储层下限的标准。这种方法在实际应用中也比较广泛，但是，在确定曲线拐点的时候不易区分，通常是取曲线的交叉点作为下限标准。

3）孔喉分布法

根据不同孔喉占总孔喉体积百分数，孔喉在某点出现转折，小于转折点的孔喉所在储层油气较难采出，再根据孔喉半径与渗透率、孔隙度之间的关系，求出物性下限值。该方法需大量岩心化验资料，适用于低—高孔渗储层。

4）分布函数曲线法

运用统计学，绘制出有效储层和非有效储层的孔隙度、渗透率分布曲线，两者的交点即为所求有效储层物性下限值。有效储层与非储层要符合正态分布，否则数据不准确，适合于低—高孔渗储层。

5）经验系数法

由美国岩心公司通过统计得出的方法，即以岩心所测的孔隙度、渗透率为基础，将得出的平均渗透率值乘以5%，若高渗储层可以乘以小于5%的值，再根据孔渗关系得到孔隙度下限值。该方法需要实验分析数据，只适用于渗透性较好的储层，若是差油

层，要求孔渗相关性要好。

6）甩尾法

以低孔低渗储层段累计储渗能力丢失较合理时对应的物性值作为物性下限。美国岩心公司通常将累计储渗能力丢失界限确定为5%，但在不同油气田，其所确定的累计储渗能力丢失界限不同。一般不超过15%，累计储能丢失不超过10%。这种方法需大量岩心资料，适用于孔渗相关性较好的储层，不同地区累计丢失界限值不同。

7）泥质含量法

根据储层中泥质含量的多少，确定储层是否有商业价值。因泥质含量临界点难以确定，影响因素较多，此方法不建议使用。

8）含油产状法

在我国，很多砂岩油藏的储层物性与含油性有着一致的变化规律，因此可用岩心含油产状确定有效储层物性下限。该方法需要进行单层试油，不适用天然气储层研究，获取可靠的压力资料，受原油性质影响较大，适用于低—高孔渗储层。

9）束缚水饱和度法

束缚水饱和度达到80%时，储层此时被认为是无效储层。此方法需在孔隙度与束缚水饱和度相关系数大于70%时，选取束缚水饱和度80%，对应的孔隙度下限值即为物性下限值。但受孔隙结构、孔隙类型等因素影响，下限值不易确定，适合于低—高孔渗储层。

10）束缚水膜厚度法

研究表明，水湿性碎屑岩颗粒表面附着水膜厚度大约为0.1μm，大于0.1μm为有效储层。把0.1μm作为界限，通过孔喉半径与渗透率的关系，求出渗透率下限值。该方法需大量岩心资料，研究区域孔隙结构参数与物性参数有很好的相关性，适合于低—高孔渗储层。

11）最小流动孔喉半径法

大量研究表明，根据毛细管压力资料，可以对岩石微观孔隙结构分选。确定油气层最小流动孔喉半径。一般步骤为首先用函数方法处理毛细管压力曲线，得到平均毛细管压力曲线，其次通过沃尔法或正态概率法、Puell法、Hobson法计算最小孔喉半径，最后根据孔喉半径与渗透率的关系得到有效储层物性下限。该方法需大量岩心化验资料，准确性较高，适用于低—高孔渗储层。

12）孔隙度—渗透率交会法

作孔隙度—渗透率交会图，图上一般有三段：第一段孔隙度增加而渗透率增加甚微，说明岩石孔隙主要为无渗透能力的孔隙；第二段渗透率随孔隙度增加而明显增加，说明增加的孔隙度是有渗透能力的有效孔隙；第三段孔隙度增加甚微，渗透率急剧增加，说明孔喉半径增大。第一、第二段转折点为渗透层与非渗透层的孔隙度、渗透率下限值。

2. 动态法

动态法主要包括钻井液侵入法、测试法、试油（气）法、测井资料法、产能法、产能模拟实验法等。在实际生产中，需认真记录各类试油气资料、生产资料等，得到有效储层物性下限。

1）测井资料法

在试油气资料指导下，得到其对应储层的声波时差等，依据测井解释，得到解释孔隙度，依据孔渗关系求出渗透率下限。该方法需参考试油（气）资料、测井资料，适用于各类低—高孔渗储层。

2）测试法

也称试油指数法，以试油资料为基础，利用每米采油指数与孔隙度、渗透率关系作图，每米采油指数降为零时的临界点为物性下限值。

3）试油（气）法

试油（气）层段对应的岩心，通过化验得到孔隙度、渗透率平均值，做出孔渗交会图，得到水层、含油（气）层等，确定其下限值。该方法需试油资料、取心井的化验资料等，适于低—高孔渗储层物性下限的确定。

4）产能法

通过径向渗流公式，计算商业性产能条件下的渗透率下限值。

三、确定储层物性下限的实例分析

以国内某气田致密砂岩储层为例，介绍在储量研究中确定物性下限的实际做法。根据行业标准，定义致密砂岩气为"覆压基质渗透率小于或等于0.1mD的砂岩气层，单井一般无自然产能或自然产能低于工业气流下限，但在一定经济条件和技术措施下可获得工业天然气产量"。气层有效厚度的下限一般采用测试法确定，测试法标定下限的结果渗透率为0.1mD，孔隙度为5.0%，含水饱和度为50%。

1. 物性下限分析

孔喉半径下限法是先确定储层的孔喉半径下限，然后根据压汞实验中渗透率与孔喉半径的关系求出渗透率的下限值，最后利用孔渗关系，得出孔隙度的下限值。致密砂岩储层与常规砂岩储层不同，纳米级孔隙占据主体。根据储层压汞实验，通过回归方法，统计致密砂岩气层渗透率与孔喉中值半径关系（图1-4-1），0.04μm孔喉中值半径对应的渗透率为0.04mD，此时0.04mD的渗透率可以作为渗透率下限，结合该地区储层孔隙度—渗透率关系图（图1-4-2），确定的孔隙度下限为3%。

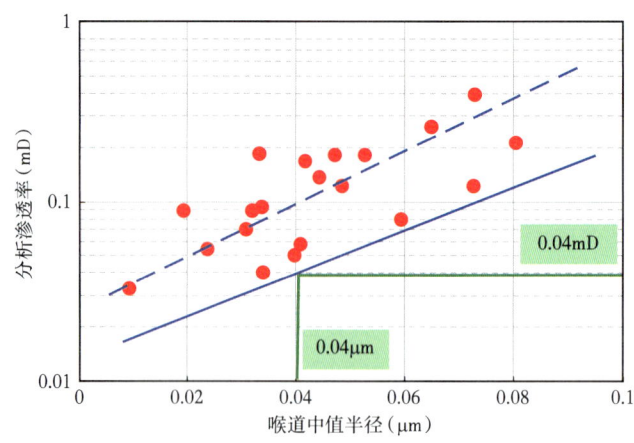

图1-4-1　某气田致密砂岩气层压汞分析渗透率与喉道中值半径关系图

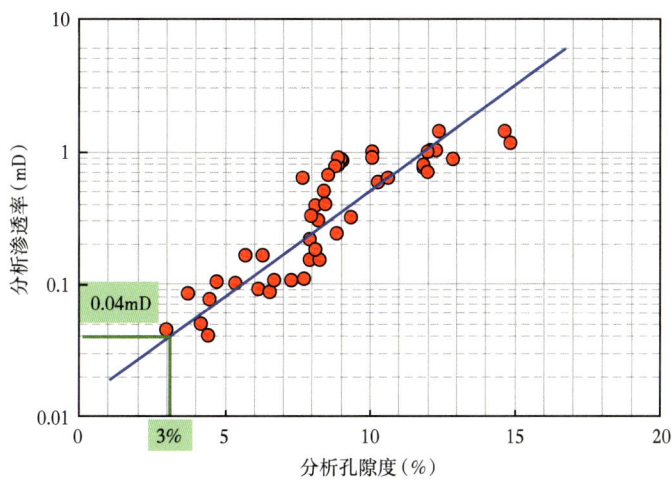

图 1-4-2　某气田致密砂岩储层分析渗透率与分析孔隙度关系图

2. 饱和度下限分析

1）密闭取心刻度法

密闭取心是采用密闭取心工具与密闭液，在水基钻井液条件下取出不受钻井液自由水污染的岩心。密闭取心分析含水饱和度接近地层真实含水饱和度，可信度高。首先利用致密砂岩密闭取心分析含水饱和度刻度测井计算含水饱和度，进而确定致密砂岩含气饱和度下限。

用常规岩电参数（$a=1.0$，$b=0.97$，$m=1.86$，$n=1.95$，$R_w=0.06\Omega \cdot m$），采用阿奇公式计算含水饱和度，并与密闭取心分析含水饱和度进行交会（图 1-4-3），得出密闭取心分析含水饱和度 $S_{w密闭}$ 与计算含水饱和度 $S_{w计算}$ 的校正公式：

$$S_{w密闭} = 42.3\ln S_{w计算} - 98.135 \quad (1-4-1)$$

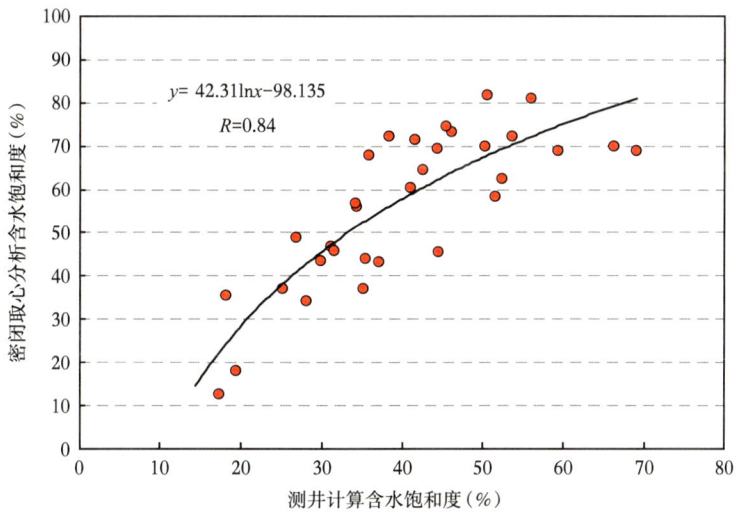

图 1-4-3　某气田密闭取心分析水饱与测井计算水饱交会图

用上述校正公式，对该地区已试气井重新计算了含气饱和度，并作孔隙度、渗透率与计算含气饱和度的交会图，得出气层含气饱和度下限值为26%（图1-4-4）。

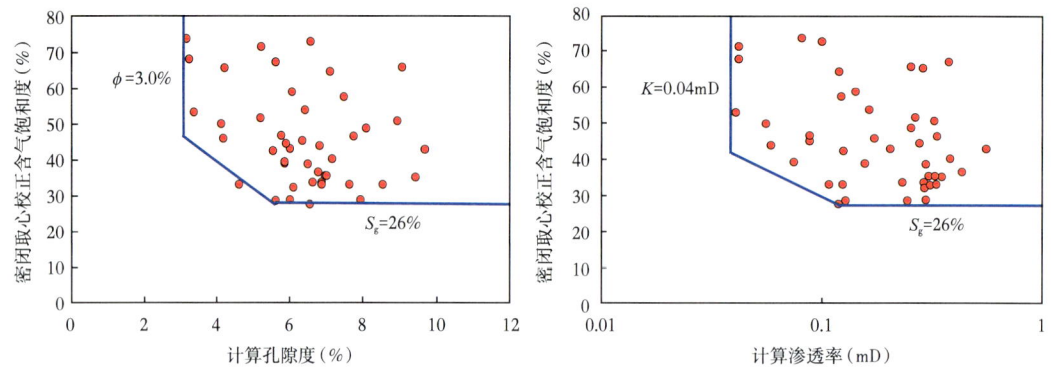

图1-4-4　致密气层密闭取心刻度含气饱和度与孔隙度、渗透率交会图

2）气—水相对渗透率法

收集该地区24块柱塞样品的气—水相对渗透率资料，两相渗曲线的交点含水饱和度分布在61.2%~86.6%（表1-4-1），平均值为73.7%，即对应含气饱和度下限为26.3%，与密闭取心资料确定的含气饱和度下限基本一致。

表1-4-1　气—水相渗曲线交叉点含水饱和度

样号	交叉点含水饱和度（%）	样号	交叉点含水饱和度（%）	样号	交叉点含水饱和度（%）
1	64.6	9	83.0	17	78.0
2	76.3	10	73.0	18	63.7
3	63.2	11	69.0	19	66.0
4	80.1	12	61.2	20	76.5
5	74.7	13	81.0	21	69.0
6	86.6	14	69.0	22	80.0
7	84.8	15	78.0	23	76.2
8	63.2	16	72.0	24	79.0

通过以上分析，结合实际生产情况，建立了致密砂岩气层物性及含气饱和度下限标准，即孔隙度下限为3%，渗透率下限为0.04mD，含气饱和度下限为26%。

第五节　碎屑岩储层产能预测

本节在分析碎屑岩储层的产能影响因素基础上，讨论生产常用的几种产能预测方法模型。

一、碎屑岩储层产能影响因素

含油气层的产能高低是储层动态特征的一个综合反映,影响碎屑岩储层产能的因素很多,归纳起来大致可分为两大类,一类是地质因素,包括储层的沉积作用、压力系数、岩性、物性、射孔段厚度和流体特性(主要指油和气及油的黏度);另一类是储层改造时的工程因素,包括加砂强度、表皮系数、生产压差与地质条件匹配关系。地质因素体现在储层参数上包括孔隙度、渗透率、孔隙结构、油气饱和度、泥质含量等;反映在测井曲线上包括密度、中子、声波、侧向电阻率等测井响应。工程因素主要体现在压裂、射孔、试油等工程措施对产能的影响。

储层本身的渗透率、表皮系数、生产压差和原油黏度以及储层有效厚度是影响碎屑岩储层自然产能的关键因素,也是多元回归统计分析方法的首选自变量。除此以外,射孔段内储层的压力系数也是一个重要因素。

低孔低渗、致密砂岩储层已经是我国主要的油气勘探开发对象,储层的孔隙连通性差,渗透性好坏主要受沉积微相、岩石物理相控制,因此对于一个油田或一个目标层位,将储层分为不同沉积微相或不同岩石物理相类型,分别开展产能预测方法研究是一个必然的思路。

1. 渗透率

按照定义,储层渗透率是衡量流体在压力差下通过多孔岩石有效孔隙能力的一种量值,因此,渗透率高低是影响单井产量的根本因素,这一点无论对于碎屑岩储层,还是其他岩类储层而言都是成立的。为研究不同储层渗透率对油藏动边界生产产能的影响,利用基于平面径向流理论模型,模拟渗透率为 0.5mD、1mD、2mD、5mD、10mD 时对应的产量变化规律,如图 1-5-1 所示。

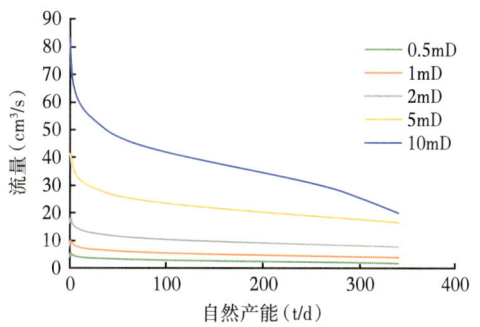

图 1-5-1 基于平面径向流理论模型模拟不同储层渗透率的自然产能图版

从图 1-5-1 可以看出,随着渗透率的下降,碎屑岩储层的自然产能急剧下降,二者之间呈明显的相关性。因此,在采用多元回归统计法预测产能时,渗透率是必不可少的参数。

2. 表皮系数

储层表皮系数是指在钻井、射孔、压裂过程中,由于井壁附近受到某种程度伤害,在油气层开采过程中压裂梯度加大而产生的附加压降,无量纲。用 S 表示表皮系数,如果 $S=0$,说明储层并未受到伤害,如果 $S>0$ 说明储层渗流能力受到伤害,$S<0$ 说明储层渗流能力得到提升。当储层的渗透率很低时,生产压差本身就很大,此时如果存在一个数值不大的 S,会造成产量的成倍变化。基于平面径向流理论模型模拟不同表皮系数的自然产能变化情况,如图 1-5-2 所示。

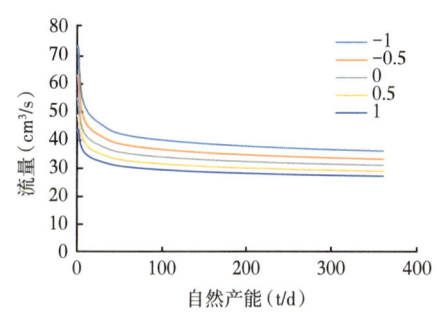

图 1-5-2 基于平面径向流理论模型模拟不同储层表皮系数的自然产能图版

从图 1-5-2 可以看出，随着表皮系数增大，产能降低，产能随着开采时间的增加而下降。表皮系数为负对储层有增产作用，表皮系数为正对储层有减产的影响。

3. 原油黏度

按照达西流理论，原油黏度越大，流动性越差，产量越低。基于平面径向流理论模型模拟不同原油黏度 1mPa·s、3mPa·s、5mPa·s、10mPa·s 时自然产能变化情况，如图 1-5-3 所示。可以看出，随着原油黏度的增大，产能降低，产能随着开采时间的增加而下降。

4. 生产压差

生产压差是施加在井筒附近原油渗流通道两端的静压差，按照达西流理论，生产压差越大，则流体的流动动力越强，产量越高。同样采用平面径向流理论模型模拟生产压差为 3MPa、5MPa、7MPa、10MPa、15MPa 时自然产能变化情况，如图 1-5-4 所示。由图可知随着生产压差的增大，产能升高，产能随着开采时间的增加而下降。

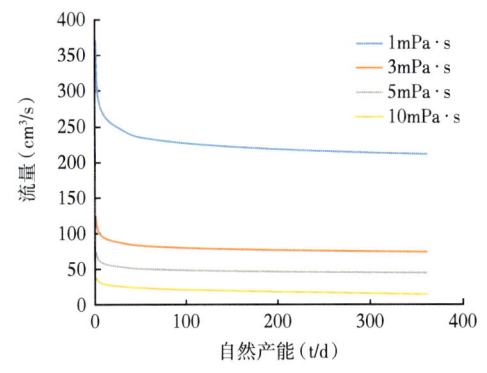
图 1-5-3 基于平面径向流理论模型模拟不同原油黏度的自然产能图版

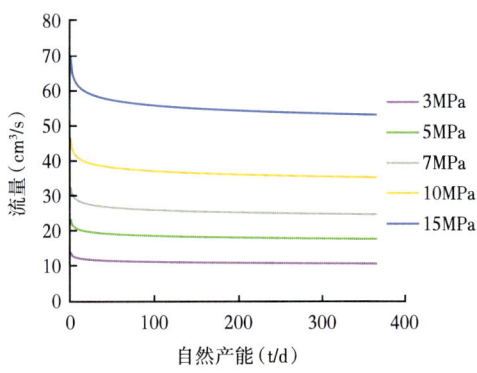
图 1-5-4 基于平面径向流理论模型模拟不同生产压差的自然产能图版

5. 储层厚度

随着射孔段厚度的增加，在其他条件不变的情况下，油气层的产能增加。

6. 压力系数

压力系数为实测地层压力与同深度静水压力之间的比值。压力系数对产量的影响可以归结为生产压差，因为在同样条件下，压力系数越高的产层，其生产压差越大，产量越高。

7. 裂缝

裂缝，特别是规模较大的天然构造裂缝会显著增加储层的导流能力，提高产能。大量资料表明，碎屑岩储层的裂缝发育程度通常较低，对于致密砂岩储层都需要水力压裂才能获得工业产能，因此裂缝对产能的影响可以参阅本节后面的压裂后产能计算方法研究。

此外，还有文献指出，射孔层段内储层岩性、物性及含油性分布的非均质程度也是影响产能的一个因素。块状砂岩，其岩性和物性纵向上分布较为均一、变化小，如果整体呈现含油性，则通常具有较高的产能。

二、碎屑岩储层产能预测方法

油气井产能预测方法主要可分为4类：第1类是在勘探阶段根据试井、钻杆地层测试、电缆地层测试资料，基于渗流力学理论分析测试层的压力资料预测其产能；第2类是综合指数类比法，根据试井、试油、测井等资料，基于储层特性对产能的影响关系进行多元回归统计预测单井产能，或根据经验公式或产量下降曲线对油气井产能动态（IPR）进行历史拟合预测产能；第3类是基于节点分析，根据渗流力学油气井产能公式获得单井产能的解析解或半解析解；第4类是在油气田开发阶段利用商业软件进行油藏数值模拟得到区块内所有油气井的动态产能。油气实际生产中，需要根据油气勘探开发的不同阶段、不同开发方式采用不同的产能预测方法。测井解释工作中，常用的方法包括第2类的多元回归统计和第3类的节点分析法。此外，针对当前越来越多的低孔低渗储层普遍需要水力压裂求产。

1. 平面径向流公式法

平面径向流公式是一种经典的基于渗流力学的单井产能的解析解预测方法，也是计算碎屑岩储层自然产能的理论依据。该方法讨论了井下从油层到井底、地面等各个节点的相对渗透率与产能估算，据此可以推导出平面径向流产能计算公式。

在油田开发初期，地层压力一般高于饱和压力，主要依靠原油及岩石的弹性能开采，这种开采方式称为弹性驱动方式。对于实际地层，当考虑弹性时，则层内各点的压力在每个瞬间都在变化。因此在弹性驱动方式下，渗流过程是一个不稳定的过程，而这种压力不稳定的变化过程总是首先从井底开始，然后逐渐向地层外部传播，这是弹性驱动方式的一个重要特点。

当储层外围具有广大的含水区时，含水区能充分地向地层内补充弹性能量，这种情况下的驱动方式称为水压弹性驱动。在这种驱动方式下，可以认为供给边缘上的压力保持不变，这类边界称为定压边界。在地层中心打一口生产井，当井底压力保持为常数时的压力波变化传递规律分为两个阶段：压力波传到边界之前为压力波传播的第一阶段，传到边界之后为压力波传播的第二阶段。

在第一阶段中，压力波传到地层任意一点 M 时，M 点以内的地层释放弹性能，而 M 点以外地层因为没有压差作用液体不流动。压降曲线在 M 点的切线是水平的，但由于井底压力保持不变，故压降曲线在井点处只是不断扩大而并不加深。因此，随着压降区域的不断扩大，地层内的渗流阻力逐渐增大，井产量来自压降区域内的弹性膨胀，所以井的产量就会随阻力不断增大而下降。在压降曲线传到边界之后就开始压力波传播的第二阶段。压力下降速度减慢，最后趋于稳定；压力稳定前，井产量一部分来自压降区域的弹性膨胀，另一部分来自供给区域。边界外的液体开始向地层内部不断补充，经过相当长时间后，从边界外部流入的液量逐渐趋近于从井内排出的液量，此时渗流就转化为稳定渗流。

平面径向流产量计算公式为：

$$Q = \frac{2\pi Kh(p_\mathrm{e} - p_\mathrm{w})}{\mu \ln \dfrac{R_\mathrm{e}}{R_\mathrm{w}}} \qquad (1\text{-}5\text{-}1)$$

具有启动压力梯度的达西公式为：

$$Q = \frac{p_e - p_w - G(r_e - r_w)}{\frac{\mu}{2\pi Kh} \ln \frac{R_e}{R_w}} \quad (1-5-2)$$

其中：

$$G = 0.056\lambda^{-0.893} \quad (1-5-3)$$

式中：Q 为流量，cm^3/s；p_e 为供给压力，10^5Pa；p_w 为井底流压，10^5Pa；μ 为原油黏度，$mPa·s$；h 为油层厚度，cm；K 为地层渗透率，D；R_e 为供给半径，cm；R_w 为油井半径，cm；S 为表皮系数；G 为启动压力梯度；λ 为流度（渗透率与黏度的比值）。

常规的产能预测需要知道供给边界及供给压力，但在新油田开发中，尤其是探井，此时地层可以近似看作是无限大，在油井生产过程中，压力波不断向外传播，供给边界是不断扩大的，在计算不同时刻的产量中，边界是个动边界，常规的产能计算公式不再适用。因此在新油田探井产能预测中，需要在计算不同时刻边界位置的基础上计算不同时刻的产量。需要对动压力波传播边界进行进一步研究。

1）压力传播边界计算方法

设有均匀、等厚、水平无限大地层中心一口井进行弹性不稳定渗流，井底产量稳定为常数则流动为平面二维流动，数学模型为：

$$\frac{\partial^2 p}{\partial^2 r} + \frac{1}{r}\frac{\partial p}{\partial r} = \frac{1}{\varepsilon}\frac{\partial p}{\partial t}$$

其中：
$$t=0, p=p_0$$

$$r \to \infty$$

$$r = R_w, Q = \frac{2\pi K}{h}\left(r\frac{\partial p}{\partial r}\right) = \text{const}, t>0 \quad (1-5-4)$$

式中：p_0 为原始地层压力，10^5Pa；$p(r,t)$ 为距点 r 处 t 时刻的压力，10^5Pa；Q 为流量，cm^3/s；μ 为原油黏度，$mPa·s$；h 为油层厚度，cm；K 为地层渗透率，mD；ε 为导压系数，$\varepsilon = \frac{K}{\mu C}$，$cm^2/s$；$t$ 为计算压降的时刻，s；r 为压力传播半径，cm。

当油层中有一口生产井时，在井周围形成压力降落；当油层中有一口注入井时，则在井周围形成压力上升。当油层有很多井同时工作时，油层将形成一个总的流动。这一总的流动可以看成是这些井单独工作所形成的流动的总和。可以证明，多井同时工作时所形成的压降（任一点任一时刻的压力与原始地层压力之差）等于各单井工作所产生的压降的代数和，这就是压降叠加原理。如图 1-5-5 所示，产量共有 n 个变化过程，可把流量变化过程看作是 n 个流动过程的叠加：第一流动过程 t_1 时刻，其流量为 $Q_1-Q_0=Q_1$，第二流动过程始于 t_2 时刻，其流量为 Q_2-Q_1；第 n 个流动过程始于 t_n 时刻，其流量为

Q_n-Q_{n-1}，各流动分别在 t 时刻产生一压降 Δp_j。采用叠加原理，可得到 t 时刻总压降为各压降之和，即：

$$\Delta p = p_0 - p(r,t) = \frac{\mu}{4\pi Kh}\sum_{j=1}^{n}(Q_j - Q_{j-1})\ln r_j \quad (1-5-5)$$

迭代计算动边界位置：定井底流压生产时，压力波传到边界时的地层压力为原始地层压力，即 Δp 为 0，给定时刻 t，根据式（1-5-5），将 Q_0，Q_1，Q_2，…，Q_{n-1} 进行迭代计算，得到 $t=n\Delta t$ 时的压力传播半径，即边界位置。

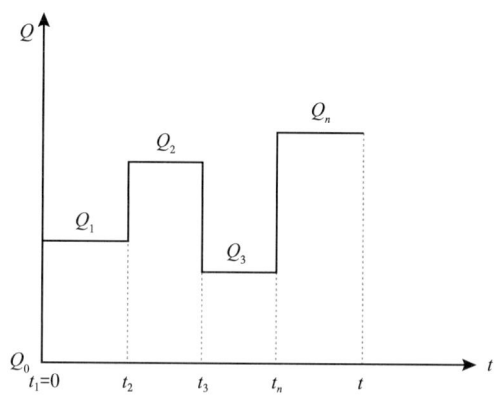

图 1-5-5　不同时刻的产量变化示意图

2）产能预测计算步骤

步骤（1）：首先假定一个较小的 r_e，已知油层厚度、渗透率、井底流压、地层原油黏度等参数，代入式（1-5-2），计算出初始时刻 $t=0$ 时的产能 Q_0；

步骤（2）：令 $t=\Delta t$，Δt 为时间步长，已知初始产能 Q_0，根据压力波传到边界时压降为 0，即 $\Delta p=0$，计算出 Δt 时刻的边界位置 r_{e1}；

步骤（3）：将 Δt 时刻的压力传播半径 r_{e1} 代入式（1-5-2）进行计算，得到 $t=\Delta t$ 时的产能 Q_1；

步骤（4）：迭代计算 $2\Delta t$ 时的压力传播半径 r_{e2}。令 $t=2\Delta t$，假定一个稍大于 r_{e1} 的 r，已知产能 Q_0、Q_1，代入式（1-5-5）计算 Δp，若 $\Delta p=0$，则 $r_{e2}=r$；若 $\Delta p>0$，则逐渐增大 r，继续计算 Δp，直至 $\Delta p=0$，此时的 r 为 r_{e2}；若 $\Delta p<0$，则逐渐减小 r，继续计算 Δp，直至 $\Delta p=0$，此时的 r 为 r_{e2}。最终得到 $2\Delta t$ 时刻的边界位置 r_{e2}；

步骤（5）：将 $2\Delta t$ 时刻的传播半径 r_{e2} 代入式（1-5-2）进行计算，得到 $t=2\Delta t$ 时的产能 Q_2；

步骤（6）：重复步骤（4）和（5），进行下一时间步计算。已知产能 Q_0，Q_1，Q_2，…，Q_{n-1}，根据式（1-5-5）进行迭代计算，得到 $t=n\times\Delta t$ 时的压力传播半径，即边界位置；根据 $t=n\Delta t$ 时的压力传播半径，计算 $t=n\Delta t$ 时的产能 Q_n。

根据油水两相流动理论，在油藏开采过程中，如存在油水两相，计算水相的产水率，再结合油井的产能就可以得到油、水各自的产能。以水相为例，油—水两相并存时产水率可采用下式计算：

$$f_{\mathrm{w}} = \frac{Q_{\mathrm{w}}}{Q_{\mathrm{w}} + Q_{\mathrm{o}}} = \frac{\dfrac{K_{\mathrm{w}} A \mathrm{d}p}{\mu_{\mathrm{w}} \mathrm{d}L}}{\dfrac{K_{\mathrm{w}} A \mathrm{d}p}{\mu_{\mathrm{w}} \mathrm{d}L} + \dfrac{K_{\mathrm{o}} A \mathrm{d}p}{\mu_{\mathrm{o}} \mathrm{d}L}} = \frac{1}{1 + \dfrac{\mu_{\mathrm{w}}}{\mu_{\mathrm{o}}} \dfrac{K_{\mathrm{ro}}}{K_{\mathrm{rw}}}} \qquad (1\text{-}5\text{-}6)$$

式中：Q_{w}、Q_{o} 分别为水、油的产量，m^3/d；K_{w}、K_{o} 分别为水、油的渗透率；K_{rw}、K_{ro} 分别为水、油的相对渗透率；μ_{w}、μ_{o} 分别为水、油的黏度；A 为渗流横截面积，m^2；dp 为压差梯度，MPa/m；μ 为原油黏度，mPa·s；dL 为单井开采的径向波及长度，m。

考虑启动压力梯度的影响以及油水体积在地面和地下的差异，则地面条件下的产水率计算公式为：

$$f_{\mathrm{w}} = \frac{\dfrac{Q_{\mathrm{w}}}{B_{\mathrm{w}}}}{\dfrac{Q_{\mathrm{w}}}{B_{\mathrm{w}}} + \dfrac{Q_{\mathrm{o}}}{B_{\mathrm{o}}}} = \frac{\dfrac{K_{\mathrm{w}} A}{B_{\mathrm{w}} \mu_{\mathrm{w}}} \left(\dfrac{\mathrm{d}p}{\mathrm{d}L} - G_{\mathrm{w}} \right)}{\dfrac{K_{\mathrm{w}} A}{B_{\mathrm{w}} \mu_{\mathrm{w}}} \left(\dfrac{\mathrm{d}p}{\mathrm{d}L} - G_{\mathrm{w}} \right) + \dfrac{K_{\mathrm{o}} A}{B_{\mathrm{o}} \mu_{\mathrm{o}}} \left(\dfrac{\mathrm{d}p}{\mathrm{d}L} - G_{\mathrm{o}} \right)} = \frac{1}{1 + \dfrac{B_{\mathrm{w}}}{B_{\mathrm{o}}} \dfrac{\mu_{\mathrm{w}}}{\mu_{\mathrm{o}}} \dfrac{K_{\mathrm{ro}}}{K_{\mathrm{rw}}} \dfrac{\left(\dfrac{\mathrm{d}p}{\mathrm{d}L} - G_{\mathrm{o}} \right)}{\left(\dfrac{\mathrm{d}p}{\mathrm{d}L} - G_{\mathrm{w}} \right)}} \qquad (1\text{-}5\text{-}7)$$

式中：G_{w}、G_{o} 分别为水、油能够流动的启动压力；MPa；B_{w}、B_{o} 分别为水、油的体积系数。

2. 多元回归统计法

多元回归分析是一种数理统计方法，在相关变量中将一个变量视为因变量，其他一个或多个变量视为自变量，利用样本数据建立多个变量之间线性或非线性数学模型数量关系式，为未知样本的待求解变量提供预测。它能够把隐藏在大规模原始数据群体中的重要信息提炼出来，把握住数据群体的主要特征。

该方法的基本思路是如果认为自变量 Y 是通过因变量 X_1，X_2，$\cdots$，X_m 来进行预测的随机变量，又估计它们之间存在某种线性关系，则可建立 m 元线性回归方程：

$$Y = a + bX_1 + cX_2 + \cdots + kX_m + \varepsilon \qquad (1\text{-}5\text{-}8)$$

式中：a、b、c、$\cdots$、k 为待定回归参数；ε 为随机误差。

多元回归统计法的首要任务就是根据自变量与因变量之间的 N 组已知观察值来解决式（1-5-8）中的 m 个待定系数，并对回归方程进行显著性检验判断其是否有代表性，如果上述非常具有显著性就可以用来在新的因变量取值情况下来预测 Y 值。对于多元回归方程，在模型和数据满足一定的假设的前提下，参数估计可以通过最小二乘估计来得到：

$$Q = \sum \left(Y_i - \hat{Y}_i \right)^2 \qquad (1\text{-}5\text{-}9)$$

需要强调的是，不同地区影响碎屑岩储层产能的主控因素不同，有时候并不一定需要引入所有的影响因素。实际上，在回归过程中，自变量的个数越多，就要求有更多的样本个数，通常情况下需要采用单层试油的数据作为样本（多层合试时难以将总产量准确劈分到各小层），有时候寻找足够多的准确的样本个数是比较困难的，因此应根据实际掌握的样本数，优选合适的自变量参与统计。

另外，多元逐步回归分析正是针对上述需求提出来的一种回归分析方法，主要思路是在考虑的全部自变量中按其对因变量 Y 的作用大小、显著程度大小或者说贡献大小，由大到小地逐个引入回归方程，而对那些对作用不显著的变量可能始终不被引入回归方程。另外，已被引入回归方程的变量在引入新变量后也可能失去重要性，而需要从回归方程中剔除出去。引入一个变量或者从回归方程中剔除一个变量都称为逐步回归的一步，每一步都要进行 F 检验，以保证在引入新变量前回归方程中只含有对 Y 影响显著的变量。

3. 压裂后产能预测方法

人工压裂是油气井增产、注水井增注的一项重要技术措施，不仅广泛用于低渗透油气藏，而且在中、高渗透油气藏的增产改造中也取得了很好的效果。压裂就是人为地使地层产生裂缝，即用压力将地层压开一条或几条垂直或水平的裂缝，并用支撑剂将裂缝支撑起来，地下的这些裂缝就相当于地面的沟渠，可以减小流动阻力，沟通油、气、水的流动通道，大大改善油在地下的流动环境，增加油井产量。通常用于低渗透油藏人工压裂井产能计算的模型包括基于等效井径的压裂产能计算模型和基于等效渗透率的压裂产能计算模型。

1）基于等效井径的压裂产能计算方法

垂直井压裂后的产能计算方法一般采用等效井径法，将井筒半径为 r_w 的垂直井等效成井径为 r_{we} 的直井（图 1-5-6），等效井径表达式如下：

$$r_{we} = 2x_f \cdot \exp\left\{-\left[\frac{3}{2} + f(C_{fD}) + S\right]\right\}$$ （1-5-10）

式中：x_f 为水力压裂裂缝半长，m，其大小与使用的支撑剂颗粒尺寸有关；C_{fD} 为无量纲裂缝导流能力，mD·m；S 为表皮系数。

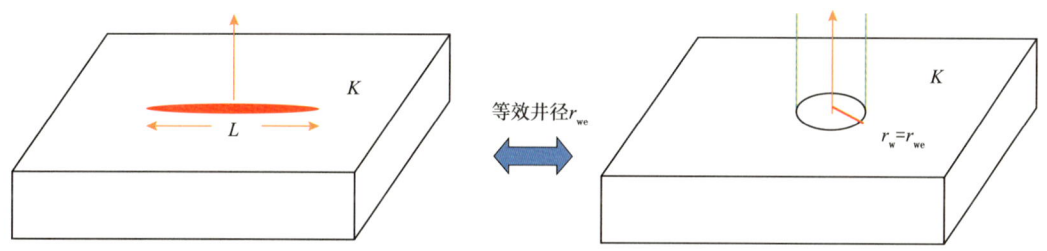

图 1-5-6 等效井径示意图

结合前面介绍的自然产能计算方法，得到垂直井压裂后的产能计算公式为：

$$Q = \frac{2\pi Kh(p_e - p_w)}{\mu \ln \dfrac{r_e}{r_{we}}}$$ （1-5-11）

不同裂缝半长下不同裂缝导流能力情况下的等效井径变化如图 1-5-7 所示，当裂缝导流能力为 8mD·m、6mD·m、4mD·m 时，随着裂缝半长的增大，等效井径也随之增大，而且随着导流能力的减小，等效井径随裂缝半长的增大幅度减小。当裂缝导流能力为 2mD·m 时，等效井径随裂缝半长的变化幅度很小，几乎没有变化。

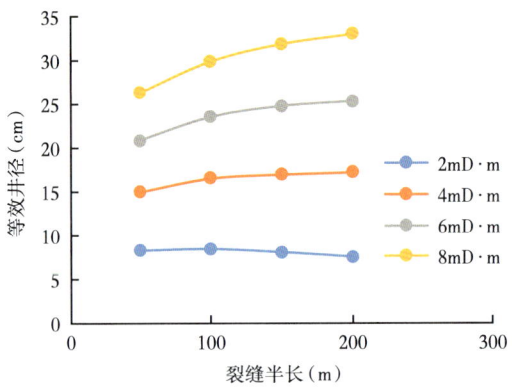

图 1-5-7　模拟不同裂缝导流能力情况下的等效井径变化图版

假定导流能力为 8mD·m，依据前面的产能预测计算步骤和压裂井产能计算公式（1-5-11），得出不同裂缝半长下产能变化情况如图 1-5-8 所示。随着裂缝半长的增加，储层产能增大，而且产能随裂缝半长的增大幅度减小。

假定裂缝半长为 50m，依据前面的产能预测计算步骤和压裂井产能计算公式（1-5-11），得出不同导流能力下产能变化情况如图 1-5-9 所示。随着导流能力的增加，储层产能增大，而且产能随导流能力的增大幅度减小。

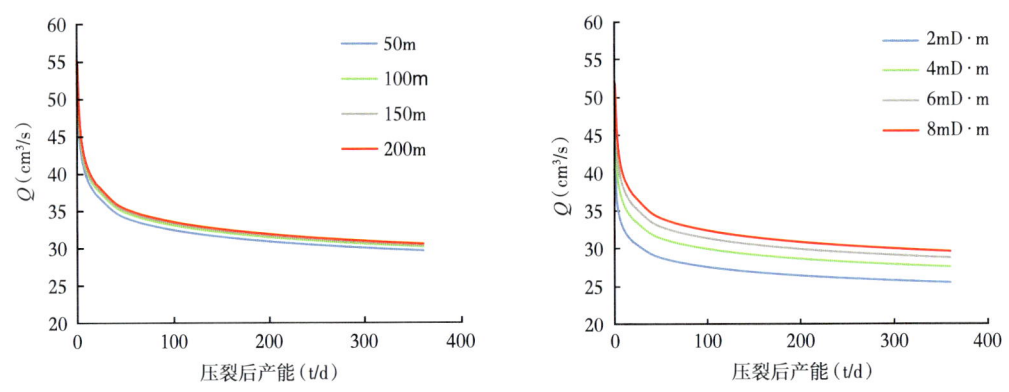

图 1-5-8　模拟不同压裂缝半长的产能变化图版　　图 1-5-9　模拟不同裂缝导流能力下产能变化图版

2）基于等效渗透率的压裂产能计算方法

基于等效渗透率的压裂产能计算方法也是一种常用方法，等效原则为将水力压裂的影响转化为对储层平均渗透率的改变和渗透率的改变对应的相对渗透率改变，包括含水饱和度的改变。最终求出水力压裂后的等效渗透率和相渗曲线，进行合理的产能预测。

设置两层概念模型，各层的物性参数均相同，对储层进行水力压裂改造，裂缝内渗透率设置为 3D、5D，改变裂缝穿透比，研究不同渗透率下不同压裂规模对改造层平均渗透率的影响，模拟结果如图 1-5-10 所示。利用模拟数据，建立多元回归模型，得到储层压裂后的渗透率放大倍数计算公式：

$$\text{渗透率放大倍数} = a\ln x_\text{f} + bK^2 + cK + dK_\text{f}^e + f \quad (1\text{-}5\text{-}12)$$

其中：　　　　a=0.524，b=0.02，c=-0.335，d=-1.178，e=0.690，f=0.888

式中：x_f 为裂缝半长；K 为储层渗透率；K_f 为裂缝渗透率。

利用式（1-5-12）得到压裂后的储层等效渗透率，再结合前面的平面径向流公式法就可以实现压裂后储层的产能预测。

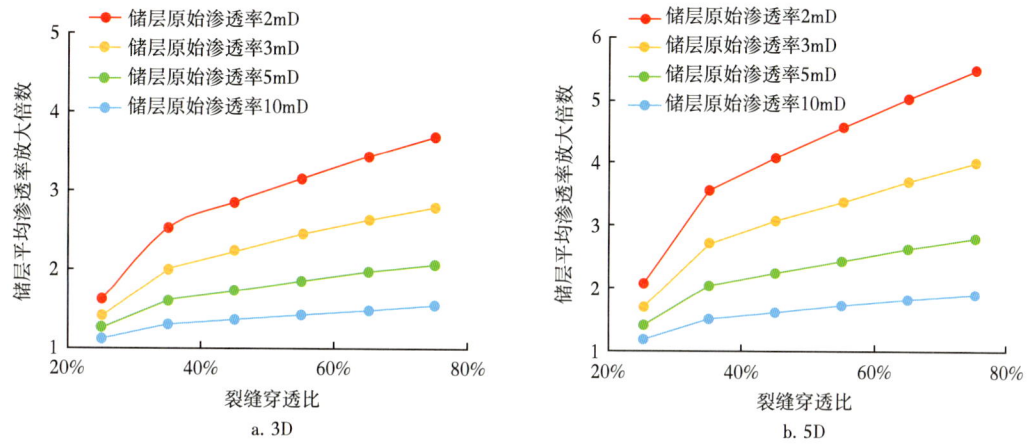

图 1-5-10　模拟压裂裂缝对储层平均渗透率放大倍数图版

三、碎屑岩储层产能预测实例

某地区碎屑岩油层参数见表 1-5-1，该层射孔后直接投产。利用平面径向流公式预测不同时间的油、水产量如图 1-5-11 所示，将预测结果与 A 井实测的每天产量进行误差统计，见表 1-5-2。分析可知，A 井早期产量下降较快，后期产量趋于稳定。预测第 5、10、20、30 天时的产量与实际产量对比，误差越来越小，30 天时产油量相对误差为 5.88%。

表 1-5-1　A 井砂岩储层参数统计表

参数	数值	参数	数值
有效厚度 h（m）	6.4	日产水量 Q_w（t）	2.31
油藏中部深度（m）	1813.8	水黏度 μ_w（mPa·s）	0.33
油藏渗透率 K（mD）	204.3	综合压缩系数	6.06×10^{-4}
孔隙度 ϕ	0.231	束缚水饱和度 S_wc	0.286
含水饱和 S_w	0.557	残余油饱和度 S_or	0.281
原油黏度 μ_o（mPa·s）	1.96	地面原油密度 ρ（g/cm³）	0.8438
日产油量 Q_o（t）	1.63	井筒半径 r_w（cm）	10

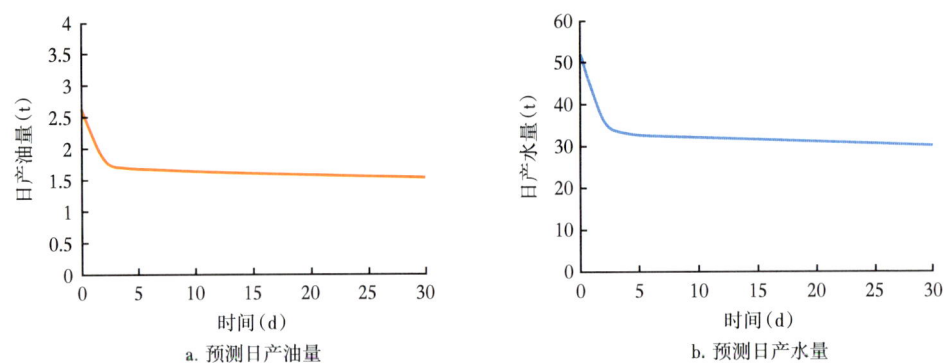

图 1-5-11 A 井平面径向流法预测油水产量随时间变化图版

表 1-5-2 A 井预测产量与实际产量误差表

天数	Q_o (t)	Q_w (t)	Q_o 相对误差（%）	Q_w 相对误差（%）
5	1.686	32.92	3.44	16.27
10	1.631	31.98	0.06	12.97
20	1.569	30.77	3.74	8.69
30	1.534	30.08	5.88	6.25

第二章 碳酸盐岩测井解释评价

世界上许多大油气田和高产油气井的油气都是来自碳酸盐岩储层。由于沉积、成岩、构造破裂等作用影响，碳酸盐岩储层在储集空间类型、岩石物理及测井响应特征等方面与碎屑岩储层都有很大的差异，大大增加了油气测井评价的难度，也正是由于这些原因促使了碳酸盐岩储层测井评价技术的飞速发展。

对碳酸盐岩储层来说，测井评价的基本任务是通过计算岩石成分，判断岩石结构、类型，识别孔隙空间结构特征，确定储层的各种孔隙度、饱和度、渗透率等参数，进而在纵向上划分有效储集层段，确定含流体性质，估计产能的大小，在横向上估算储层的地质可采储量。本章对碳酸盐岩储层特征、岩性岩相识别方法、储层参数计算及综合评价方法进行讨论。

第一节 碳酸盐岩储层类型与基本特征

碳酸盐岩储层发育和分布的影响因素很多，其沉积、成岩等作用差别较大，导致储层的纵横向非均质性强，储层的类型及其孔隙组合多变。不同储层类型有着不同的测井响应特征，因此，在进行测井识别和综合评价之前必须首先了解其储层类型及其基本特征。

一、碳酸盐岩储层类型

国内外学者从不同角度出发，根据各个地区的特点提出了许多种碳酸盐岩储层分类方法，目前还没有普遍适用的方案，比较有代表性包括：Stout 储层分类、Jodry（1972）依据孔结构与岩石类型相互关系进行的分类、冯福凯（1995）依据储层成因进行的储层类型划分等，目前占主流的分类方案为 Jodry 和冯福凯的分类方法，即按照储层的成因和孔隙组合类型进行分类。

1. 储层成因类型划分

控制碳酸盐岩储层发育的主要因素有沉积条件、成岩作用和构造作用等，同时考虑岩石类型对碳酸盐岩储层进行分类，可分为沉积型储层、岩溶风化型储层、裂缝型储层和混合成因型储层。

1）沉积型储层

沉积型储层主要包括生物礁灰（云）岩储层、暴露浅滩相白云（灰）岩储层和潮坪藻白云岩储层 3 大类。

（1）生物礁灰（云）岩储层。

生物礁、滩是一种在生物作用下形成的特殊碳酸盐岩构造，极易形成有效圈闭而成藏，全世界油气总储量的 50%、总产量的 60% 位于礁、滩及相关碳酸盐岩储层中（卫平生，2006；温志峰，2005）。

生物礁原生的骨架孔多被填隙物和胶结物充填，对形成礁储层作用甚微，生物礁孔隙发育的地段都分布在白云石化作用强度最大的地段，白云石化与溶解作用对于生物礁储层的形成起到了至关重要的作用。

（2）暴露浅滩相白云（灰）岩储层。

原岩为各种亮晶颗粒灰岩，以粒为主，形成于高能滩相环境（台地边缘障壁滩或台内滩）。储集岩为亮晶颗粒白云岩，尽管次生溶孔在滩相储层中比较常见，但这类储层多数有保存完好的原生粒间孔。储层质量和空间结构主要由原始沉积相控制。与生物礁滩储层类似，该类储层的出现也与地质时代有关，在二叠系、侏罗系和白垩系中该类储层最为发育。

（3）潮坪藻白云岩储层。

储层岩性为白云岩，白云岩有3种结构：藻黏结结构、结晶结构和粒屑结构。由于所处环境海水进退频繁，在未成岩阶段就发生了早期（准同生期）白云石化及溶解作用，孔隙空间类型多样，多数是在原生孔隙（粒间及粒内孔）的基础上发育而成的各种类型的次生孔隙。气候由于干燥，重盐水向下渗滤，沉积体进一步白云石化，使孔隙继续形成，也不断被充填。但上覆含膏层及泥质层系的封隔，在以后的成岩作用过程中，孔隙得以部分保存，也促进了深埋藏时期的有机溶蚀作用及 H_2S 的溶蚀作用。

2）岩溶风化型储层

岩溶风化型储层多数自沉积后就持续埋藏，经历了漫长的成岩演化，此后构造运动的抬升、暴露、剥蚀，经历了多期晚表生成岩作用，在不整合面之下一定深度范围内极大地改善了它们的孔渗条件。它们受控于区域不整合的特点，储集类型为溶孔（溶洞）—裂缝型，物性极其不均匀，储集条件的变化及影响深度受岩性、断裂、孔隙发育程度及古水文地质条件的控制，因而这类储层具体表现特征差别很大。在后期进一步深埋藏时，上部的残积物铝土质泥岩的封盖通常对岩溶风化形成的次生孔隙起到保护作用。

3）裂缝型储层

一些地区的石灰岩、白云岩，在成岩早期缺乏暴露过程，或虽然有过短暂的暴露过程但迅速充填压实，其后在晚成岩期缺乏表生淋滤、溶解、热水溶液等促进孔隙发育的地质条件，直至后期的构造运动，盆地构造大规模形成的时期，形成了以裂缝为主要储集空间及渗滤通道的储集体。

裂缝的发育状况是控制裂缝型储层发育程度的主要因素，而裂缝的发育受控于构造运动的强度、受力、断裂展布等主要因素。可以说裂缝作用是裂缝型储层发育的主控因素。

4）混合成因型储层

多数碳酸盐岩储层并非仅仅受控于一种成因因素，而是多种因素共同控制，这类储层很难确定何种因素为其主控因素，因此额外划分出一种储层类型——混合成因型储层。

2.孔隙空间类型划分

碳酸盐岩储层孔隙组合类型不同，其储集空间结构也不同，对勘探、开发方式的选择也不同。在储层评价中，通常从测井响应机理出发，根据孔隙类型及其组合关系对碳酸盐岩储层进行分类。

1）孔隙型储层

孔隙型储层的储集空间以各种类型的孔隙为主。常见的孔隙类型主要有粒间孔、晶间孔、生物骨架孔等，孔隙发育相对比较均质，孔隙为主要储集空间，喉道为渗滤通道。

碳酸盐岩孔隙型储层主要受控于沉积环境、岩性。粒间孔一般发育在潮下带—开阔海台地的浅滩和生物礁相地层中，晶间孔一般发育在白云岩地层中。碳酸盐岩孔隙型地层一般是多种孔隙类型共存的。

2）裂缝型储层

裂缝型储层主要发育在基岩孔隙度较低的碳酸盐岩剖面中（如泥灰岩等），裂缝主要为构造裂缝。这类储层一般发育在褶皱剧烈部位或断裂、断层附近。裂缝是该类储层主要的储集空间和渗滤空间。这类储层只有当储层厚度较大、裂缝很发育且延伸较远时，才能形成工业储层。由于裂缝主要是因为构造应力作用形成，所以常常具有明显的组系性与产状特征，可进一步根据裂缝产状划分为高角度裂缝型储层、低角度裂缝型储层和网状裂缝型储层。

3）裂缝—孔隙型储层

该类储层岩石被裂缝切割，具有一定的基岩孔隙度，基岩孔隙为主要的储集空间，裂缝除了提供部分储集空间外，最主要的是作为储层流体的渗滤通道，提高储层渗透率。孔隙和裂缝可以形成非常复杂的孔—缝网络，孔隙结构为典型的双重介质特征。

与裂缝型储层类似，裂缝—孔隙型储层中的裂缝有以高角度为主的，也有以低角度裂缝为主的和以网状裂缝为主的，但通常都是网状裂缝居多。裂缝—孔隙型储层一般可成为较好的生产层，既能稳产，又能高产。

4）裂缝—洞穴型储层

在裂缝型储层的背景下，由于地下水的溶蚀作用，又产生了很多洞穴，从而形成裂缝—洞穴型储层。它的基岩块孔隙度很小且孔径也很小，不具有工业价值，其储渗作用主要靠裂缝和洞穴。一般认为洞穴是主要储集空间，裂缝是主要渗滤通道。但是由于裂缝和溶蚀洞穴往往总是串联在一起的，所以实际上很难将它们分开。

经过溶蚀作用改造后的裂缝型储层，一般都会变得更好，因此是很值得重视的。事实上单纯的裂缝型储层很难获得持久的产量，必须要靠大的洞穴，四川很多高产、稳产的井都出自裂缝—洞穴型储层。因此如何用测井资料来鉴别裂缝型储层和裂缝—洞穴型储层，进而较准确地评价裂缝—洞穴型储层就十分重要。

二、碳酸盐岩储集特征

碳酸盐岩储层的评价之所以不同于碎屑岩储层，是因为它有着不同的地质特征。其中与测井信息最密切相关的因素是地层岩石骨架以及孔隙空间结构。

1. 岩性特征

在碳酸盐岩剖面中，主要的矿物成分是方解石、白云石，经常还出现硬石膏、石膏、盐岩，含有一些黏土矿物、有机质、黄铁矿、硅质等。方解石和白云石是碳酸盐岩的主要造岩矿物，根据矿物组成的差异，岩性上可主要分为白云岩、石灰岩以及两者的过渡岩类。

以方解石为主的矿物有文石、低镁方解石、高镁方解石，分子式为$CaCO_3$。

白云石的分子式是CaMg（CO₃）₂，在现代碳酸盐岩沉积物中很难见到原生的白云岩，基本都是在准同生期或成岩期由含镁的方解石转变而来，因此在自然界中很难找到含100%白云石的白云岩，而绝大部分都含有不同比例的方解石。

碳酸盐岩层常伴生有硫酸—卤素岩石，最普遍的是石膏、硬石膏、盐岩。

纯石膏的分子式为$CaSO_4·2H_2O$，其中含32.5%的CaO，46.51%的SO_4和20.99%的H_2O。硬石膏是无水硫酸钙（$CaSO_4$）。石膏和硬石膏沉积可以是原生的，也可以是次生的。这些岩类的原生岩石是在潟湖和盐湖中，在炎热干燥气候条件下水蒸发而产生的。盐岩主要是带有各种氯和硫酸化合物杂质的NaCl，盐岩层常与石膏和硬石膏层伴生。

石膏、硬石膏、盐岩一般不发育孔隙，因而无储集性和渗透性，不能作为储层。

2. 储集空间特征

碳酸盐岩的储集空间是碳酸盐岩储层的又一基本特征，它与碎屑岩的储集空间有着本质的区别。碎屑岩储层的孔隙空间是以沉积时就存在或产生的原生孔隙为主，而碳酸盐岩储层则以沉积后在成岩后生及表生阶段的改造过程中形成的次生孔隙为主。由于次生改造作用的千差万别，使得碳酸盐岩储层的次生孔隙结构远比碎屑岩储层的孔隙结构要复杂得多。

按照形态和成因，碳酸盐岩储层孔隙空间可分为孔隙、裂缝和洞穴三大类。

（1）孔隙。

孔隙是碳酸盐岩储层储集空间的重要组成部分，根据孔隙成因及其大小，大致分为以下几种类型。

①粒间孔：多存在于粒屑灰岩，特征与砂岩相似，不同之处是易受成岩后生作用的影响，常具有较高的孔隙度。在较大的生物壳体、碎片或其他颗粒遮蔽之下形成遮蔽孔隙颗粒间未胶结的原生孔隙，呈不规则楔形，常分布在颗粒云岩及鲕粒灰岩中，连通性较好可形成工业油气产层。

②晶间孔：碳酸盐晶体之间形成的孔隙，主要是重结晶作用所形成，因而孔隙往往比较规则。如鄂尔多斯盆地奥陶系中储集空间类型主要为白云石晶间孔，由于储层岩石中的白云石晶体通常具有较好的自形度，多由半自形—自形白云石晶粒构成，晶粒支架构成的晶间孔多为多面体或三角形几何形态，孔壁平直光滑，孔径大小一般为10~50μm，面孔率为1%~5%，少数可达10%以上。

③粒内孔：颗粒内部的孔隙，是沉积前颗粒在生长过程中形成的，主要有生物体腔孔隙和鲕内孔隙两种。生物体腔孔隙为生物体内未被灰泥充填或部分充填而保留下来的空间，多存在于生物灰岩，孔隙度很高，但必须与粒间或其他孔隙连通才有效；鲕内孔隙为原始的核心为气泡而形成。

④生物骨架孔：由于生物造礁活动而形成的骨架空间。这种空间在没有或局部充填的情况下，往往形成大量孔隙。

⑤角孔：由断裂作用形成角砾状破裂而造成的孔，其成因不一，所形成的角砾孔隙形状和大小均各不相同，差异很大。

⑥粒内溶孔或溶模孔：由于选择性溶解作用而部分被溶解掉所形成的孔隙，称为粒内溶孔，整个颗粒被溶掉而保留原颗粒形态的孔隙称为溶模孔。粒内溶孔是滩储层主要孔隙空间，由鲕粒内选择性溶蚀而成，鲕粒原生结构已被破坏，多以负或残余形式出

现，连通性好，可形成工业油气产层。

⑦粒间溶孔：胶结物或杂基被溶解而形成，主要出现在亮晶颗粒灰岩、粒、砂屑云岩的颗粒中，是铸体薄片中出现频率最高的一种储集空间类型，孔径大小一般为0.1~1.5mm，连通性好，可形成工业油气产层。粒间溶孔是礁滩型储层主要孔隙空间类型，如在四川盆地龙岗地区及塔里木盆地塔中地区广泛分布。

⑧晶间孔：在晶间孔的基础上经过水扩大或碳酸盐等矿物发生选择性溶蚀所致。在显微镜下，常见白云石晶体被溶蚀成港湾状，孔隙形态呈不规则状，孔径大小一般为30~200μm，分布不均，且大小悬殊。

⑨岩溶溶孔：由前面提到的各现象进一步扩大或与不整合面溶解有关的岩溶带所形成的较大或大规模溶蚀孔洞。孔径小于2mm为溶孔；孔径大于2mm则为溶洞。

（2）裂缝。

裂缝是碳酸盐岩储层最基本的地质特征，对储层的储集性能影响极大，既是碳酸盐岩储层的渗滤通道，同时也是裂缝型储层的储集空间，同时还控制着溶孔、溶洞的发育，影响着地层中原状流体的分布状况和钻井液或钻井液滤液侵入的特征。裂缝从成因来分，主要有构造缝、溶蚀缝和成岩缝3种类型。

构造缝与区域构造活动及断裂活动有关。以塔里木盆地奥陶系为例，研究表明该区构造缝主要有三期：第一期形成于加里东晚期，缝细而平直，宽0.2~2mm，为细粉晶方解石充填，其中还常见沥青，该缝往往角度较大，可见其切割层间岩溶孔洞中充填的渗流粉屑。第二期形成于海西期，以近直立的张裂缝为特征，缝宽且延伸长，岩心可见其宽达1~3cm，延伸长达lm，其缝壁不平整，具溶蚀现象，有的可扩溶成溶缝和溶洞，其中为中粗晶方解石、萤石、石膏、沥青或原油充填，该期缝常切割第一期缝。第三期形成于印支—喜马拉雅期，呈斜交状、低角度—水平状以及网状，宽0.2~5mm，扩溶现象较明显，常见沿缝分布有小型溶洞，缝内充填物少，见少量马牙状方解石和原油。

溶蚀缝主要与古岩溶作用有关，一般近于直立，宽度较大，可达0.2~5mm。

成岩缝主要为缝合线，是压溶作用的产物。缝合线形成于埋藏早中期，在泥晶灰岩、含泥质条带或条纹的泥晶灰岩以及生屑灰岩中最发育，通常沿缝合线还可发生白云石化及扩溶现象。

（3）洞穴。

将直径在2mm以上的孔隙称为洞穴。其中直径为2~5mm的为小洞，直径为5~10mm的为中洞，直径大于10mm的为大洞。它们主要由地下的溶蚀造成，因此常发育于较纯的石灰岩地层中，由于地下水对石灰岩的溶蚀基本沿着裂缝进行，故溶洞常沿裂缝分布，特别是在几组裂缝交叉的地方更易形成较大的溶蚀洞穴。

上述三类储集空间从成分及分布上看都是相互制约、相互关联的。如洞可在孔和缝的基础交叉的地方更易形成较大的溶蚀洞穴。缝往往又可在孔和洞的背景上发展成裂缝—孔洞网。因此，在碳酸盐岩储层中，这三类储集空间常常同时存在，但往往以某一种起主导作用。

与碎屑岩储层相比较，碳酸盐岩储层具有储集空间类型多、次生变化大、分布上的复杂性和严重的非均匀性等特点。表2-1-1是碳酸盐岩与碎屑岩储集特征的对比表。可知,碳酸盐岩储层在孔隙的类型、成因、分布、变化等各方面都比碎屑岩储层更为复杂多样。二者的主要差别有以下几点。

表 2-1-1 碎屑和碳酸盐岩储集空间对比

类型	碎屑岩	碳酸盐岩
沉积物原始孔隙度	一般为 25%~40%	一般为 40%~70%
岩石最终孔隙度	一般为原孔隙度的一半或更多,数值多为 15%~30%	常常只是原始孔隙度的很小一部分或近于零,储层一般为 5%~15%
原始孔隙类型	几乎只有粒间孔隙	粒间孔隙居多,但粒内孔隙和其他孔隙也重要
最终孔隙类型	几乎只有原生的粒间孔隙	成岩作用后变化很大
孔隙大小	孔隙直径和孔道大小基本上与颗粒大小和分选作用有关	孔隙直径和孔道大小一般与沉积颗粒大小和分选作用关系很小
孔隙形状	受颗粒形状强烈影响	变化极大
孔隙大小、形状和分布的均匀性	在均匀岩石内一般完全是均匀的	可变的,即使在单一类型的岩石内,也可从十分均匀到完全不均匀
成岩作用的影响	很小,由于压实和胶结作用,原始孔隙度略有减小	很大,可使孔隙形成、消失或完全变形,胶结和溶解作用有重要影响
裂缝作用的影响	对储层特点没有重大影响	如果有裂缝,对储层特点有重大影响
储层评价对岩心分析的要求	一般柱塞样能反映骨架孔隙度	孔隙型储层可做岩心分析,但对有大孔隙的岩石,需要采用全直径岩样
渗透率与孔隙度的关系	相当密切,一般取决于孔隙大小和分选程度	变化很大,一般与颗粒大小和分选程度无关

(1)碳酸盐岩储集空间大小和形状有很大变化,其原始孔隙度很大而最终孔隙度一般很小。原生储集空间与岩石类型、结构、构造、灰泥成分及生物发育程度等有重要关系,而次生孔隙—裂缝则受沉积后生作用(成岩作用与后生作用)及构造作用的控制,并可超越岩性和颗粒的限制,即使在相当于页岩的微晶灰岩中也能发育次生孔隙—裂缝而使其具有渗透性。因而碳酸盐岩的储集空间较碎屑岩复杂得多。

(2)碳酸盐岩储集空间的分布与岩石结构的关系有很大变化,可由完全依属关系(如粒间、晶间和生物骨架孔隙等),直到毫无关系(如溶孔、溶洞、裂缝等)。因此,碳酸盐岩不但可以形成相对较薄的层状油藏,也可形成巨厚的、油藏高度达几百米的块状油气藏。

(3)碳酸盐岩储集空间类型多样,且后生作用复杂。其类型有孔隙型、溶洞型及裂缝型且一般都不是孤立存在的,而是密切相关的。岩石从沉积时起,经历成岩作用、后生作用等对储集空间的改造,具有晶粒—粒间孔隙的岩石可形成溶洞或裂缝,裂缝可形成溶洞等,可使原有孔隙空间系统被改造得面目全非。实践表明,未经次生改造而只具原生孔隙的碳酸盐岩,很难成为良好的储层。但若经过构造作用产生裂缝,通过地下水淋滤、溶蚀和成分交代等作用,使有效孔隙和渗透性得到改善,形成孔、洞与缝的复合孔隙空间系统,才能成为良好的储层。

(4)碳酸盐岩的孔隙度大小主要反映孔隙的容积性质,一般与渗透率无明显相关关系,这是因为碳酸盐岩孔隙空间的形状和分布变化很大,物性参数往往无规则。

第二节 碳酸盐岩测井响应特征

碳酸盐岩的测井响应特征是岩性、储集空间类型和流体性质等因素的综合反映，其中最为关键的是厘清不同储集空间类型碳酸盐岩响应特征。

一、孔隙型储层响应特征

发育于石灰岩或白云岩中的碳酸盐岩孔隙型储层，其储集和渗滤空间以各种孔隙为主，裂缝的作用较小。储集性能的好坏受孔隙、喉道的大小分布、胶结程度以及充填物性质等多种因素的控制，这与一般孔隙型砂岩储层具有类似的特征，所不同的是碳酸盐岩孔隙型储层多为次生孔隙，因而具有更大的非均质性。如局部白云岩化形成的次生孔隙，就具有很大的非均匀性，它们可能在纵向上和横向上都互不连通，因而难以形成有效储层，但在测井曲线上却有所响应，这就增加了储层测井评价的难度。

孔隙型储层在碳酸盐岩剖面中较为常见，如四川龙岗地区飞仙关组的鲕滩储层就属于此类，具有以下的测井响应特征：在曲线形状方面表现为圆滑的"U"形，如电阻率呈"U"形降低，这与裂缝发育段的尖刺状电阻率起伏形成强烈的反差；三孔隙度曲线具有较好的"相关性"，即同向变化特征，与孔洞型储层有一定差异；在测井值方面表现为两高两低，即声波时差、中子孔隙度增高，电阻率和岩石体积密度降低，如图 2-2-1 所示；成像测井图上，储层段整体呈颜色较深的块状或团块状特征，如图 2-2-2 所示。

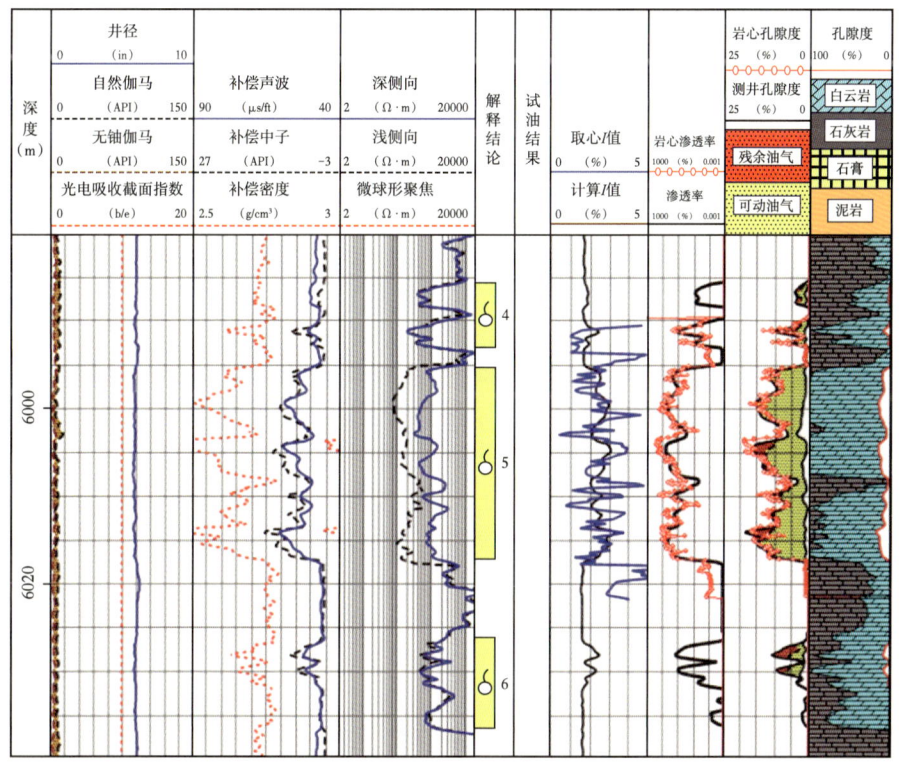

图 2-2-1　孔隙型储层常规测井响应特征

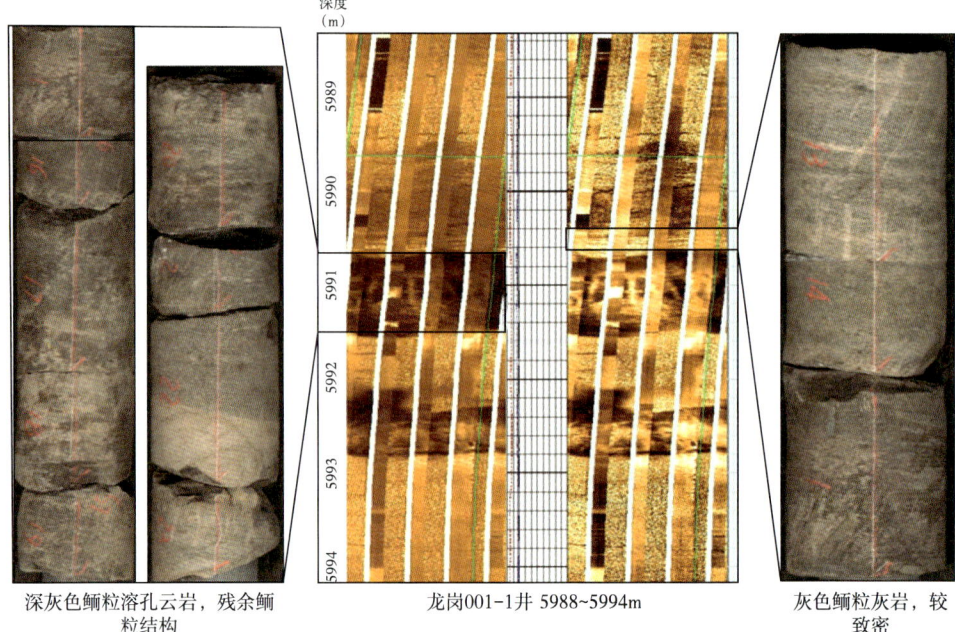

深灰色鲕粒溶孔云岩，残余鲕粒结构　　　龙岗001-1井 5988~5994m　　　灰色鲕粒灰岩，较致密

图 2-2-2　孔隙型储层岩心照片、FMI 响应特征图版

二、裂缝型储层响应特征

裂缝型储层定义为裂缝发育，而孔洞不发育的储层。裂缝型储层从成因来分主要有三种类型：构造缝、溶蚀缝和成岩缝。该类储层是以裂缝为主要储集空间和连通渠道，通常岩石基质物性较差，原生孔隙和次生孔洞均不发育。但当裂缝厚度、裂缝孔隙度达到一定数值，也可获得高产。

裂缝型储层常规测井响应特征：自然伽马值一般较低；深浅双侧向测井具有明显降幅或差异，有时双侧向曲线呈现双轨特征，微侧向或微球形聚焦测井在裂缝段比双侧向有较多的起伏，且在双侧向测井电阻率背景上呈锯齿状变化；井径微扩或者缩径（钻井液侵入裂缝形成滤饼），中子、密度、声波曲线变化不大，接近骨架测井值（图 2-2-3）。

裂缝型储层在井壁地层微电阻率成像测井（FMI/EMI）图上较易识别（表现为黑色的正弦曲线）并可判别其有效性，还可以描述裂缝的形态和判断其产状。图 2-2-4 为塔里木某井奥陶系岩心照片和 FMI 成像图，在 FMI 成像图上观察到裂缝和缝合线，一般未充填缝或泥质充填缝呈暗色线状，而方解石充填缝呈连续亮色线状，方解石半充填缝呈断续亮色线状。图中可见裂缝、微裂缝及缝合线发育，是典型的裂缝型储层响应特征。

三、孔洞型储层响应特征

孔洞型储层定义为孔洞发育，而裂缝不发育储层。孔洞型储层为最常见的一种储集类型，该类储层是由次生溶蚀孔洞较为发育而成的储层。溶蚀孔、洞是主要的储集空间，连通孔洞的喉道是流体渗流通道。这类储层一般是在原生孔隙发育的地带经过溶蚀改造形成，裂缝欠发育。以塔中地区奥陶系碳酸盐岩为例，基质孔隙度多在2%以下，但溶蚀孔洞发育段孔隙度可达4%~6%，局部甚至高达10%以上。

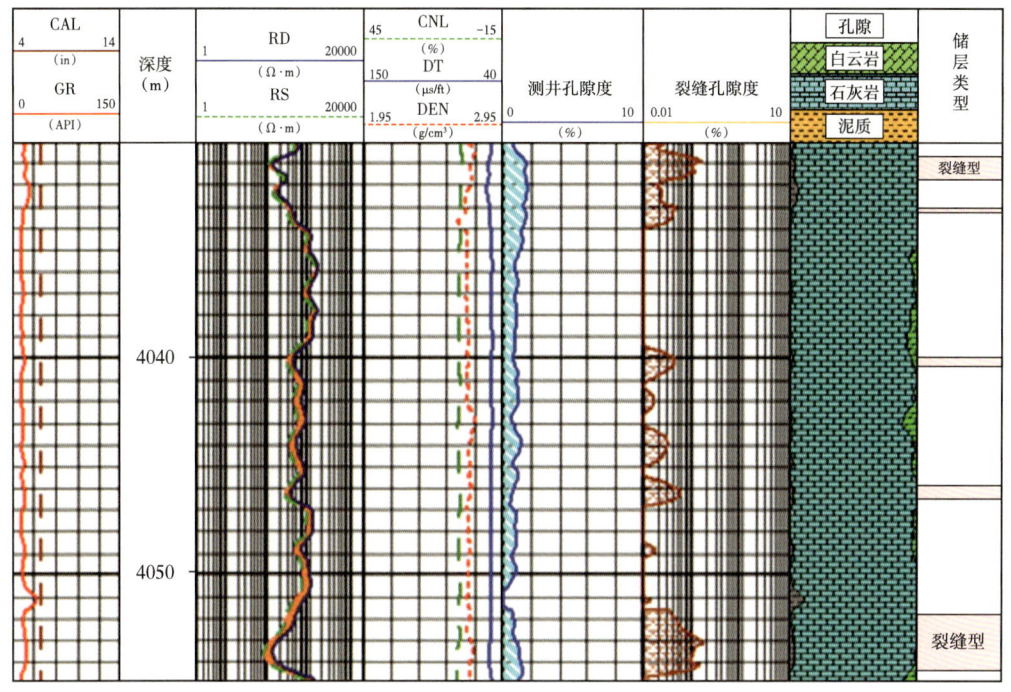

图 2-2-3 裂缝型储层常规测井响应特征

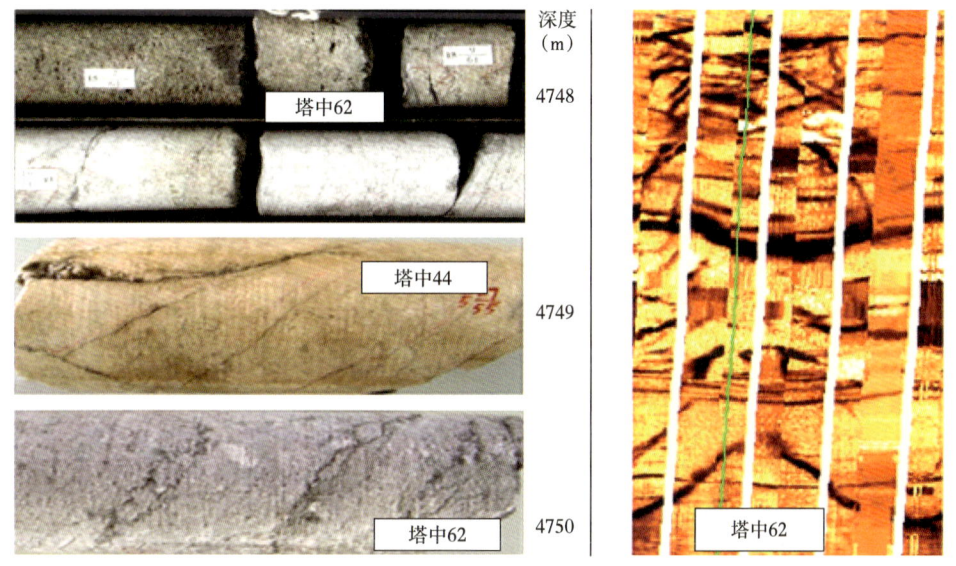

图 2-2-4 裂缝型储层岩心照片、FMI测井响应特征图版

孔洞型储层常规测井响应特征：小的溶孔、溶洞常规自然伽马值为低—中值，深浅双侧向测井差异不明显，电阻率有所降低，微球形聚焦测井曲线有起伏，井径在孔洞较为发育段扩径明显，中子、密度、声波曲线变化较大（图 2-2-5）。

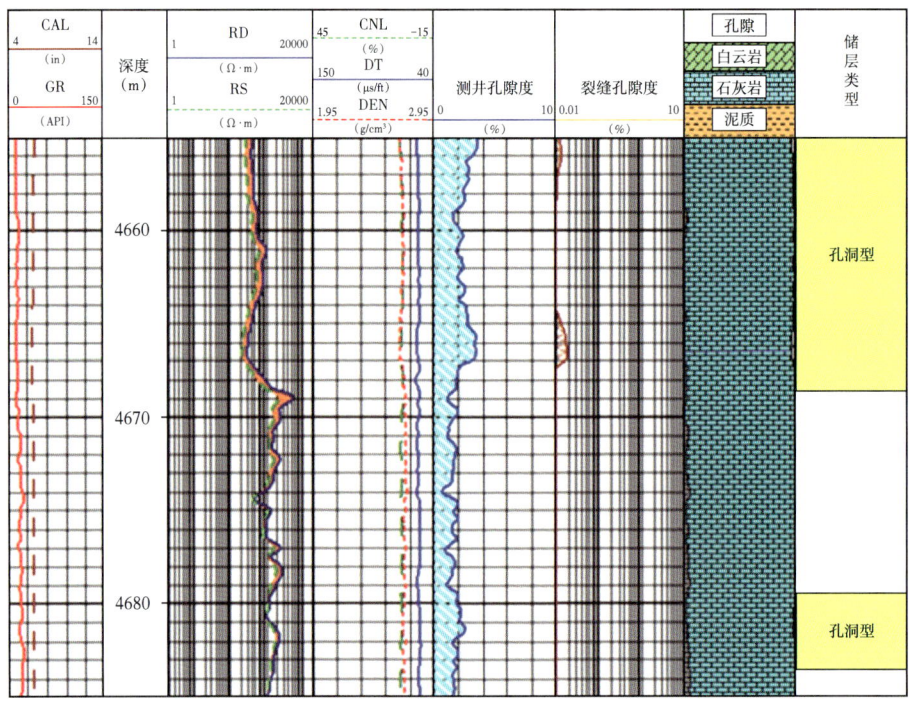

图 2-2-5 孔洞型储层常规测井响应特征

在 FMI 成像图上观察到溶蚀孔洞，一般呈不规则暗色斑点状分布。孔洞型储层成像测井响应特征：小的溶孔、溶洞在井壁地层微电阻率成像测井（FMI 或 EMI）图像上表现为"豹斑"状不规则黑色星点分布，图 2-2-6 为塔里木某井奥陶系孔洞型储层岩心照片及 FMI 成像图，从图中可见溶蚀孔洞发育，直径从几毫米至几厘米不等，部分溶蚀孔洞被方解石充填或半充填。

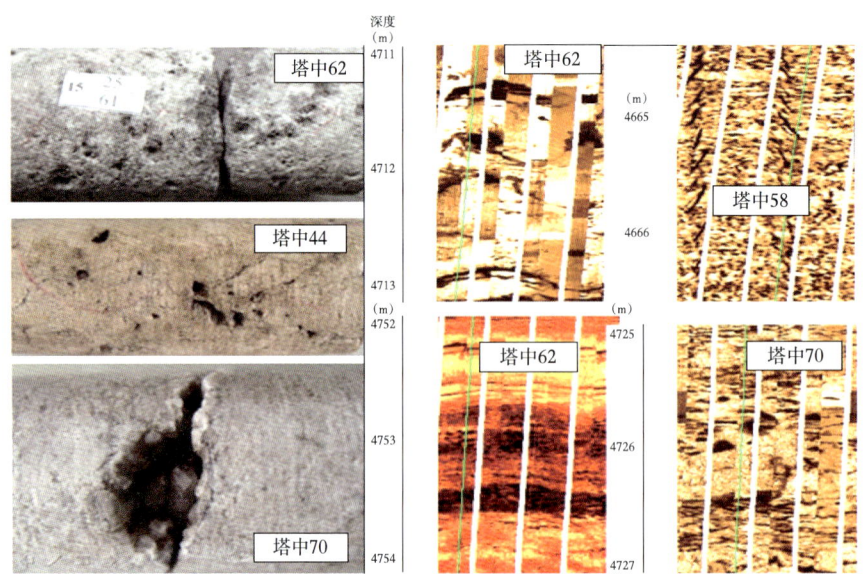

图 2-2-6 孔洞型储层岩心照片、FMI 测井响应特征图版

四、裂缝—孔洞型储层响应特征

裂缝—孔洞型储层不但孔洞发育，而且裂缝也发育。孔洞是其主要的储集空间，裂缝既作为储集空间，但更为重要的是作为连通渠道。相比孔洞型及裂缝型储层，次生溶蚀孔洞和裂缝的存在大大提高了地层的储集能力，改善了地层的渗流能力。

由于裂缝—孔洞型储层综合了裂缝型及孔洞型储层的特征，因此在测井资料上也综合反映了裂缝与孔洞的响应特征。在常规和成像测井资料上比单一的裂缝型及孔洞型储层更容易识别（图2-2-7）。

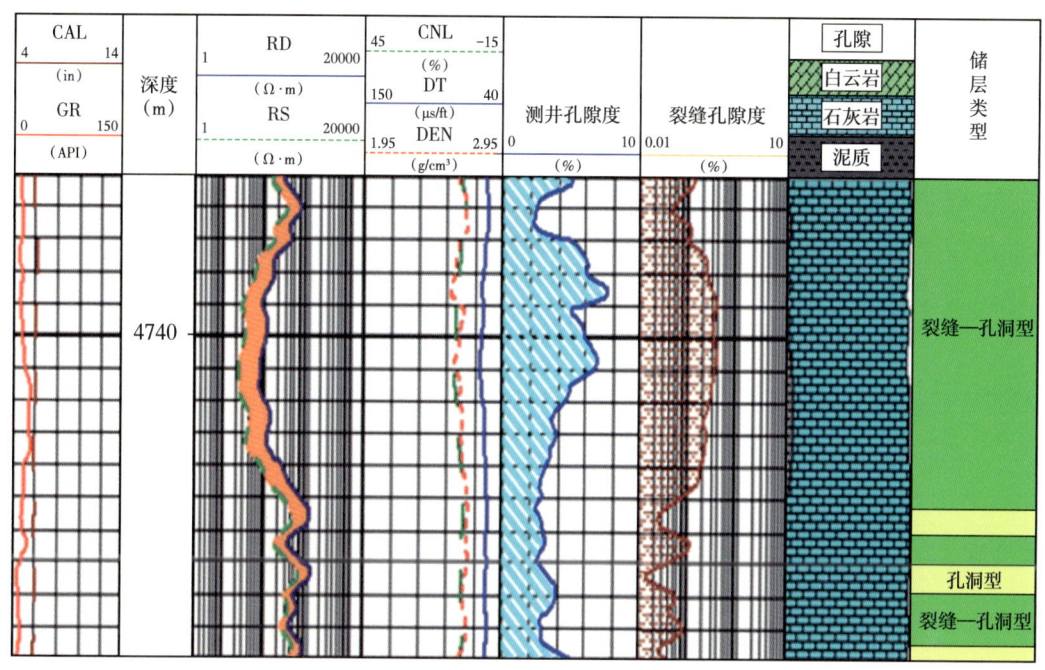

图 2-2-7 裂缝—孔洞型储层常规测井响应特征

从图2-2-8中塔里木盆地某井岩心照片及成像测井资料也可以见到沿缝发育的溶蚀孔洞，此类溶蚀孔洞是在方解石充填裂缝处发育次生溶蚀所致，如果裂缝未被完全充填，这类缝洞组合的层段是较为有利的储层，虽然孔隙度虽低，但产量比较高，正好是这一储层特征的反映。

五、洞穴型储层响应特征

洞穴型储层测井响应特征是井眼局部扩径、密度大幅降低、声波时差和中子跳跃、深浅双侧向电阻率降低。图2-2-9为塔里木盆地某井4713~4722m井段大型溶洞测井响应特征，FMI成像图上表现为极板拖行产生暗色条带夹局部亮色团块或所有极板全是黑色，在偶极子声波成像测井（DSI或XMAC）变密度图上呈"人"字形条纹，且波形严重干涉，易于判别。本段测井计算孔隙度大于10%，可以确定溶洞为少部充填的有效洞穴。

该井钻进过程中，从井深4694~4708.7m，井筒气侵严重，溢流不断，井漏、井涌频繁，钻井期间共漏失钻井液3021m³，甚至出现钻压消失（钻具放空），正是其下大型溶洞的反映。这种洞穴型储层很难取到岩心。

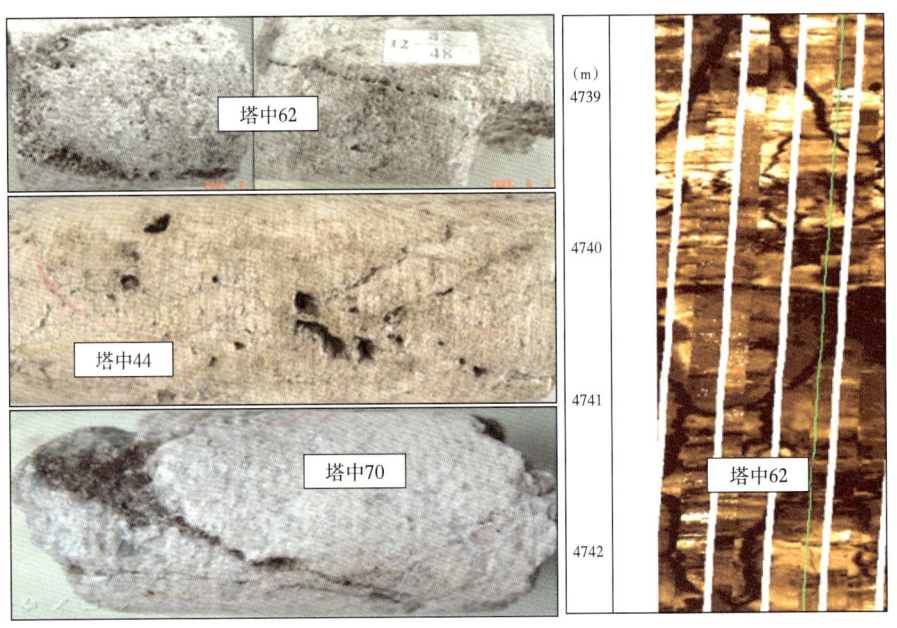

图 2-2-8　裂缝—孔洞型储层岩心照片、FMI 响应特征图版

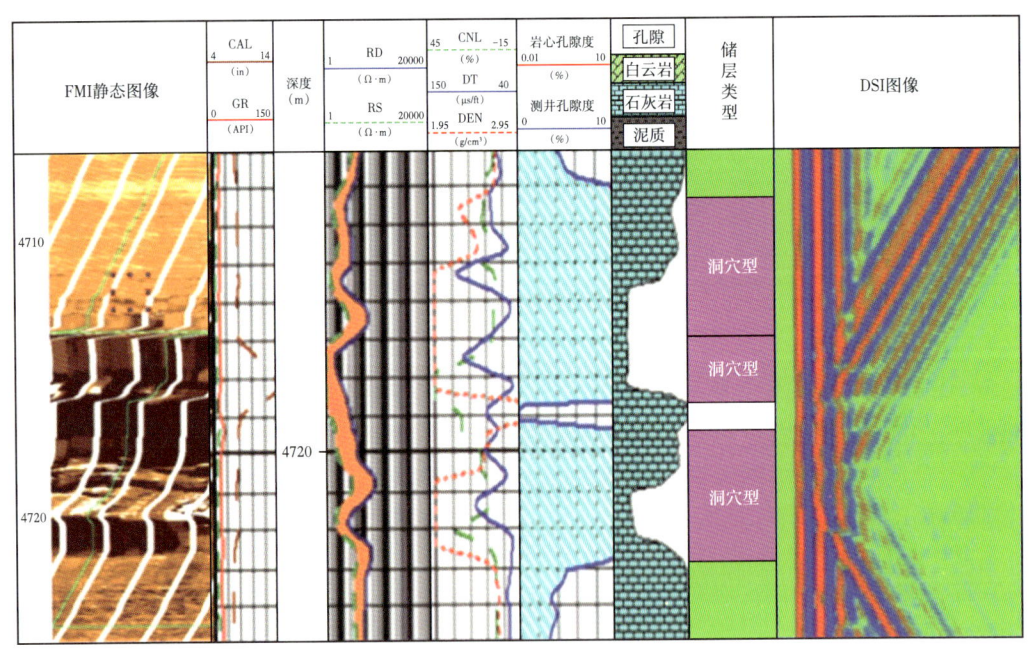

图 2-2-9　洞穴型储层测井响应特征图版

第三节　碳酸盐岩岩性岩相测井识别

岩性岩相分析是储层评价的基础，对于碳酸盐岩储层来说，有利储层发育往往受岩性岩相影响。因此，测井岩性岩相分析对于碳酸盐岩储层的勘探开发具有重要指导意

义。常规测井资料采用交会图技术、最优化方法、神经网络技术等进行储层岩性岩相分析是最常用的手段,并取得了较好的应用效果。近年来,随着高分辨率的电成像测井在碳酸盐岩储层中的大量应用,利用电成像测井资料进行沉积分析越来越多地应用于油田的科研生产中,为碳酸盐岩岩性岩相识别提供了有力手段。

本节基于电成像图像特征和地质意义,定义了电成像测井相及其分类模式,系统研究了不同测井相的典型特征,进而给出了不同区块电成像岩性岩相典型特征图像,为油气勘探开发提供依据。

一、电成像测井相分类与典型特征

碳酸盐岩电成像测井岩性岩相研究是以岩心观察为基础,通过岩心—电成像归位及岩心—电成像响应模式研究,建立碳酸盐岩成像测井相分类体系及识别准则,对碳酸盐岩成像测井相与岩性、岩相、储层的关系进行研究,在此基础上形成一套成熟的碳酸盐岩电成像测井相分类与解释方法。

1. 分类方法

电成像测井相是指地层在电成像测井上的响应特征,一般用图像的颜色(或灰度)和结构参数予以表征,即将"地层在电成像测井图像上的响应特征"定义为电成像测井相。

电成像测井相的定义和分类是电成像测井相分析的基础和关键,主要从图像颜色和图像结构两方面入手。根据静态图像颜色,主要划分为黑棕色系和黄白色系两大类,分别定义为低阻和高阻相系。在此基础上还可以细分为黑—棕—黄—白色系(图2-3-1a),颜色由深到浅,代表地层的电阻率由低到高。此外,还有颜色不均匀的几种情况,包括颜色递变、颜色交替及呈斑状分布等,分别定义为递变层状相、互层相和斑块相。图像的结构反映了地层的岩性、结构和构造特征。如果根据电成像动态图像结构特征进行测井相划分,可以划分为块状、层状和斑状三大类型(图2-3-1b),其中层状相还可以细分为平行层状、交错层状、递变层状、变形层状和互层状等亚类。综合电成像的图像颜色和图像结构特征就可以实现对成像测井相的分类和识别。

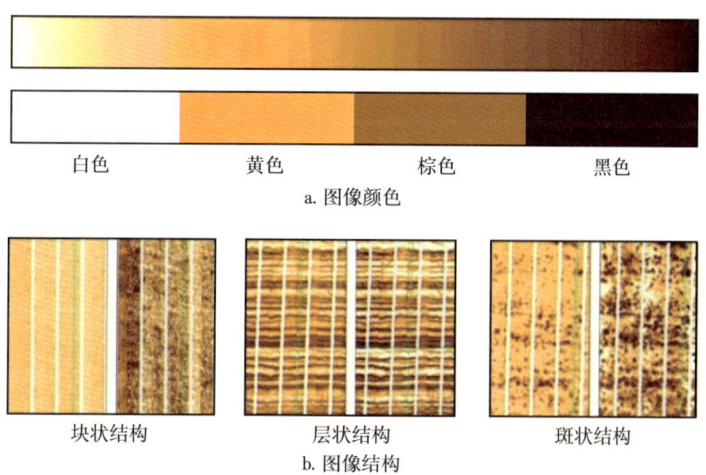

图 2-3-1 电成像测井相的定义依据

根据上述定义，结合电成像测井资料的解释和岩性岩相图版模式，建立碳酸盐岩电成像测井相分类体系。该分类体系的制定主要考虑了以下两个基本原则。

（1）科学性：即每一种电成像测井相应有严格的定义依据；每一种成像测井相在表达上无二义性，不存在重复定义现象；分类表应涵盖所有的成像测井相类型，不存在遗漏现象。此外，每一种成像测井相都应具有明确的地质意义。

（2）实用性：分类表应力求简单明了，在实际工作中具有可操作性，易于推广应用。

以成像测井图像的颜色和结构特征为识别依据，将碳酸盐岩成像测井相划分为 3 大类 15 个小类（表 2-3-1）。

表 2-3-1 碳酸盐岩电成像测井相分类体系

成像测井相类型		成像测井相特征	
大类	小类	图像颜色	图像结构
块状相	深色低阻块状相	黑棕色系	块状
	浅色高阻块状相	黄白色系	块状
层状相	深色低阻平行厚层相	黑棕色系	内部纹层相互平行，且产状与地层顶底界面一致，单个纹层厚度大于10cm
	浅色高阻平行厚层相	黄白色系	
	深色低阻平行薄层相	黑棕色系	内部纹层相互平行，且产状与地层顶底界面一致，单个纹层厚度小于10cm
	浅色高阻平行薄层相	黄白色系	
	深色低阻交错层状相	黑棕色系	纹层成组出现，组间纹层产状不协调
	浅色高阻交错层状相	黄白色系	
	正向递变层状相	向上颜色渐深	单层厚度向上减薄
	反向递变层状相	向上颜色渐浅	单层厚度向上增大
	深色低阻变形层状相	黑棕色系	纹层扭曲变形
	浅色高阻变形层状相	黄白色系	
	互层相	颜色深浅交互	纹层厚薄相间
斑状相	亮斑相	颜色不均匀，呈斑块状；斑块颜色较浅，背景基质颜色相对较深	
	暗斑相	颜色不均匀，呈斑块状；斑块颜色较深，背景基质颜色相对较浅	

在电成像测井相解释中，为了减少和避免电成像测井解释中的多解性，提高分析和识别的精度，需要尽可能充分地利用其他地质资料，包括岩心、常规测井，乃至地震资料等。

岩心刻度是电成像测井相分析的前提和基础。通过岩心观察并与电成像测井图像对比，可以明确各类电成像测井相所代表的岩性、沉积相及储层地质意义，从而为电成像测井相外推解释、井间电成像测井相对比及横向预测提供依据。岩心刻度解释的主要内容包括岩心观察及储层地质特征分析、岩心—电成像测井归位、电成像测井裂缝解释、电成像测井溶洞解释、电成像测井相解释以及成像测井相与岩相的关系研究等内容。

常规测井资料在储层分析方面具有其他资料难以替代的作用。利用常规测井解释的岩性及储层类型资料，开展各类储层电成像测井相响应特征分析，建立各类储层的电成像测井相响应模版，可以有效地减少电成像测井相解释与预测中的多解性。建立常规测井—电成像测井储层类型响应模版、研究电成像测井相与储层类型的关系，是常规测井约束解释的主要内容。

2. 电成像测井相典型图版

总结和梳理不同电成像测井相典型图像上的特征对于正确认识和识别电成像测井相具有重要意义。本书以岩心刻度为基础，通过实际岩心观察并与电成像测井图像进行对比分析，综合常规测井、录井等其他资料，在电成像测井相定义和分类的基础上，明确了不同测井相与电成像图像特征的对应关系，制作了电成像测井相典型识别图版。图版分三大类十五个小类阐述了电成像测井相的图像特征及地质特征，直观易用，为电成像测井相的对比及解释提供了依据。

1）块状电成像测井相

块状电成像测井相的特点是图像颜色较均匀，内部缺乏纹理或其他结构特征，或仅含零星的斑块、斑点及断续的线状结构。根据图像颜色，可以进一步将块状相细分为深色低阻块状相（图2-3-2）和浅色高阻块状相（图2-3-3）两个小类。前者静态图像颜色较深，为黑、棕色系；后者色浅，以黄、白色系为主。

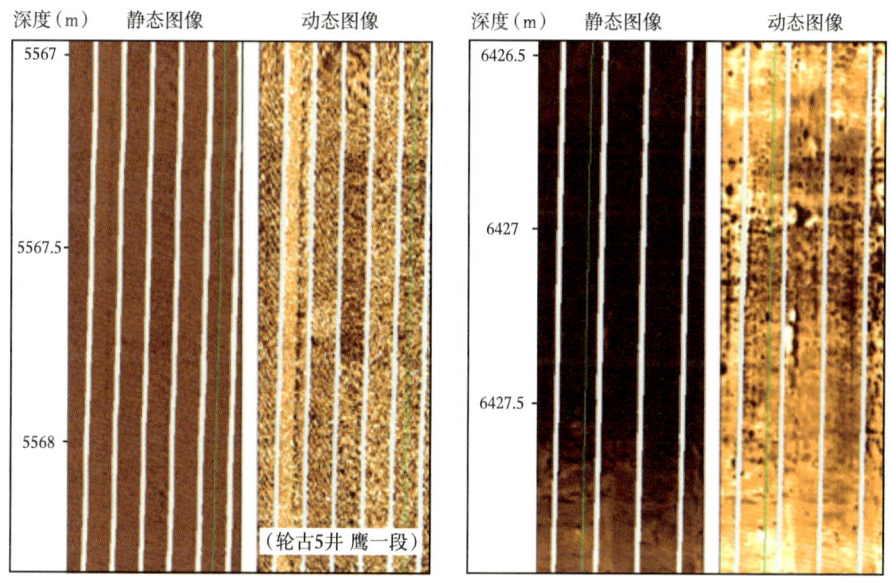

图 2-3-2 深色低阻块状相典型图版

2）层状电成像测井相

层状成像测井相的特点是图像颜色不均匀，内部显示纹理或层理构造，表现为颜色深浅交替或递变。根据纹层的厚度、纹理面的形态、纹理的连续性及颜色递变等特征，可以将层状成像测井相进一步细分为平行层状相、交错层状相、递变层状相、变形层状相及互层相五个亚类。

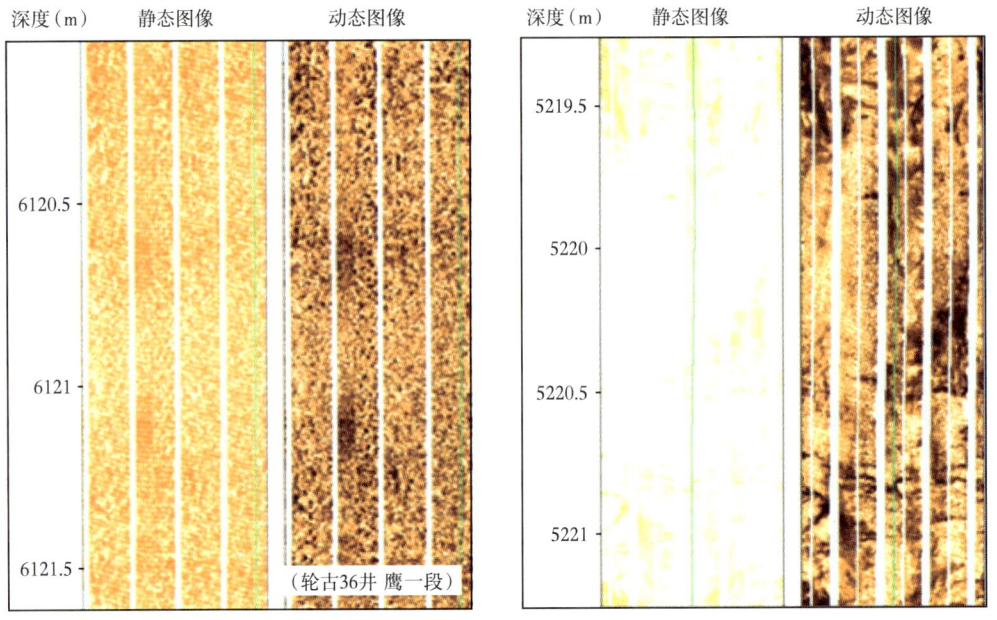

图 2-3-3　浅色高阻块状相典型图版

（1）平行层状相。

由产状相近、厚度相当且颜色相近的一组规则平坦状层组构成。根据纹层厚度和图像颜色进一步细分为深色低阻平行厚层相（图 2-3-4）、浅色高阻平行厚层相（图 2-3-5）、

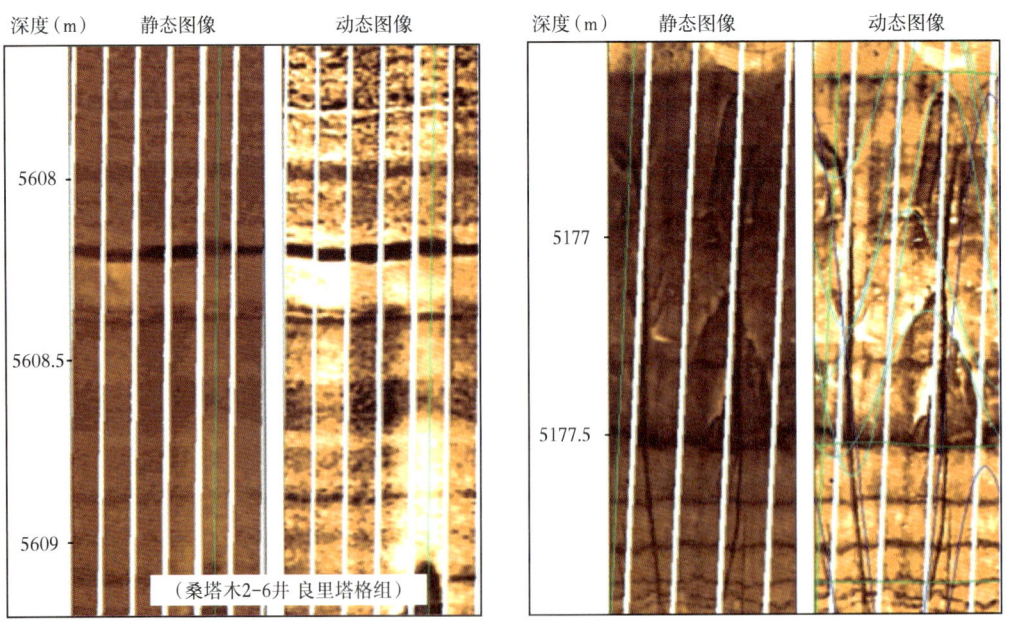

图 2-3-4　深色低阻平行厚层相典型图版

浅色低阻平行薄层相（图 2-3-6）和浅色高阻平行薄层相（图 2-3-7）四个小类。平行厚层相与平行薄层相的主要区别在于纹层厚度，前者纹层厚度大于 0.1m；后者纹层厚度在 0.1m 以下。

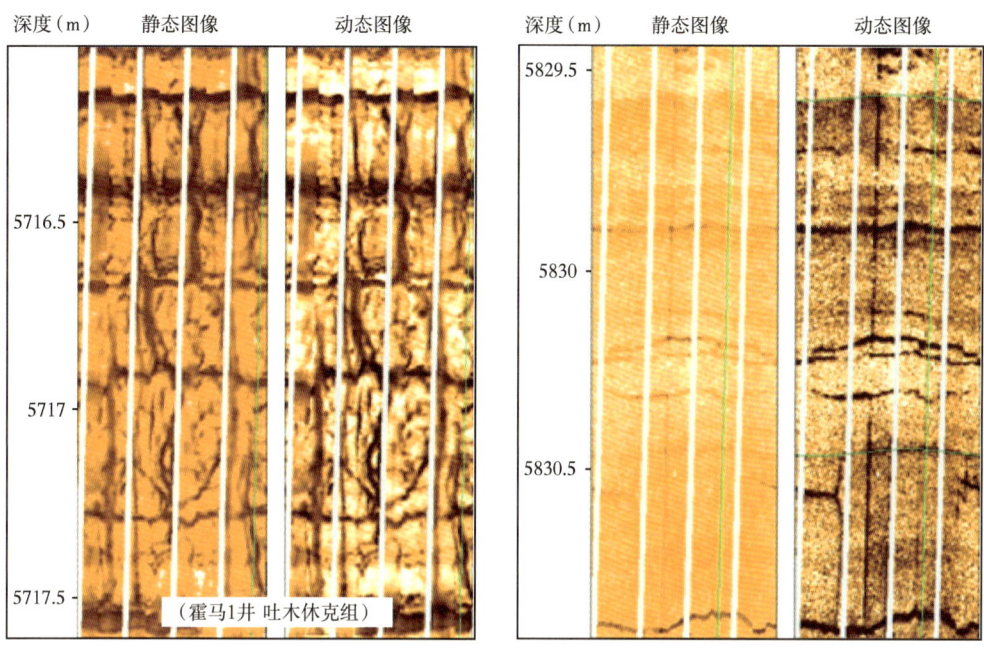

图 2-3-5　浅色高阻平行厚层相典型图版

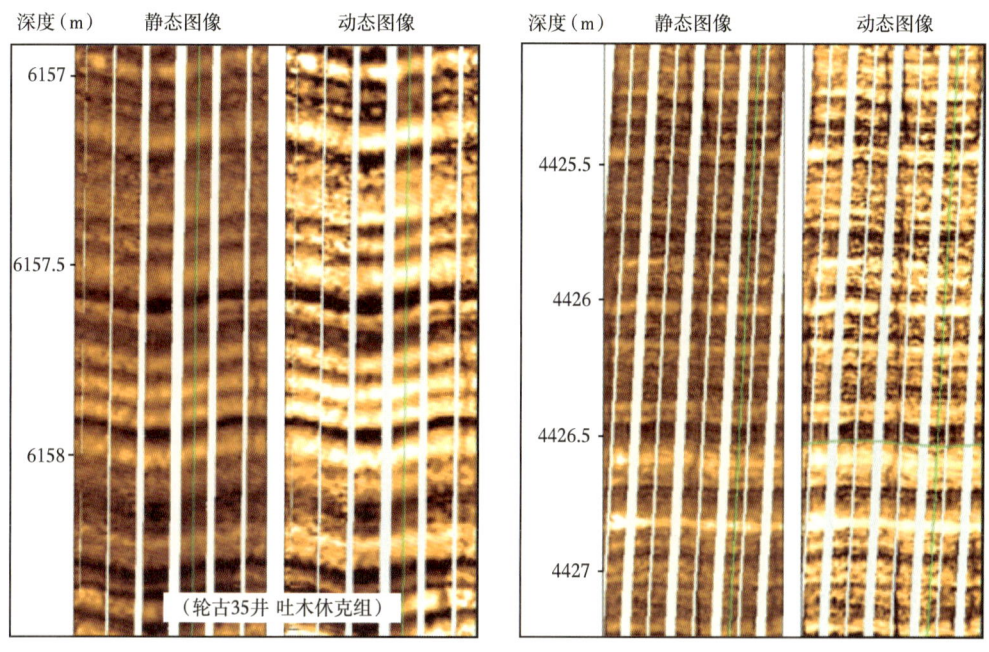

图 2-3-6　深色低阻平行薄层相典型图版

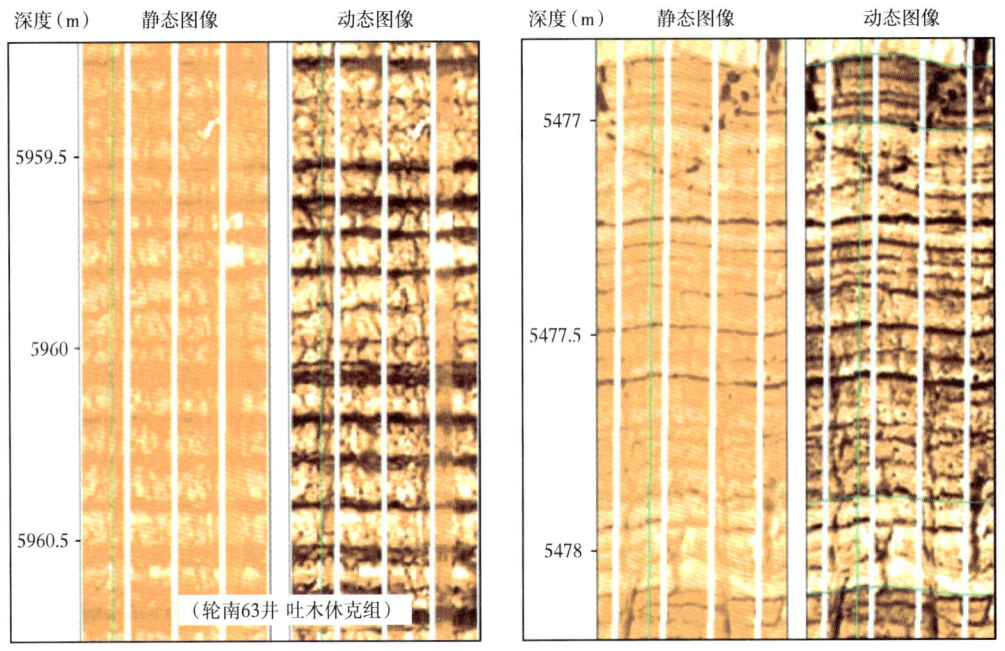

图 2-3-7 浅色高阻平行薄层相典型图版

（2）交错层状相。

由倾向、倾角不同的纹层组交错构成。根据图像颜色可以进一步划分为深色低阻交错层状相（图 2-3-8）和浅色高阻交错层状相（图 2-3-9）两个小类。

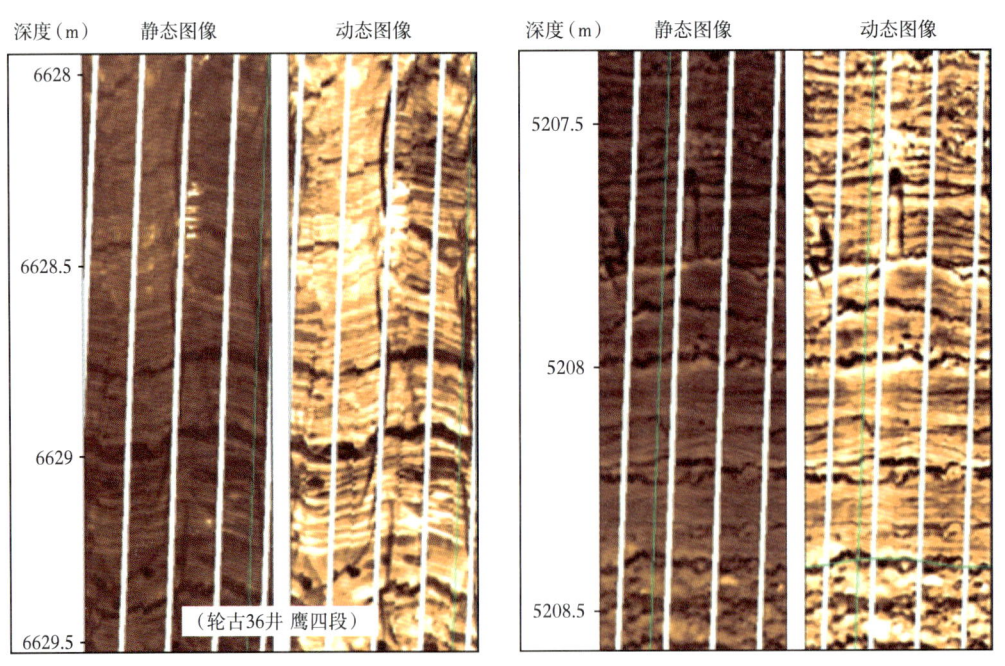

图 2-3-8 深色低阻交错层状相典型图版

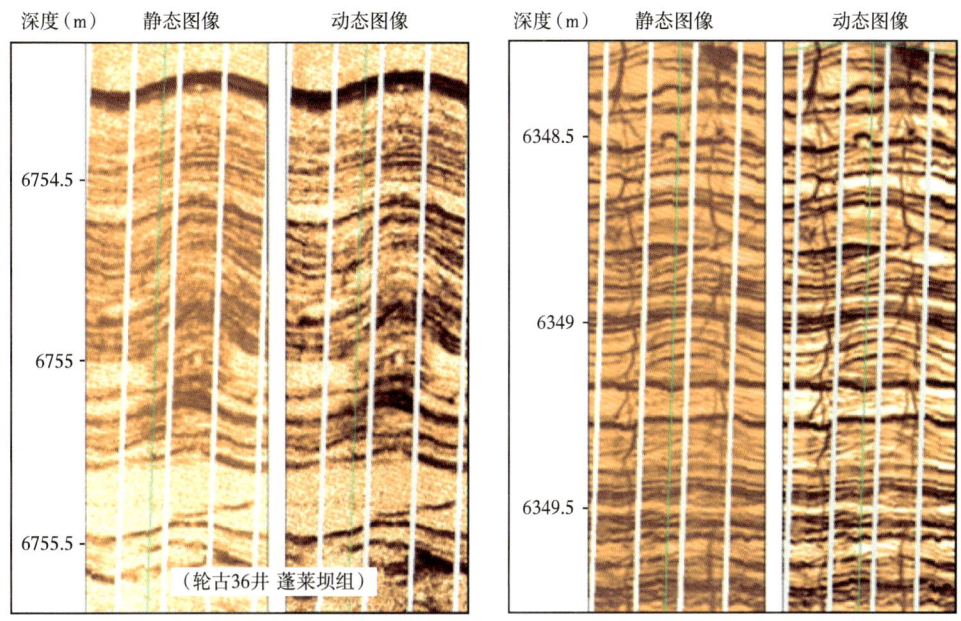

图 2-3-9 浅色高阻交错层状相典型图版

（3）递变层状相。

纹层厚度或图像颜色自下而上发生渐变，可以细分为正向递变层状相（图 2-3-10）和反向递变层状相（图 2-3-11）。前者自下而上纹层厚度依次减小，颜色逐渐加深；后者则相反，自下而上纹层厚度依次增大，颜色逐渐变浅。正向递变层状相解释为向上水体加深、粒度变细、厚度变薄的准层序，或正向递变层理；反向递变层状相则解释为向上水体变浅、粒度变粗、厚度增大的准层序，或反向递变层理。

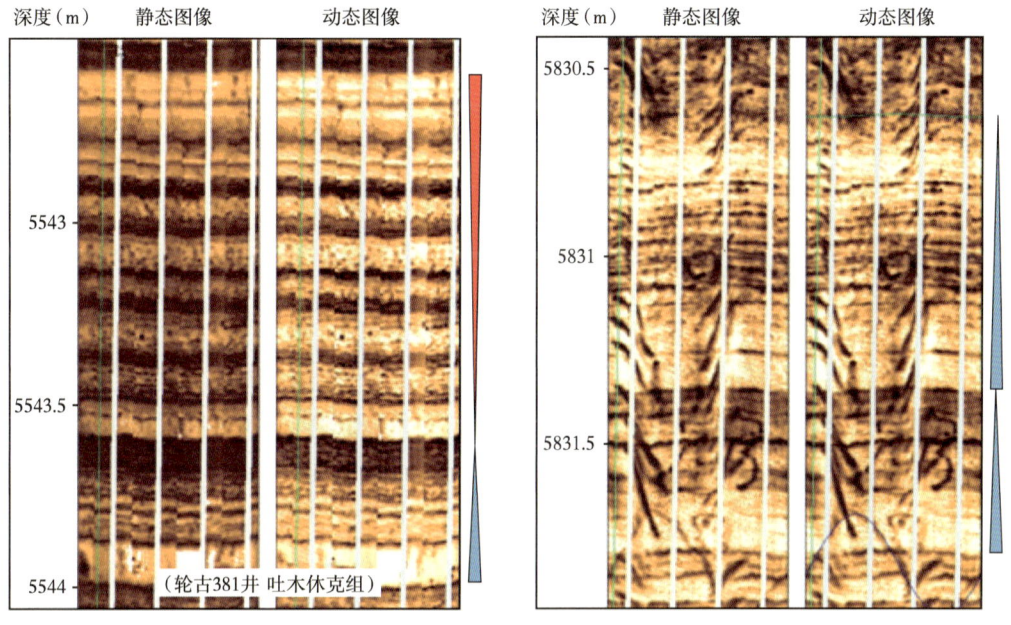

图 2-3-10 正向递变层状相典型图版

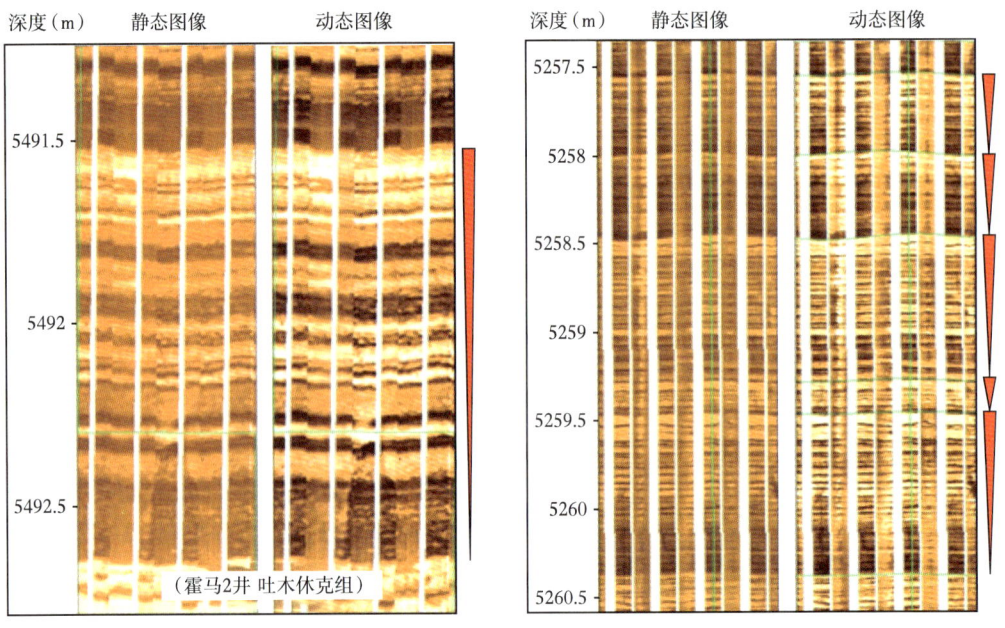

图 2-3-11 反向递变层状相典型图版

（4）变形层状相。

纹理不规则，发生扭曲变形是变形层状相的突出特点。受井筒范围的限制，在成像测井图像上所能识别的变形层状相以厚度小于 0.1m 薄纹层居多。根据图像颜色进一步划分为深色低阻变形层状相（图 2-3-12）和浅色高阻变形层状相（图 2-3-13）。碳酸盐岩地层中，变形层状相的可能成因主要有：泥质条带灰岩或"瘤状"灰岩，台地边缘斜坡带准同生滑塌沉积，变形的洞穴砂泥质充填沉积，碳酸盐岩缝合线等。

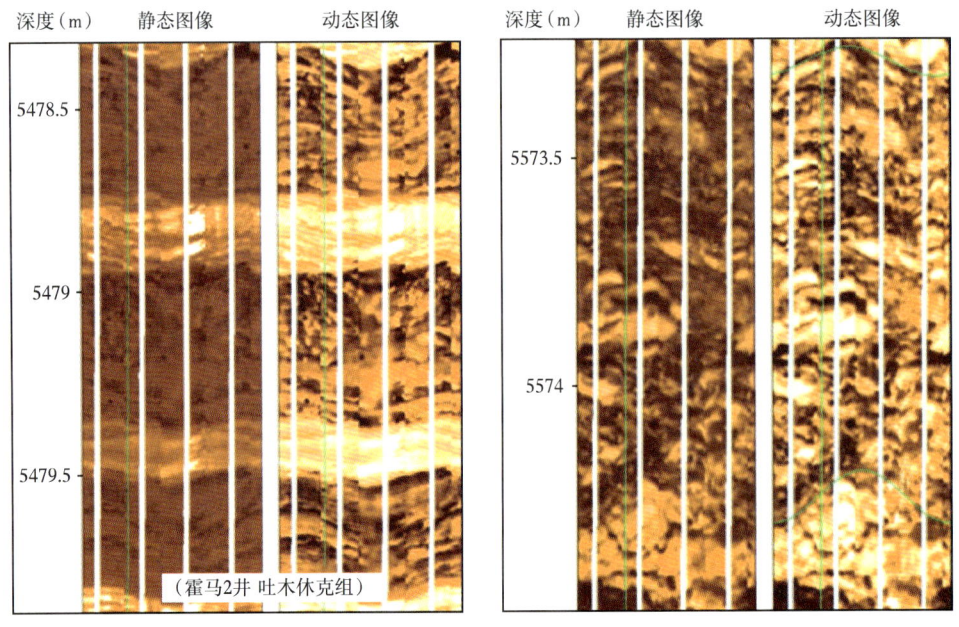

图 2-3-12 深色低阻变形层状相典型图版

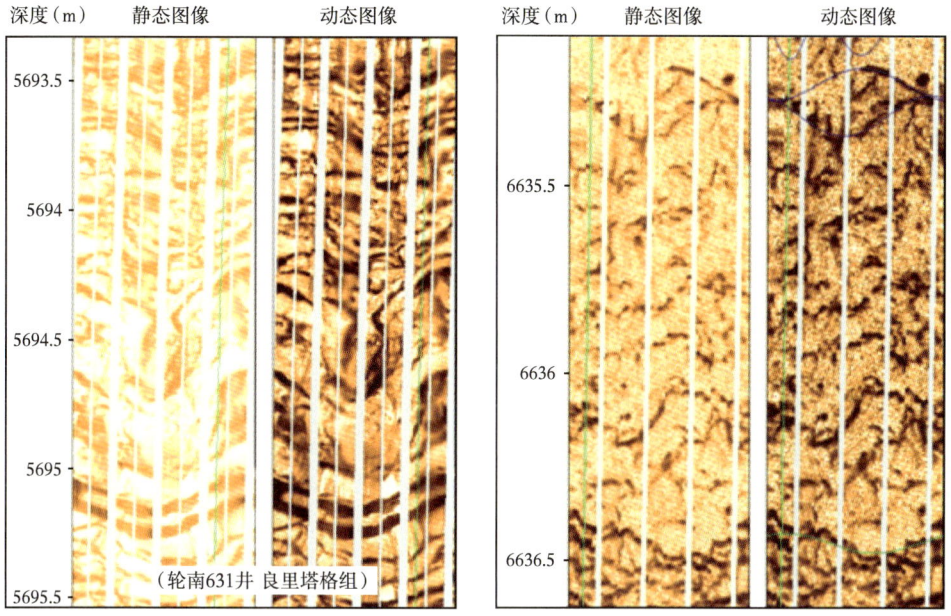

图 2-3-13 浅色高阻变形层状相典型图版

（5）互层相。

该相与其他层状相的区别在于，纹层厚度或颜色变化较大，既有薄层，也有厚层，且纹层厚薄相间；或既有浅色纹层，也有深色纹层，纹层颜色表现为深浅交替（图 2-3-14）。互层相与岩性或岩相的交替变化有关，如发育水平层理的泥晶灰岩与泥质灰岩或泥灰岩的互层（滩间海），也可以由丘滩边缘相与滩间海相沉积物指状交互（高、低能相间）产生。此外，潜流带顺层溶解作用导致溶蚀层与非溶蚀层交互，在成像上亦可表现为互层相。

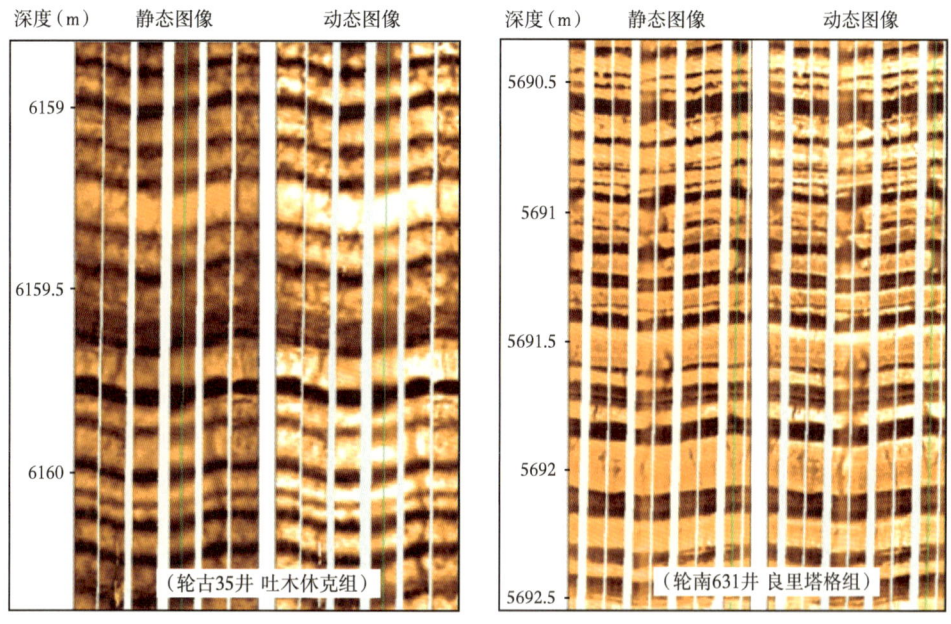

图 2-3-14 互层相典型图版

3）斑状电成像测井相

斑状成像测井相的特点是，图像颜色既不均匀，也没有成层特征，而是呈斑状，由具有不同颜色的斑块或斑点与背景基质两部分组成。根据斑块和基质颜色深浅变化，可以将斑状相细分为亮斑相（图 2-3-15）和暗斑相（图 2-3-16）两个小类。前者斑块色浅，基质色深；后者则相反，斑块色深，基质色浅。本图版中，亮斑相主要与泥质条带灰岩或瘤状灰岩有关；此外，充填溶洞的岩溶角砾岩也可以表现为亮斑相，其中浅色斑块为角砾。

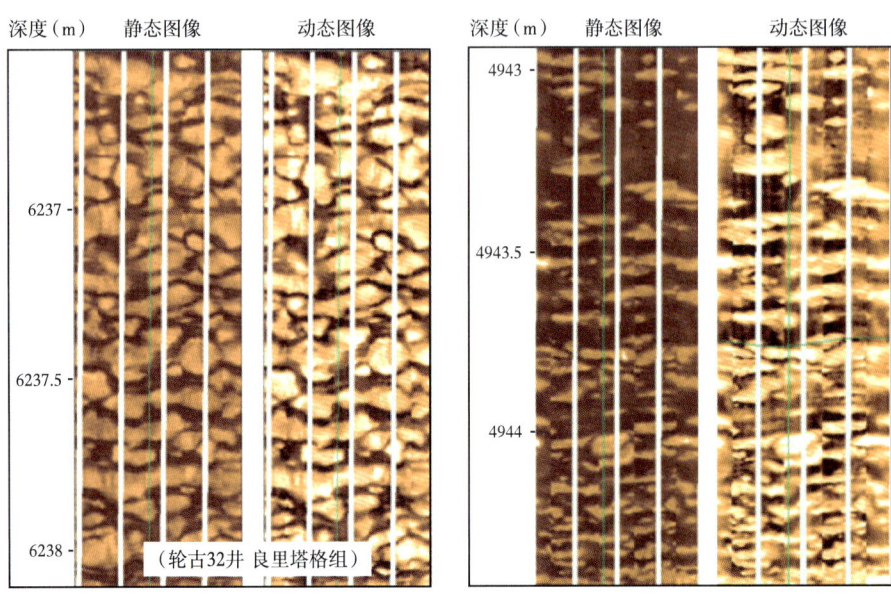

图 2-3-15 亮斑相典型图版

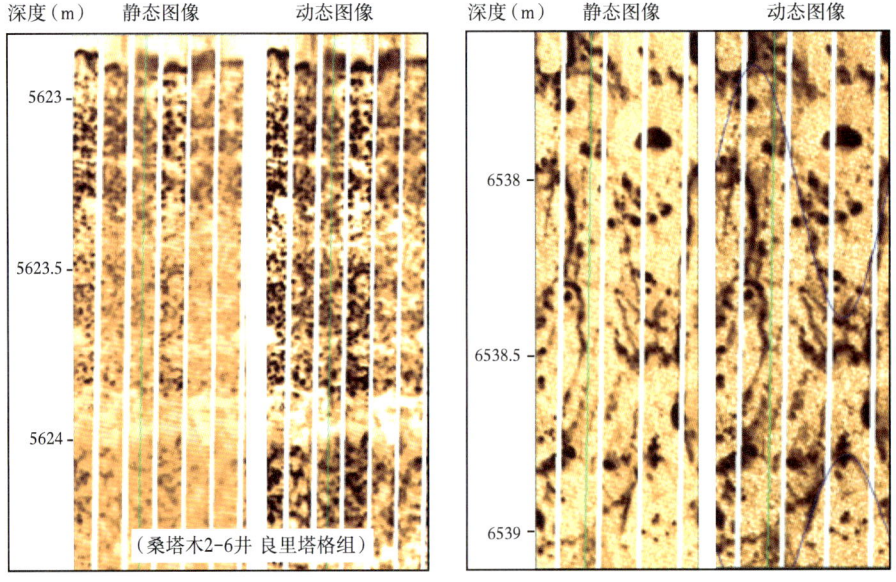

图 2-3-16 暗斑相典型图版

二、礁滩储层电成像测井相模式与解释

礁滩体是全球海相碳酸盐岩大油气田赋存的重要储集体类型，也是我国海相碳酸盐岩油气勘探的重要目标。近年来，中国碳酸盐岩油气勘探相继在塔里木盆地塔中奥陶系良里塔格组、四川盆地二叠系长兴组与下三叠统飞仙关组发现礁滩体油气藏。以塔里木盆地的礁滩灰岩和四川盆地的礁滩白云岩为例，介绍电成像测井相与岩性岩相关系。

1. 礁滩灰岩

塔里木盆地奥陶系生物礁主要分布于塔中、巴楚、轮南地区，层位主要分布在奥陶系一间房组、良里塔格组，岩性以黏结岩、障积岩、格架岩为主。

塔中坡折带发育大型礁滩复合体，存在礁丘、灰泥丘、各种粒屑滩微相，有生屑灰岩、泥晶灰岩、颗粒灰岩等。以该区块岩心资料和电成像资料为基础，通过对比分析及岩心刻度，明确了电成像测井相与岩性岩相的对应关系以及电成像测井相与沉积亚相间的关系，并对它们之间的内在规律进行了梳理和分析。

1）电成像测井相与岩相的关系研究

通过对建立的电成像测井相图版库分析和研究表明，电成像测井相与岩相的关系非常密切，不同的电成像测井相反映了不同的岩相特征；不同的岩相之间其电成像测井响应特征亦存在差异。但是，由于电成像测井相定义和分类主要依据的是电成像图像的特征，即图像颜色和图像结构信息，是一种纯粹物理意义上的相的概念，它与地质相之间存在着极其复杂的关系。突出表现为，几乎每种电成像测井相在地质上都存在一定程度的多解性，同种岩相或沉积相可以表现为多种电成像测井相，反过来，不同的岩相或沉积相亦可能表现为相同的电成像测井相。因此，这些多解性明显增加了电成像测井相解释的难度，也给电成像测井相与地质相之间"一对一"式的解释造成障碍。

为了深入探讨电成像测井相与岩相之间的关系，在对取心井段电成像测井相精细解释及薄片鉴定数据整理分析的基础上，对电成像测井相与岩石类型或岩相之间的关系进行定量统计研究，其结果见表2-3-2。

由表可见，块状相（深色低阻块状相和浅色高阻块状相）主要发育于亮晶颗粒灰岩、泥晶颗粒灰岩及黏结岩中，前两者为浅滩环境的产物，后者则形成于灰泥丘环境。平行厚层相（平行层状相和交错层状相）亦以滩相颗粒灰岩为主，其次为灰泥丘黏结岩，此外在泥晶灰岩中的含量亦较高。平行薄层相（递变层状相和变形层状相）在滩相亮晶颗粒灰岩中最发育，与高能滩相灰岩中平行层理及低角度交错层理较发育有关；其次为泥晶灰岩和黏结岩，其成因可能与泥晶灰岩中发育水平层理及黏结岩中发育藻纹层构造有关。递变层状相（正向递变层状相和反向递变层状相）样本数很少（如正向递变层状相仅7个样本），所以其结果不一定有代表性，从统计结果看，正向递变层状相全部分布于黏结岩和亮晶颗粒灰岩中；反向递变层状相主要分布于亮晶颗粒灰岩中，可能反映了滩相沉积中的浅滩化序列。变形层状相（深色低阻变形层状相和浅色高阻变形层状相）主要见于亮晶颗粒灰岩，其次为泥晶颗粒灰岩，其中"变形层"的成因可能与颗粒灰岩经历过较强烈的不规则溶解及岩溶泥质充填等后期改造作用有关。互层相主要见于亮晶颗粒和泥晶颗粒灰岩。斑状相（亮斑相和暗斑相）亦主要分布于亮晶和泥晶颗粒灰岩中，其成因可能与颗粒灰岩易于溶解形成斑点—斑块状溶蚀孔洞有关。

表 2-3-2 取心井段电成像测井相与岩石类型关系统计表

电成像测井相	亮晶颗粒灰岩	泥晶颗粒灰岩	颗粒泥晶灰岩	泥晶灰岩	黏结岩	白云岩	格架岩	合计
深色低阻块状相	16	8	1	1	9	1	0	36
浅色高阻块状相	102	40	14	5	28	0	3	192
递变层状相	48	5	10	14	24	0	0	101
交错层状相	99	16	4	17	38	3	1	178
平行薄层相	54	15	5	35	19	1	0	129
变形层状相	81	28	8	29	46	1	1	194
深色高阻交错层状相	2	1	2	0	0	0	0	5
浅色低阻交错层状相	13	0	2	4	12	0	0	31
正向递变层状相	2	0	0	0	5	0	0	7
反向递变层状相	8	0	1	3	1	0	0	13
变形层状相	43	17	4	2	10	2	0	78
变形层状相	41	30	6	12	11	3	0	103
深色低阻变形层状相	21	15	6	6	4	1	0	53
浅色高阻变形层状相	35	24	9	5	3	1	0	77
斑状相	198	113	48	16	16	2	1	394
合计	763	312	120	149	226	15	6	1591

综上所述，亮晶颗粒灰岩和泥晶颗粒灰岩的电成像测井相构成相似，均以暗斑相为主，其次是块状相（主要是浅色高阻块状相）和各种平行层状相（包括平行层状相、交错层状相、递变层状相和变形层状相）。泥晶灰岩主要由平行薄层相（递变层状相和变形层状相）组成，可能与其中水平层理发育有关。黏结岩主要由高阻块状相（浅色高阻块状相）和各种平行层状相（平行层状相、交错层状相、递变层状相和变形层状相）组成，前者反映了以黏结岩为主体的灰泥丘的块状结构特征，后者可能与黏结岩中较发育的藻纹层构造有关。格架岩和白云岩的样本数较少，但仍有一定的规律性，如格架岩主要由高阻块状相（浅色高阻块状相）组成，而白云岩则在高阻厚层相（交错层状相）、变形层状相（深色低阻变形层状相和浅色高阻变形层状相）及暗斑相中较发育。

2）电成像测井相与沉积相关系的分析

塔中地区奥陶系碳酸盐岩主要形成于碳酸盐岩台地环境，其沉积亚相可以归纳为以下 7 类（王振宇等，2007）。（1）浅滩亚相，包括台地边缘及台地内部砂屑滩、鲕粒滩、生屑滩、核形石滩等。（2）礁丘亚相，礁丘指的是格架礁和灰泥丘之间的过渡类型，它由大量稳定性较差的格架生物建造，多数明显与易碎的、独栖枝状的、结壳的生物相关，细粒基质支撑是其重要的结构组分。奥陶纪大多数的苔藓虫礁、海绵礁属于这种类型（Kiessling and Flugel，1999）。（3）灰泥丘亚相。（4）礁丘—粒屑滩亚相，由礁丘或灰泥丘与粒屑滩交互组成。（5）粒屑滩—礁坪亚相，由粒屑滩与礁坪交互组成。（6）滩间海亚相。（7）斜坡亚相，包括上斜坡和下斜坡。此外，个别井段还发育有格架礁亚相和台地正常沉积，在统计时已分别并入礁丘亚相及滩间海亚相。

将各井沉积相划分结果数字化，总共对22口井电成像测井相解释井段内成像测井相与沉积亚相的关系进行了统计，其结果见表2-3-3。可见，从厚度分布看，塔中奥陶系沉积岩相以浅滩为主，其次为滩间海和灰泥丘，其他相带分布较少，几乎所有的电成像测井相中均以上述三种相带占主导。

表2-3-3　电成像测井相与沉积亚相的关系统计表　　　　　　　　　单位：m

电成像测井相	浅滩亚相	礁丘亚相	灰泥丘亚相	礁丘—粒屑滩亚相	粒屑滩—礁坪亚相	滩间海亚相	斜坡亚相	合计
深色低阻块状相	160.07	13.57	22.23	2.55	0	27.24	4.36	230.01
浅色高阻块状相	271.56	19.60	84.87	32.12	0.53	72.26	20.24	501.17
平行层状相	321.42	40.14	91.00	0	7.21	56.46	6.49	522.72
交错层状相	640.89	32.60	166.18	0	1.78	146.97	28.53	1016.95
递变层状相	327.44	15.87	182.93	0	0.69	209.29	16.39	752.60
变形层状相	500.32	35.23	240.23	1.89	0	274.38	26.15	1078.20
深色低阻交错层状相	18.75	4.55	14.41	0	0	9.03	0	46.74
浅色低阻交错层状相	63.59	2.25	26.29	1.64	0	21.45	0	115.22
正向递变层状相	38.93	2.09	21.52	0	0	11.72	0	74.26
反向递变层状相	53.62	0	53.89	0	0	24.77	3.76	136.04
深色低阻变形层状相	232.33	14.64	36.11	1.45	0	59.19	6.81	350.52
浅色高阻变形层状相	274.82	5.93	94.15	5.08	0	70.97	8.28	459.23
互层相	61.73	5.61	8.00	1.15	0	62.66	14.61	153.76
亮斑相	124.35	20.82	32.01	0	1.13	116.71	3.91	298.94
暗斑相	499.93	62.20	112.18	72.32	0.67	180.82	26.47	954.58
合计	3589.75	275.09	1186.01	118.20	12.00	1343.90	166.00	6690.96

由表2-3-3可知，浅滩亚相的电成像测井相构成主要为平行层状相和暗斑相，前者可能与浅滩相中平行层理和低角度交错层理发育有关，后者则可能与浅滩相易受溶解及岩溶作用的改造有关。礁丘亚相中，暗斑相（暗斑相）的含量最高，其次是平行层状相和块状相。灰泥丘亚相的电成像测井相以平行层状相特别是平行薄层相（递变层状相和变形层状相）为主，可能与其中发育的藻纹层构造有关。礁丘—粒屑滩亚相主要由暗斑相（暗斑相）构成，反映该亚相易受溶解作用改造，因而溶蚀孔洞较发育；此外，高

阻块状相（浅色高阻块状相）亦有相当高的含量，与礁丘沉积体的块状特征相符。粒屑滩—礁坪亚相中，平行厚层相特别是低阻平行厚层相（平行层状相）的丰度最高，其次为斑状相（亮斑相和暗斑相）。平行薄层相（递变层状相和变形层状相）是滩间海亚相的主要电成像测井相组分，与滩间海以泥晶灰岩为主，且发育水平层理的沉积特征相符。斜坡相带因为分布稀少，其电成像测井相的构成较复杂，规律性不明显。

2. 礁滩云岩

四川盆地安岳气田位于乐山—龙女寺古隆起东侧，区内广泛发育寒武系龙王庙组优质颗粒滩相白云岩储层，其储集岩类型丰富多样，主要包括颗粒（鲕粒、砂屑）白云岩、粪球粒白云岩、云雾—花斑状、细—中晶和泥晶白云岩5类，储集空间包括基质孔隙、溶蚀孔洞、溶洞及裂缝。

1）电成像测井相与岩相的关系研究

根据碳酸盐岩电成像测井相分类体系，通过岩心精细归位及标定成像测井，对取心井段岩心观察与成像测井相解释结果进行对比，建立了滩相白云岩储层典型测井相响应特征。

（1）块状相测井响应特征及成像模式。

孔隙（裂缝）层，常规测井三孔隙度曲线显示具有较高的孔隙度，低自然伽马，较低电阻率值，三孔隙度曲线形态变化具有良好的一致性。成像测井静态图为浅褐—亮黄色，动态图像上显示细小暗色斑点发育，且近似呈层状分布，偶可见孤立溶孔引起的暗斑或裂缝引起的暗色正弦曲线（图2-3-17）。该类测井相储层后期成岩改造作用相对较弱，孔隙以针孔状为主，孔隙度和渗透率中等，多为Ⅱ类储层。

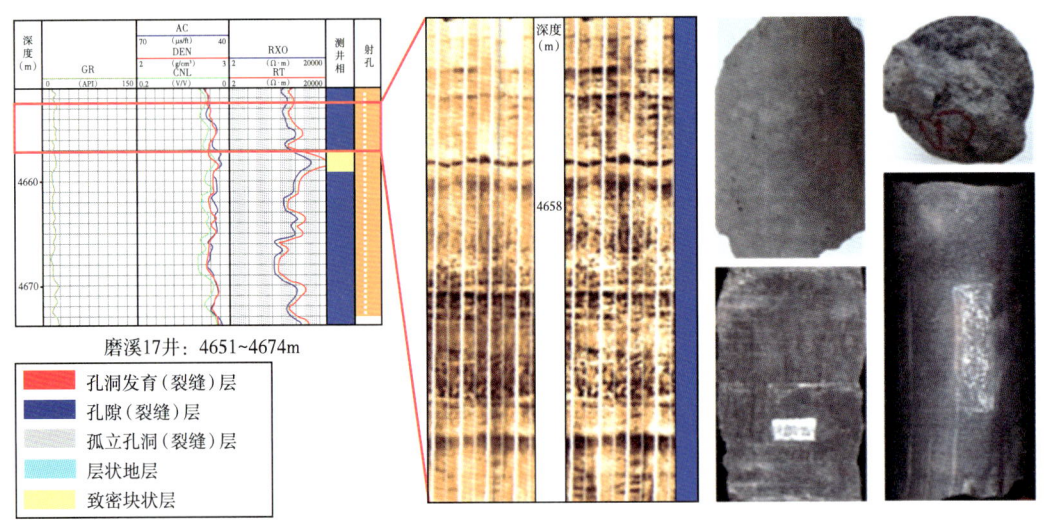

图2-3-17 孔隙（裂缝）层成像测井图像响应特征

致密块状层，常规测井曲线表现"两高两低"：高电阻、高密度值、低声波时差、低中子测井，反映储层致密，物性差。成像测井静态图显示高亮，动态图也呈亮色块状（图2-3-18）。该类测井相岩性多为粉—细晶白云岩，后期胶结和压实作用强，属非储层。

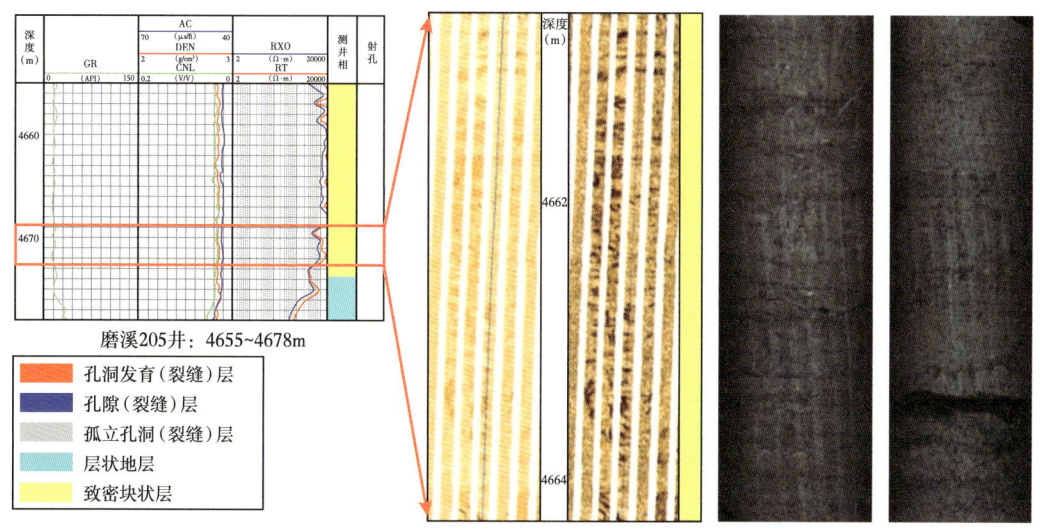

图 2-3-18 致密块状层成像测井图像响应特征

（2）斑状相测井响应特征及成像模式。

孔洞发育（裂缝）层，常规测井曲线表现"三低两高"：低密度、低自然伽马、低电阻率、高声波时差、高中子测井，三孔隙度曲线形态变化不一致，反映孔隙类型多样，偶见电阻率和声波测井由裂缝引起的"U"形尖峰。成像测井静态图显示暗黄—深褐色，反映电阻率低，动态图上可见分布不规则黑色暗斑发育（图 2-3-19），反映该类测井相溶蚀孔洞发育，孔隙度高、连通性好，沉积环境多以高能颗粒滩为主、后期溶蚀作用强，偶见裂缝引起的暗色正弦曲线，裂缝的存在则可以进一步增强储层的渗透性，该类测井相多为高产层段，属Ⅰ类储层。

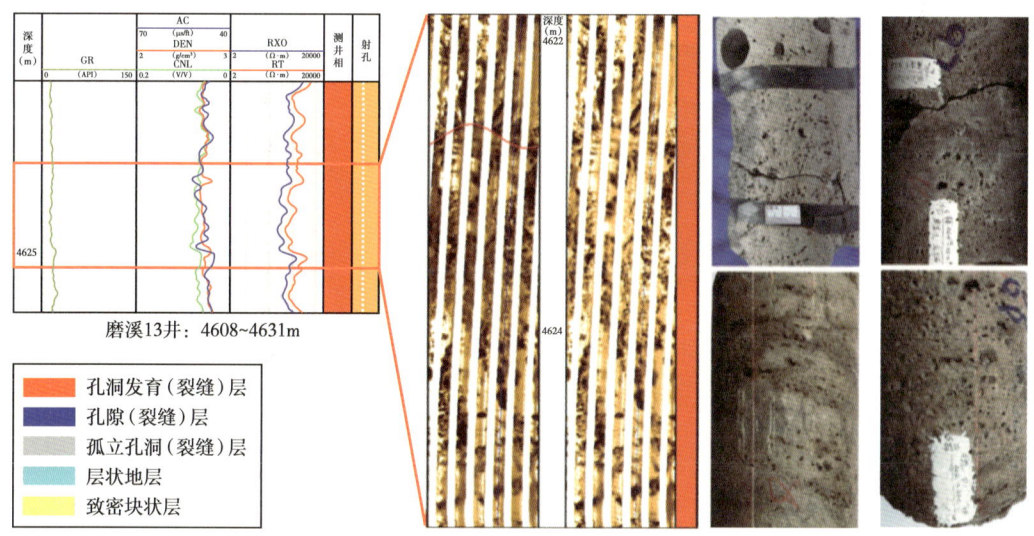

图 2-3-19 孔洞发育（裂缝）层成像测井图像响应特征

孤立孔洞（裂缝）层，常规测井三孔隙度曲线显示具有较低的孔隙度，电阻率值较高，三孔隙度曲线形态变化一致性介于上述两种测井相之间。成像测井静态图上显示亮黄色，动态图像上可见分布不规则的零星暗斑，偶见由裂缝引起的暗色正弦曲线（图 2-3-20）。该类测井相溶蚀孔洞零星发育，具有一定孔隙性，但连通性较差，若有裂缝则可起到一定沟通作用，属Ⅲ类储层。

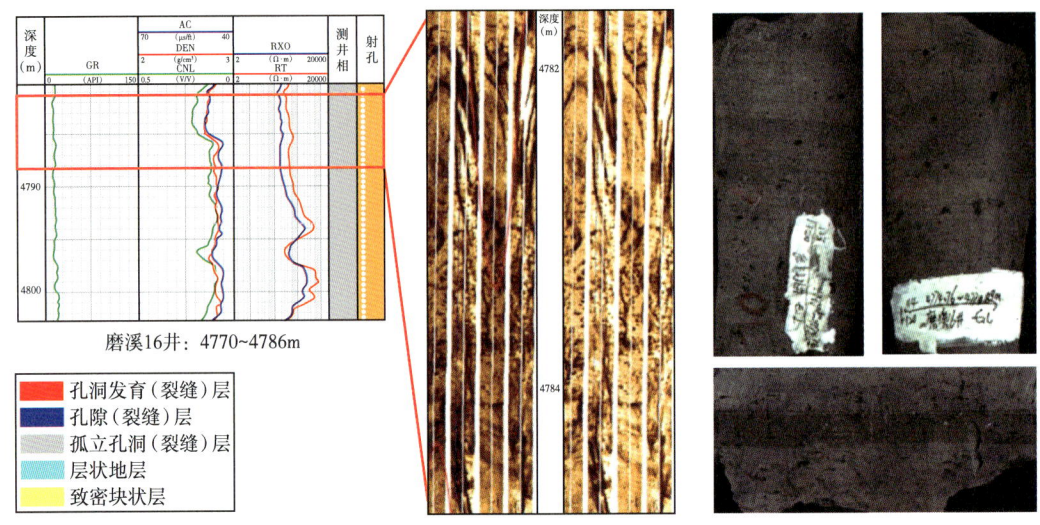

图 2-3-20 孤立孔洞（裂缝）层成像测井图像响应特征

（3）层状相测井响应特征及成像模式。

层状地层，常规测井三孔隙度曲线显示低孔隙度，自然伽马值较高，电阻率曲线较高。成像测井静态图显示亮色，动态图上可见明暗相间的层状纹层（图 2-3-21），该类测井相多发育于混积潮坪相等低能环境，在龙王庙组顶底较发育，多为非储层。

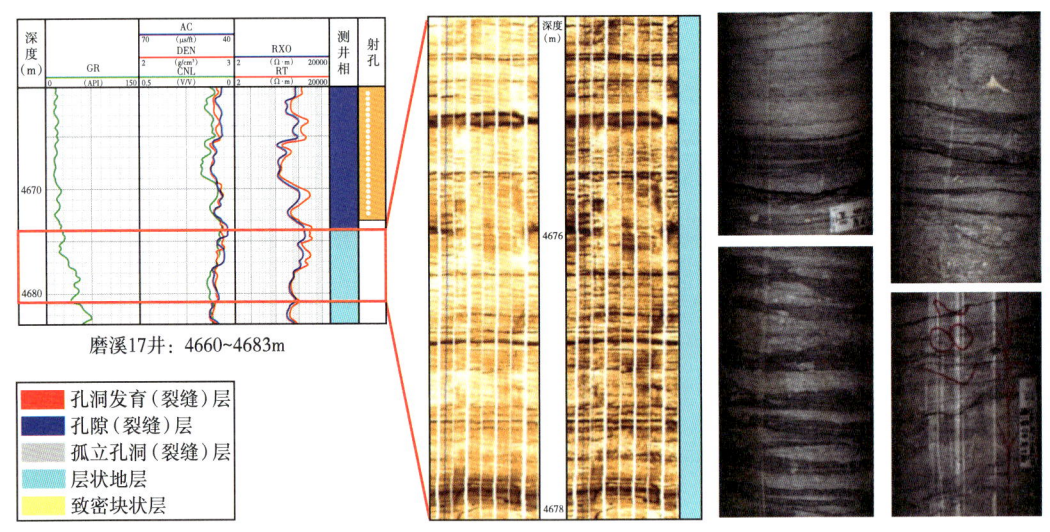

图 2-3-21 层状地层成像测井图像响应特征

2）电成像测井相与沉积相的关系分析

在盆地区域沉积相研究的基础上，对安岳气田龙王庙组开展了岩心精细描述及沉积微相分析。研究认为，安岳气田龙王庙组主要发育局限台地相，又可细分为颗粒滩、滩间海及混积潮坪 3 个亚相（表 2-3-4）。在单井电成像测井相解释基础上，将电成像测井相解释结果与地质上单井沉积相柱状图进行对比，总结归纳了四川盆地龙王庙组滩相白云岩成像测井相与沉积微相之间关系。

表 2-3-4　安岳气田龙王庙组沉积微相特征表

相	亚相	微相	沉积物类型及特征
局限台地	混积潮坪	泥云坪	泥质云岩
		砂云坪	砂质云岩
	颗粒滩		亮晶砂屑云岩，鲕粒云岩、砾屑云岩
	滩间海	滩间云泥	泥晶云岩，夹水平泥质纹层和泥质条带
		滩间含生屑云泥	生屑泥晶或含生屑泥晶云岩，生物保存完整

（1）混积潮坪亚相识别模版。

高石梯—磨溪构造龙王庙组混积潮坪以砂云坪、云坪、泥云坪为主，主要发育于高石梯构造龙王庙组的中部和顶部，主要为砂云坪或泥云坪，以及磨溪构造局部井区的龙王庙组顶部，以云坪、泥云坪沉积为特征，且厚度相对要小。

混积潮坪岩性为深灰色、灰色泥粉晶白云岩、砂质云岩、云质砂岩，局部夹砂砾屑云岩，泥质条带发育，纹层特征明显，成像测井表现为暗色—橙色的明暗相间的特征，薄纹层—极薄纹层密集（图 2-3-22）。混积潮坪亚相一般不发育储层，或者储层物性较差，岩心上普遍无孔、洞发育，局部或见泥质半充填小缝；当局部夹有砂屑云岩时可发育小洞或针孔，孔洞间连通性一般较差。

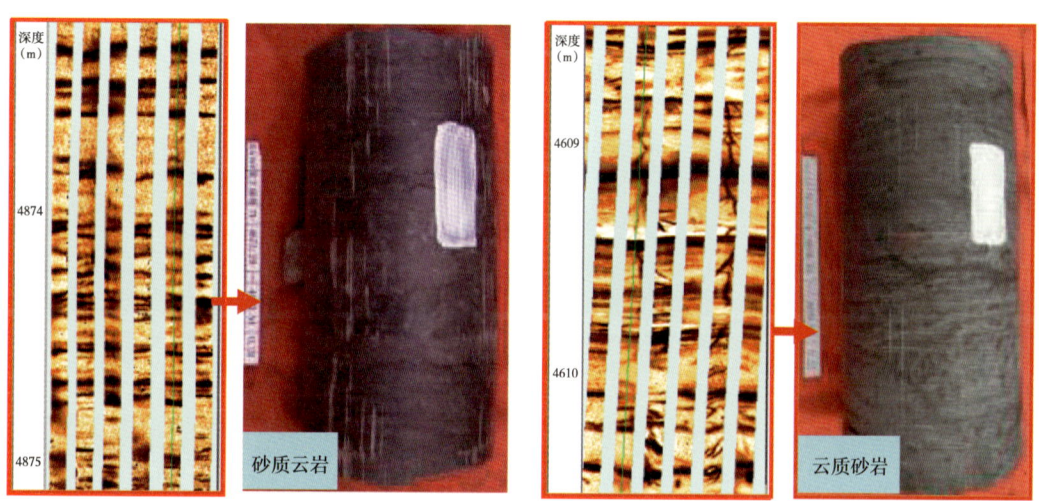

图 2-3-22　混积潮坪成像—岩心对应特征

（2）颗粒滩亚相识别模版。

在高石梯—磨溪构造龙王庙组发育的台内颗粒滩主要为砂屑滩，其次为鲕粒滩。岩性为斑杂状亮晶砂屑云岩、深灰色—灰色细晶砂屑白云岩、隐晶砂屑云岩等，溶蚀孔洞、针孔发育。孔洞主要为弱充填—未充填的蜂窝状溶洞或者顺层发育的溶孔，如

图 2-3-23 所示。斑杂状亮晶砂屑云岩常见，为差异溶蚀的结果，基岩为块状厚层的浅色亮晶砂屑云岩，暗色溶斑为溶蚀作用强烈导致孔隙发育，沥青充填浸染导致该部分呈暗色，亮色斑块为未被溶蚀产生粒间孔、晶间孔的部分。

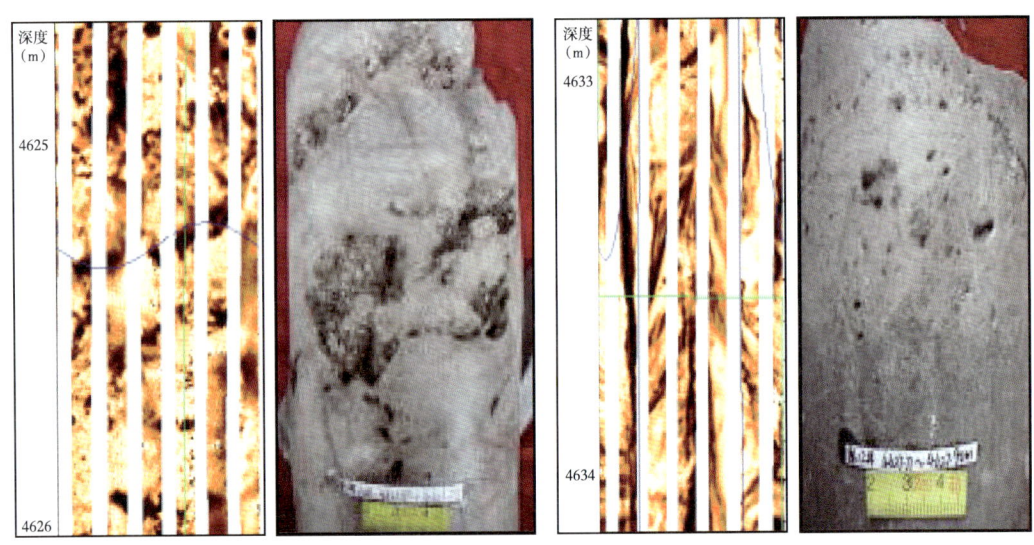

图 2-3-23 台内滩亚相成像—岩心对应特征

（3）滩间海亚相识别模版。

高石梯—磨溪构造龙王庙组滩间海亚相以云质滩间海为主，在高石梯构造分布更为广泛。岩性为深褐灰色、褐灰色泥晶、粉晶云岩，局部可夹薄层砂屑云岩；岩性致密，性硬，偶见沥青质呈条带状分布，孔洞缝欠发育，放大镜下见针孔局部发育；可见泥质条带发育，局部黄铁矿零星分布。岩心柱面光滑，表面见圆形至椭圆形方解石及白云石斑块。成像测井以橙色为主，呈纹层状、块状互层（图 2-3-24）。

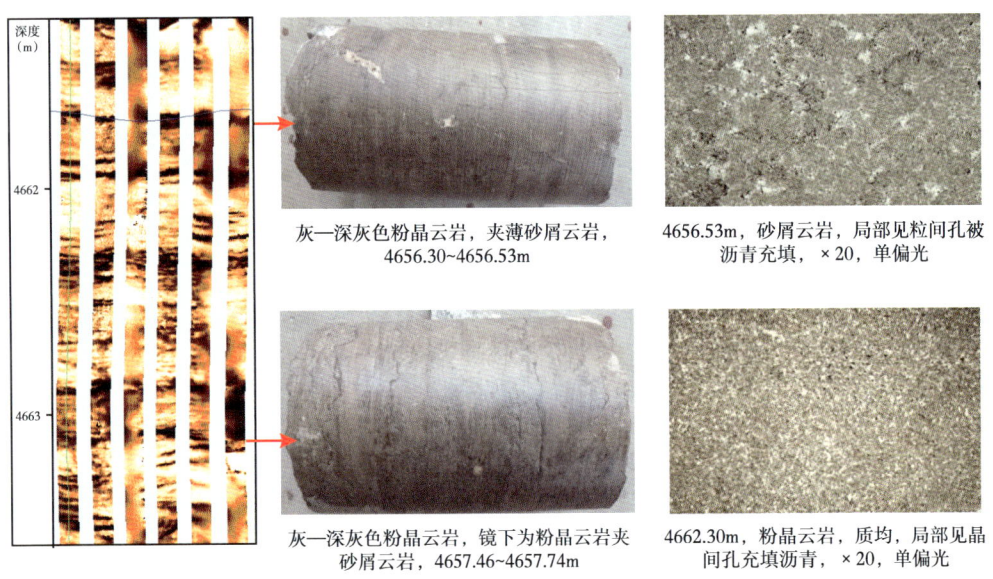

图 2-3-24 滩间海亚相成像与岩心对应特征

三、风化壳储层电成像测井相模式与解释

风化壳由于受岩溶影响，裂缝及溶蚀孔洞非常发育，是塔里木盆地和鄂尔多斯地区奥陶系碳酸盐岩重要的储集体之一。针对塔里木盆地和鄂尔多斯地区的奥陶系风化壳储层，从电成像测井相出发，剖析了其与岩性岩相及岩溶带的关系。

1. 风化壳灰岩

塔里木盆地轮古潜山奥陶系主要为石灰岩型风化壳储层，其特点为非均质性比较明显。储层受岩溶和构造破裂作用影响，具有纵向上分层、平面上分区的分布规律。岩性岩相类型对上述两种作用影响较大，能够间接影响储层好坏。通过对研究工区内大量井的统计分析，建立了目标地区风化壳灰岩与电成像测井相之间的关系，在优势岩性岩相的基础上，提出了优势电成像测井相。

轮古地区奥陶系碳酸盐岩的岩相主要有以下三大类型：（1）颗粒灰岩类，包括亮晶颗粒灰岩和泥晶颗粒灰岩；（2）泥晶灰岩类，包括颗粒泥晶灰岩和泥晶灰岩；（3）岩溶岩类，主要是充填大型溶洞和裂缝的砂泥岩、角砾岩等。

为了探讨成像测井相与岩相之间的关系，在对取心井段成像测井相精细解释及薄片鉴定数据整理分析的基础上，对成像测井相与岩相之间的关系进行了定量的统计分析。在轮古井区共观察28口井的岩心，其中既有岩心又有成像的井24口，岩心—成像能准确归位的井有18口，对这18口井中820组成像测井相与岩相数据点对进行了统计，其结果见表2-3-5。

表2-3-5 轮古井区成像测井相与岩相关系统计结果

电成像测井相	亮晶颗粒灰岩	泥晶颗粒灰岩	颗粒泥晶灰岩	泥晶灰岩	生物灰岩	云化灰岩	泥质灰岩	其他岩类	合计
深色低阻块状相	3	4	2	2	0	0	1	1	13
浅色高阻块状相	17	7	5	15	0	1	1	7	53
平行层状相	4	2	3	6	0	0	1	1	17
交错层状相	46	9	5	13	8	2	1	0	84
递变层状相	47	13	8	17	0	0	1	0	86
变形层状相	50	27	23	14	2	1	5	1	123
深色低阻交错层状相	21	3	1	4	0	0	0	0	29
浅色低阻交错层状相	18	6	0	1	0	1	3	0	29
正向递变层状相	2	2	0	1	0	0	0	0	5
反向递变层状相	0	0	0	2	0	0	0	0	2
深色低阻变形层状相	17	7	2	9	0	0	0	2	37
浅色高阻变形层状相	58	22	18	8	5	1	2	0	114

续表

电成像测井相	亮晶颗粒灰岩	泥晶颗粒灰岩	颗粒泥晶灰岩	泥晶灰岩	生物灰岩	云化灰岩	泥质灰岩	其他岩类	合计
互层相	1	2	4	3	0	0	0	0	10
亮斑相	5	0	5	4	0	0	1	0	15
暗斑相	127	46	16	9	0	2	0	3	203
合计	416	150	92	108	15	8	16	15	820

在表 2-3-5 所统计的 820 个样本对中，岩相类型以正常的颗粒—灰泥灰岩系列为主，占统计样本总数的 93.4%，其他岩相类型包括生物灰岩、云化灰岩、泥质灰岩及硅质岩等的样本数很少。丰度较高的成像测井相类型主要有 9 种，依次为：暗斑相（暗斑相，样本数为 203 个）、高阻平行薄层相（变形层状相，123 个）、高阻变形层状相（浅色高阻变形层状相，114 个）、低阻平行薄层相（递变层状相，86 个）、高阻平行厚层相（交错层状相，84 个）、高阻块状相（浅色高阻块状相，53 个）、低阻变形层状相（深色低阻变形层状相，37 个）、低阻交错层状相（深色低阻交错层状相，29 个）和高阻交错层状相（浅色低阻交错层状相，29 个），其他成像测井相类型的丰度很低（样本数均少于 20 个）。

为了探讨成像测井相与储层岩相之间的可能联系，对上述 9 种主要成像测井相中各类岩相的样本百分含量进行了统计。统计表明，暗斑相、深色低阻交错层状相和浅色低阻交错层状相三种成像测井相主要由颗粒灰岩类组成，暗斑相中亮晶颗粒灰岩和泥晶颗粒灰岩的百分含量总计高达 85.22%，深色低阻交错层状相和浅色低阻交错层状相中颗粒灰岩类岩相的百分含量也在 80% 以上，均为 82.76%。其他 6 种主要成像测井相（交错层状相、递变层状相、变形层状相、浅色高阻变形层状相、深色低阻变形层状相），尽管有的成像测井相中颗粒灰岩类岩相的含量也较高，但泥晶灰岩类岩相的丰度也不低。所以，要根据成像测井相预测主要的储集岩相——颗粒灰岩类的分布，只能选取暗斑相、深色低阻交错层状相和浅色低阻交错层状相三种成像测井相，可以将这三种成像测井相称为"优势岩性电成像测井相"。

2. 风化壳白云岩

鄂尔多斯盆地奥陶系马家沟组为一套强蒸发台地环境下沉积形成的准同生白云岩夹云质泥岩地层，受加里东运动抬升作用的影响，经历了长期大气淡水风化、淋滤、溶蚀作用，形成了大面积的风化壳岩溶体；奥陶纪末，呈西高东低状态，其整体地貌控制了盆地的风化壳岩溶发育情况，盆地西部为岩溶高地，以大气淡水渗流溶蚀为主，垂直渗流岩溶带发育，盆地中部为岩溶斜坡带，渗流溶蚀与潜流溶蚀作用发育，盆地东部处于岩溶洼地部位，溶蚀作用较弱且充填作用强。风化壳储层的主力层位主要为马五$_{1+2}$。

1）测井地质模型

风化壳白云岩的储集岩类为泥—细粉晶云岩；储集空间以溶蚀孔洞和裂缝为主，其次为晶间孔；储层类型主要为裂缝—溶蚀孔洞型、孔隙型和裂缝—微孔型。受岩溶水动力作用影响，盆地岩溶发育在垂向上可划分为风化壳残积带、垂直渗流岩溶带、水平潜流岩溶带与基岩，其发育程度与岩溶古地貌相关（图2-3-25）。

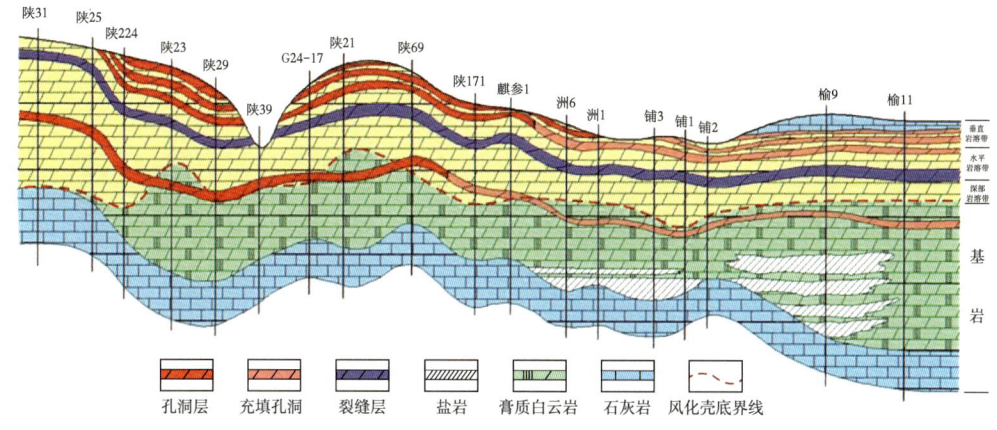

图 2-3-25　鄂尔多斯盆地岩溶带划分

2）岩溶相带与成像测井相模式

垂直渗流带成像测井相模式。垂直淋滤带的地表水向下沿裂缝或断层垂直渗流，对碳酸盐岩进行溶蚀而形成垂向分布的溶缝、溶孔和落水洞，这些孔洞里往往被后期的填隙物（泥、淡水白云石、方解石晶体、角砾）充填或半充填，这种岩溶具有未充填或含泥的溶缝和溶孔、含泥小型溶洞、角砾岩等典型的地质特征。由于渗流带垂直淋滤缝与溶蚀孔洞被钻井液或泥质充填，具有较好的导电性，在电阻率成像图上表现为暗斑、暗点和暗线特征。垂直淋滤带的成像测井模式为垂直线状与不规则暗色斑状组合模式，部分储层为不规则的垂直暗线模式（图2-3-26）。

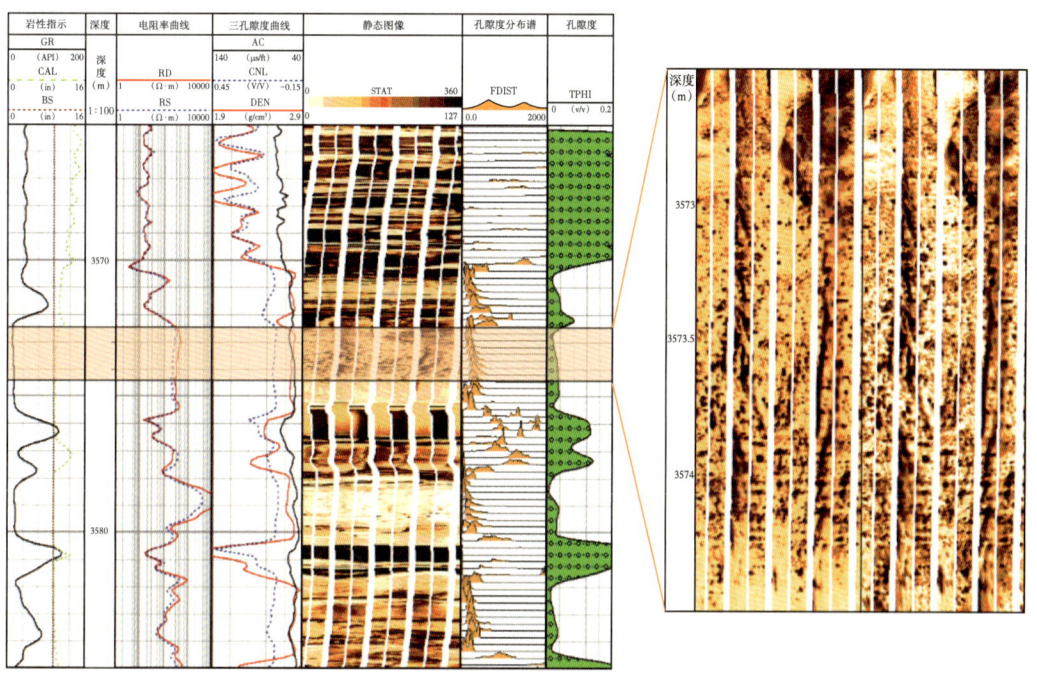

图 2-3-26　垂直渗流带成像测井相模式

水平潜流带成像测井相模式。在地下潜流面附近，淡水以水平方向流动为主，对碳酸盐岩进行溶蚀后形成大型的水平方向的溶蚀孔洞、地下洞穴及暗河等，这种岩溶带的地质特征为：开放的溶洞、再沉积的泥岩及垮塌的角砾岩等。水平潜流岩溶带的成像测井模式为水平线状—层状与暗色斑状组合模式（图2-3-27）。

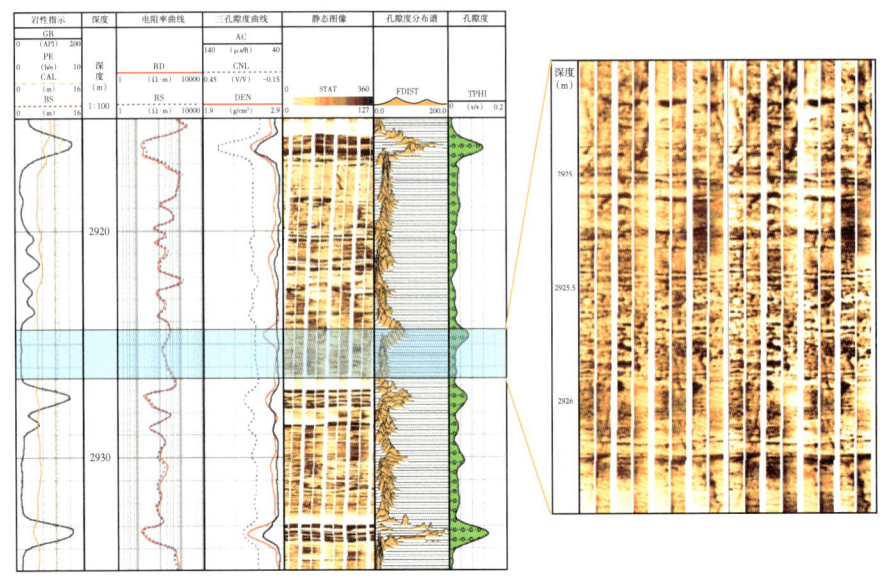

图 2-3-27　水平潜流带成像测井相模式

风化壳残积层成像测井相模式。碳酸盐岩储层上部覆盖着后期沉积的铁铝质黏土与铝土矿，是岩溶储层的盖层。整体上表现为暗—亮—暗条带状组合模式，暗色部分是铁铝质泥岩，亮色部分是铝土矿，另可见与下部马家沟组白云岩地层的不整合侵蚀面。或者是呈现为单一暗块模式（图2-3-28）。

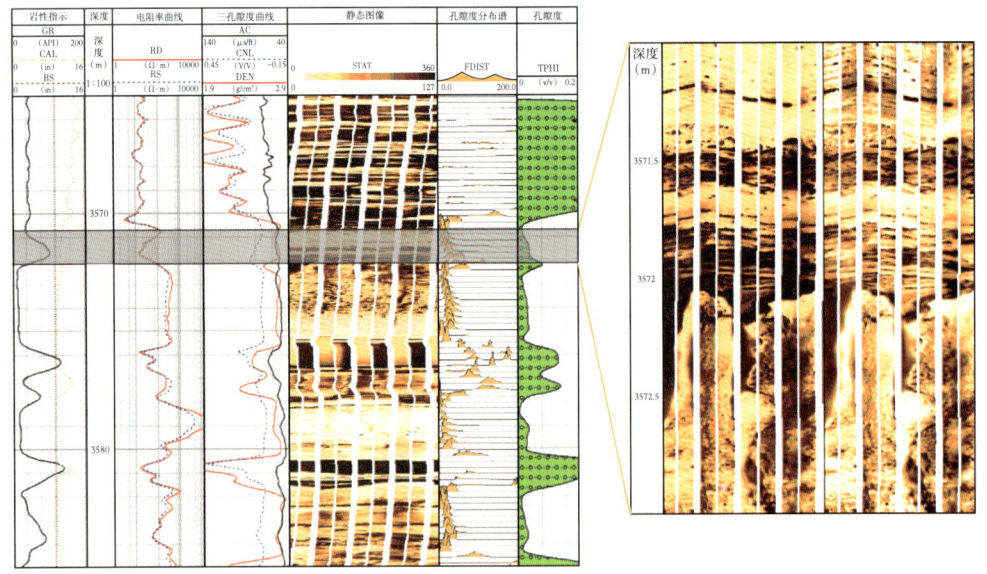

图 2-3-28　风化壳残积层成像测井相模式

风化壳储层成像解释模式的建立为成像测井的地质应用奠定了坚实的基础，也为利用沉积相岩溶相带的成像特征综合预测储层产能提供了可能。风化壳储层的成像测井相模式（图2-3-29）已成为鄂尔多斯盆地碳酸盐岩储层测井解释的标准模式。

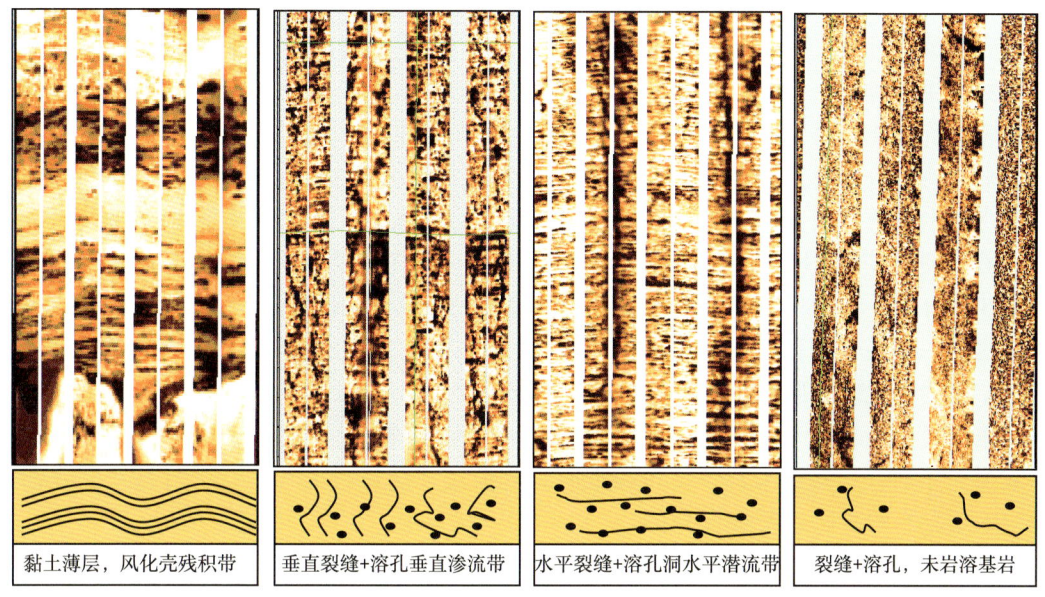

图 2-3-29　鄂尔多斯盆地风化壳白云岩储层成像模式

四、岩性岩相自动识别技术

由于成像测井资料所包含的信息量极大，在实际应用中，为了准确识别地层的结构组分和沉积构造，至少要在1∶5或1∶10的深度比例下进行成像解释。这使得人工解释的工作量极大、效率极低，而且人工解释会受到肉眼分辨能力的限制和经验因素的影响，解释的准确率也较低。因此，能否实现计算机自动识别是成像模式判别碳酸盐岩储层技术能否应用的关键。目前，模式识别技术在常规测井曲线的智能解释方面已有一些应用，但效果并不理想。其原因一方面在于常规测井曲线自身信息量的局限性，另一方面在于难以选取有效的分类特征和分类方法。本书设计并实现的成像模式自动识别方法很好地解决了上述问题，并在实际应用中取得了良好效果。识别过程如图2-3-30所示，以原始的成像数据作为输入，依

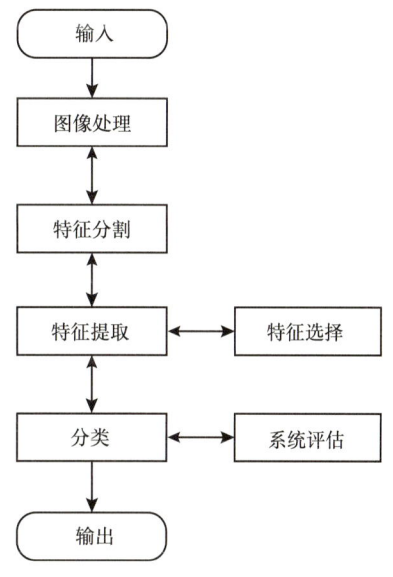

图 2-3-30　成像模式识别步骤

次进行图像处理、特征分割、特征提取、特征选择、分类和系统评估，最后输出分类的结果：成像模式。其中每个步骤均需根据下一步骤的反馈进行多次回溯，直到达到最佳分类效果。

1. 图像处理

图像处理阶段包括数据校正、图像显示及图像增强等预处理过程。理想情况下仪器保持匀速运动,当仪器在井眼中轻度遇卡时,测井记录的深度与真实的测量深度将出现偏差,因此必须首先进行速度校正。图像显示是把成像测井获取的原始数据映射为彩色或灰度图像的过程。图像增强主要是通过直方图均衡化来突出特征和消除噪声。

2. 特征分割

成像资料能够精细地反映地质特征,而特征分割的目的就是把这些特征从背景中分割出来。特征分割是对成像进行后续分析的基础。首先,对图像进行二值化处理,把特征从背景中分割出来;然后分别标记每个值为1的区域,记录为单独的特征。

最简便和应用最广的二值化方法是阈值法,阈值可以由成像数据的直方图确定。图2-3-31a是一段滩间海地层的成像图,图2-3-31b是该段成像数据的分布直方图,目的是找到一个最优阈值以将其中的高阻条带特征从背景中分割出来。这是一个双峰直方图,左边的峰代表高阻特征,右边的峰代表低阻背景,可以证明最优阈值T位于双峰之间的波谷处。当特征与背景之间的差异明显时,使用阈值法进行特征分割可以得到理想的效果,然而,当特征与背景比较接近时,阈值法无法对特征和背景进行有效区分,此时应采用分水岭算法进行特征分割。

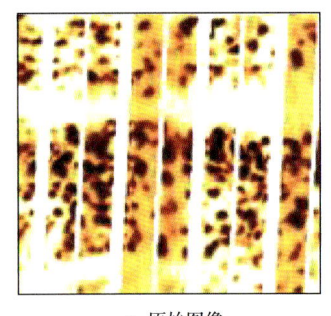 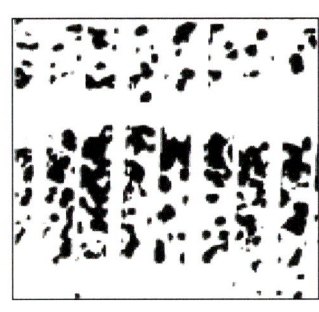 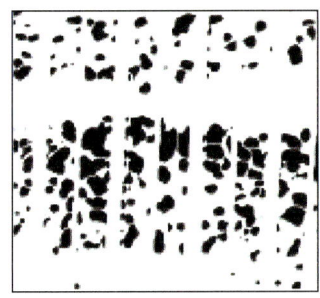

a. 原始图像　　　　　　　b. 用阈值法进行分割的效果　　　　　c. 用分水岭算法进行分割的效果

图2-3-31　阈值法与分水岭算法分割效果比较

3. 特征提取

把成像测井典型特征从背景中分割出来后,需要对这些特征进行量化分析,这个过程称为特征提取。所需要提取的特征包括形状特征和纹理特征两类。

特征提取的关键并不在于各种特征参数的计算,而在于事先把分割出来的特征按照地质意义归类,并以类为单位进行统计。图2-3-32所示为礁滩储层成像中的几种常见特征:图2-3-32a为一组溶蚀孔,图2-3-32b为泥质团块,图2-3-32c中依次是藻纹层、泥质条带和缝合线,图2-3-32d为高角度缝。对于不同的特征,各种特征参数的重要性也有所不同。溶孔与泥质团块很难根据单个特征进行判断,必须考虑总体的分布规律。藻纹层和泥质条带形态相似,厚度是区分两者的重要参数,而锯齿状是缝合线的典型特征,可以用曲率加以衡量。对于裂缝,倾向和倾角最重要。此外,用于表征形状特征的描述参数还包括外观比、偏心率、球状性等。

对一段图像S,如果函数$f(x, y)$定义了某种空间关系,则S的灰度共生矩阵P中各元素定义为:

$$p(g_1,g_2) = \frac{\#\{[(x_1,y_1),(x_2,y_2)] \in S \mid f(x_1,y_1)=g_1 \& f(x_2,y_2)=g_2\}}{\#S} \quad (2\text{-}3\text{-}1)$$

式中：分子是具有空间关系 $f(x,y)$，且值分别为 g_1 和 g_2 的元素对的个数；分母是 S 中元素对的总个数（#代表个数）。

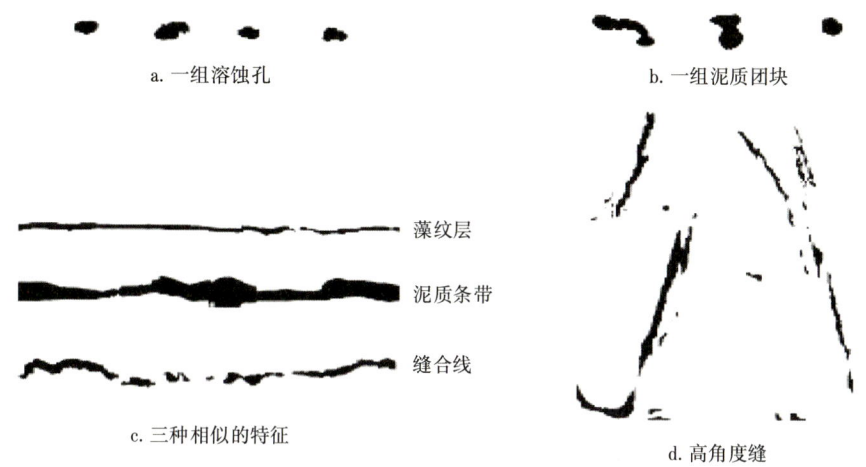

图 2-3-32 礁滩储层成像中的几种常见特征

图 2-3-33 为一组具有不同纹理的成像，表 2-3-6 中是各个成像的纹理特征参数计算结果。为了避免空白区域对计算结果的影响，成像图中的空白区域已经被除去。

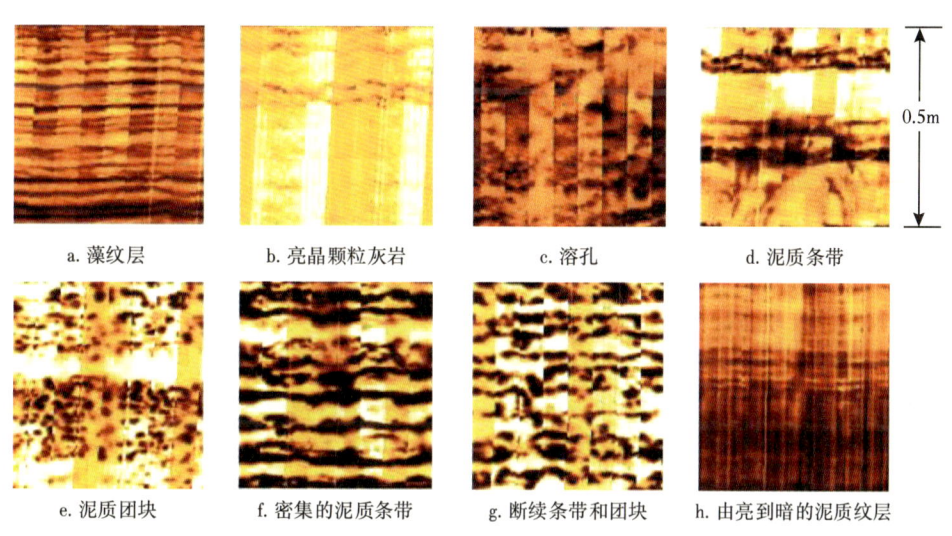

图 2-3-33 具有不同纹理的成像样本

表 2-3-6 纹理参数计算结果

图片	方位/(°)	角二阶矩	对比度	相关性	逆差矩	熵
a	0	0.002	38.242	6.42×10^{-4}	0.513	7.118
	90	0.001	68.613	6.35×10^{-4}	0.277	7.836

续表

图片	方位/(°)	角二阶矩	对比度	相关性	逆差矩	熵
b	0	0.018	75.832	7.12×10⁻⁴	0.473	6.509
	90	0.02	57.516	7.17×10⁻⁴	0.532	6.31
c	0	0.004	46.428	5.52×10⁻⁴	0.431	7.209
	90	0.004	43.349	5.52×10⁻⁴	0.405	7.254
d	0	0.003	90.732	2.44×10⁻⁴	0.426	7.524
	90	0.003	87.472	2.44×10⁻⁴	0.415	7.602
e	0	0.002	136.664	2.07×10⁻⁴	0.324	8.18
	90	0.003	121.664	2.07×10⁻⁴	0.317	8.246
f	0	0.011	70.504	1.76×10⁻⁴	0.465	7.342
	90	0.008	122.772	1.75×10⁻⁴	0.351	7.834
g	0	0.002	151.935	1.54×10⁻⁴	0.349	8.162
	90	0.002	146.844	1.54×10⁻⁴	0.285	8.477
h	0	0.002	49.523	5.30×10⁻⁴	0.327	7.586
	90	0.003	34.598	5.32×10⁻⁴	0.505	7.021

4. 特征选择

进行分类之前需要进行特征选择。通过上一步的特征提取，可得到多种特征参数，其中既包括区分性强的特征，也包括一些几乎没有区分性的特征。过多的特征会大大提高计算的复杂度和分类器的误差概率，降低分类系统的适用性。因此必须进行特征选择来除去不具辨别能力的特征，以尽量提高系统的性能。

首先，利用 Fisher 判别率（Fisher's Discriminant Ratio，FDR）对每一种特征的辨别能力进行评估。设共有 M 个类别（$\omega_1, \omega_2, \cdots, \omega_M$），$m$ 种特征（$x_1, x_2, \cdots, x_m$），则特征 x_k 对于类别 ω_i 和 ω_j 的可分性 $C(x_k)_{ij}$ 定义为

$$C(x_k)_{ij} = \frac{(\mu_i - \mu_j)^2}{\sigma_i^2 + \sigma_j^2} \quad (k=1, 2, \cdots, m) \tag{2-3-2}$$

式中：μ_i、μ_j 和 σ_i、σ_j 分别代表特征 x_k 在类 ω_i 和 ω_j 中样本的平均值和方差。

特征 x_k 对于所有 M 个类别总的可分性 $C(x_k)$ 定义为

$$C(x_k) = \sum_{i}^{M} \sum_{j \neq i}^{M} C(x_k)_{ij} \tag{2-3-3}$$

接下来，选取最有效的特征组合形成特征向量 $\boldsymbol{x}$。依次计算每个特征的可分性，选出最优特征，假设为 x_a，组合所有包含 x_a 的二维特征向量，$[x_a, x_1]^T$，$[x_a, x_2]^T$，$\cdots$，$[x_a, x_m]^T$，并评估每个二维特征向量的分类效果，选出最优的二维特征向量，假设为 $[x_a, x_b]^T$；再组合所有包含 x_a、x_b 的三维特征向量。重复该过程直到所选出的特征向量 $\boldsymbol{x}$ 满足分类的要求。有效的特征选择可以大大提高分类的准确率，降低计算的复杂度，是进行有效分类与识别的前提。

根据特征向量自动进行分类的工作由判别函数完成。判别函数 $g(\boldsymbol{x}, \omega_i)$ 根据特征向量 $\boldsymbol{x}$ 估计每个类的概率，若 $\boldsymbol{x}$ 对应的样本属于类 ω_i，则应满足：

$$g(\boldsymbol{x}, \omega_i) > g(\boldsymbol{x}, \omega_j) \quad (j = 1, 2, \cdots, M \text{且} j \neq i) \tag{2-3-4}$$

实际应用中，通过求取最小欧氏距离的方法形成判别函数 $g(\boldsymbol{x}, \omega_i)$。首先用每个类的均值向量来表征该类。类 ω_i 的均值向量 $\boldsymbol{m}_i$ 定义为

$$\boldsymbol{m}_i = \frac{1}{N_i} \sum_{\boldsymbol{x} \in \omega_i} \boldsymbol{x} \tag{2-3-5}$$

式中：N_i 为类 ω_i 中训练样本的总数，$i = 1, 2, \cdots, M$。

通过欧氏距离来估计特征向量 $\boldsymbol{x}$ 与每个类的均值向量 $\boldsymbol{m}_i$ 之间的相似性：

$$D_i(\boldsymbol{x}) = \|\boldsymbol{x} - \boldsymbol{m}_i\| \tag{2-3-6}$$

由于距离越小相似性越高，因此特征向量 $\boldsymbol{x}$ 的样本最终将被判别为具有最小 D_i 值的类 ω_i。

5. 应用实例

利用上述方法对 TZ-X 井进行分析，根据其成像测井资料判别沉积相和岩性，然后将判定结果与岩心资料进行比较，以验证方法的有效性。

首先把井 TZ-X 的成像数据输入成像模式判别程序中，程序将按照本书所述方法对成像数据逐段进行自动分类与判别。判别完成后，解释人员可以手工调整判别结论，修正明显错误。如图 2-3-34 所示，分类程序共把该井段分为 8 个层。定义各层编号为从 A 到 H，然后根据本书前面章节所给出的解释模式与沉积相的对应关系，并结合常规曲线，依次判别各层的岩性岩相。层 A、B、C、D、F 均为条带模式或断续条带模式，这两种模式都既有可能是滩间海，又有可能是低能滩。滩间海与低能滩的区别在于滩间海的水动力条件比低能滩弱，泥质含量高，因此可以通过 GR 值的高低区分两者。层 A 与 C 所对应的 GR 值很高，说明这两层泥质含量很高，判定为滩间海，主要岩性为泥晶灰岩，可能含有泥质条带或纹层；而层 B、D、F 的 GR 值较低，判定为低能滩，主要岩性为泥晶颗粒灰岩。层 E 为纹层模式，该模式是灰泥丘丘核微相的典型模式，因此判定层 E 为灰泥丘丘核，主要岩性为黏结岩。层 G 为斑状模式，该模式是高能滩的典型模式，在其他微相中很少出现，因此判定层 G 为高能滩，主要岩性是亮晶颗粒灰岩。层 H 比较复杂，其主体是纹层模式，中间又夹杂着很多条带和断续条带模式的薄层。纹层模式是灰泥丘丘核的典型模式，而条带和断续条带模式代表了低能滩或滩间海等非丘环境，

因此这种组合说明层 H 为从丘向非丘环境过渡的丘翼微相，岩性包括黏结岩、颗粒灰岩及泥晶灰岩等。

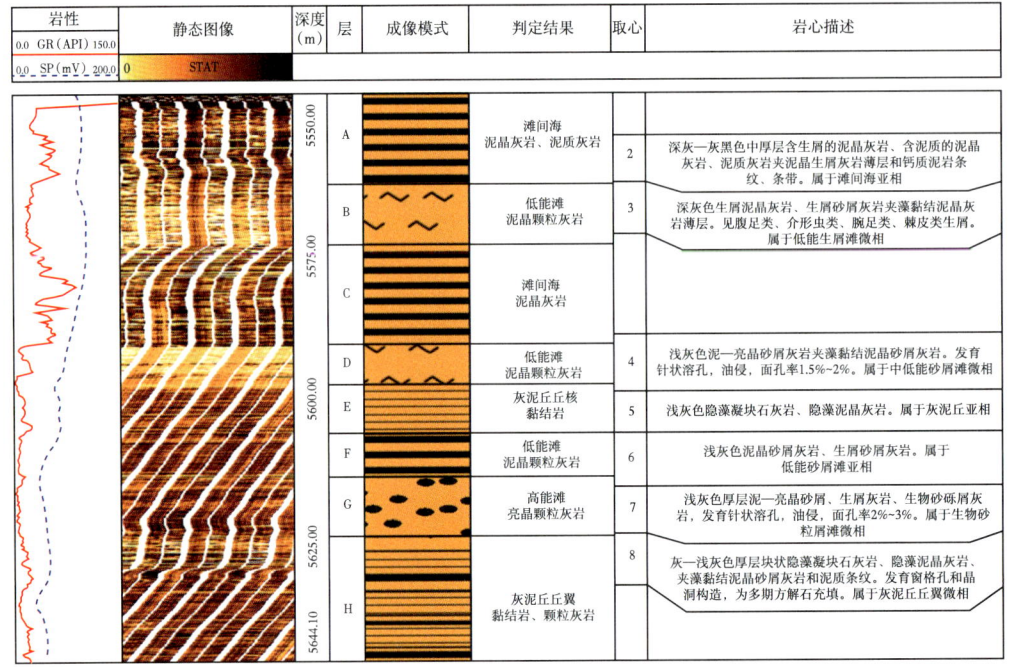

图 2-3-34　电成像测井岩性岩相识别结果

最后把判定结果与岩心资料进行比较，可以看到，基于成像解释模式判定的沉积相和岩性与通过岩心观察得出的结论几乎完全吻合。

第四节　碳酸盐岩储层参数定量计算

储层参数评价是碳酸盐岩储层测井评价的基础和关键，在多年的碳酸盐岩储层油气勘探开发过程中，针对裂缝孔隙度、渗透率、孔洞孔隙度、饱和度等储层参数形成了众多测井定量评价方法，不同的评价方法都有其适用条件和局限性，本节有针对性地给出了不同类型储层参数计算模型和评价方法，可结合储层评价对象，依据不同储层类型对各种计算方法的优缺点、适应性进行对比、分析，选取最适合的计算方法。

一、基质孔隙度计算

常用的基质孔隙度计算采用密度曲线和中子—密度曲线交会的方法，一般公式如下：

$$\phi = \sqrt{\frac{\phi_D^2 + \phi_N^2}{2}} \qquad (2\text{-}4\text{-}1)$$

式中：ϕ_D 为密度孔隙度；ϕ_N 为中子孔隙度。

单独利用密度或中子—密度交会计算基质孔隙度的精度在很大程度上取决于测井曲线的质量和岩石骨架密度确定的准确与否。在碳酸盐岩储层中，由于地质条件特殊经常导致井径扩大，其结果导致密度、中子测井曲线失真，进而给储层基质孔隙度计算带来非常大的误差。

Wyllie 等就基于岩石体积模型给出了利用声波速度计算储层基质孔隙度的方法，即 Wyllie 公式：

$$\Delta t_{\mathrm{p}} = (1-\phi)\Delta t_{\mathrm{pma}} + \phi\Delta t_{\mathrm{pf}} \quad (2\text{-}4\text{-}2)$$

式中：Δt_{pma} 为骨架的纵波时差；Δt_{pf} 为流体的纵波时差；ϕ 为孔隙度；Δt_{p} 为储层岩石的纵波时差。

Wyllie 公式多用于砂泥岩储层基质孔隙度计算，在以粒间孔和晶间孔为主并且基质孔隙度大于 15% 的储层中取得了很好的应用效果，计算的绝对误差一般在 1.5% 以内，但是在具有溶蚀孔洞的碳酸盐岩储层中，计算误差较大。1974 年的 Musher 公式、1980 年的 Raymer 公式和 1986 年的 Raiga-Clemenceau 公式均利用声波速度计算孔隙度。

Musher 公式：

$$\lg\Delta t_{\mathrm{p}} = \phi\lg\Delta t_{\mathrm{pf}} + (1-\phi)\lg\Delta t_{\mathrm{pma}} \quad (2\text{-}4\text{-}3)$$

Raymer 公式：

$$v_{\mathrm{p}} = \phi v_{\mathrm{pf}} + (1-\phi)^{\beta} v_{\mathrm{pma}} \quad (2\text{-}4\text{-}4)$$

式中：v_{pf}、v_{pma} 分别为流体的纵波速度和骨架纵波速度；ϕ 为孔隙度；v_{p} 为储层岩石的纵波速度；β 为常数，碳酸盐岩中 β 取值为 2.2。

Raiga-Clemenceau 公式：

$$v_{\mathrm{p}} = (1-\phi)^{\beta} v_{\mathrm{pma}} \quad (2\text{-}4\text{-}5)$$

式中：β 为常数，石灰岩中 β 取值为 1.76，白云岩中 β 取值为 2.0。

在国外，碳酸盐岩油气储层的基质孔隙度普遍大于 10%，利用这些计算公式都取得了较好的应用效果。但我国碳酸盐岩储层基质孔隙度普遍小于 10% 且溶蚀孔、洞发育，这三个公式的计算效果并不理想。李宁等（2007）通过实验准确得到了声波时差和孔隙度的关系，其具体公式为

$$\phi_{\mathrm{s}} = 0.4386\lg\frac{\Delta t}{\Delta t_{\mathrm{ma}}} \quad (2\text{-}4\text{-}6)$$

式中：Δt 为测量的地层声波时差值；Δt_{ma} 为岩石骨架声波时差值。

近年来，随着测井新技术的应用，尤其是元素俘获能谱测井的普及，使得岩石矿物组分的精度得到较大程度的提升，计算出的矿物组分类型也越来越多，在此基础上，可

以通过每种矿物组分的理论响应值，定量计算出随深度连续变化的岩石骨架参数，将其替换传统基质孔隙度计算公式的固定骨架值，就可以实现变骨架孔隙度计算，经过油田现场验证，其计算精度较传统方法有较大提升，可以满足复杂碳酸盐岩油气藏测井评价的需求。

图 2-4-1 为碳酸盐岩岩溶风化壳储层不同基质孔隙度计算方法对比图，第 3 道为采用声波变骨架基质孔隙度计算方法结果，通过对比可以看出，采用变骨架替代传统固定骨架值计算基质孔隙度其精度更高。

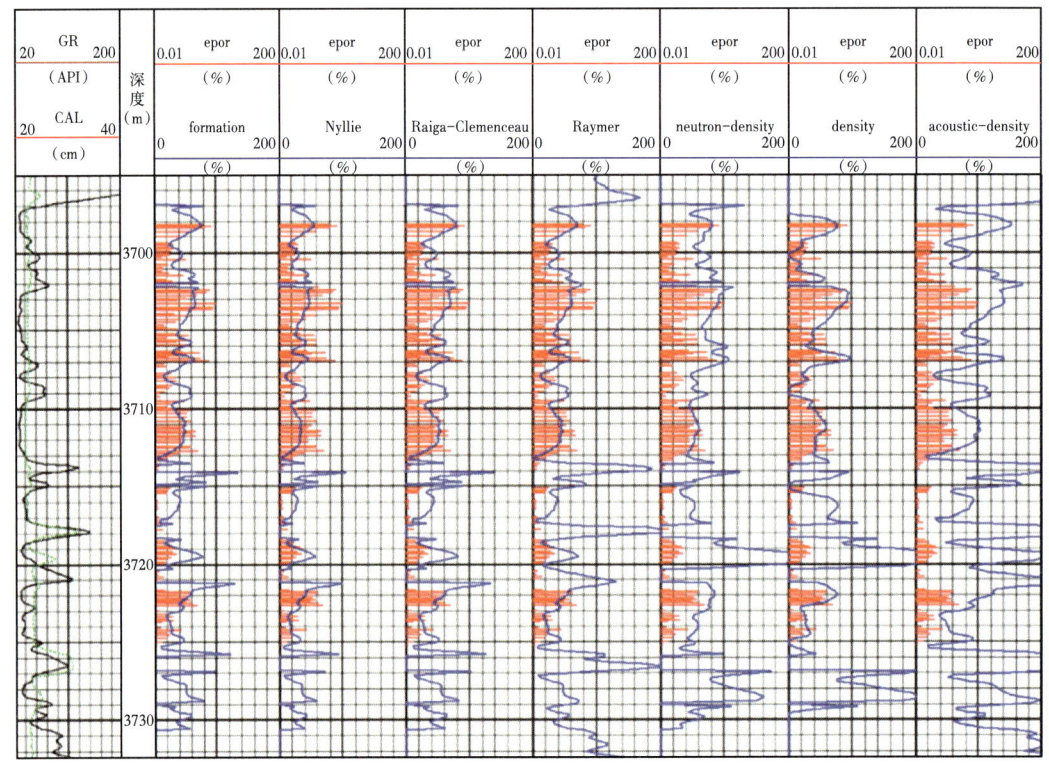

图 2-4-1　不同基质孔隙度计算方法对比图

二、裂缝孔隙度计算

国内外许多专家学者针对碳酸盐岩油气储层的特点，应用常规测井和成像测井资料进行了裂缝定性解释评价研究和定量解释的基础理论、实验以及数值模拟研究，这里重点介绍利用电成像测井资料和双侧向测井资料进行裂缝参数评价方法。

1. 电成像测井裂缝参数计算

成像测井储层特性的定性解释和储层裂缝参数的定量评价是测井精细解释的有效方法。成像测井资料的定量评价可以提供地层构造倾角描述、地层产状描述、地应力方向、裂缝宽度、裂缝孔隙度等多方面的储层参数。在裂缝性储层中，可以定量计算裂缝宽度、裂缝长度、裂缝密度和裂缝孔隙度等重要的储层评价参数，其中裂缝宽度的定量计算尤为重要，其计算结果的准确性直接影响其他裂缝参数的计算。

斯伦贝谢公司 GeoFrame 软件提供了利用有限元法推导的裂缝宽度定量计算公式。根据有限元法，裂缝处电导率异常与裂缝宽度有关，电导率的异常值可以用曲线表示，该曲线的积分面积 A 受裂缝的张开度 W 和井壁附近侵入带的电阻率 R_{xo} 决定（Delhomme，1996）。由此，推出下面的裂缝宽度定量计算公式：

$$W = CAR_m^b R_{xo}^{(1-b)} \qquad (2-4-7)$$

其中：

$$A = \frac{1}{V_e} \int_{-z_0}^{+z_0} [I_a(z) - I_b] dz$$

式中：W 为裂缝宽度，mm；R_{xo} 为地层电阻率（一般情况下是侵入带电阻率），$\Omega \cdot m$；A 为由裂缝造成的电导率异常的面积，$mm/(\Omega \cdot m)$；R_m 为钻井液电阻率，$\Omega \cdot m$；C、b 为与仪器有关的常数，$C=0.004801$，$b=0.863$；A 为异常电流面积，由测井资料计算得到；z 为垂直于裂缝轨迹方向上的位移，z_0 为积分半宽度，一般要大于图上显示的裂缝宽度的一半；V_e 为极板电位值；I_a 为电极电流（mA），是仪器跨越裂缝时垂直位置 z 的函数；I_b 为原状地层或骨架中的电极电流。

尽管应用成像测井资料在裂缝定性解释评价研究和定量解释的基础理论、基础实验研究，以及数值模拟研究取得了丰硕的研究成果。但是，受复杂地质环境和测井条件的影响，裂缝参数定量评价的难度依然很大，还需要在理论研究的基础上做进一步的模拟实验研究。

通过对斯伦贝谢计算公式、阿特拉斯公式和数值模拟公式计算方法的综合分析，李宁等提出了新的应用 STAR 测井数据计算裂缝宽度的计算公式：

$$W = CA\left(\frac{R_b}{R_a}\right)^b \qquad (2-4-8)$$

$$A = \sum_{i=0}^{N} \left(\frac{R_b - R_{d_i}}{R_b - R_a} \Delta w\right) \qquad (2-4-9)$$

式中：R_b 为基质视电阻率值，$\Omega \cdot m$；R_a 为裂缝区的最小视电阻率值，$\Omega \cdot m$；R_d 为裂缝轮廓线的视电阻率值，$\Omega \cdot m$；R_{d_i} 为裂缝区内第 i 条裂缝轮廓线的视电阻率值，$\Omega \cdot m$；Δw 为采样间隔，mm；C、b 为经验系数，$C=0.1939$，$b=0.6188$；A 为裂缝响应区面积，mm^2。

裂缝参数是评价、划分储层的重要参数，通过裂缝定量计算可提供 5 种裂缝参数。

1）裂缝宽度

裂缝宽度是指裂缝视张开度（FVA），单位为 mm。裂缝轨迹线上每一点与裂缝走向垂直方向上的裂缝宽度为单点裂缝宽度，裂缝轨迹线上所有单点裂缝宽度的平均值为裂缝宽度。

2）裂缝长度

裂缝长度（FVTL）为每平方米井壁上所见到的裂缝长度之和，单位为 m/m^2 或 $1/m$；

$$L = \sqrt{1 + \tan\theta} \qquad (2-4-10)$$

式中：L 为裂缝长度，mm；θ 为裂缝的倾角，（°）。

3）裂缝密度

裂缝密度（FVDC）为单位井段所见到的裂缝总条数。

4）平均水动力宽度（FVAH）

平均水动力宽度（FVAH）等于单位井段（1m）中各裂缝轨迹宽度的立方和开立方，是裂缝水动效应的一种拟合，单位为 mm。

5）裂缝视孔隙度

裂缝视孔隙度（FVPA）为所见到的裂缝在 1m 井壁上的视张开口面积除以 1m 井段中成像图像的覆盖面积，简称为裂缝孔隙度。

除上述裂缝孔隙度、裂缝长度等参数外，还可获得裂缝的倾角、裂缝的倾向以及压裂缝的方向等参数，从而分析裂缝的走向、最大水平主应力方向。图 2-4-2 为长庆油田某井马家沟组裂缝定量处理结果。从图中可见，该段储层 2970.5~2976.0m 和 2979.5~2981.0m 裂缝发育，平均裂缝密度达 4~7 条/m，计算裂缝视孔隙度约 0.03%~0.04%。

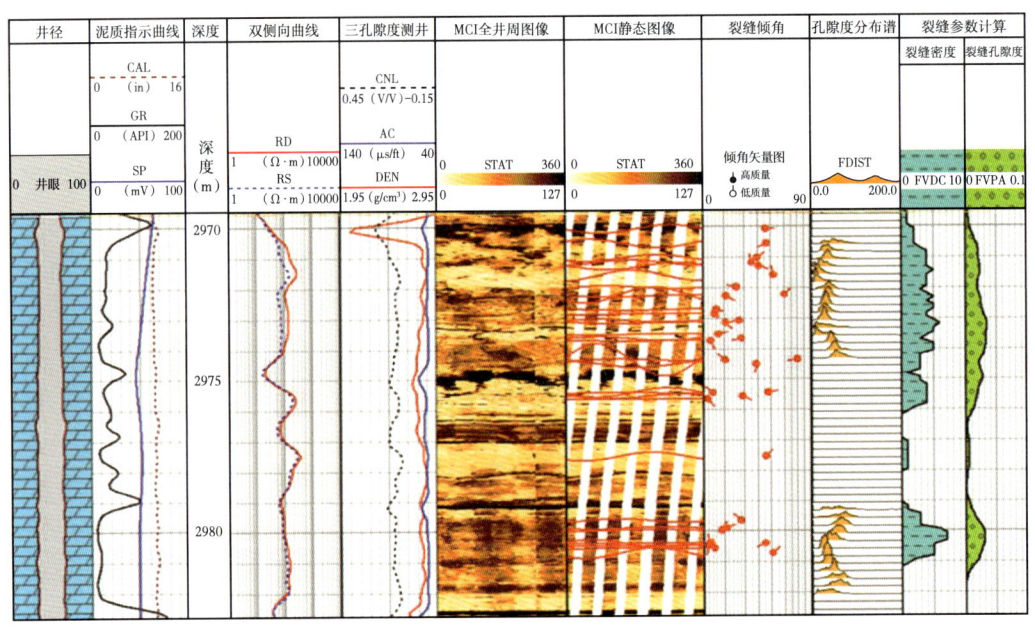

图 2-4-2　长庆油田某井马家沟组裂缝处理成果图

2. 双侧向测井裂缝孔隙度计算

电成像井壁图像、取心及常规测井资料对比标定结果显示，裂缝主要分布在相对电阻率较高的硬地层中，通常与基质（原生、次生孔隙）孔隙具有对应性。它具有一定的储集能力，主要作为储层沟通和流体产出的有效渗流通道。在已使用的常规电法测井中，双侧向测井由于具有更强的电流聚焦能力，成为中—高阻地层的常用测井方法之一。已有的研究成果表明，双侧向离差的大小、性质，与裂缝的产状、开度在响应机理上有着密切的联系。通过双侧向测井的物理、数值模拟研究，可以建立基于双侧向测井离差的裂缝孔隙度评价模型。

对于裂缝—孔隙型水层，岩块孔隙被水饱和，裂缝被水饱和。设岩块孔隙含水饱度为 1，裂缝含水饱和度为 1，则孔隙和裂缝组成并联导电网络，根据阿奇公式，可以得出如下方程：

$$\frac{1}{R_d} = \frac{\phi_b^{m_b}}{R_w} + \frac{\phi_f^{m_f}}{R_w} \qquad (2\text{-}4\text{-}11)$$

$$\frac{1}{R_s} = \frac{\phi_b^{m_b}}{R_w} + \frac{\phi_f^{m_f}}{R_{mf}} \qquad (2\text{-}4\text{-}12)$$

式中：R_d、R_s 分别为深、浅双侧向电阻率，$\Omega \cdot m$；m_b、m_f 分别为孔隙度和裂缝孔隙度指数；ϕ_f 为裂缝孔隙度；R_{mf} 为钻井液滤液电阻率，$\Omega \cdot m$。

式（2-4-12）减去式（2-4-11），得：

$$\frac{1}{R_s} - \frac{1}{R_d} = \phi_f^{m_f} \left(\frac{1}{R_{mf}} - \frac{1}{R_w} \right) \qquad (2\text{-}4\text{-}13)$$

有：

$$\phi_f = \sqrt[m_f]{\left(\frac{1}{R_s} - \frac{1}{R_d} \right) \bigg/ \left(\frac{1}{R_{mf}} - \frac{1}{R_w} \right)} \qquad (2\text{-}4\text{-}14)$$

同理，对于油气层：

$$\phi_f = \sqrt[m_f]{R_{mf} \left(\frac{1}{R_s} - \frac{1}{R_d} \right)} \qquad (2\text{-}4\text{-}15)$$

从式（2-4-14）、式（2-4-15）的推导中可以看出，计算裂缝孔隙度 ϕ_f 时均未考虑裂缝产状对双侧向测井的影响，它们只适合于网状裂缝发育的储层。对于以低角度裂缝为主和以高角度裂缝为主的单组系裂缝性储层，则将造成较大误差。为了准确地计算裂缝孔隙度，引入裂缝畸变系数 K_r，则式（2-4-14）、式（2-4-15）变为：

水层

$$\phi_f = \sqrt[m_f]{\left(\frac{1}{R_s K_r} - \frac{1}{R_d} \right) \bigg/ \left(\frac{1}{R_{mf}} - \frac{1}{R_w} \right)} \qquad (2\text{-}4\text{-}16)$$

油气层

$$\phi_f = \sqrt[m_f]{R_{mf} \left(\frac{1}{R_s K_r} - \frac{1}{R_d} \right)} \qquad (2\text{-}4\text{-}17)$$

实验研究表明，K_r 为 1.0~1.3，水平裂缝取 1.3，垂直裂缝取 1.0；m_f 为 1.1~1.5，依裂缝产状和充填程度而定，即裂缝倾角越小，充填程度越低，m_f 越小。

大量的统计分析结果表明，由于成像测井分辨率的限制，微细井壁特征（微细缝、溶孔）多数情况下在井壁图像上不能识别。岩心上能观察到的裂缝、溶蚀特征在图像上难以拾取和对应刻度上的实例屡见不鲜。从这个意义上讲，利用双侧向测井计算裂缝孔隙度，是对成像测井资料的重要补充。同时由于双侧向测井具有应用范围普遍、连续定量的技术优点，对缝、洞型储层的裂缝孔隙定性—定量评价具有更为实用、易于操作的应用价值。

基于以上分析，宏观上使用成像测井定性描述和确定井壁裂缝的几何形态、产状及相对发育程度，为评价模型提供选择依据，通过双侧向测井定量，二者相互支持和验证，综合评价裂缝孔隙度的相对量值变化和裂缝发育程度，是当前技术条件下实现裂缝孔隙度相对定量计算的一个可行的途径。

三、饱和度计算

储层岩石的导电性主要取决于储集空间中的流体性质、饱和状态及其空间分布。对非均质碳酸盐岩储层而言，孔隙结构对岩石电阻率的影响非常显著，有时缝洞对电阻率的影响远超含油气性的影响。为了提高碳酸盐岩储层饱和度的测井评价精度，必须开展有针对性的岩电实验，在对储层孔隙特征、电性响应规律等深入研究基础之上，形成有效的碳酸盐岩饱和度评价方法。

1. 孔隙型储层

碳酸盐岩孔隙型储层饱和度模型及参数的选择应遵循以下原则：

（1）地层因素与孔隙度关系应采用地层条件下矿化度溶液建立的关系，同时应考虑地层压力对不同孔隙度及岩性的影响；

（2）饱和度及电阻率指数的关系应采用地层条件下矿化度溶液建立的关系式；

（3）饱和度计算的基本公式为阿奇公式，但考虑到碳酸盐岩地层孔隙结构的非均质性及岩性的差异，应采用实际岩心测量的岩电关系按不同岩性、不同区块分别推导饱和度计算公式。

以马家沟组上组合、中下组合碳酸盐岩饱和度评价为例，选取具有代表性的岩心开展了半渗透隔板气驱岩电、核磁共振、CT等配套实验。图2-4-3是长庆马家沟组孔隙型碳酸盐岩饱含水T_2谱和岩心CT（分辨率为10μm）结果的典型切片，其中15号岩心是马家沟组上组合岩心，孔隙度为10.3%，L46-3、L46-4、L46-6是马家沟组中组合岩心，孔隙度分别为14.87%、15.27%、10.41%。从几块岩心核磁共振测量结果可知，T_2谱的峰值均小于1000ms，且分布集中，因此上述岩心孔洞不发育，孔隙的非均质性较小；从岩心CT切片上未发现孔隙尺寸较大的溶蚀孔洞，特别是L46-3、L46-4、L46-6这三块

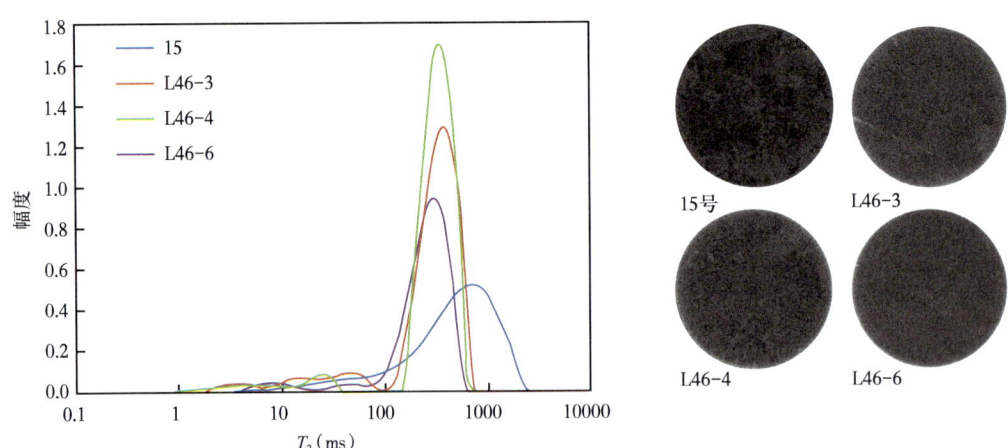

图2-4-3 长庆马家沟组孔隙型碳酸盐岩岩心T_2谱及岩心

岩心在 10μm 分辨率 CT 下可以分辨的孔隙很小，在整个切片上图像的均质性较好，这进一步证实了上述几块岩心属于孔洞不发育且孔隙非均质性较小的孔隙型碳酸盐岩。

图 2-4-4 是长庆油田孔隙型碳酸盐岩半渗透隔板气驱岩电实验结果，从图中可以看出以下几点规律：（1）孔隙型碳酸盐岩储层岩电关系未呈现明显的非阿奇特性，$I—S_w$ 关系能够利用阿奇公式进行描述；（2）这几块岩心饱和度指数 n 的最小值为 1.58，最大值为 1.71，小于 n 的典型数值 2；（3）15 号岩心孔隙度最小，但 n 值最低，L46-4 孔隙度最大，但 n 处于中间数值，因此 n 与岩心孔隙度之间的相关性不显著。

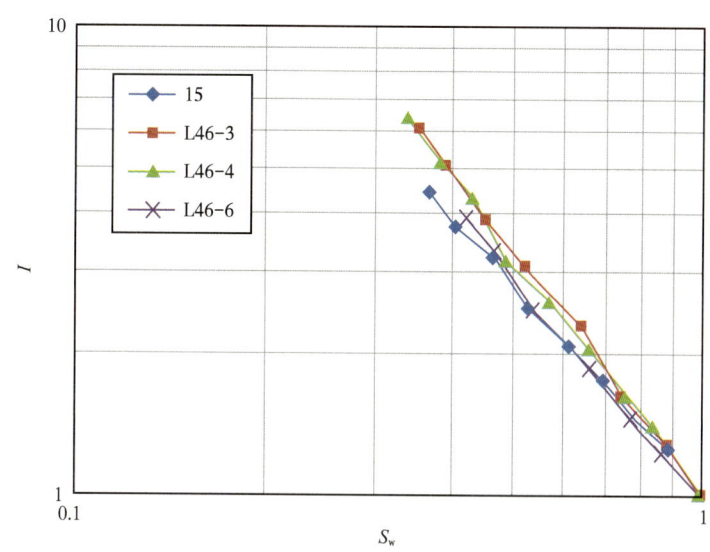

图 2-4-4 长庆马家沟组孔隙型碳酸盐岩岩电关系

进一步分析，虽然 L46-3、L46-4、L46-6 均属于马家沟组中组合，且岩心孔隙类型相似，但 L46-6 的均质性最好，虽然其孔渗均比其他两块岩心差，但饱和度指数为三块岩心中最低，因此，孔隙的空间分布对饱和度指数具有较大影响。在晶间孔和溶孔发育的岩石中，若由于渗流粉砂充填而造成储层孔隙微观非均质性差异大，饱和度指数有升高的趋势，变化规律更为复杂，因此碳酸盐岩非均质性是造成岩电参数复杂的根本原因。

图 2-4-5a 给出了鄂尔多斯盆地马五$_{1+2}$ 储层岩电参数与孔隙度之间的相关性分析结果，图中箭头指示方向表示孔隙度逐渐减小。图 2-4-5b 给出了鄂尔多斯盆地马五$_{1+2}$ 储层岩电参数与渗透率之间的相关性分析结果，图中箭头指示方向表示渗透率逐渐增大。从图中可以看出，孔隙型碳酸盐岩储层饱和度指数 n 与孔隙度之间的相关性较差，但与渗透率之间的相关性相对较好。

L5 井为长庆油田密闭取心井，其取心井段长，储层代表性好，有不同物性、不同孔隙类型的岩石，其中孔隙型和孔洞型岩石都占有很大的比例。利用式（2-4-18）计算的碳酸盐岩含气饱和度与密闭取心饱和度具有很好的一致性（图 2-4-6）。

$$S_w = \left[\frac{R_{mf}}{\lambda R_w + (1-\lambda) R_{mf}} \frac{R_w}{R_t (\phi/100)^m} \right]^{\frac{1}{n}} \qquad (2-4-18)$$

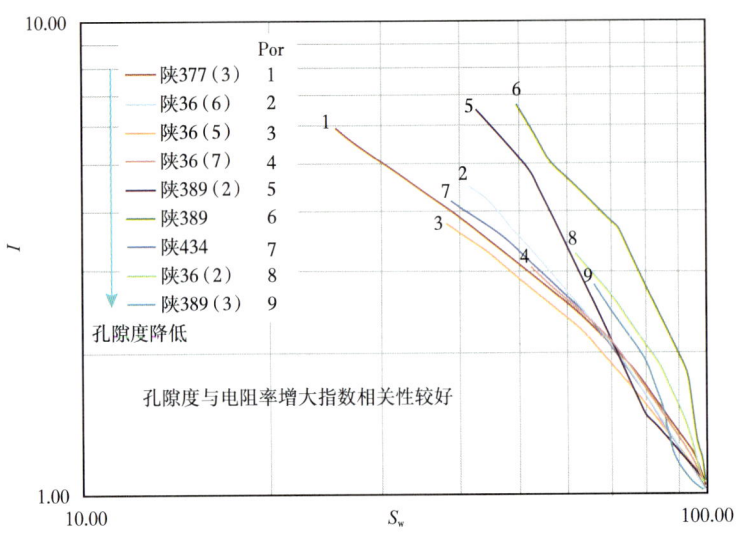

a. 岩电参数与孔隙度之间的相关性分析

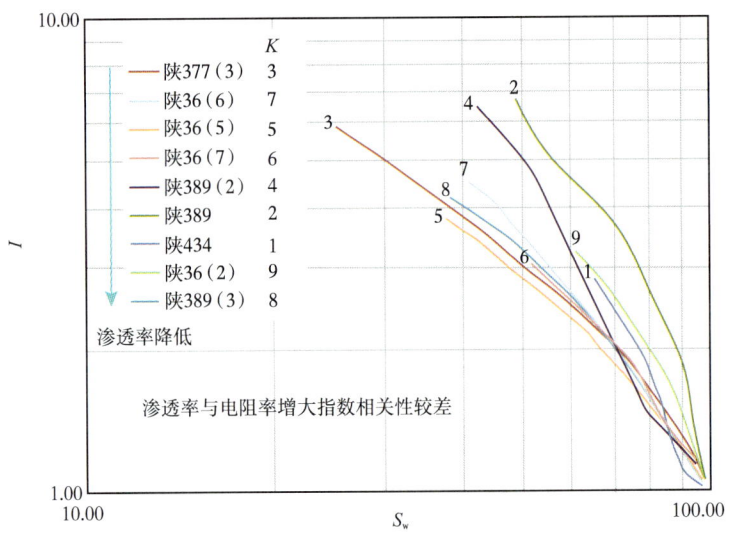

b. 岩电参数与渗透率之间的相关性分析

图 2-4-5　碳酸盐岩马五$_{1+2}$储层 I—S_w 关系图

式中：λ 为钻井液侵入程度经验系数，与裂缝孔隙度与储层渗透性相关，取值范围为 0.6~0.85；m 为胶结指数（与孔洞和裂缝相关），取值范围为 1.48~2.42；n 为饱和度指数（与孔隙均质性相关），一般取 1.6~2.3。

2. 孔洞型储层

孔洞型储层是非均质碳酸盐岩油气藏中最常见的一类重要储层。在孔洞型储层中，溶蚀作用或岩溶作用形成的孔洞导致储层非均质性增强、含油气饱和度计算十分困难。孔洞型碳酸盐岩储层岩样 CT 结果显示：储集空间主要为未充填的溶蚀孔洞及基质孔隙，孔洞体积占总孔隙（基质孔隙 + 孔洞）体积之比的范围为 20%~85%；当孔洞占总孔隙之比较小（20%~45%）时，孔洞体积小、数量多、均匀分布在基质中，孔洞占总

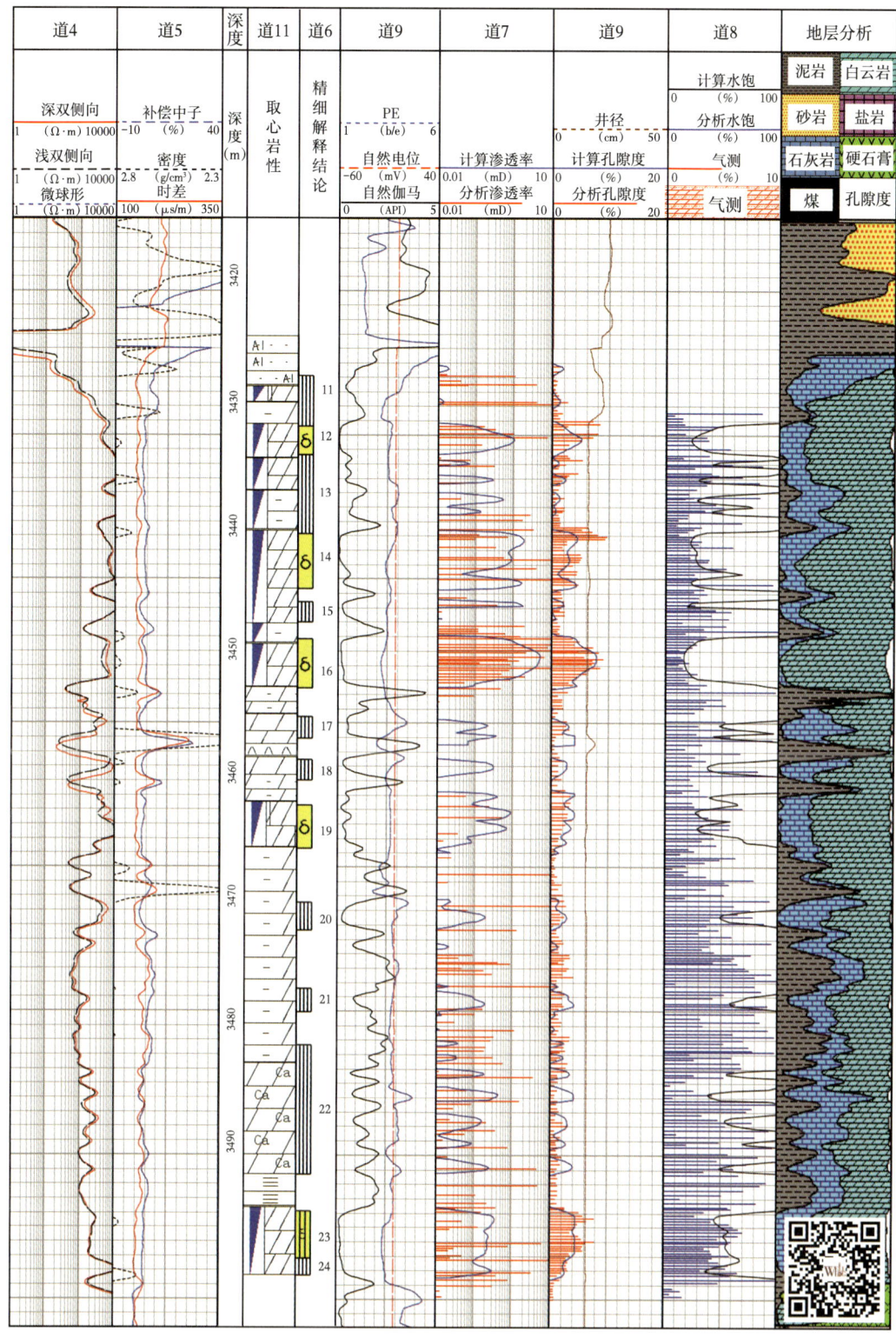

图 2-4-6 L5 井基于岩心刻度的饱和度计算成果图

孔隙之比较大（45%~85%）时，孔洞体积大、数量少，在基质中分散分布；随着孔洞占总孔隙之比的增大，其非均质性总体上来说变强。下面结合理论分析及实验结果深入讨论孔洞对完全饱和水、部分饱和水岩心电阻率及岩电参数的影响及规律。

Sen 等（1981）用 Maxwell-Garnett 关系模拟了岩石颗粒和水混合介质的介电特性。Kenyon 和 Rasmus（1985）利用这些关系进一步研究了鲕粒岩石中低频电导率及高频介电常数的响应特征。为了分析孔洞型储层地层因素的变化特征，沈金松（2010）假设次生孔隙的半径明显大于晶间和粒间孔隙半径，且次生孔隙的形状为圆形，并以分散状均匀分布于岩石中，此时导电性特征可用球形包裹物介质模拟，结果如图 2-4-7 所示。

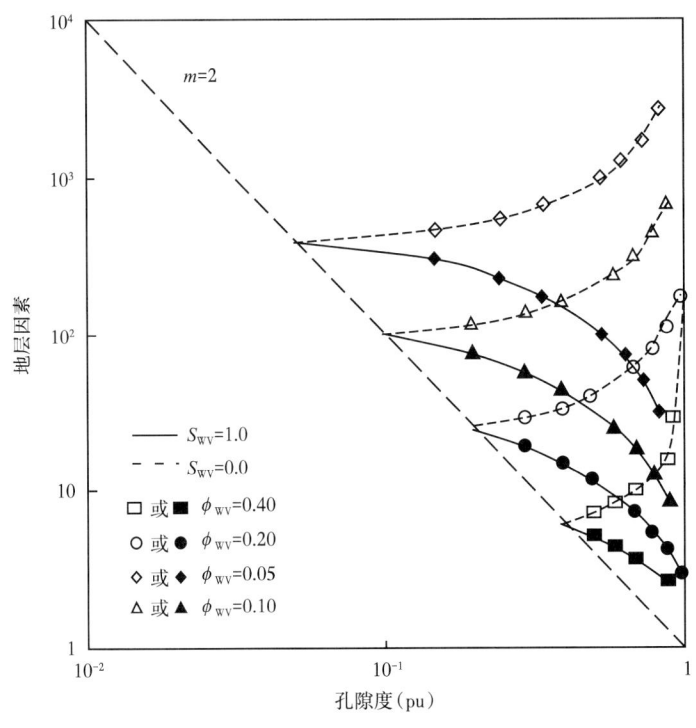

图 2-4-7　孔洞对胶结指数的影响

图 2-4-7 中的脊线（即标出了 $m=2$ 的虚线）表示孔洞孔隙度 ϕ_{wv} 为 0、粒间孔胶结指数 m 为 2 的情况。由脊线向右延伸的肋线代表了粒间基质孔岩石中孔洞孔隙度逐渐增加时地层因素的变化趋势，向右延伸的不同脊线代表了不同基质孔隙度下的孔洞对地层因素的影响。实验给出了孔洞孔隙中充满地层水，即 $S_{wv}=1$ 的情况，而虚线反映了孔洞孔隙中充满油，即 $S_{wv}=0$ 的情况。从理论计算结果可以看出，当存在孔洞时，地层因素略小于基质（孔洞孔隙度为 0）地层因素，由于此时总孔隙度大于基质孔隙度，因此使得胶结指数 m 的数值增大。当基质孔隙度相同时，随着孔洞孔隙度的增大，胶结指数增大；当孔洞孔隙度相同时，随着基质孔隙度的增大，孔洞对地层因素及胶结指数的影响减弱。

图 2-4-8 是鄂尔多斯盆地马五$_{1+2}$段地层因素与孔隙度的实验结果，从图中可以看出不同类型储层 m 的数值存在较大差异，总体规律是：以原生基质孔隙为主的储层 m 在 2.0 左右；当储层溶蚀孔洞发育时，胶结指数增大，其数值在 2.3 左右，与前面的理

论分析结果一致。

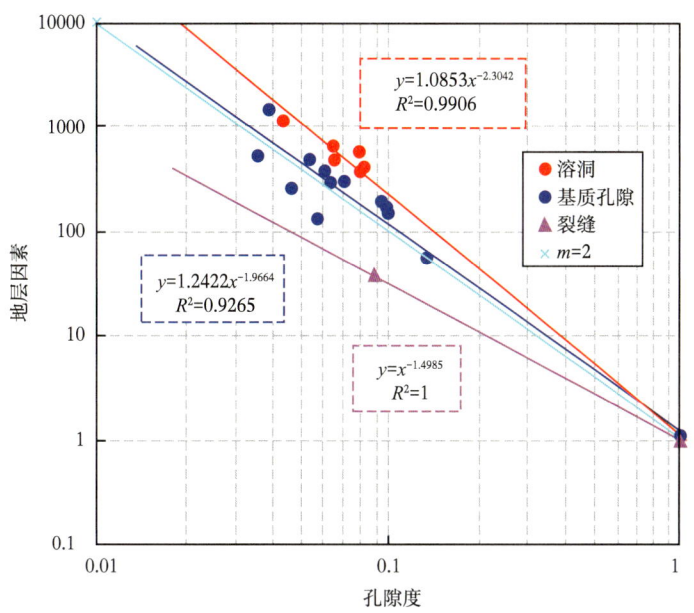

图 2-4-8　不同孔隙类型地层因素实验结果

为了研究孔洞对碳酸盐岩电阻增大率与含水饱和度关系的影响及规律，孙文杰等（2014）制作了具有特定孔洞特征的岩心并开展了驱替岩电实验研究。加工的孔洞岩心参数见表 2-4-1。为了考察加工工艺是否会对岩电关系造成影响，从同一岩心柱的相邻部位选取了两块岩心，其中一块没有经过任何孔洞加工，另一块岩心先剖开再用可渗透性胶粘合加工（未造孔洞）。实验结果显示，这两块岩心的岩电曲线重合度为 0.92，说明孔洞制造工艺未对岩电关系造成显著影响。

表 2-4-1　实验岩心参数表

编号	孔隙度（%）	渗透率（mD）	加工工艺	孔洞孔隙度（%）
3	14.93	26.6	剖开，中心造单孔，粘合	20
4	14.88	26.9	剖开，一端造单孔，粘合	20
5	14.97	26.4	剖开，中心造 4 孔，粘合	20
6	14.94	26.0	剖开，中心造 6 孔，粘合	20
7	17.74	26.7	剖开，中心造单孔，粘合	35
8	21.59	27.7	剖开，中心造单孔，粘合	50

3# 样品和 4# 样品具有相同孔洞孔隙度及孔洞个数，但是孔洞在岩心中的具体位置存在差异，其中 3# 样品孔洞位于样品的中间，4# 样品孔洞位于样品的一端。孔洞在不同位置的岩电实验结果如图 2-4-9 所示，从图中可以看出，孔洞位置不同，I—S_w 曲线出现小平台的时刻（与含水饱和度对应）不一样。

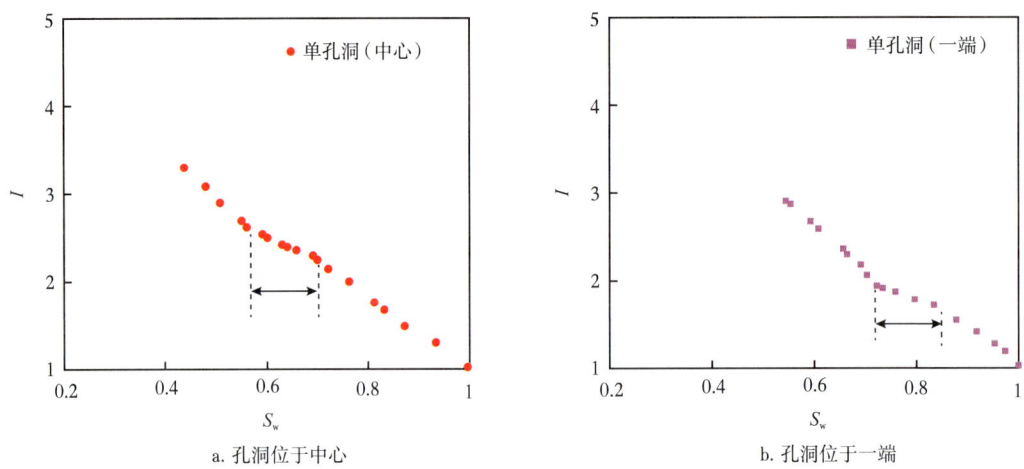

图 2-4-9 孔洞位置对岩电关系的影响

3#样品、5#样品和6#样品孔洞孔隙度均为20%，但是孔洞的数量不同，其中3#样品含有1个孔洞，5#样品含有4个孔洞，6#样品含有6孔洞。具有不同孔洞数量岩心的实验结果如图2-4-10所示，从图中可看出，随着孔洞数目的增多，其电阻增大的速度变小，反映到拟合的岩电曲线形态上，即曲线往左下方偏移，曲线越来越缓。

3#样品、7#样品和8#样品孔洞孔隙度分别为20%、35%、50%，从图2-4-11中可以看出，孔洞孔隙度的大小影响$I—S_w$曲线向下弯曲的程度及"平台"段的延展宽，孔洞孔隙度越大，$I—S_w$曲线向下弯曲的程度越大、"平台"段延展越宽，反之孔洞孔隙度越小，$I—S_w$曲线向下弯曲的程度越小、"平台"段延展越窄。从不同孔洞数量、位置的岩电实验结果可以看出，孔洞岩心$I—S_w$变化的总体规律为未充填孔洞使电阻增大速度减小，在孔洞位置处$I—S_w$曲线出现小的平台。

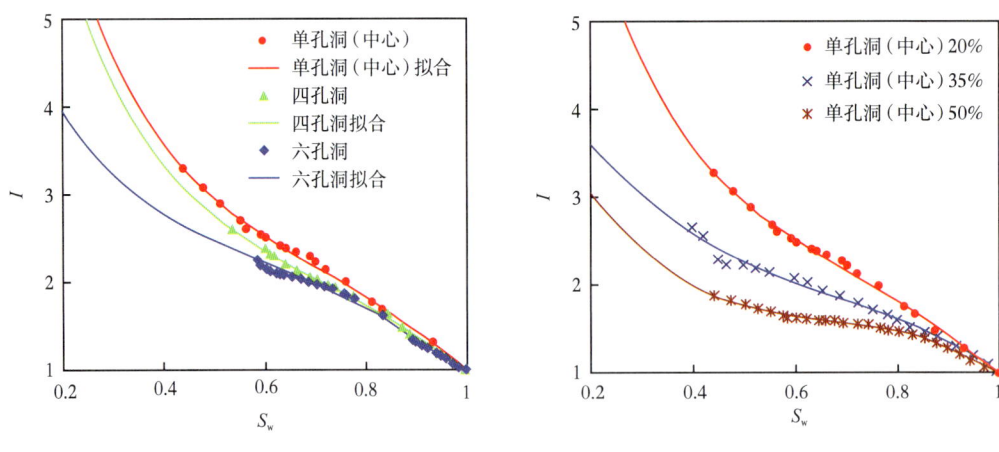

图 2-4-10 孔洞数量对岩电关系的影响　　图 2-4-11 孔洞孔隙度对岩电关系的影响

对所有孔洞模型岩电实验结果利用李宁等（2009）提出的通用模型进行拟合，得到最佳函数形式为：

$$I = \frac{p_1}{S_w^{n_1}} + \frac{p_2}{S_w^{n_2}} \qquad (2\text{-}4\text{-}19)$$

利用水电相似理论，孙文杰等（2014）分析指出孔洞型储层测井饱和度方程中参数 n_1 和 n_2 分别为与储层基质孔隙大小分布和溶蚀孔洞大小分布有关的物理量，表征了孔洞型储层中基质孔隙及溶蚀孔洞的孔隙结构。本书给出了一种用现有测井方法确定孔洞型储层测井饱和度解释方程的待定参数的方法，具体为：用核磁共振测井资料构造毛细管压力曲线，计算核磁共振毛细管压力曲线表征孔洞、基质孔隙结构的特征参数，确定待定参数值。

图 2-4-12 为四川某井龙王庙组测井计算含水饱和度与密闭取心饱和度对比，可以看出，二者变化趋势基本一致且数值接近，该段岩心分析平均含气饱和度为 88.5%，测井计算该段含气饱和度平均值为 84.1%，平均绝对误差 4.4%，该井在 4640~4669m 井段、4672~4691.5m 井段日产气 $11.45 \times 10^4 \text{m}^3$，不产水，证明了采用计算的含水饱和度是可靠的。

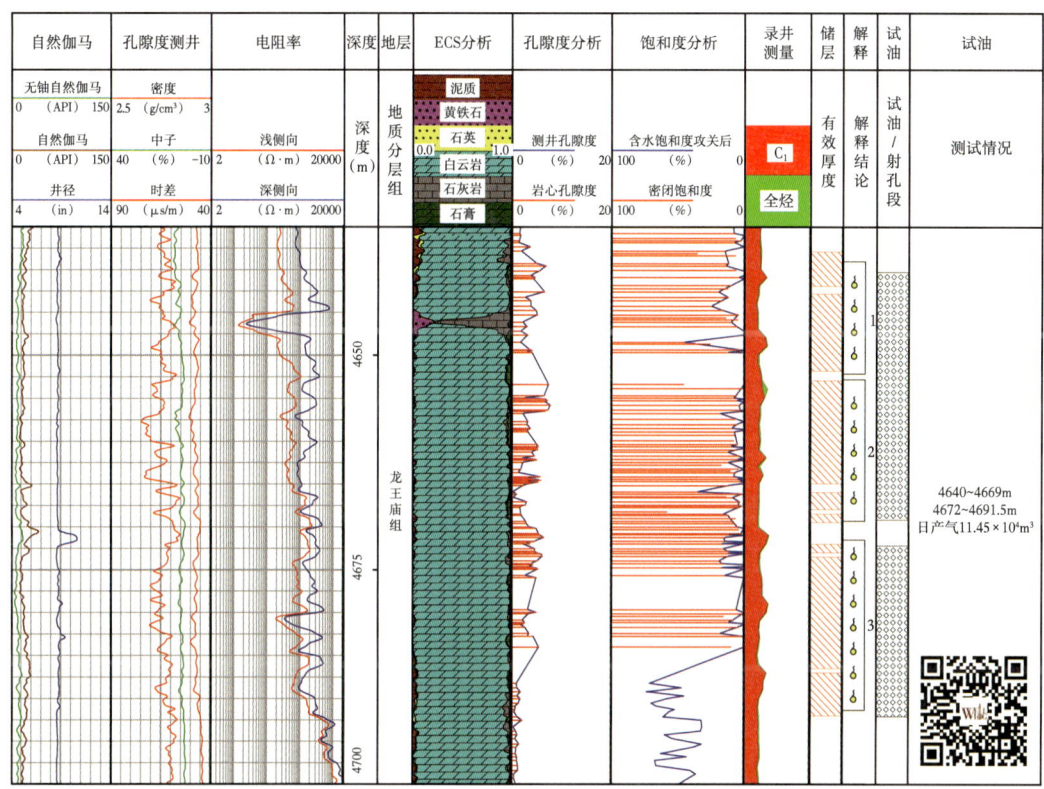

图 2-4-12 四川龙王庙组常规测井计算含水饱和度与密闭取心饱和度对比

3. 裂缝—孔洞型储层

碳酸盐岩储层中裂缝对储层电阻率具有重要影响，含裂缝储层电性的复杂性主要源于以下两个原因：首先，裂缝的迂曲度很小，为电流提供了良好的导电路径；另外，裂缝的存在极大提高储层渗透率，使得井眼环境下钻井液的侵入影响更加显著。为了深入认识含裂缝碳酸盐岩储层的电性特征，首先介绍裂缝对电性影响的理论及实验研究结果，然后进一步讨论含裂缝储层地层因素确定及含油气饱和度计算方法。

裂缝型岩石的岩电实验至今仍很难实现，但通过理论分析及数值计算，能够深化对含裂缝储层岩电参数变化规律的认识。在鄂尔多斯盆地孔隙型岩石岩电实验的基础上，根据双重孔隙介质岩电参数理论，利用 Rasmus 模型模拟了岩石中裂缝对岩电参数响应的影响，结果如图 2-4-13 所示。裂缝对地层因素的影响非常明显，尤其是在基质孔隙度较小的致密岩石中，0.5% 的裂缝孔隙度可使地层因素降低近一个数量级，随着基质孔隙度的增大，裂缝对地层因素的影响降低，当基质孔隙度达到 40% 时，裂缝对地层因素基本没有影响。

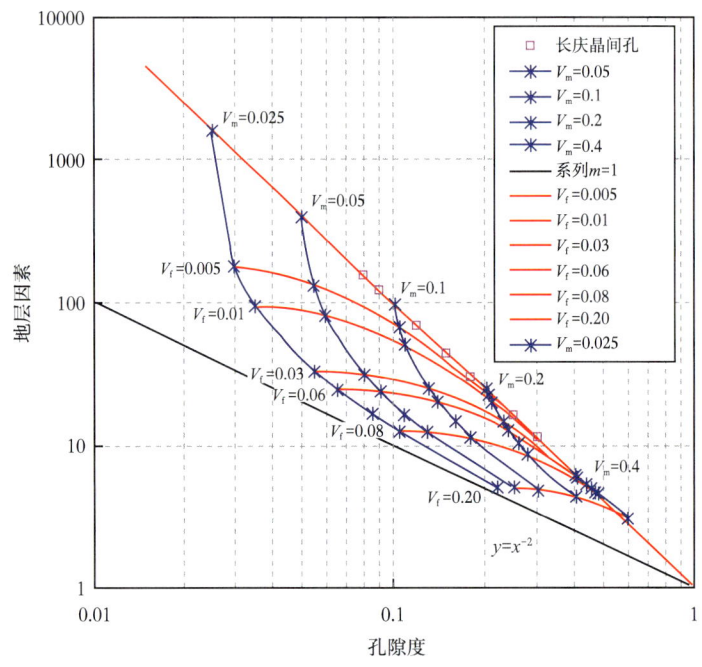

图 2-4-13 裂缝对地层因素的影响

为了考察裂缝对电阻增大系数及饱和度指数的影响，通过理论计算分析了不同裂缝饱和度下电阻增大系数变化的规律，图 2-4-14 是不同基质孔隙度下的理论计算结果，其中图 2-4-14a 基质孔隙度大于图 2-4-14b 基质孔隙度。可以看出，在不同的基质饱和度下，若岩石致密（基质孔很小，5%），随裂缝孔隙中含水饱和度的增大，电阻增大系数急剧减小，且基质含水饱和度越低，电阻增大系数降幅越大（图 2-4-14a）；若岩石基质孔隙度较大（为 20%），裂缝的含水饱和度对电阻增大系数的影响变弱，且当基质含水饱和度较高时，裂缝的影响可以忽略不计（图 2-4-14b）。说明裂缝对高含气饱和度储层影响很大，其次裂缝对饱和度指数的影响要大于孔洞的影响。

图 2-4-15 是马家沟组两块含裂缝碳酸盐岩岩心的 CT 图像。可以看出这两块岩心中分别含有一条裂缝，图 2-4-16 是这两块岩心半渗透隔板气驱岩电实验结果。根据实验结果可以获得以下两点认识：（1）含裂缝岩心的降饱和非常困难，这两块岩心驱替结束时的含水饱和度分别为 70%、82%；（2）含裂缝岩心的饱和度指数明显偏低，根据这两块含裂缝岩心实验结果获得的饱和度指数 n 为 1.49。

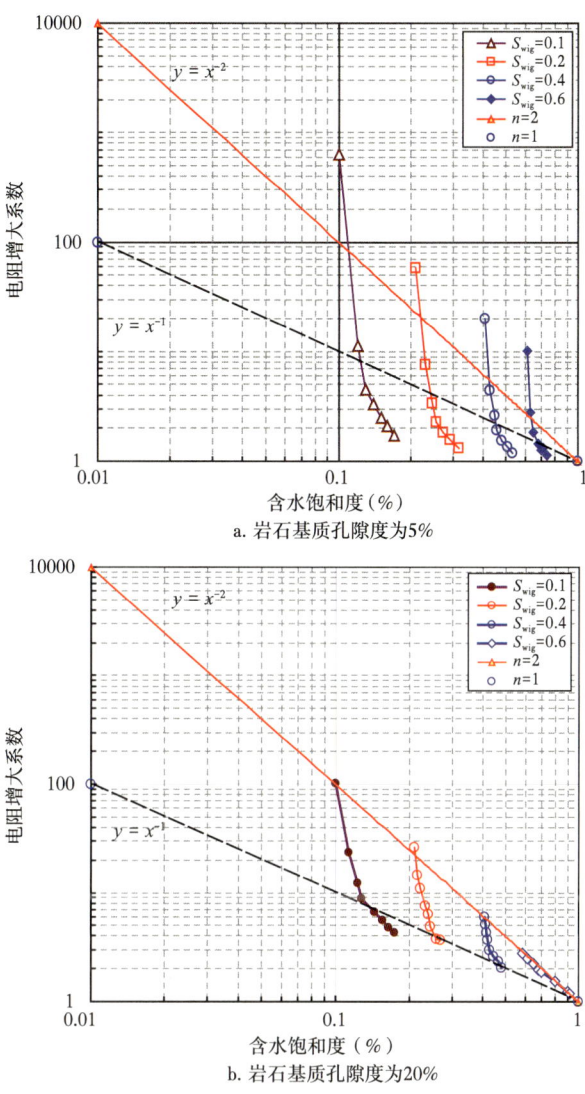

图 2-4-14 裂缝对碳酸盐岩饱和度指数的影响

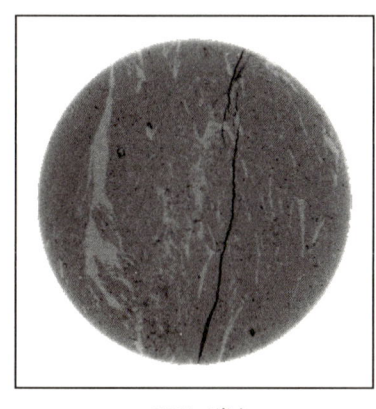

a. Y121-1岩心

b. L75-2岩心

图 2-4-15 两块含裂缝岩心 CT 图像

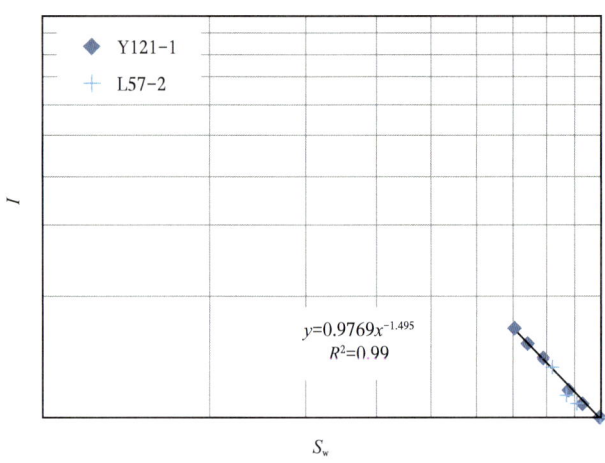

图 2-4-16　含裂缝岩心半渗透隔板气驱岩电实验结果

由于含裂缝储层饱和度模型的研究难度很大，目前关于这方面的报道也相对较少。Fraser（1958）提出了计算碳酸盐岩油气饱和度的公式：

$$S_{wt}=\frac{\phi_f}{\phi_t}S_{wf}+\left(1-\frac{\phi_f}{\phi_t}\right)\sqrt[n]{\frac{aR_w}{R_{tm}\phi_m^m}} \qquad (2-4-20)$$

式中：ϕ_t 为岩石总孔隙度；ϕ_f 为裂缝孔隙度；ϕ_m 为岩石基块孔隙度；S_{wt} 为总孔隙含水饱和度；S_{wf} 为裂缝孔隙含水饱和度；R_{tm} 为岩石基块电阻率，$\Omega\cdot m$；m 为胶结指数。

式（2-4-20）是针对裂缝型储层而提出的饱和度评价模型。分析式（2-4-20）表明，裂缝含水饱和度同基质含水饱和度是严格相加的，且基质含水饱和度满足阿奇公式，因此在利用式（2-4-20）计算含水饱和度时，需求得 R_{tm}，这限制了该式应用。

通过前面的分析可知，裂缝对储层岩石的电性具有显著影响，而沿用确定基质饱和度的方法来确定裂缝饱和度是不现实的，特别是基于柱塞岩样的实验结果更是如此。近些年来，数值模拟方法的快速发展为解决这一复杂问题提供了手段。但仅仅依靠数值模拟，没有经过实际岩心标定，往往只能得到曲线相对变化规律的认识，尚不能用于实际定量计算。解决这个问题的科学思路是：用实际岩心实验结果作为边界条件对数值模拟进行约束，使数值模拟过程在实际岩心实验刻度范围内进行。这样得到的数值模拟结果就具有了较高的可靠性和置信度，因而可以用于实际处理解释。下面进一步介绍岩心刻度数值模拟及裂缝饱和度计算的具体方法。

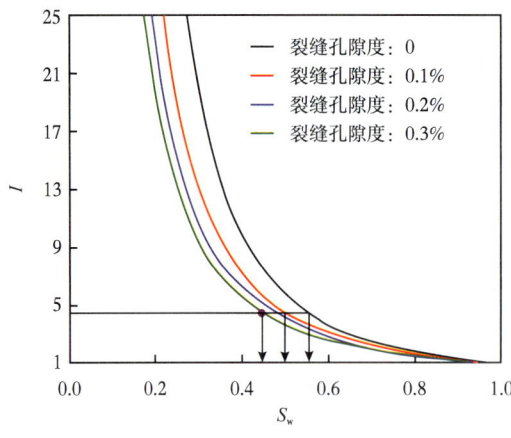

图 2-4-17　裂缝储层岩心刻度数值模拟结果

图 2-4-17 是针对碳酸盐岩储层，在考虑裂缝存在情况下所做的数值模拟实验结果。该图模拟的是当基质孔

隙度为 4.6%，裂缝孔隙度从 0 变化到 0.3% 时的情况。为了使数值模拟结果能够反映真实裂缝储层的特征，采用了全直径岩心实验数据、密闭取心结果对数值模拟左右两个边界进行刻度。图中最右边深黑色曲线是当裂缝孔隙度为 0 时，真实全直径碳酸盐岩岩心含水饱和度—电阻增大率实验曲线。图中最左边绿色曲线上的棕色数据点是裂缝层段（裂缝孔隙度为 0.3%）密闭取心饱和度分析结果。中间红色、蓝色是在全直径岩心资料及密闭取心分析点共同约束下利用数值模拟得到的裂缝孔隙度为 0.1%、0.2% 时的结果，显然这一结果经过了真实岩心实验和密闭取心分析结果的刻度，可以用于实际资料处理。用图 2-4-17 计算裂缝饱和度的原理是，当电阻增大系数为某一数值时（I=4.7），地层裂缝孔隙度为 0 时，含水饱和度由最右边的曲线确定（最右边的箭头），如果地层有裂缝，则实际含水饱和度由相应的曲线确定（中间的箭头）。

四川盆地震旦系灯影组以裂缝—孔洞型储层为主，储层非均质性较强，缝洞发育。图 2-4-18 为高石 X 井灯四段测井解释成果图，其中 5260.1~5349.7m 井段为密闭取心段，岩心含气饱和度与测井计算含气饱和度对比可以看出，二者变化趋势基本一致且数值接近，该段岩心平均含气饱和度为 72.7%，测井计算该段含气饱和度平均值为 75.9%，平均绝对误差为 3.2%。对该井段射孔酸化，日产气 $105.65×10^4 m^3$，与测井解释结果相符，证明了含水饱和度计算的可靠性。

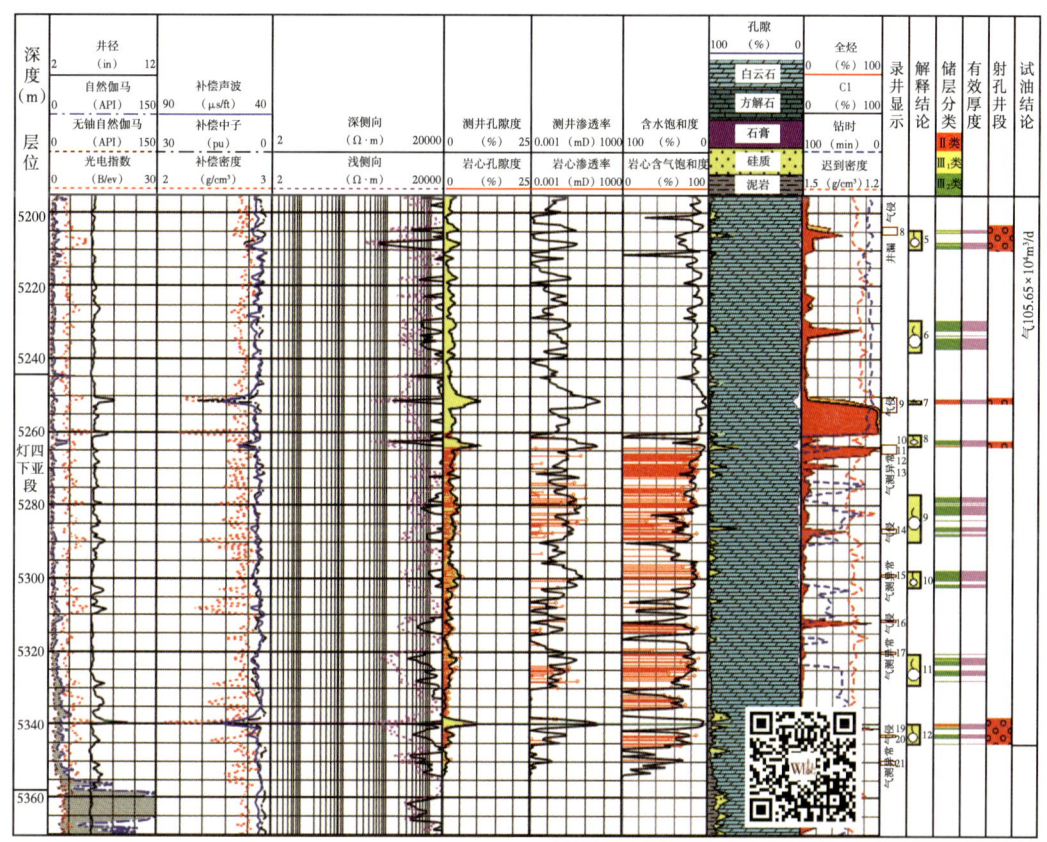

图 2-4-18　高石 X 井裂缝孔洞型储层饱和度计算成果图

四、渗透率计算

由于碳酸盐岩储层极强非均质性和各向异性的存在，碳酸盐岩渗透率的确定一直是测井评价的难题之一。在碳酸盐岩储层评价中，能提供渗透率信息的测井资料有常规测井、偶极声波成像测井、核磁共振测井及微电阻率成像测井资料等。

1．常规测井资料计算渗透率

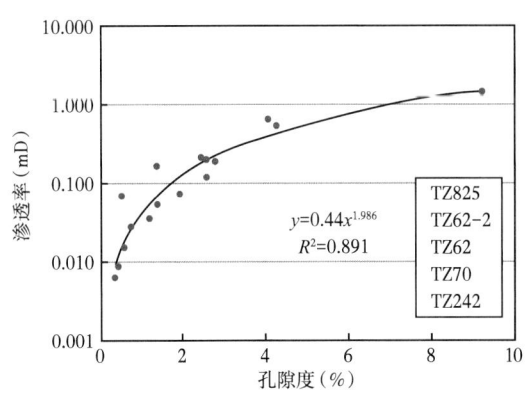

图 2-4-19 孔洞型储层孔隙度与渗透率关系图

在碳酸盐岩地层，储层类型通常划分为孔洞型、裂缝型、裂缝—孔洞型及洞穴型；洞穴型储层的渗流特征在此不做详述，对于其他三类储层，不同储层类型有着不同的渗透率模型。

1）孔洞型储层渗透率模型

利用全直径碳酸盐岩岩心实验资料，作渗透率和孔隙度的交会图，可建立较准确的孔渗关系模型。根据 TZ 地区 5 口井（TZ62、TZ62—2、TZ825、TZ70、TZ242）的全直径岩心分析孔隙度与渗透率交会图（图 2-4-19），确定孔洞型储层的孔渗关系为：

$$K_b = 0.44\phi^{1.986} \qquad (2\text{-}4\text{-}21)$$

式中：K_b 为孔洞型储层渗透率，mD；ϕ 为孔隙度，%。

图中资料点为孔洞型储层中取出的岩样，岩心上见不到裂缝，这些资料点应为没有裂缝影响的资料点。由图可见，孔洞型储层孔隙度与渗透率关系较好，可用这些资料点获得孔洞型储层的渗透率模型。

2）裂缝型储层渗透率模型

为研究裂缝对碳酸盐岩渗透率的影响，从塔里木油田和塔河碳酸盐岩油藏中选用了 21 块带有裂缝的岩心及用岩心人工造缝后，测量其渗透率，并与显微镜下观察到的裂缝宽度进行统计分析。实验结果表明：裂缝宽度与裂缝渗透率存在着明显的正相关（图 2-4-20）；裂缝渗透率 K_f 随裂缝宽度 W 增加而呈指数增加，拟合求得裂缝宽度与裂缝渗透率的关系式为：

$$K_f = \frac{8.22185 \times 10^5 \times LW^{2.596}}{S} \qquad (2\text{-}4\text{-}22)$$

式中：L 为裂缝长度，mm。

式（2-4-22）可变换为：

$$K_f = 8.22185 \times 10^5 \phi_f W^{1.596} \qquad (2\text{-}4\text{-}23)$$

这种裂缝渗透率评价方法基于两个基本假设：（1）裂缝在径向无限延伸；（2）井壁裂缝二维特征能够描述径向三维状况。

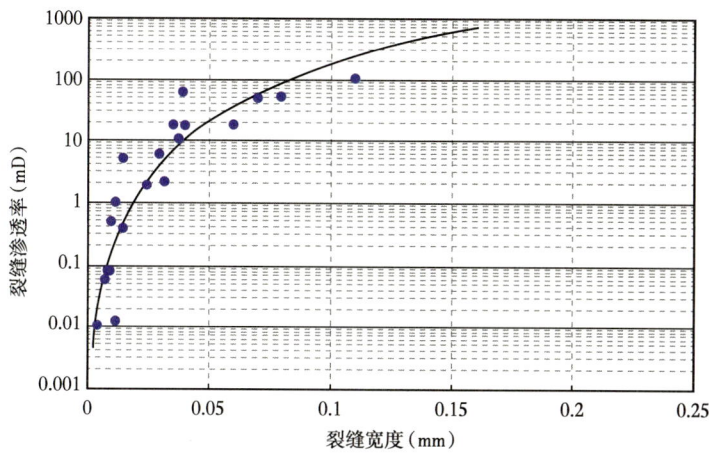

图 2-4-20 裂缝宽度与渗透率关系图

3）裂缝—孔洞型储层渗透率模型

设无渗透性岩样中有一垂直裂缝，岩样截面积为 S，裂缝截面积为 S_f，其渗透率为 K_f，另有一无裂缝的有渗透性的岩样（相当于基块），其尺寸与前者完全相同，渗透率为 K_b。现假设第二块岩样中有一裂缝，其宽度和产状与第一块样完全相同。若渗流压力梯度为 $\dfrac{\partial p}{\partial L}$，则这块岩样流体总流量为裂缝与基块孔隙贡献之和：

$$Q = Q_f + Q_b = K_f \frac{S}{\mu}\frac{\partial p}{\partial L} + K_b \frac{(S-S_f)}{\mu}\frac{\partial p}{\partial L} \tag{2-4-24}$$

式中：Q 为岩样流体总流量；Q_f 为裂缝流体总流量；Q_b 为基块流体总流量。

由于裂缝孔隙度很小（一般小于 1%），即式（2-4-24）中 S_f 不到 S 的 0.01 倍，因而式（2-4-24）中 S_f 可忽略不计，这样式（2-4-24）可写成

$$Q = (K_f + K_b)\frac{S}{\mu}\frac{\partial p}{\partial L} \tag{2-4-25}$$

由此可见，有裂缝岩样的总渗透率为基块渗透率与裂缝渗透率之和，即 $K=K_f+K_b$；可见，缝孔洞型储层的渗透率来自两部分，分别为基块渗透率和裂缝渗透率，储层总渗透率为基块渗透率与裂缝渗透率之和。

据 TZ 地区 12 口井的全直径岩心孔隙度与渗透率交会图（图 2-4-21）可见，红色方点和绿色三角点均位于孔洞型储层趋势线的上方，主要原因是裂缝渗透率贡献的结果；其中红色方点为岩样上能见到明显裂缝的资料点，绿色三角点为裂缝—孔洞型储层中取得的样品资料点（这类资料点中既有无裂缝的点，又有含有裂缝的资料点）。因此，裂缝—孔洞型储层应根据裂缝的宽度或裂缝孔隙度来计算裂缝渗透率的大小。

2. 斯通利波测井资料计算渗透率

斯通利波波形数据一般由阵列声波全波列数据提供，斯通利波沿井壁传播，速度低于纵波、横波及流体波，时差特征明显滞后（图 2-4-22），获得斯通利波的途径是通过单极子发射源发射声波，通过阵列接收器接收波形数据，然后使用时间—时差相关（STC）技术提取时差。

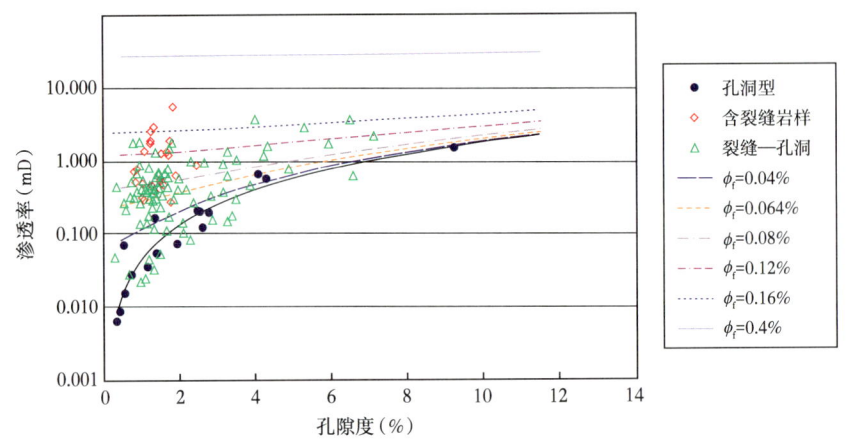

图 2-4-21 全直径岩心分析孔隙度与渗透率关系图

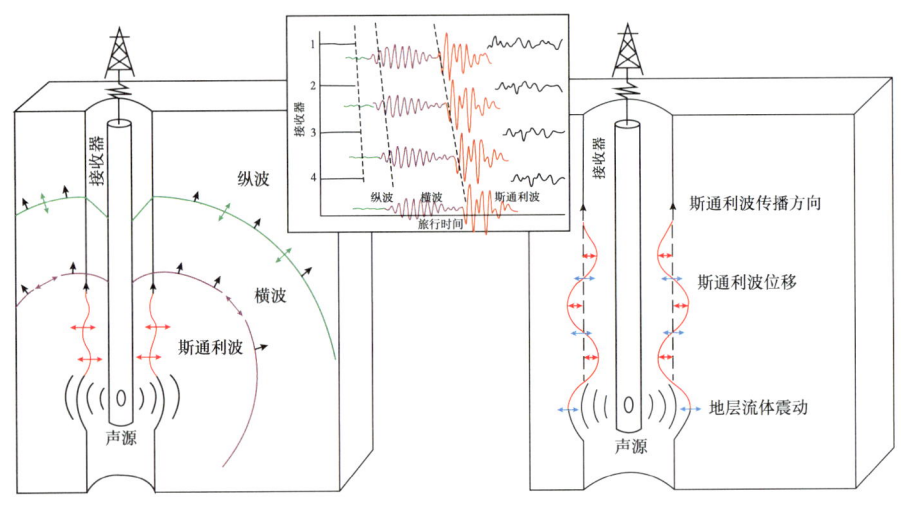

图 2-4-22 斯通利波测量记录原理示意图

对于体波，即在硬地层中声波测井波形中最先到达的纵波和横波，其对裂缝的指示明显表现出对裂缝倾斜角的依赖关系，而斯通利波与纵波和横波不同，它不是体波而是一种诱导模式，也称 0 模式。它主要沿井壁传播，其能量随发射探头离井壁距离的增加呈指数衰减。在低频时，斯通利波转变为管波；裂缝带处，井内和地层中的流体可以自由连通，管波能量的消耗使井眼流体流入和流出地层。因此，流体压缩、井眼扩大和地层内流体的流动都是管波能量发散的标志。

正是因为斯通利波对流体的运动很敏感，使得对于离开井眼的流体运动的探测成为可能。因而可对与井眼相交的裂缝或多孔、渗透性地层进行评价。然而，对于孔隙型渗透层的评价，由于多孔层段滤饼的存在，可能会削弱这种效应。

在裂缝处，井眼性质的变化会导致波速改变、反射和波型转换，张开缝对斯通利波的影响主要有：（1）斯通利波幅度下降；（2）斯通利波的反射；（3）斯通利波时差变大；（4）波型转换。由于裂缝对斯通利波的影响主要是流体的流动引起的，因此用斯通利波显示裂缝仅对开放性裂缝是有效的，它受裂缝的倾斜角度影响很小。

在弹性地层中，斯通利波速度可以表示成：

$$\left.\begin{aligned}
\frac{1}{v_{st}^2} &= \rho_{bf}\left(\frac{1}{K_{bf}} + \frac{1}{G}\right) \\
G &= \rho v_s^2 \\
\rho &= \phi \rho_f + (1-\phi)\rho_{ma} \\
K_{bf} &= \rho_{bf} v_{bf}^2
\end{aligned}\right\} \quad (2-4-26)$$

式中：v_{st} 为斯通利波速度；K_{bf}、ρ_{bf}、v_{bf} 分别为钻井液体的弹性模量、密度、速度；G 为地层切变模量；ρ、ρ_f、ρ_{ma} 分别为地层密度、流体密度、骨架密度。

White（1983）通过简化井中压力波推出低频斯通利波的频散方程：

$$\left.\begin{aligned}
\frac{1}{v_{st}^2} &= \rho_{bf}\left(\frac{1}{K_{bf}} + \frac{1}{G} - \frac{2}{i\omega RZ}\right) \\
\frac{1}{Z} &= \frac{\kappa_0}{\eta R} \frac{(1-i)\sqrt{\omega m/2} R K_1\left[(1-i)\sqrt{\omega m/2} R\right]}{K_0\left[(1-i)\sqrt{\omega m/2} R\right]} \\
m &= \phi \eta / \kappa_0 K_f
\end{aligned}\right\} \quad (2-4-27)$$

式中：R 为井眼半径；ω 为圆频率；η 为黏滞系数；K_0 为地层渗透率；K_f 为地层流体弹性模量；K_1、K_0 为虚宗量贝塞函数。

第一个公式表示井眼流体的可压缩性，第二个公式与井壁刚性有关，第三个公式表示在渗透性固体中的流体的流动。

White 公式只是给出了斯通利波的简单物理描述，没有考虑固体和流体中相对位移引起的能量损耗，也没有包括固体骨架结构的影响，同时其精确性没有得到考察。

为此 S.K.Chang 在 1988 年根据 Biot 理论得出了低频时更精确的公式：

$$\left.\begin{aligned}
\frac{1}{v_{st}^2} &= \rho_{bf}\left(\frac{1}{K_{bf}} + \frac{1}{G} - \frac{2}{i\omega RZ}\right) \\
\frac{1}{Z} &= \frac{\kappa_0}{\eta R} \frac{(1-i)\sqrt{\omega/CD2} R K_1\left[(1-i)\sqrt{\omega/2CD} R\right]}{K_0\left[(1-i)\sqrt{\omega/2CD} R\right]} \\
CD &= \frac{\kappa_0 K_f}{\eta \phi}\left(1 + \frac{K_f}{\phi(K_b + 4G/3)}\right)\left\{1 + \frac{1}{K_{ma}}\left[\frac{4}{3}G\left(1 - \frac{K_b}{K_{ma}}\right)\right.\right. \\
&\quad \left.\left. - K_b - \phi\left(K_b + \frac{4}{3}G\right)\right]\right\}^{-1}
\end{aligned}\right\} \quad (2-4-28)$$

其中：

$$\left.\begin{aligned}
K_b &= (1-\phi)\rho_{ma}\left(v_{pma}^2 - 4v_{sma}^2/3\right) \\
K_f &= \rho_f v_f^2
\end{aligned}\right\} \quad (2-4-29)$$

式中：v_{pma}、v_{sma}、K_b 分别为骨架纵波速度、横波速度和体弹性模量；K_{ma} 为岩石颗粒体弹性模量。

当 $K_b+4G/3 \gg K_f$ 时，有：

$$\text{CD} \approx \frac{\kappa_0 K_f}{\eta \phi} = m^{-1} \quad (2\text{-}4\text{-}30)$$

与 White 公式一致。取式（2-4-28）的实部为斯通利波的相速度，取其实部与虚部的比值为衰减品质因子。只要已知斯通利波的速度和频率、井径及岩石骨架等参数，就可根据式（2-4-28）反求出地层渗透率。

需要指出的是，利用斯通利波时差求渗透率在较坚硬的地层中可能会得到好的结果，而在疏松地层中由于骨架的影响掩盖了斯通利波的时差变化，应用效果较差。在泥质含量高的地层，可能也得不到好的结果。

图 2-4-23 为塔里木盆地某井斯通利波渗透率处理结果。6685~6715m 井段，斯通利波衰减异常（第 5 道红色充填），孔隙度（第 4 道绿色充填）及斯通利波渗透性指示（第 4 道青色充填）均显示为有利储层段，处理斯通利波渗透率高达 300mD 左右，6615~6726m 井段试井求取渗透率 327.6mD，略大于斯通利波渗透率，酸压求产测试获油 147m³/d、气 8930m³/d。

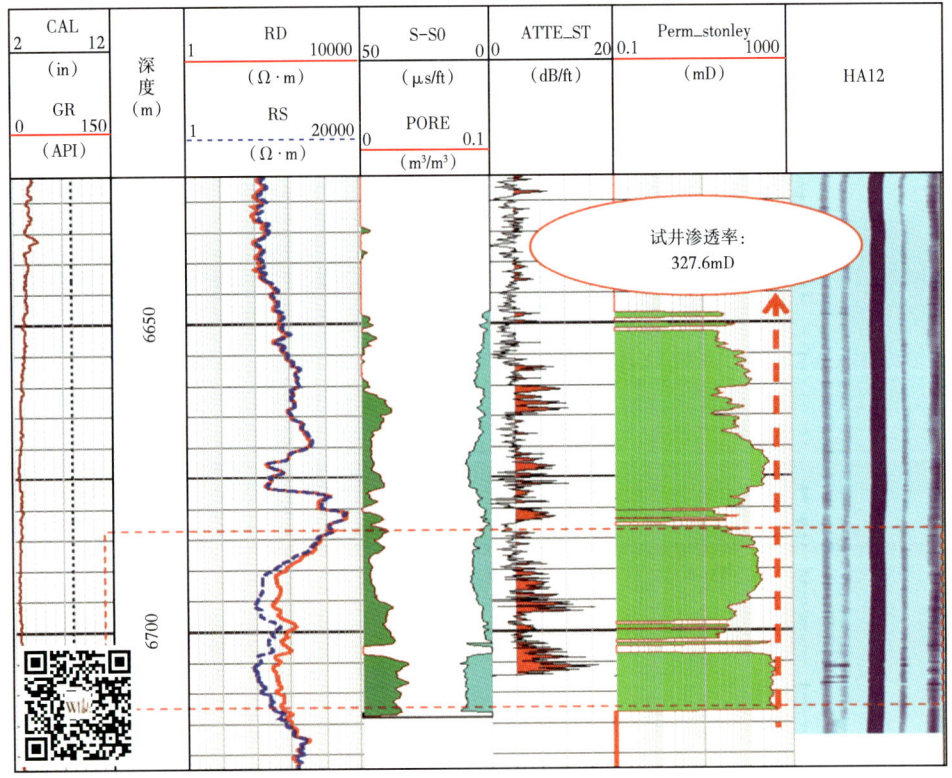

图 2-4-23 塔里木盆地某井斯通利波渗透率评价处理成果图

3. 微电阻率成像测井资料计算渗透率

由于电成像测井高分辨率和全井眼覆盖的扫描方式，在渗透性表征方面有独特的优势。电成像测井可以有效区分基质孔隙和次生孔隙，进一步拾取次生孔隙中的裂缝成分，为裂缝型碳酸盐岩储层的渗透率计算提供了依据。应用电成像测井，建立了以非均质储层孔隙谱为核心的渗透性评价模型。

孔隙频率分布成像图反映了孔隙大小的分布情况。孔隙度频率值转变为图像可方便地看出孔隙的分布，频率越高，密度越大，对孔隙度的贡献越大。若处理出的频率分布图只有一个峰，说明仅发育较均匀的基质孔隙，峰值带的宽窄反映非均质性的强弱，峰值带宽说明非均质性强，反之亦然。

对于较致密的白云岩储层，地层孔隙度很低，孔隙频率分布谱上表现为很窄的单峰；对于次生溶孔发育的储层，当次生孔隙分布较均匀且原生孔隙较少时，孔隙频率分布谱上表现为后移的单峰；当次生孔隙不均匀分布，并具有高导缝时，孔隙频率分布谱上表现为较宽的双峰，但总孔隙度不一定很大；当分布多个尺度的溶蚀孔洞时，孔隙频率分布谱上表现为较宽的双峰或多峰；当连通的次生孔中发育充填裂缝时，孔隙频率分布谱上表现为较宽的峰背景上局部峰前移；当层状的连通的次生孔发育段与不发育段交互出现时，孔隙频率分布谱上则分层出现宽峰与前端窄峰。

为使渗透率计算模型的简化和实用，将孔隙谱分解为原生孔隙（晶间孔）段，溶蚀孔缝洞段。前段的渗透性主要受孔隙度均值控制，而溶蚀缝洞段的渗透率主要受次生孔隙发育程度的控制。

依据成像测井渗透率基本模型：

$$K^{FMI} = a\phi_t^2 \times 10^{b\phi_{vf}} \tag{2-4-31}$$

式中：ϕ_t 为总孔隙度大小；ϕ_{vf} 为成像测井孔隙度谱提取的次生缝洞孔隙度发育程度；a、b 为参数，分别根据无次生孔隙层段和次生缝洞发育层段岩心渗透率指定。

利用上述模型对鄂尔多斯盆地某井马家沟组碳酸盐岩的渗透性进行计算，结果表明，电成像孔隙分类渗透率与岩心分析渗透率吻合较好（图2-4-24），应用效果较好。

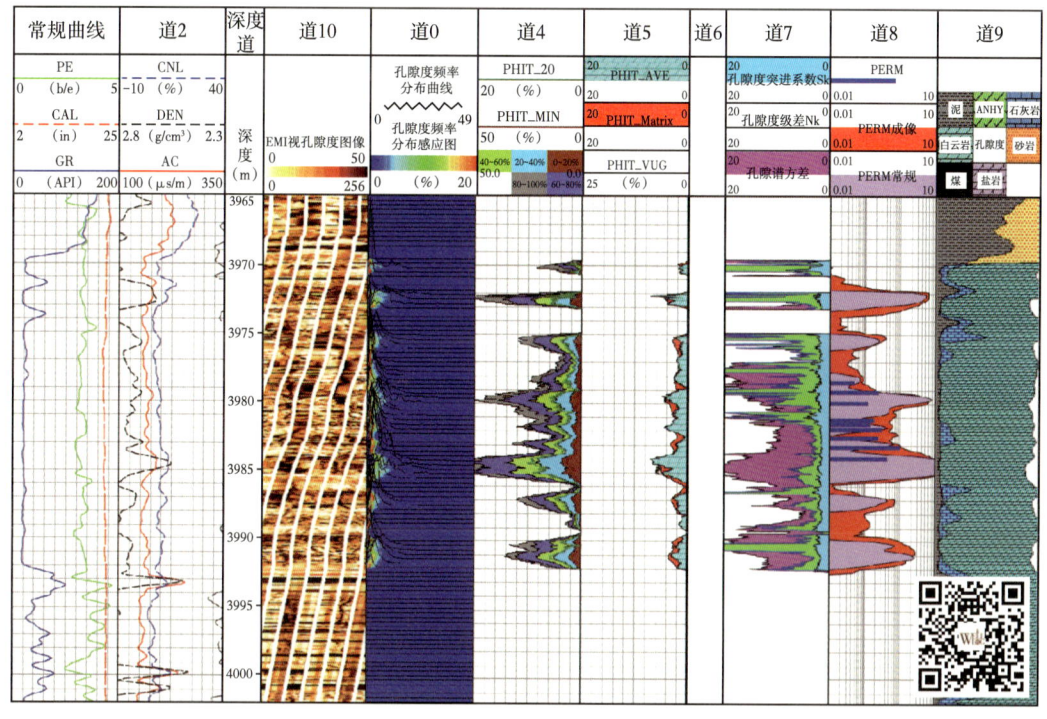

图 2-4-24　鄂尔多斯盆地某井马家沟组孔隙谱渗透性评价成果图

在有大量裂缝岩心刻度的基础上,孔隙谱渗透性计算模型有较高的精度。困难在于,目前岩心分析渗透率主要为基质渗透率,由于裂缝岩石的钻样和分析都比较困难。因而其渗透率绝对值与井周岩石有差别,但渗透性在纵向上有很高的精度和可比性。

第五节 碳酸盐岩测井解释方法与应用

与碎屑岩储层对比,碳酸盐岩储层最大的特点在于储层发育的非均质性,不同类型岩性及储层空间碳酸盐岩对储层物性、有效性及流体类型识别都有着极大的影响。碳酸盐岩测井解释也是在岩心刻度测井方法及岩石物理理论的约束下,重点通过识别孔洞缝的组合特征,建立不同类型储层岩性岩相评价和储层参数计算结果,并通过试油、试采资料标定储层有效性下限,并建立各类油气水识别图版、储层有效性判别图版来完成对碳酸盐岩储层的精细描述。

一、基本解释流程

为了减少碳酸盐岩地层测井资料在储层评价中的多解性和不确定性,一般采用岩心资料标定成像资料,再用成像资料标定常规资料进行研究;然后在成像、常规资料多解性减少的条件下用常规、成像资料进行储层的有效性评价和流体性质识别,基本解释流程如图2-5-1所示。

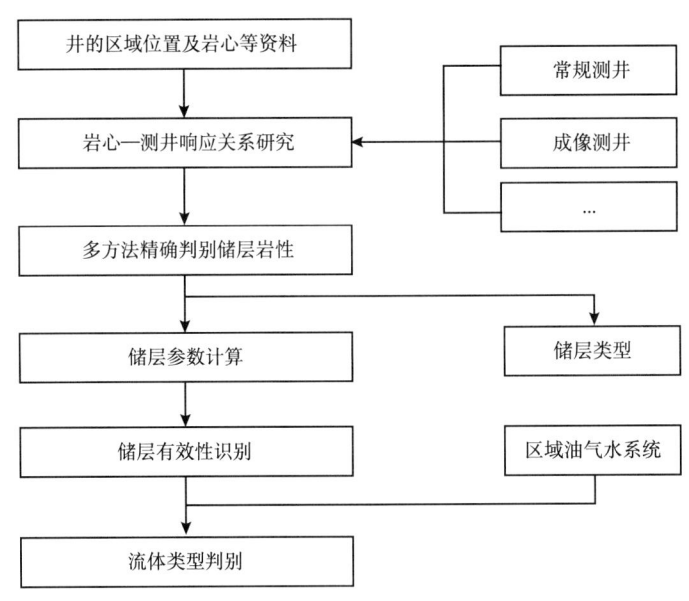

图2-5-1 碳酸盐岩基本解释流程

1. 岩心标定测井

在宏观地质背景指导下,用岩心资料标定测井资料,研究不同类型储层及地质现象在测井资料上的响应特征。

2. 储层划分

在储层测井资料定性响应特征研究的基础上,定性识别储层。通过对岩性岩相识别，剔除致密段、泥岩段、膏岩和盐岩等非渗透层，在此基础上寻找具有一定孔隙度的地层和裂缝发育段。

3. 有效储层识别

在储层定性识别的基础上，寻找能够定量表达储层有效性的物理量或表达方式，评价储层有效性，划分有效储层段。

4. 流体类型判别

寻找能够定量表达储层流体性质的物理量或表达方式，识别储层流体性质，找出有效油气储层。

二、碳酸盐岩储层有效性评价方法

有效储层是指在现有经济技术条件下能够达到工业产能的储层，不同的油田和不同类型的储层对于储层有效性的定义也不一样。由于国内碳酸盐岩储层非均质性和低孔低渗现象严重，测井评价和试油结果的符合率一直比较低，准确判断碳酸盐岩储层有效性已经成为制约油气勘探成效最关键的环节之一。本小节讨论了利用常规测井资料三孔隙度模型、成像测井孔隙度谱、远探测声波等储层有效性评价方法。

1. 常规测井储层有效性评价方法

三孔隙度模型考虑了不同储层类型、不同测量方法的影响，是在双孔隙度模型基础上的进一步发展。模型由四个部分组成，即无孔隙的岩石骨架，骨架孔隙体积（基质），连通的缝洞体积，非连通的缝洞体积。在三孔隙度模型中无孔隙的岩石骨架体积与岩石骨架孔隙体积构成岩石骨架系统，与双孔隙模型的整个岩石骨架体积相同，而连通的缝洞体积 V_2 与非连通的缝洞体积 V_{nc} 与双孔隙度模型的裂缝孔隙相对应。这样就构成了与双孔隙度模型既有差别又有联系的组合三孔隙度模型。组合三孔隙度模型的孔隙空间由三部分构成，连通的缝洞孔隙体积 V_2，非连通的孔隙空间 V_{nc} 及总孔隙空间减去前两者之后的骨架孔隙空间，如图 2-5-2 所示。

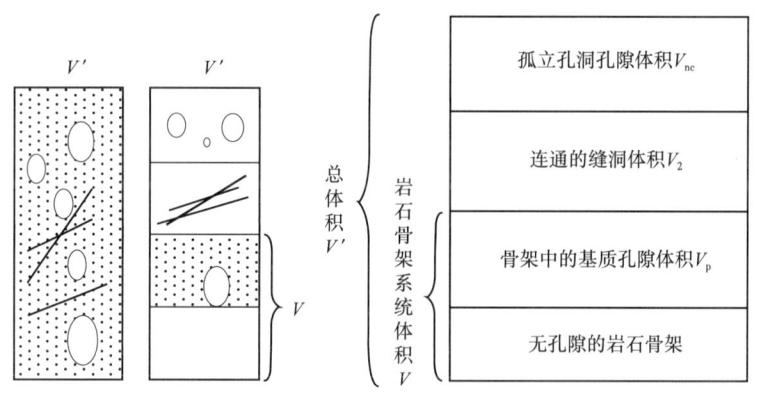

图 2-5-2 岩石三孔隙度组合系统模型示意图

在三孔隙度模型中，连通的缝洞体积 V_2 表达的是碳酸盐岩中张开缝、溶蚀缝，已连通的溶蚀孔洞的体积；非连通的缝洞体积 V_{nc} 表达的是碳酸盐岩中，部分溶蚀的鲕粒及后期阻断的溶蚀缝洞等所占的空间体积；骨架孔隙体积 V_p 则表达的是基质孔隙体积，由总孔隙度减去连通孔隙度和非连通孔隙度后的剩余孔隙度。

在图 2-5-2 中，V' 为模型系统的总体积，V 为从总体积中除去非连通缝洞和连通缝洞的体积的剩余部分体积。ϕ_m 是骨架体系中的基块孔隙空间与组合系统的总体积之比，通常称为基块孔隙度；ϕ_b 是不考虑溶洞与裂缝等次生孔隙时的岩石骨架体系中的基块孔隙空间与"岩块系统"的总体积之比，暂称"声波孔隙度"。计算公式为：

$$\phi_m = \frac{V_p}{V'} \quad (2\text{-}5\text{-}1a)$$

$$\phi_b = \frac{V_p}{V} \quad (2\text{-}5\text{-}1b)$$

利用上述定义可以导出 ϕ_m 与 ϕ_b 的关系：

$$V_p = V\phi_b \quad (2\text{-}5\text{-}2a)$$

$$V_p = V'\phi_m \quad (2\text{-}5\text{-}2b)$$

由图 2-5-2 的各项体积关系，得：

$$V_p = V\phi_b = (V' - V_{nc} - V_2)\phi_b \quad (2\text{-}5\text{-}3)$$

将式（2-5-3）代入式（2-5-1a），得：

$$\phi_m = \left(\frac{V'}{V'} - \frac{V_{nc}}{V'} - \frac{V_2}{V'}\right)\phi_b \quad (2\text{-}5\text{-}4a)$$

即：

$$\phi_m = (1 - \phi_{nc} - \phi_2)\phi_b \quad (2\text{-}5\text{-}4b)$$

式中：ϕ_2 为连通缝洞孔隙度，表示连通缝洞所占岩石体积的大小；ϕ_{nc} 为非连通缝洞孔隙度，表示孤立导电通道所占岩石体积的大小。

在组合三孔隙度模型中的总孔隙度为

$$\phi = \phi_m + \phi_{nc} + \phi_2 \quad (2\text{-}5\text{-}5)$$

若已知 ϕ_b、ϕ、ϕ_2，就可以计算出组合三孔隙度模型孔隙度的 ϕ_{nc} 与 ϕ_m：

$$\phi_{nc} = (\phi - \phi_2 - \phi_b + \phi_2\phi_b)/(1 - \phi_b) \quad (2\text{-}5\text{-}6)$$

$$\phi_m = \phi - \phi_{nc} - \phi_2 \quad (2\text{-}5\text{-}7)$$

三孔隙度模型中的各项孔隙度可以利用常规测井资料计算。利用密度测井计算地层的总孔隙度。常规声波测井测量纵波在地层中的传播速度（时差）。由于纵波为体压缩波，基本沿岩石骨架传播，一般不能测量地层中溶蚀孔洞（溶蚀孔洞、裂缝）对传播速度的影响,只能测量基质孔隙度。因此ϕ_b与声波测井孔隙度相联系。

碳酸盐岩的某些颗粒成分,在成岩期间及成岩后,受到淡水的溶蚀,产生次生的孔隙,如碳酸盐岩中的贝壳碎屑、鲕粒或其他可以溶解的颗粒,形成大量的印模孔隙。这些由颗粒溶解产生的孔隙,其几何形状特征比粒间孔隙的尺度大一些,同时导致总孔隙度增大。只有部分颗粒溶蚀而形成的孔隙空间,会导致岩石内部产生一些在空间上是非连通的孤立导电颗粒(孤立孔)。Swanson(1985)指出,含有孤立导电颗粒的岩石的导电性可用一个等效电阻与基岩电阻的串联电路模型来表达。组合三孔隙度系统的电阻率大于基质孔隙与连通缝洞孔隙构成的系统的电阻率是因为地层中串联了ϕ_{nc}体积的"非连通缝洞"。

在碳酸盐岩中,当岩石存在连通的溶蚀缝洞时,导致电阻率测井值比没有连通缝洞时降低;因此采用等效成分的连通缝洞导电性与其他导电成分的并联模型来表达。其基本思路是,对于存在溶蚀缝洞的地层,深侧向电阻率LLD与浅侧向电阻率LLS测量值不同,这是因为深侧向测井相对于浅侧向测井进一步串联了ϕ_{nc}和并联了ϕ_2体积的导电钻井液引起的。这样就可以得到关于计算ϕ_2、ϕ_{nc}的另一个约束方程。对于低孔隙度碳酸盐岩地层,电流流动的导电通道与流体渗流的通道直接相关,因此,用这种方法算出的孔隙度称为"连通缝洞孔隙度",以区别于原来的裂缝孔隙度。

已有研究(A.M.Sibbit,1985)表明,双侧向测井的正差异是由地层中等效的高倾角裂缝($>60°$)产生的。从物理图像上,对于高倾角裂缝,深侧向测井时发射电极发出的电流在穿入地层深处后,为了到达接收电极,必须要逐步偏离初始的发射方向。在此空间点,其电流几乎是平行于等效的裂缝面传导。此时地层中的连通缝洞成分起主要电流传导通道。电流近平行于裂缝面通过地层,可简化为裂缝的导电与其他导电成分的并联。随着电流进一步传导到U点,其电流线几乎与裂缝面垂直,此时电流在地层中的传导,非连通孔隙成分的导电性起重要作用,这正是等效的串联机制。因此,对于地层发育有等效高倾角导电缝洞和非连通缝洞的情况,可简化为深侧向测井测量的地层导电性是在浅侧向测井测量的地层导电性的基础上,进一步与地层中不同孔隙成分先后"复合"的结果。具体"复合"时,根据测量过程,就有了串并联"次序"的概念。对于正差异,"次序"为先与连通孔隙成分并联,再与非连通孔隙成分串联,写成公式为:

$$\begin{cases} \dfrac{1}{R_{f_0}} = \dfrac{\phi_2}{R_{mf}} + \dfrac{(1-\phi_2)}{R_{mf}F_{LLS}} \\ R_{LLD} = \phi_{nc}R_{mf} + (1-\phi_{nc})R_{f_0} \end{cases} \quad (2\text{-}5\text{-}8)$$

其中,$F_{LLS}=R_{LLS}/R_w$。

值得指出的是,这样的等效电路表达只是为了直观理解,并不代表双侧向测井时实际发生的物理测量过程。

利用式(2-5-5)至式(2-5-8)结合双侧向测井资料,优化计算的总孔隙度,地层水电阻率及钻井液滤液电阻率,就可计算出地层的连通缝洞孔隙度、非连通孔隙度、骨架孔隙度等孔隙度成分参数。由上面的讨论可知,孤立孔洞孔隙成分对双侧向导电性的影响是串联的钻井液滤液电阻率;裂缝(连通缝洞)对双侧向导电性的影响是并联的钻井液滤液电阻率。两者表达总孔隙度中串联与并联的钻井液滤液电阻率的多少。

当地层中发育连通缝洞和孤立缝洞时，储集空间的几何形状发生了很大的变化。地层的胶结指数 m 是地层导电通道弯曲程度的度量，反映地层孔隙空间的几何形态。利用地层中导电通道等效电阻网格的串、并联关系，对于双侧向为正差异的情况，可推导出阿奇公式中的地层因子，这样就可以得到地层的地层因素与连通缝洞孔隙度、孤立孔洞孔隙度、总孔隙度、基块孔隙度、地层的导电因数间的关系：

$$F_t = \phi_{nc} + \frac{1-\phi_{nc}}{\phi_2 + (1-\phi_2)/F} \quad (2-5-9)$$

式中：F 为岩石骨架系统的地层因素；F_t 为组合系统的地层因素；ϕ_2 为组合系统中的连通缝洞孔隙度；ϕ_{nc} 为组合系统中的孤立孔洞缝洞孔隙度。

利用阿奇公式，进一步可得到连通缝洞孔隙度、孤立孔洞孔隙度、总孔隙度、基质孔隙度与地层的胶结指数间的关系：

$$\phi^{-m} = \phi_{nc} + \frac{1-\phi_{nc}}{\phi_2 + (1-\phi_2)/\phi_b^{-m_b}} \quad (2-5-10)$$

式中：ϕ 为总孔隙度；ϕ_b 为岩石的基质孔隙度；m 为组合系统的胶结指数；m_b 为基质孔隙部分的胶结指数约定为 2。

由式（2-5-10）得：

$$m = -\lg\left[\phi_{nc} + \frac{1-\phi_{nc}}{\phi_2 + (1-\phi_2)/\phi_b^{-m_b}}\right]/\lg\phi \quad (2-5-11)$$

对于双侧向测井为负差异的情况，有：

$$m = -\lg\left[\phi_{nc} + \frac{1-\phi_2}{\phi_2 + (1-\phi_{nc})/\phi_b^{-m_b}}\right]/\lg\phi \quad (2-5-12)$$

可见，如果已知连通缝洞孔隙度、孤立孔洞孔隙度、总孔隙度、基块孔隙度即可计算地层的胶结指数 m。胶结指数 m 实际上综合反映了地层的导电通道类型、各类导电通道类型的大小等信息。对于每一具体储层类型根据胶结指数 m 值的大小结合连通缝洞孔隙度可进一步研究储层的有效性。

定义相对连通孔隙度及相对孤立孔洞孔隙度为 v、v_{nc}，计算公式如下

$$\begin{cases} v = \phi_2/\phi \\ v_{nc} = \phi_n/\phi \end{cases} \quad (2-5-13)$$

图 2-5-3、图 2-5-4 为根据式（2-5-11）做出的三孔隙度模型不同 ϕ 的 v—m 理论图版。由图可见，在相对孤立孔洞孔隙度相同的条件下，随着相对连通缝洞孔隙度 v 的增加，m 值减小；当 v 与 v_{nc} 一定时，m 值随着总孔隙度的增加而增加。比较图 2-5-3 与图 2-5-4 可见，随着 v_{nc} 的增加，m 值增加很快。这为利用实际资料的 v—m 交会图判断储层的有效性提供了理论依据。一般而言，酸压产层段（不论产水还是产油气）相对裂缝孔隙度值高，同时 m 值低；反之，非产层段相对裂缝孔隙度值低，同时 m 值高。

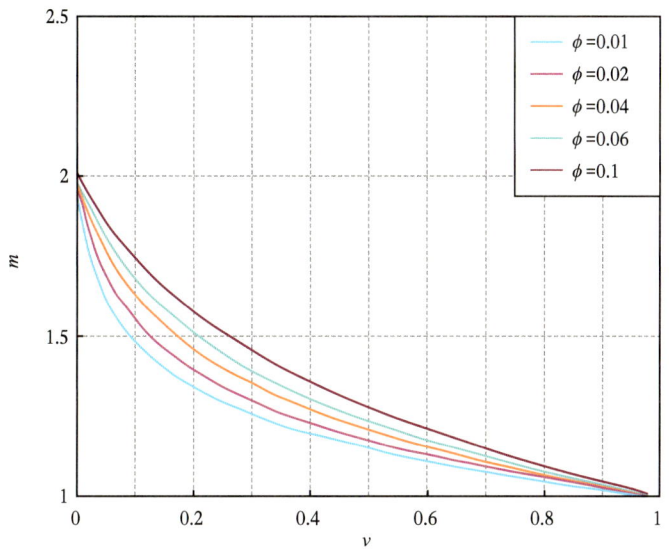

图 2-5-3 孔洞（缝）混合模型固定 v_{nc} 时不同 ϕ 的 v—m 图版（v_{nc}=0.01）

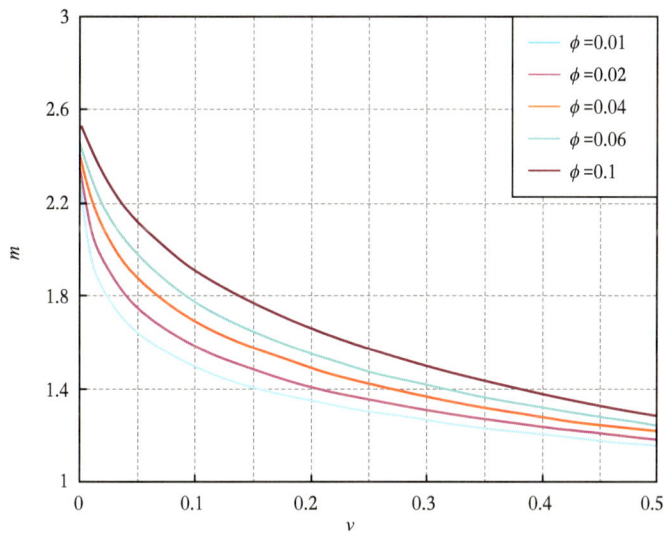

图 2-5-4 孔洞（缝）混合模型固定 v_{nc} 时不同 ϕ 的 v—m 图版（v_{nc}=0.5）

以塔里木盆地塔中地区为例，对储集空间类型为溶蚀孔洞（缝）的井段，做出的储层段平均胶结指数 m 与平均 ϕ_2/ϕ 的交会图如图 2-5-5 所示。由图可见，对于非产层，其 m 大于 2.0，ϕ_2/ϕ 小于 1%；而对于产层 m 小于 2.0，ϕ_2/ϕ 大于 1%，孔隙度下限值为 1.5%。可见对于该区溶蚀孔洞（缝）型储层，实际上 m 与 ϕ_2/ϕ 交会图可以作为划分这类有效储层的标准。

2. 成像测井孔隙度谱有效性评价技术

通过阿奇公式将电成像测井纽扣电极电阻率转换成孔隙度，通过对一定深度窗长内每个纽扣电极的孔隙度进行直方图统计，便可以得到电成像孔隙度谱。通过对孔隙度谱的研究表明，电成像孔隙谱的均值和方差可以很好地反映储层的储集性能和连通性能，进而可以对储层有效性进行评价。

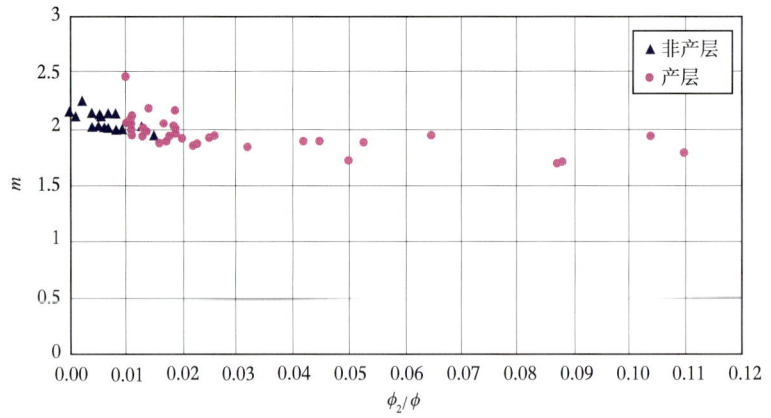

图 2-5-5　塔中地区奥陶系碳酸盐岩溶蚀孔洞缝型储层段计算的 ϕ_2/ϕ 与 m 的交会图

一般而言，在不考虑泥质和导电矿物等高导矿物影响的前提下，高渗透储层电阻率相对较低，成像图颜色深，为暗线、暗斑或暗块组合特征，斑块的外包络线与孔洞缝的结构特征一致。低渗透区电阻率相对较高，成像图颜色浅，为亮块状特征，因此可以通过电成像电阻率的高低表征储层有效性。

电成像测井评价储层有效性的关键是要计算出孔隙度谱，即将成像测井的电导率图像转换为孔隙度图像，其转换桥梁为阿奇公式。计算成像测井孔隙度分布的阿奇公式为：

$$S_{\mathrm{w}}^n = ab \frac{R_{\mathrm{mf}}}{R_{\mathrm{t}}} \frac{1}{\phi^m} \tag{2-5-14}$$

电成像测井的探测深度较浅，经浅侧向电阻率刻度过的电成像基本只反映井壁附近冲洗带的电导率图像。故应满足冲洗带的阿奇公式：

$$S_{\mathrm{xo}}^n = ab \frac{R_{\mathrm{mf}}}{R_{\mathrm{xo}}} \frac{1}{\phi^m} \tag{2-5-15}$$

近似假定 $S_{\mathrm{xo}}=1$，$b=1$，$n=2$，则式（2-5-15）变为：

$$\phi^m = a \frac{R_{\mathrm{mf}}}{S_{\mathrm{xo}}^2 R_{\mathrm{xo}}} \tag{2-5-16}$$

由式（2-5-16）可以计算得到每个电极纽扣电导率转换成孔隙度的公式：

$$\phi_{\mathrm{i}} = \left[\left(aR_{\mathrm{mf}} / S_{\mathrm{xo}}^n \right) \sigma_{\mathrm{i}} \right]^{1/m} = \left[\left(aR_{\mathrm{mf}} / S_{\mathrm{xo}}^n R_{\mathrm{xo}} \right) R_{\mathrm{xo}} \sigma_{\mathrm{i}} \right]^{1/m} = \left(\phi^m R_{\mathrm{xo}} \sigma_{\mathrm{i}} \right)^{1/m} \tag{2-5-17}$$

式中：ϕ_{i} 为计算的电导率像素的孔隙度，pu；a 为地层因数系数；R_{mf} 为钻井液滤液电阻率，$\Omega \cdot \mathrm{m}$；S_{xo} 为冲洗带含水饱和度，pu；n 为饱和度指数；σ_{i} 为电成像电极电导率，S；m 为胶结指数；R_{xo} 为冲洗带电阻率，$\Omega \cdot \mathrm{m}$。

在实际孔隙度谱处理过程中，首先选取一个图像窗口，常取 1.2in（3.048cm），用式（2-5-17）计算每个成像测井像素点的孔隙度大小，统计该窗口内不同区间的孔隙度贡献份额（即频数），绘制孔隙度值的统计分布图（孔隙度频率分布曲线），从而了解该窗口对应地层中的孔隙度分布情况。

根据谱的形态，可以知道该窗口对应的地层中孔隙度大小的分布情况。当地层中主要发育原生孔隙时，孔隙度分布图上峰向左偏；当地层中主要发育次生孔隙时，孔隙度分布图上峰向右偏。地层中孔隙类型的多少不同，孔隙度谱分布状况是不同的。当地层中孔隙大小较均匀时，孔隙度谱为单峰，当地层中孔隙变化较大时，孔隙度谱为双峰，当地层中不同孔径的孔隙分布较均匀时，即各孔径段的孔隙在地层中都有分布时，直方图上的峰值就较低，且比较宽。随着次生孔隙在总孔隙中比重的增加，右边峰的高度将逐渐增高（表 2-5-1）。

表 2-5-1　电成像测井资料计算孔隙度分布

成像测井图像	孔隙度谱	特征描述
		孔隙分布均匀，次生孔隙不发育，表现为窄的单峰
		孔隙分布均匀，有一定次生孔隙发育，表现为后移的单峰
		孔隙分布不均匀，次生孔隙发育，有孔径较大的孔隙，谱峰的高度增加，谱峰宽度增加
		孔隙分布不均匀，次生孔隙发育，孔隙孔径变化范围大表现为多峰，谱峰较低

由此可知，孔隙度分布图上不同孔隙度值位置峰值的高低主要取决于不同孔径的孔隙在地层中所占比例的大小；而峰的宽窄表示不同孔径的孔隙在地层中的分布是否均匀。若地层孔隙大小均匀，则分布较窄，反之较宽。

对于大孔隙发育的地层，溶蚀缝洞处的局部电导率值要较其他地方大得多，因而计算的像素孔隙度值较大。于是，若某个像素点计算的孔隙度值较大，表明该像素值所在的井壁位置为次生溶孔或溶蚀裂缝。反之，若某个像素点计算的孔隙度值较小，则表明该像素点处次生溶孔不发育。这样，孔隙度分布图就表征了地层中一定窗长范围内孔隙度大小的分布情况。由孔隙度的分布情况就可推测地层中溶蚀孔洞、裂缝视尺度的大小，从而对储层评价提供依据。图 2-5-6 为 LGX 井的成像测井孔隙度分布计算成果图。可以看出，6059~6077m 井段孔隙谱分布范围宽、谱峰幅度高，表明该段次生孔隙发育，不同大小孔径的孔隙均有分布，且分布不均匀，大孔径孔隙占有较大比例，且孔隙之间连通性好，表明储层有较好的储集能力和渗流能力。

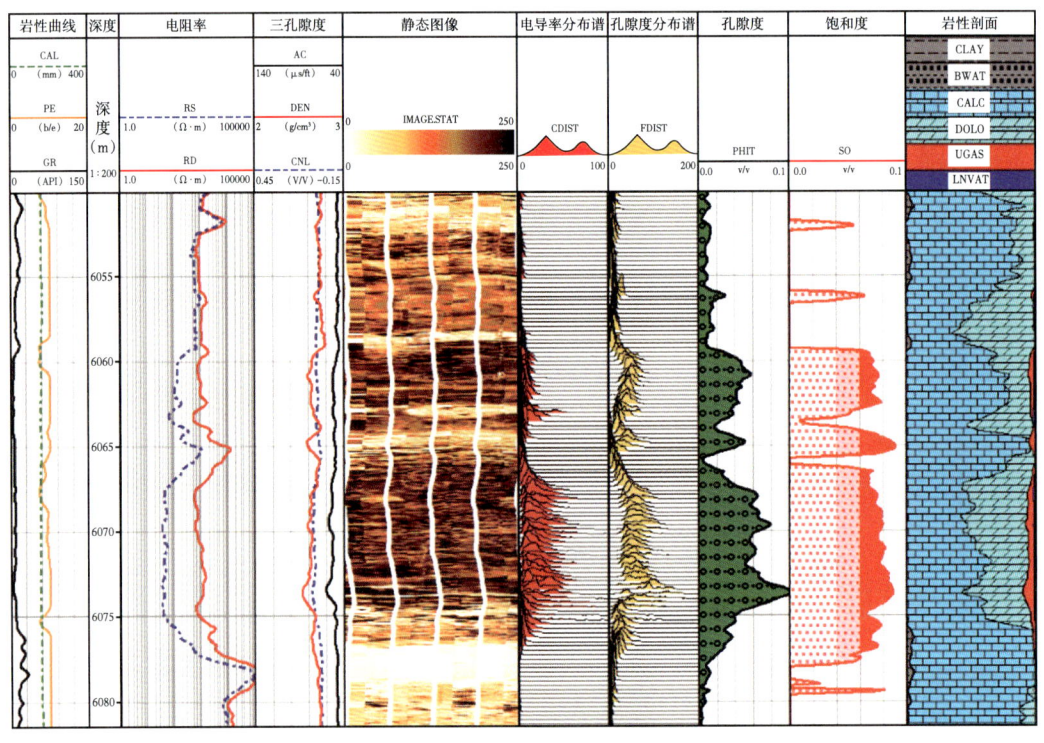

图 2-5-6　LGX 井 6059~6077m 井段成像测井孔隙谱计算成果图

储层的有效性主要为储层的储集性能和连通性能。通过对孔隙度谱的研究表明，最能反映这两个特征的参数为孔隙度谱均值和方差。

在电成像孔隙度谱计算结果的基础上，引入均值表达孔隙度分布谱中主峰偏离基线的程度，用方差（二阶矩）表达孔隙度分布谱的谱形变化（分散性），用孔隙度分布比表示大于某一孔隙度值 ϕ_c 的电成像像素孔隙度占所有像素孔隙度的份额。一个深度点孔隙度分布谱均值可用式（2-5-18）进行计算，孔隙度分布谱方差用式（2-5-19）进行计算，孔隙度分布比可以用式（2-5-20）进行计算。

$$\overline{\phi} = \sum_{i=1}^{n} \phi_i P_{\phi_i} \Big/ \sum_{i=1}^{n} P_{\phi_i} \qquad (2\text{-}5\text{-}18)$$

$$\sigma_\phi = \sqrt{\frac{\sum_{i=1}^{n} P_{\phi_i}(\phi_i - \bar{\phi})^2}{\sum_{i=1}^{n} P_{\phi_i}}} \qquad (2-5-19)$$

$$K = \sum_{i=\phi_c}^{n} P_{\phi_i} / \sum_{i=0}^{n} P_{\phi_i} \qquad (2-5-20)$$

式中：$\bar{\phi}$ 是电成像像素的孔隙度均值，pu；ϕ_i 是据式（2-5-17）计算的电成像像素的孔隙度，pu；ϕ_c 是某一固定的像素孔隙度值，pu，不同的碳酸盐岩储层其取值不同；P_{ϕ_i} 是相应孔隙度的频数（像素点数）；σ_ϕ 是孔隙度分布谱方差；$\sum_{i=1}^{n} P_{\phi_i}$ 是电成像像素的孔隙度 $\phi_i > \phi_c$ 的频数（像素点数）；n 是孔隙度份额，采用千分孔隙度，取值范围为 0~1000；K 为孔隙度分布比。

根据上述方法计算结果，可以在孔隙度谱均值和方差构成的二维平面上进行储层有效性评价，其中 X 坐标表示孔隙度谱均值，Y 坐标表示孔隙度谱形变化的方差参数（图 2-5-7）。

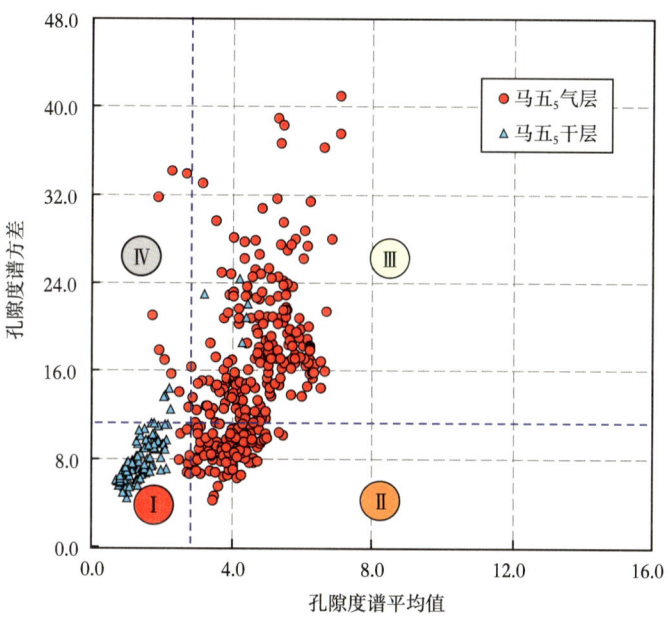

图 2-5-7 孔隙度谱储层有效性识别图版

如果样本点落在Ⅰ区表明该储层段孔隙度成分较小或无大孔隙沟通、谱形变化小，储层大多为干层，即使采取酸化、压裂措施效果也不明显；样本点落在Ⅱ区表明该储层段有大的孔隙成分但连通性不好，因此建议进行酸化措施沟通不同的孔隙空间；样本点落在Ⅲ区表明该储层段不仅有大的孔隙度成分，而且连通效果也比较好，即使不采取酸化压裂措施，也能形成有效的自然产能；样本点落在Ⅳ区，表明虽然该储层段总孔隙度较小，但含有大的孔隙成分，在采取压裂措施的情况下，可以改善储层的连通性，形成有效产层。

3. 远探测声波测井识别井壁外围缝洞发育技术

由于测井仪器测量原理的限制，径向探测深度都较浅，而储层通常需要经酸压改造才能获得工业产能，酸压改造所波及的储层尺度范围可达井周几十米，由于测井探测尺度范围与试油改造尺度范围不对等，给测井评价结果检验带来一定困难。远探测声波测井为克服常规测井探测范围的局限性提供了一种途径。远探测声波测井除测有通常的井中模式波（滑行纵波、滑行横波、导波及斯通利波）外，还测有声源辐射到井周外由非均质地质体反射的波，处理后可以了解离井筒较远处（如 10m 左右）缝洞体发育的情况。

声波反射波测井以辐射到井筒外地层中的声场能量作为入射波，测量从井旁裂缝、断层或缝洞体反射回来的声场信息。通过探测器接收到的全波列信号，可以了解井旁介质与缝洞发育相关的信息。这种测井方法评价缝洞体的尺度介于传统的声波测井和地震勘探之间，距井眼径向深度 3~50m。

当位于仪器上的声源被激发时，其产生的声波按照传播方向分为两类：一类是直接沿井传播的波，即滑行纵波、滑行横波、导波以及斯通利波，即井中的模式波，这些都是井中常见的声波测井数据；另一类是声源辐射到井外的能量，在地层中被地质构造界面反射回井中，被仪器的接收器接收到的反射波，这些波在声波测井中被称为反射波。反射波的振幅比起井中的模式波来说通常要小得多（图 2-5-8）。

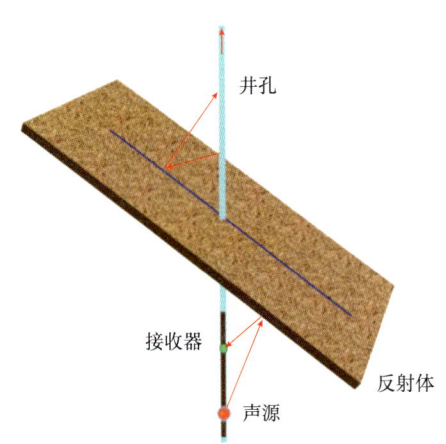

图 2-5-8 穿过井的地质构造成像示意图

通过理论及实验研究，反射波成像测井主要是利用位于纵波和横波之间的纵波反射波或模式转换波信号来判断井外构造变化情况，即反射波只有在横波之前到达，并与纵波和横波明显分离时，才能被当作有用信号来处理。通过对仪器接收到的波列数据进行处理，得到反射波信息并直观显示出来，为井旁缝洞型储层识别和评价提供依据。

根据反射体模型实验研究、数值模拟结果，分析、总结实际井远探测声波反射波响应特征，并结合电成像等测井资料的特征，建立不同储集空间类型的远探测声波反射波响应图版，为利用远探测声波测井资料进行井旁储集空间识别和评价提供依据。

过井壁裂缝型储集空间：在远探测声波反射波成果图上显示上、下行波都比较明显，反映存在一组声阻抗界面，且在一条直线上，在电成像成果图上对应井段存在与井眼相交的裂缝，其反射波响应特征如图 2-5-9 所示。

井旁裂缝型储集空间：在远探测声波反射波成果图上显示较强的上、下行波信号，上、下行波为分布在距井壁 3m 外一定位置上的一组反射，呈条带状，在发育井旁裂缝地层的上下段电成像成果图上可能显示有伴生的过井壁裂缝，其反射波响应特征如图 2-5-10 所示。

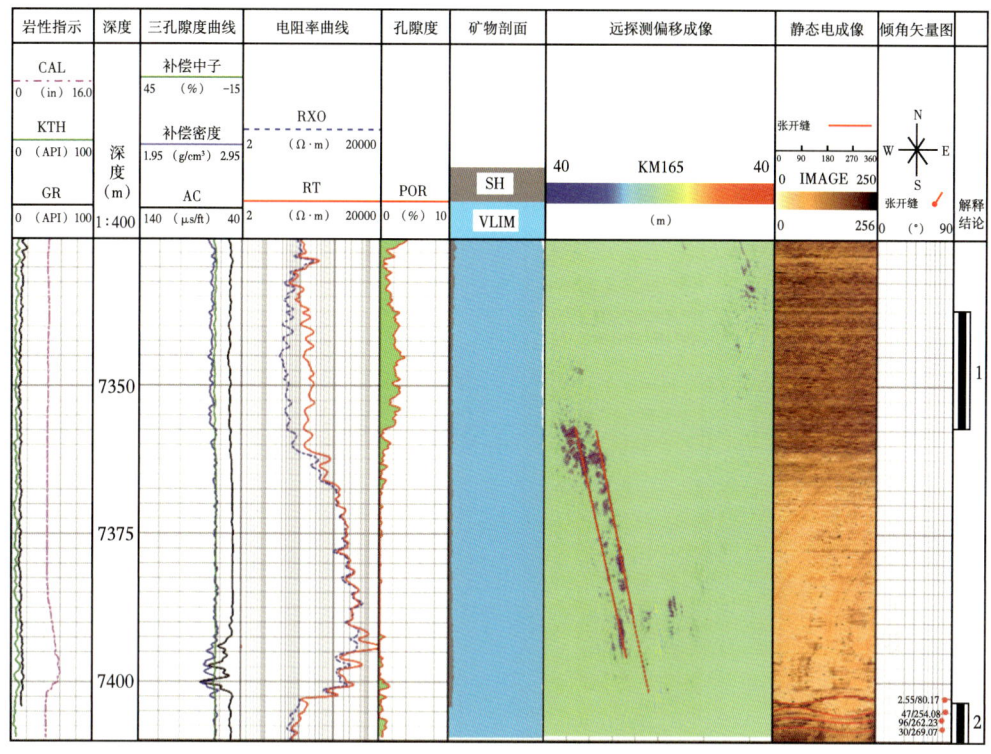

图 2-5-9　过井壁裂缝型储集空间反射波响应

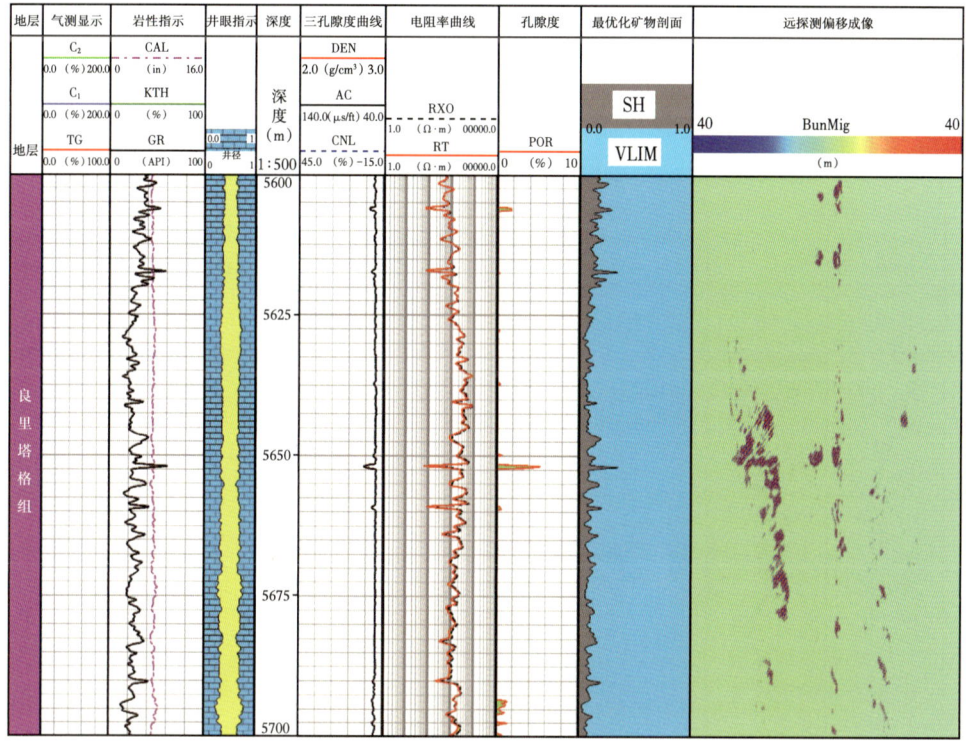

图 2-5-10　井旁裂缝型储集空间反射波响应

溶蚀孔洞或网状裂缝型储集空间：在远探测声波反射波成果图上显示上、下行波信号较明显，呈分散的斑点状或斑块状分布，无规则，在电成像成果图上对应井段一般有溶蚀孔洞或网状裂缝特征，其反射波响应特征如图 2-5-11 所示。

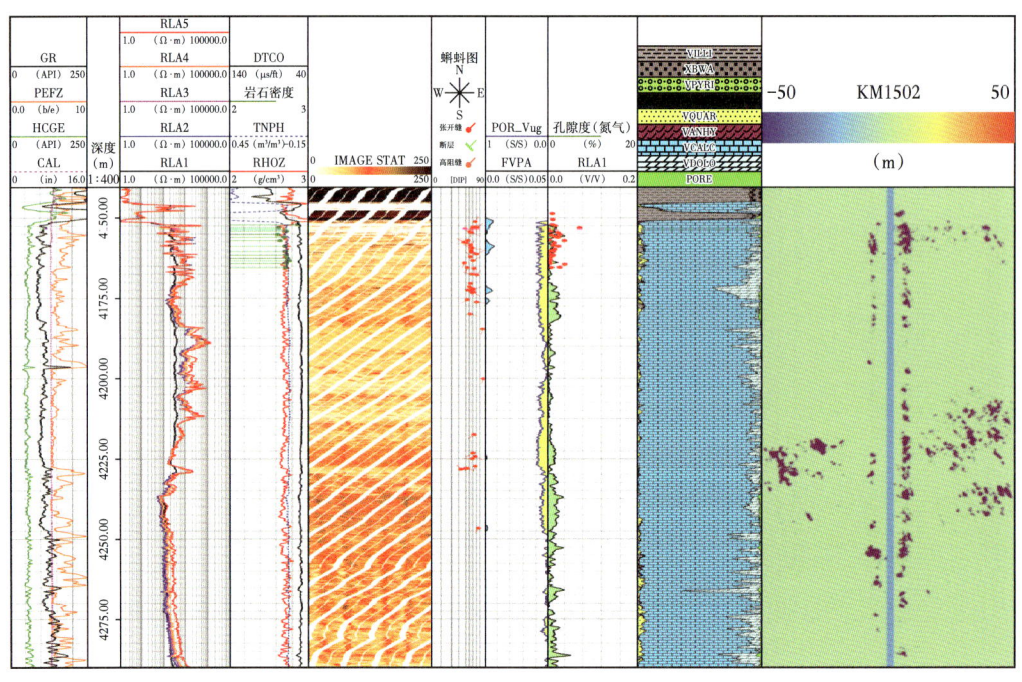

图 2-5-11　溶蚀孔洞或网状裂缝型储集空间反射波响应

洞穴型储集空间：在远探测声波反射波成果图上显示"很强"的上、下行波信号，上、下行波呈"弧"状特征，在电成像成果图上对应井段有大的暗色斑块或较宽的暗色条带，井径扩径明显，常规测井资料计算孔隙度高，其反射波响应特征如图 2-5-12 所示。如果对远探测声波原始资料进行去增益处理则洞穴型反射波信号很弱。

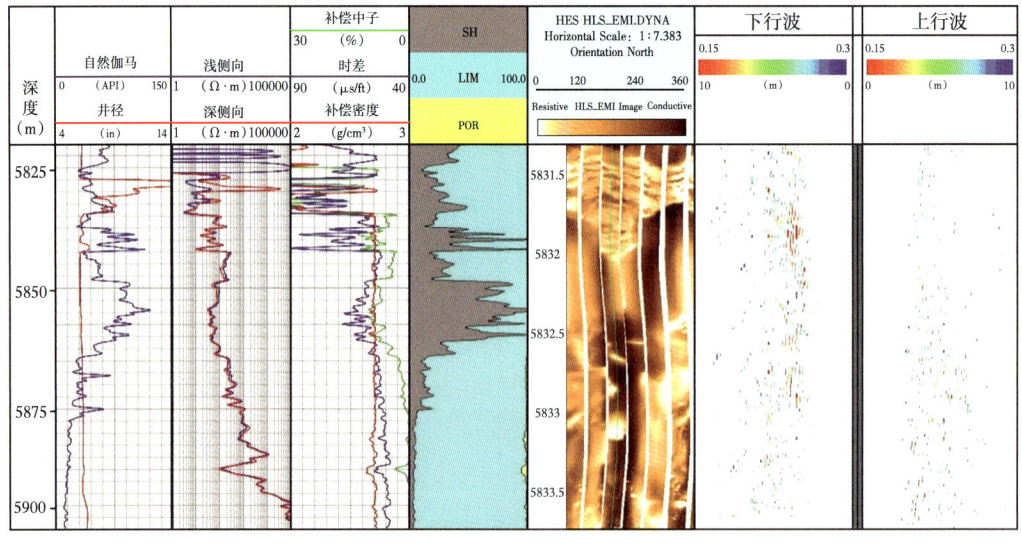

图 2-5-12　洞穴型储集空间反射波响应

图 2-5-13 是塔里木某井碳酸盐岩地层综合解释成果图，从图中可以看出 22~26 号储层井壁物性较差，油气显示较弱；对应 22~25 号层的井段远探测测井在 10~40m 的地方反射信号较强，综合分析为井旁裂缝反射，且裂缝较为发育，其裂缝走向与图中所画虚线走向一致。总体上说 22~25 号层虽然近井储层不很发育，但远井地层裂缝发育，结合远探测解释结果可以认为均为有效储层。该井段试油获日产油 133.46m³、日产气 16216m³ 的高产工业油气流。试油结果充分证明远探测声波解释结论的正确性，并为储层有效厚度的确定提供了依据。

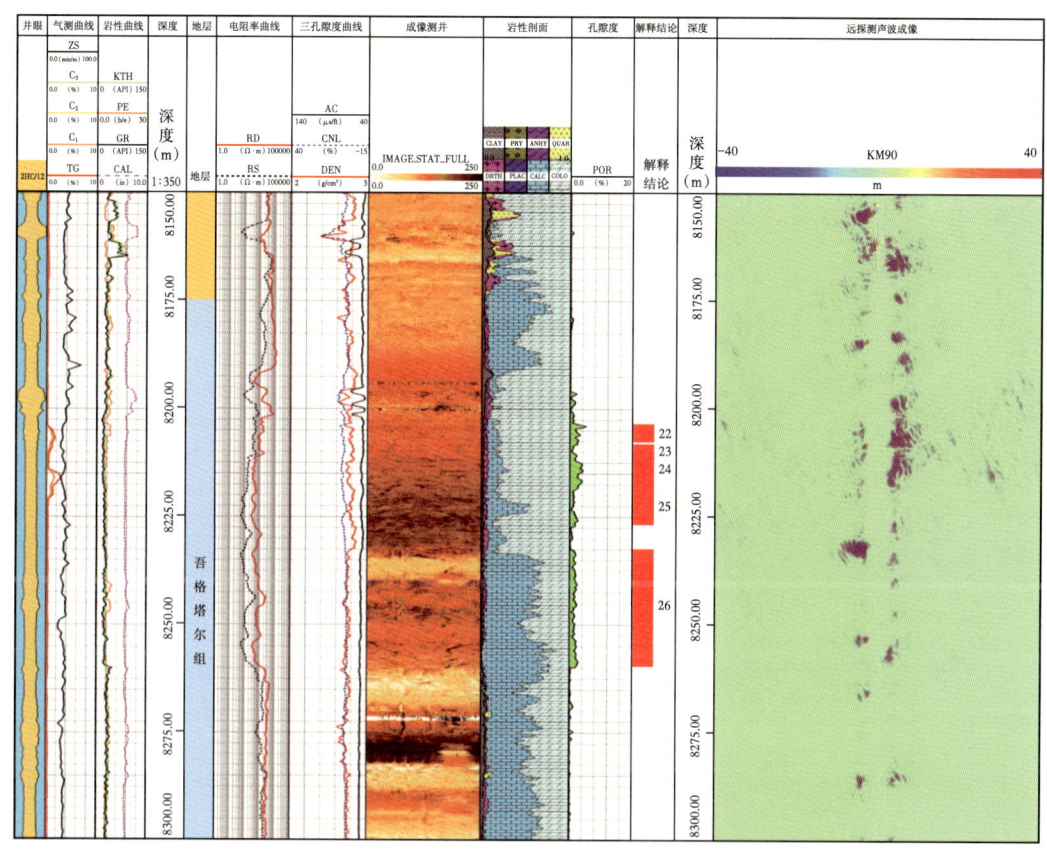

图 2-5-13　塔里木某井碳酸盐岩段综合解释成果图

三、碳酸盐岩流体类型识别方法

碳酸盐岩储层孔隙度低、储集空间结构复杂和非均质性强，不同储集空间类型其流体赋存状态不同。储集体既有礁滩体又有风化壳，不同成因类型储层特征差异较大，钻遇岩溶发育储层时无论油气层还是水层均有一定气测显示；岩溶发育储层段在钻井过程中有时会发生严重漏失，地层中各种流体与钻井液或钻井液滤液侵入特征的多样性造成流体评价困难。针对以上难点，采取不同储层类型及岩性交会图法、孔隙度重叠法、核磁共振测井 TDA 法、MDT 测井识别方法、偶极横波能量衰减法、纵横波速比法等识别流体类型。

1. 常规测井识别法

测井测得的储层参数是包括储层岩石本身物理特性及岩石中所含流体情况的综合响

应，通过不同测井方法对不同流体组分响应的差异，可进行流体类型识别。

1）交会图法

在碳酸盐岩储层流体类型评价中电阻率和孔隙度的匹配关系起着关键作用。不同孔隙结构的含油气储层，电阻率差异会很大，如果只根据电阻率大小而不考虑孔隙结构的差异就会出现错误的解释结果。通过交会图技术进行流体性质评价时首先区分储层成因类型，然后按照储层空间类型进行分类，建立相应的流体性质解释图版。

以塔中地区奥陶系碳酸盐岩为例，主要发育礁滩型和风化壳型储层，两种不同成因类型储层特征存在差异；同时，两种成因类型储层储集空间类型多样，不同储集空间类型储层电性响应特征差异明显。礁滩型裂缝孔洞储层主要发育于上奥陶统，储层孔隙度一般小于 5.0%。图 2-5-14 为此类储层孔隙度与深侧向电阻率交会图。从图中可以看出，孔隙度小于 2.0% 的储层，油气层电阻率基本大于 200Ω·m；孔隙度为 2%~5% 的储层，电阻率高于 100Ω·m。油水同层电阻率大于 60Ω·m。风化壳型主要发育于下奥陶统，储层裂缝、孔洞更发育，孔隙度大于 5.0%、裂缝孔隙度大于 0.1%。图 2-5-15 为裂缝孔

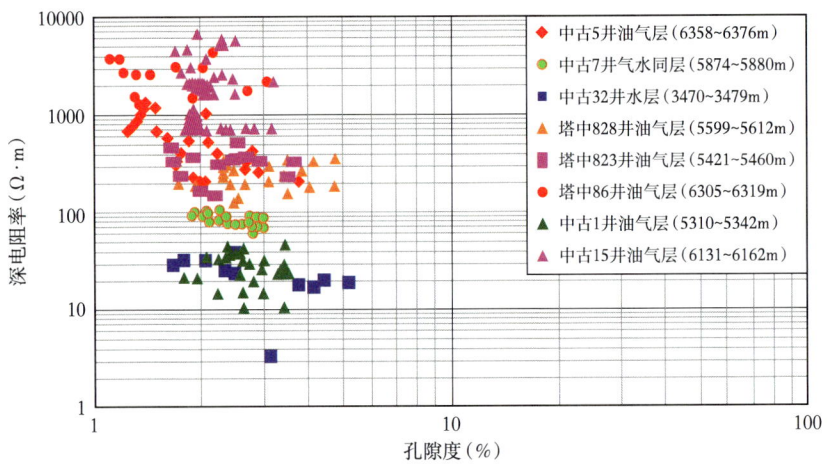

图 2-5-14 礁滩型裂缝孔洞储层流体性质识别图版

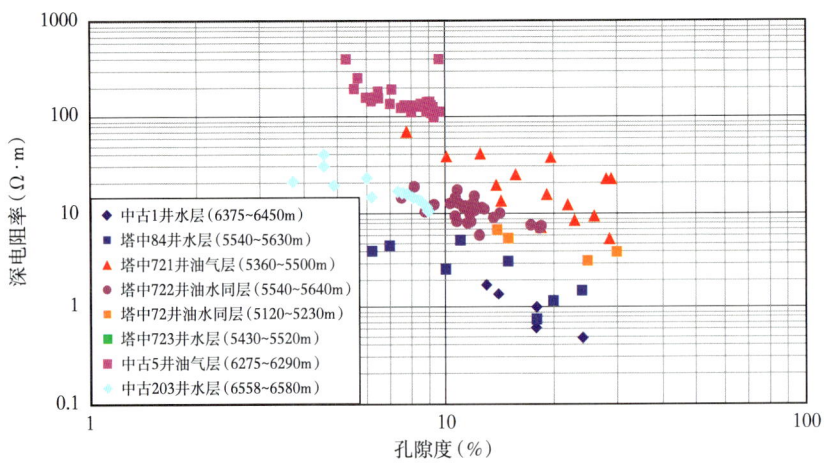

图 2-5-15 风化壳型裂缝孔洞储层流体性质识别图版

洞异常发育岩溶风化壳储层孔隙度与电阻率交会图，可以看出，油气层和油水同层之间存在较明显界线，孔隙度在 5.0%~10%，油气层电阻率最低为 30Ω·m；孔隙度在 10%~15%，电阻率最低为 10Ω·m；孔隙度在 15%~20%，电阻率最低为 4.0Ω·m。

2）孔隙度重叠法

由于在气层中子孔隙度偏低，声波时差增高，即声波孔隙度增高。因此，利用孔隙中不同流体类型对中子和声波特性的影响来识别流体性质。

对于岩性较单一的储层，可以直接使用中子和声波时差重叠的方法来快速直观地判别流体性质。致密白云岩的声波时差（AC_0）骨架值为 43.5μs/ft，中子骨架值（CNL_0）为 2%。以 AC 横向比例为 43.5~90μs/ft，计算 CNL 的横向比例：当 AC_0=43.5μs/ft，$\phi_{AC0}=0$，CNL_0=2%；当 AC_2=90μs/ft，根据雷伊麦公式计算结果（图 2-5-16）：$\phi_{AC}≈37\%$。则，$CNL_2=\phi_{AC}=37\%$。即 AC 横向比例为 43.5~90μs/ft，则 CNL 的横向比例为 2%~37%。以 AC 横向比例为 43.5~90μs/ft，CNL 的横向比例为 2%~37% 将 AC 和 CNL 进行重叠，如 AC＞CNL，则判别为气层；如 AC≤CNL，则判别为水或气水同层。

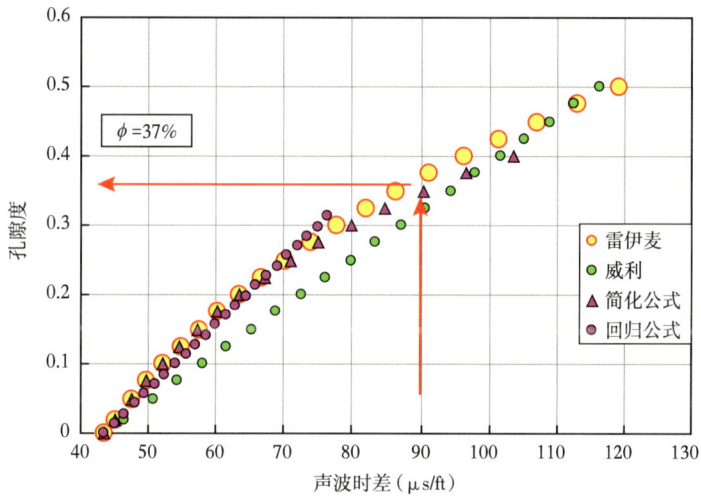

图 2-5-16 雷伊麦声波孔隙度计算图

对于过渡岩性的储层，岩性对声波时差和中子孔隙度的影响较大，因而不能直接使用中子和声波时差重叠的方法来判别流体性质，需要进行岩性校正，转换成孔隙度后进行重叠来判别流体性质。通过对交会（中子—声波交会等）、PE 和 ECS 岩性剖面的对比分析，选择合理的岩性剖面，分别计算声波孔隙度 ϕ_{AC} 和中子孔隙度 ϕ_N，从而消除岩性的影响：

$$M_{AC} = (43.5V_{DOL} + 47.5V_{CAL} + TSHV_{sh})/(V_{DOL} + V_{cal} + V_{sh}) \quad (2\text{-}5\text{-}21)$$

$$\phi_{AC} = (\Delta t - M_{AC})/(\Delta t_f - M_{AC}) \quad (2\text{-}5\text{-}22)$$

$$M_{CNL} = (CNLD \cdot V_{DOL} + NSH \cdot V_{sh})/(V_{DOL} + V_{cal} + V_{sh}) \quad (2\text{-}5\text{-}23)$$

$$\phi_N = CNL - M_{CNL} \quad (2\text{-}5\text{-}24)$$

式中：V_{DOL} 和 V_{CAL} 分别为白云岩和石灰岩体积含量，用交会法、ECS 或 PE 计算；V_{sh} 为泥质含量，用 ECS 或无铀 CGR 计算；TSH 和 NSH 分别为泥质声波时差和中子值；CNLD 为白云岩中子骨架值。

当 $\phi_{AC} > \phi_N$ 时，判别为气；当 $\phi_{AC} \leq \phi_N$ 时，判别为水。

如四川盆地龙岗 2 井飞仙关组，使用经过岩性校正后的中子孔隙度—声波孔隙度重叠法判别结果为上气下水（图 2-5-17），与最终试油结果和 MDT 测量结果是完全吻合的。

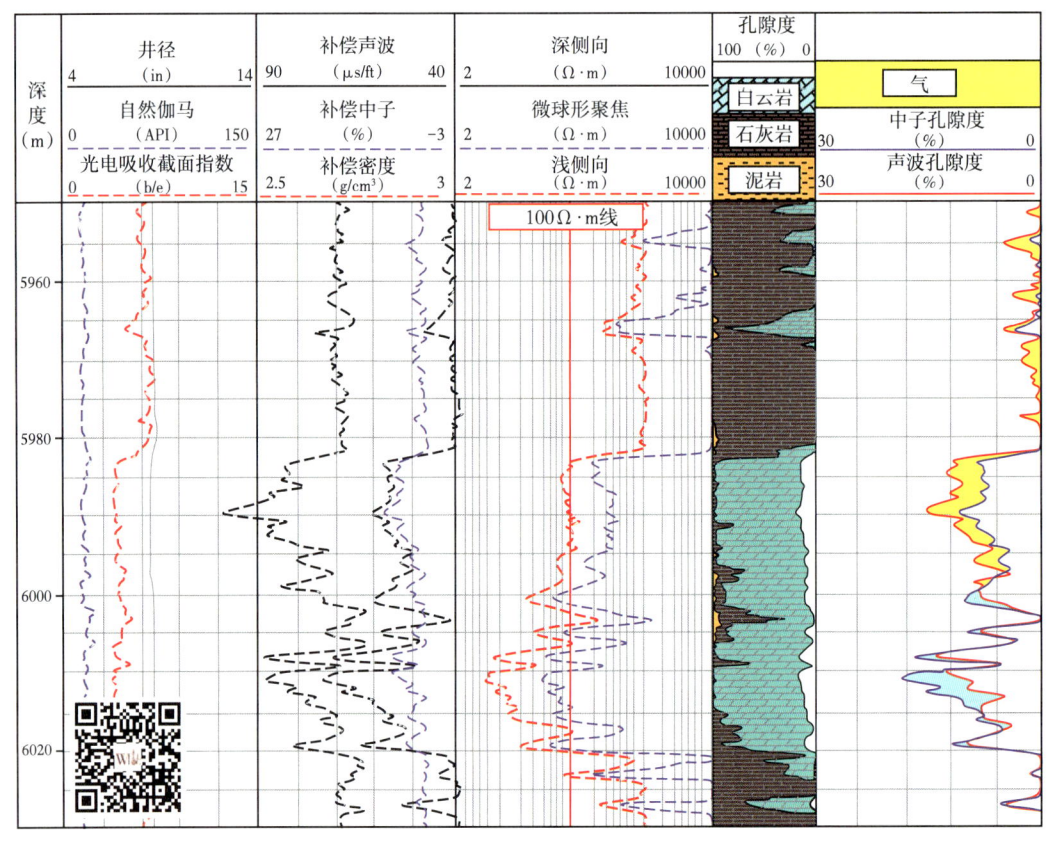

图 2-5-17　四川盆地龙岗 2 井飞仙关组流体性质判别图

2. 偶极横波测井识别法

当岩石的孔隙空间内充填有流体时，由于流体具有黏性和流动性，会使在地层中传播的纵波能量发生衰减。对于黏滞弛豫，纵波能量的衰减将随流体黏度的增大而增大。在部分饱和液体的岩石介质中，由于气体的存在，纵波能量会发生强烈衰减。首先孔隙空间的气体在压力梯度下很容易流动，在孔隙空间的界面处导致大量的能量损失；其次，孔隙流体中的气体在应力的作用下，压缩与膨胀会产生绝热加热，形成热流进入岩石骨架与孔隙中导致能量损失。当岩石孔隙空间完全饱和液体时，因为液体难以压缩，纵波能量的衰减主要由流体的黏性和流动引起的。其纵波能量的衰减将小于部分饱和液体储层的纵波能量的衰减。由于横波只能通过岩石骨架传播而不能通过孔隙空间的流体传播，故孔隙空间的流体性质对横波能量的影响不大。因此，可以根据纵波和横波的能量衰减来识别储层段中的气层。

除了上述因素能够引起纵波能量的衰减以外，地层的孔隙度大小、井眼条件、泥质条带和裂缝等因素也能够引起纵波能量的衰减，同时也引起横波能量的衰减，这些因素均会加大偶极横波测井识别气层的难度。

1）斯通利波衰减法

品质因子 Q 能够用来衡量波在地层中传播时能量衰减的大小：如果 Q 较小，则波的能量有较大的衰减量；如果 Q 较大，则波的能量有较小的衰减量。

纵波能量衰减（$1/Q_p$）、横波能量衰减（$1/Q_s$）和斯通利波能量衰减（$1/Q_t$）采用峰值频率方法计算。离散快速傅里叶变换将给定时窗内时间域的离散声波信号变换为频率域内的频谱。在频谱中存在一个极大值，该极大值所对应的频率就是峰值频率。峰值频率 f_{Peak} 的计算公式为：

$$f_{\text{Peak}} = N_{\max} \frac{1/(2\Delta t)}{N_t / 2} \quad (2\text{-}5\text{-}25)$$

式中：$N_{\max}$ 为最大频谱所在点的位置；N_t 为声波数据的采样点数；Δt 为采样间隔。

以该峰值频率为中心取一个固定带宽的频率搜索带，然后对频率搜索带中所有的频谱平方求和，最后的和即为所求的峰值频率时窗能量：

$$E = \sum_{F_{\text{lo}}}^{F_{\text{up}}} F[\text{Signal}(f)]^2 \quad (2\text{-}5\text{-}26)$$

其中：

$$f_{\text{lo}} = f_{\text{Peak}} - f_{\text{Band}} / 2 \quad (2\text{-}5\text{-}27)$$

$$f_{\text{up}} = f_{\text{Peak}} + f_{\text{Band}} / 2 \quad (2\text{-}5\text{-}28)$$

式中：f_{lo} 和 f_{up} 分别为频率搜索带的低截频和高截频；f_{Band} 为给定的频率搜索带的带宽。

偶极横波测井仪器有 8 个接收器，可求出这 8 个接收器的峰值频率时窗能量，则纵波品质因子 Q_p、横波品质因子 Q_s 和斯通利波品质因子 Q_t 的通用计算公式为

$$Q = \frac{\pi f}{(E_1 / E_2) v} \quad (2\text{-}5\text{-}29)$$

式中：f 为频率搜索带中的峰值频率；E_1 和 E_2 分别为近接收器和远接收器的峰值频率时窗内波的能量；v 为声波速度。

不同波分量的能量衰减是相应品质因子的倒数。

2）压缩系数识别法

压缩系数是体积模量的倒数，体积模量 K 定义为：

$$K = \frac{p}{\Delta V / V} \quad (2\text{-}5\text{-}30)$$

式中：p 为压力；$\Delta V/V$ 为体积的相对变化。

压缩系数的定义为：

$$C_{\mathrm{b}} = \frac{1}{K} = \frac{\Delta V / V}{p} \qquad (2\text{-}5\text{-}31)$$

压缩系数度量的是岩石在单位压力作用下产生的岩石体积的相对变化。由于气体容易压缩，在单位压力下产生的体积的相对变化较大。

泊松比 σ 可从另一侧面度量岩石的形态变化，其定义为：

$$\sigma = \frac{|\Delta d / d|}{\Delta l / l} \qquad (2\text{-}5\text{-}32)$$

式中：$\Delta l/l$ 为某一方向上的相对变化；$\Delta d/d$ 为相应垂向上的相对变化。

泊松比度量的是当岩石介质受外力作用时，某一方向上的相对伸长量与同时产生的垂向上的相对压缩之比。对于含气地层，同样因为气体容易压缩，在某一方向上的压缩与拉伸，在岩石介质的相应的垂向上发生的变化较小。由此可见，含气地层的泊松比要比非含气地层的泊松比要小一些。根据推导，压缩系数和泊松比的计算公式为：

$$C_{\mathrm{b}} = \frac{1}{\rho\left(v_{\mathrm{p}}^{2} - \frac{4}{3} v_{\mathrm{s}}^{2}\right)} \qquad (2\text{-}5\text{-}33)$$

$$\sigma = \frac{\left(v_{\mathrm{p}} / v_{\mathrm{s}}\right)^{2} - 2}{2\left[\left(v_{\mathrm{p}} / v_{\mathrm{s}}\right)^{2} - 1\right]} \qquad (2\text{-}5\text{-}34)$$

式中：ρ 为地层密度；v_{p} 为纵波速度；v_{s} 为横波速度。

图 2-5-18 是四川某井能量衰减和压缩系数识别气层处理成果图。第 1 道为自然伽马、去铀伽马和井径曲线，第 2 道为双侧向测井曲线，第 3 道为密度测井、声波测井和中子测井曲线，第 4 道为纵波时差和横波时差，第 5 道为深度曲线，第 6 道为体积压实系数 SP04（黑色）和泊松比 PR（蓝色），第 7 道为纵波能量衰减 SP01，第 8 道为横波能量衰减 SP02，第 9 道为总孔隙度 PHIT。5720~5734m 井段计算的压实系数（SP04）增大、泊松比（PR）减小、纵波能量（SP01）有较大衰减、横波能量衰减（SP02）基本不变。可以判断该段为气层。

3）纵横波速度比识别法

纵波通过岩石骨架及流体传播，横波只通过岩石基质而不通过孔隙空间流体传播。当地层含气时，其纵波速度明显下降，但横波速度却不但不降，反而略有升高，故 $v_{\mathrm{p}}/v_{\mathrm{s}}$ 将减小；对于水层或油层，纵横波速度基本受到同样的影响，因此其 $v_{\mathrm{p}}/v_{\mathrm{s}}$ 值则接近于岩性背景值。$v_{\mathrm{p}}/v_{\mathrm{s}}$ 比值法对鉴别油和气或气和水效果较好，且对地层水性质没有严格要求，孔隙空间结构的影响较小；但对油、水的鉴别能力很差，基本不能用来鉴别油和水。

图 2-5-19 为塔中地区奥陶系碳酸盐岩典型油气层和水层的纵波时差与纵横波速比交会图。可以看出，水层的纵横波速度比值基本大于 2，油气层纵横波速度比基本小于 2。

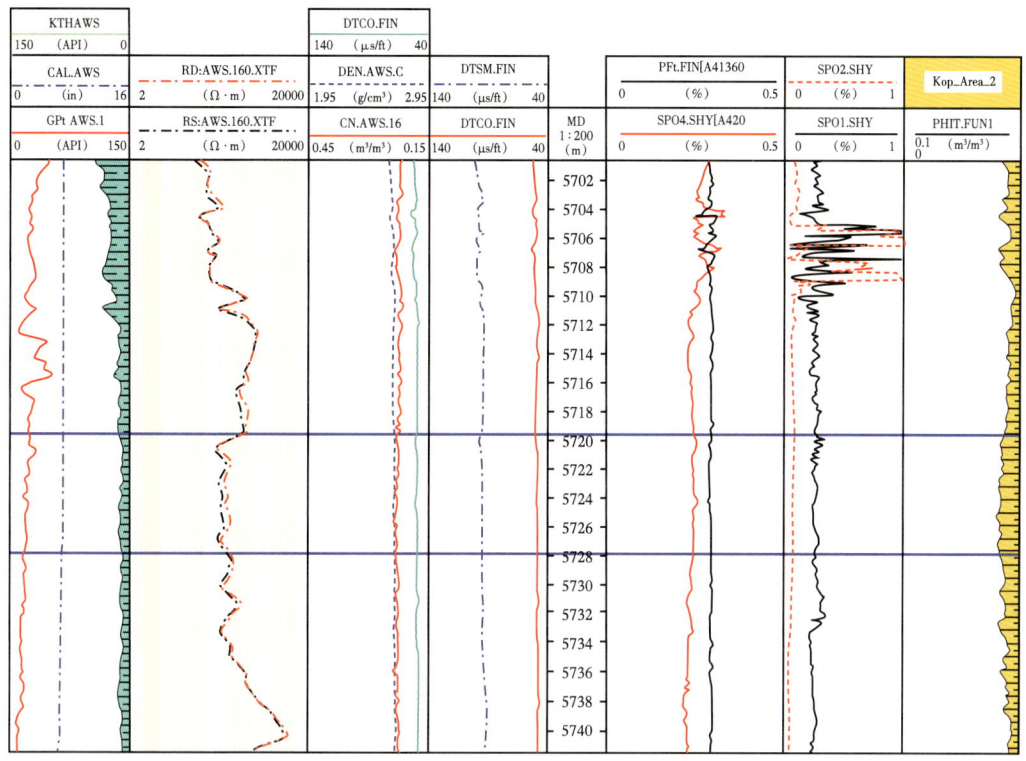

图 2-5-18　四川某井能量衰减和压缩系数识别气层处理成果图

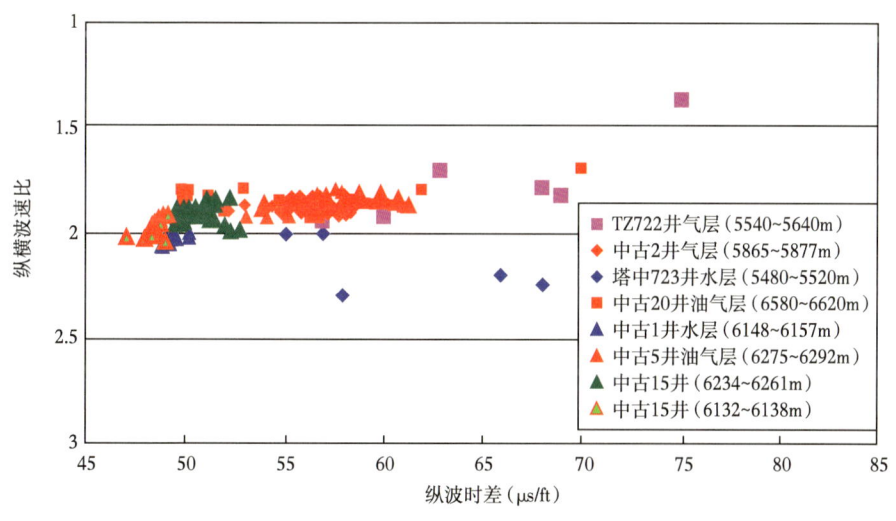

图 2-5-19　纵横波速度比与纵波时差交会图

3. 成像视地层水电阻率谱法

在双侧向测井纵向分辨率代表的井段内，微电阻率成像测井测量并记录的井壁地质与残余油气信息更丰富，对井壁细微的储层特征与残余油气特别敏感，故提出经浅侧向电阻率刻度后的电成像测井资料，提取并计算视地层水电阻率谱分布，来反映油气的信息，该方法具有可行性。

类似于孔隙度谱的计算，对给定的处理窗口，计算出视地层水电阻率的分布，即通过视地层水电阻率频数分布曲线反映地层中流体的导电性。水层由于地层水的浸润，电阻率测井数值相对于油层低，所以在成像资料上其颜色较油层的要暗，在视地层水电阻率分布图上其主峰向小的方向偏离。对于油层，由于地层原油的浸润，尽管钻井时被驱离了一部分，但仍残留一部分油气信息，其地层水电阻率值较大，所以分布主峰值向大的方向偏离（图2-5-20）。

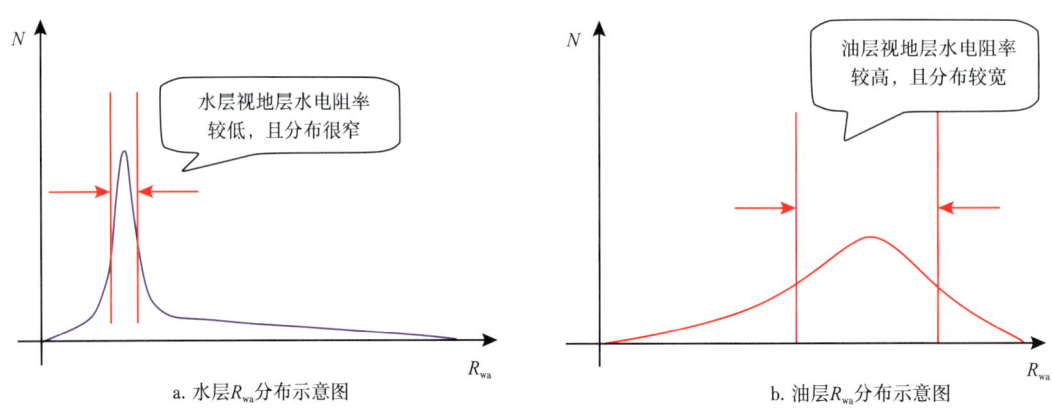

图2-5-20　视地层水电阻率分布示意图

定义电成像测井资料的视地层水电阻率 R_{wai} 为：

$$R_{wai} = \phi_i / C_i = \phi_{ext}(R_{xo} \cdot C_i)^{1/m} / C_i \quad (2-5-35)$$

式中：C_i 为电成像电极电导率，S/m；ϕ_i 为计算的电导率像素的孔隙度；ϕ_{ext} 为常规测井计算的总孔隙度；R_{xo} 为冲洗带电阻率，$\Omega \cdot m$；m 为胶结指数，采用三孔隙度模型计算。

根据式（2-5-35）计算成像测井资料每个纽扣电极对应的视地层水电阻率；在一个处理窗口内，根据纽扣电极对应的计算结果统计其分布，得到视地层水电阻率分布谱。

进一步将式（2-5-35）变形为：

$$R_{wai} = \phi_{ext} R_{xo}^{1/m} C_i^{1/m-1} \quad (2-5-36)$$

可见决定主峰位置的主要是 $\phi_{ext} R_{xo}^{1/m}$ 部分，而 $C_i^{1/m-1}$ 部分决定视地层水电阻率主峰分布的宽窄。

定性来讲，对于油气层，侵入带或多或少仍残余油气信息，其电成像测井值大小分布不匀，电成像测井值井周方向上离散性大，因而其分布宽，均值与方差值均较大。对于水层，由于地层水的浸润，岩石电成像测井电导率在井周方向上较均匀，因而分布较窄，均值与方差值均较小。

通过上述分析认为，视地层水电阻率谱的宽度及主峰位置是储层流体识别的关键参数。为了定量评价油气层段与水层段的差别，引入均值表达视地层水电阻率分布谱中主峰偏离基线的程度，方差（二阶矩）表达视地层水电阻率分布谱的宽窄（分散性）。

将视地层水电阻率均值 $\overline{R}_{wai}$ 定义如下：

$$\overline{R}_{\text{wai}} = 3.3 \sum_{i=1}^{n} R_{\text{wai},i} P_{R_{\text{wai}},i} \bigg/ \sum_{i=1}^{n} P_{R_{\text{wai}},i} \qquad (2\text{-}5\text{-}37)$$

视地层水电阻率方差 $\sigma_{R_{\text{wai}}}$ 为：

$$\sigma_{R_{\text{wai}}} = 3.3 \sqrt{\sum_{i=1}^{n} P_{R_{\text{wai}},i} \left(R_{\text{wai},i} - \overline{R}_{\text{wai},i}\right)^2 \bigg/ \sum_{i=1}^{n} P_{R_{\text{wai}},i}} \qquad (2\text{-}5\text{-}38)$$

式中：R_{wai} 是据式（2-5-36）计算的视地层水电阻率，mS/m；n 为一个处理窗口内纽扣电极的总数；$P_{R_{\text{wai}},i}$ 是相应视地层水电阻率的频数（纽扣电极数）。

根据上述视地层水电阻率谱识别流体的基本方法，对塔里木盆地新垦—哈拉哈塘地区 25 口井中的 52 个试油层资料建立流体识别图版与评价标准。如图 2-5-21 所示，水层的视地层水电阻率均值小于 20mS/m，方差值小于 8mS/m；油气层的视地层水电阻率均值大于 20mS/m，方差大于 8mS/m。

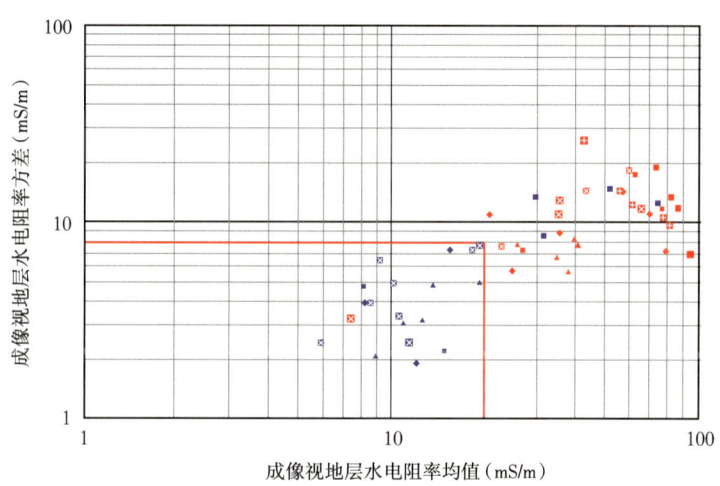

图 2-5-21 新垦—哈拉哈塘地区电成像视地层水电阻率谱流体识别图版

红色点为油气层，蓝色点为水层

图 2-5-22 为塔里木盆地 HA601-3 井 6660~6690m 井段视地层水电阻率谱处理成果图，6680~6690m 井段谱分布范围较宽且值较大，均值和方差分别为 38.3mS/m 和 18.5mS/m，符合油层解释标准，对 6548.4~6705m 井段进行酸压试油，日产油 17.69m³，测试结论为油层。

图 2-5-23 为 XK1 井视地层水电阻率谱处理成果图，6781~6799m 井段谱分布范围较窄且值较小，接近基线，均值和方差分别为 11.5mS/m 和 3.6mS/m，落在视地层水电阻率均值与方差交会图水层区，符合水层解释标准，对该井段进行酸压试油，日产水 204m³，无油气，测试结论为水层。

4. 核磁共振测井时域分析法

核磁共振测井识别流体的方法之一是根据油、气和水的 T_1 的差异来进行流体识别。通常油和气的 T_2 差别很大、T_1 很接近，盐水和油具有相近的扩散系数和 T_2，但 T_1 差异很大（表 2-5-2）。因此，可利用这一特性识别储层流体性质。差分谱法就是根据油、

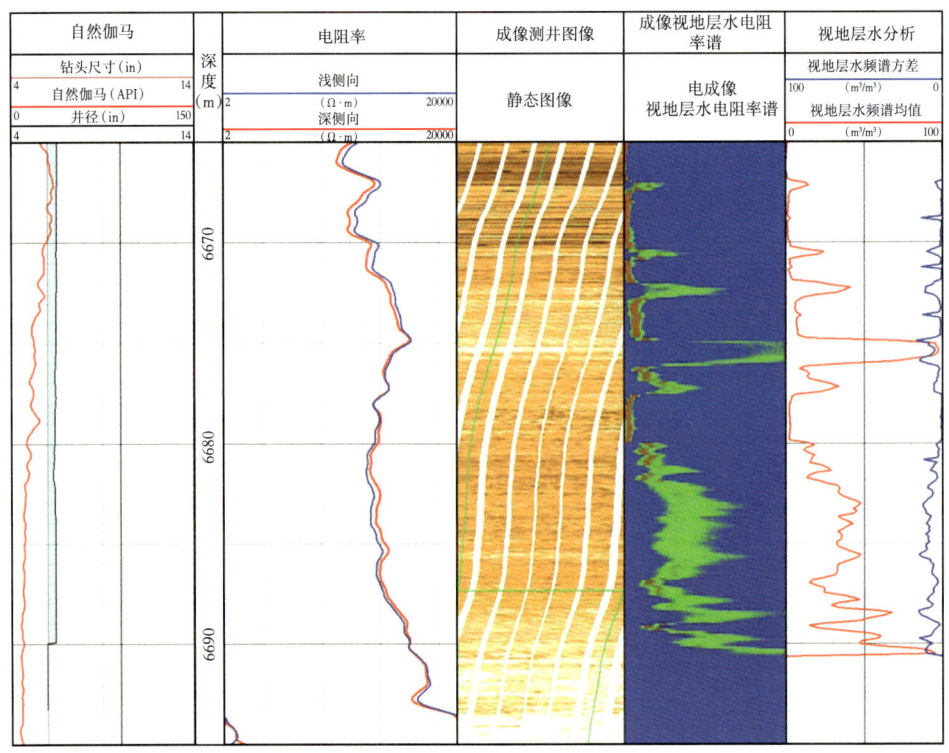

图 2-5-22　HA601-3 井 6660~6690m 井段视地层水电阻率谱处理成果图

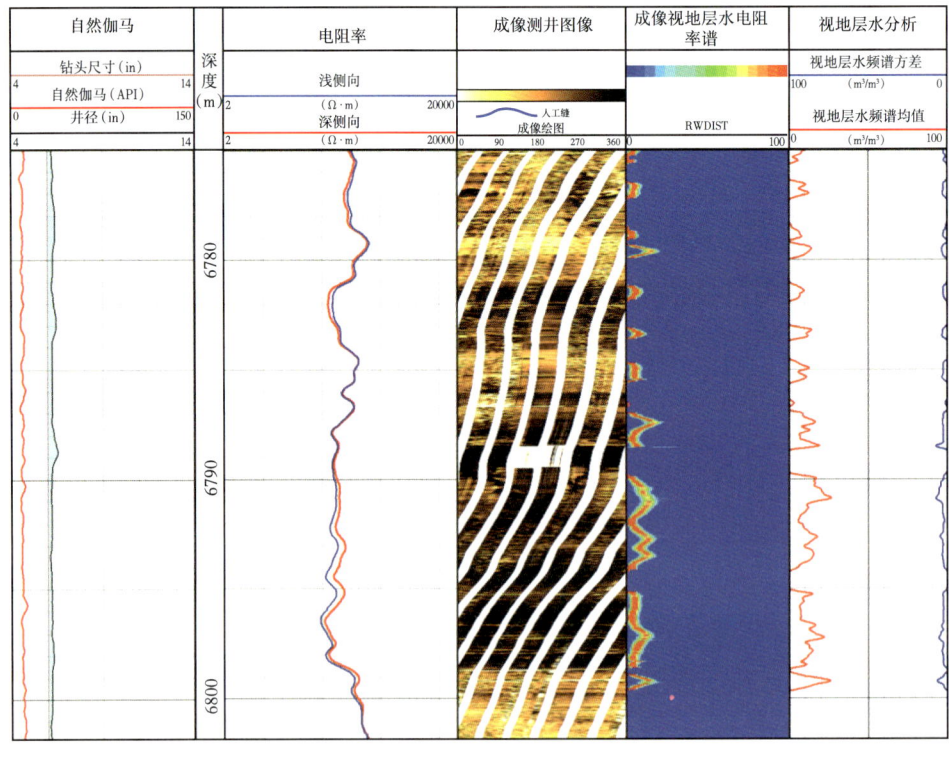

图 2-5-23　XK1 井 6781~6799m 井段视地层水电阻率谱处理成果图

气、水具有不同弛豫特征,通过测前设计,采用不同的双等待时间 T_w 进行测量,反映出流体性质在核磁共振响应上的差异。对于短等待时间 T_{wS},水信号可完全恢复,烃不能完全恢复;而对长等待时间 T_{wL},水信号可完全恢复,烃也能完全恢复。将两种谱相减,可基本消除水的信号,突出烃的信号,从而达到识别油、气、水层的目的。

表 2-5-2　不同流体核磁共振特性参数

流体类型	T_1(ms)	T_2(ms)	I_H	D($10^{-5}cm^3/s$)
盐水	1~500	0.67~200	1	7.7
油	5000	460	1	7.9
气	4400	40	0.38	100

注:D 为扩散系数。

图 2-5-24 为塔里木盆地某井 5520~5560m 储层常规测井及核磁共振测井资料,从常规测井曲线看,局部地层密度在 2.71g/cm³ 左右,电阻率低至 11Ω·m,PE 值高于石灰岩响应值,综合判断由于含黄铁矿引起。16 号层测井响应特征为油气层,而 18 号、19 号两个Ⅱ类储层电阻率低至 40Ω·m,电阻率低是否也由含黄铁矿引起,从常规测井曲线分析并不能确定。为确定流体性质加测 MRIL-P 型核磁共振测井,通过分析 T_2 谱分布及差谱特征(加 TDA),综合判断 18 号、19 号两层为油气层。因此,确认储层电阻率低是含黄铁矿所致。本段储层中测:日产油 1.15m³,不含水,证实了核磁共振测井解释。

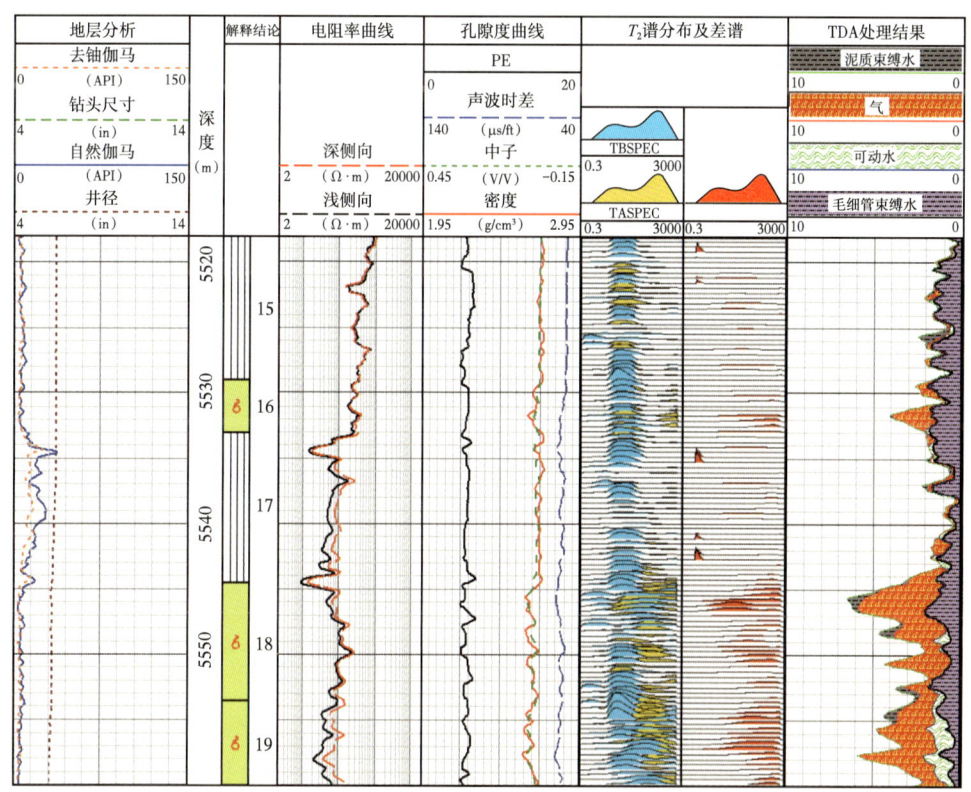

图 2-5-24　常规及核磁共振测井资料解释结果

由于核磁共振测井探测的是冲洗带或侵入带的孔隙流体信息，只有在钻井液侵入较浅、束缚水含量较低的情况下，才能较为真实地反映原状地层自由流体信息，且储层孔隙度应高于该区域储层孔隙度下限，使用该方法才能取得较好的应用效果。

5. 地层测试测井识别法

利用地层测试（MDT）测井资料所提供的信息，可以获取地层压力，确定流体性质，计算原状地层渗透率，研究流体流动情况，其主要应用以下两种方法实现地层流体性质识别。

1）压力梯度法

在压力与深度剖面图上，对同一压力系统、不同深度进行测量得到地层压力数据，理论上呈线形关系，直线的斜率即为该压力系统的压力梯度。压力梯度通过简单的换算即可得到储层流体密度，可以表达为：

$$\rho_f = \frac{\Delta p}{\Delta H \times 1.422} \quad (2\text{-}5\text{-}39)$$

式中：ρ_f 为测压层流体密度，g/cm^3；Δp 为同一压力系统任意两个有效测压点间的压差，psi；ΔH 为同一压力系统任意两个有效测压点间的深度差，m；1.422 为压力梯度转换系数。

利用 MDT 仪器测得地层多个不同深度的压力，建立压力与深度的线性关系即可计算得到地层流体密度值，分析其数值大小就可以判别出储层流体性质。

2）光学流体分析法

OFA 光学流体分析模块是 MDT 作业中应用效果最突出的模块之一，它所提供的成果直观、简洁，便于在取样的同时快速识别储层的流体性质。OFA 的光谱分析分为两个部分，即透射光和反射光的测量。通过对流线中流体的透射光谱分析，可以确定流体性质和流体的相对含量；而对反射光谱的分析可以指示流线中是否有气体的存在以及气体含量的高低。实现的办法是通过光源照射流线管壁上放置的蓝宝石晶体，产生的偏振光进入管壁与流线中物质的接触面，继而产生反射光及穿透流线中物质的透射光，反射和透射光再被反射接收窗口（6个）和透射接收窗口（10个）接收。当储层的流体性质不同时，接收窗口的显示结果也有所不同。

LFA 是在 OFA 基础上发展起来的新型流体分析模块，具有更完善的流体分析功能，目前已在四川替代 OFA 投入使用。从理论上讲，LFA 流体分析仪巩固并发展了 OFA 已有光学流体分析对溶解于原状流体中的甲烷的区别和计算的独特能力，可直接探测到流线中游离或溶解的甲烷，进而直接识别储层流体。

四、碳酸盐岩测井解释典型应用

本小节简要介绍上述方法在我国西部重点勘探开发区块的典型应用实例。

1. 在塔里木盆地哈拉哈塘地区哈 X 井中的应用

哈 X 井位于塔里木盆地塔北隆起轮南低凸起上，该低凸起北邻轮台凸起，南邻北部坳陷，西接英买力低凸起，主体在轮南油田—塔河油田一带。哈拉哈塘凹陷奥陶系整体向北抬升，奥陶系桑塔木组、良里塔格组、吐木休克组、一间房组逐渐遭受剥蚀，自南向北依次减薄尖灭，最北部为志留系柯坪塔格组岩屑砂岩段，直接覆盖于奥陶系一间房组潜山之上。

哈 X 井奥陶系储层主要发育在吐木休克组、一间房组和鹰山组，奥陶系桑塔木组和良里塔格组被剥蚀，奥陶系与志留系不整合接触，吐木休克组岩溶储层发育；从成像测井资料来看，一间房组主要发育溶孔型储层，裂缝不发育；鹰山组储层发育，溶蚀较为严重，发育较多的裂缝。

哈 X 井常规测井资料较齐全，根据测井资料对孔隙度、裂缝孔隙度、渗透率及含烃饱和度等参数进行了计算。综合处理成果图如图 2-5-25 所示。通过对该井电成像测井资料进行谱分析处理，对储层有效性及流体性质进行了分析与评价（图 2-5-26）。图 2-3-26 第 7 道、第 8 道分别为电成像孔隙度谱图像及谱参数，第 9 道、第 10 道为电成像视地层水电阻率谱分析图像及参数。从电成像孔隙度谱形状参数主峰右均方根差及主峰右宽度交会图可见，该井第 38 层有效性相对较差，其他储层有效性较好。电成像视地层水电阻率谱形状呈现典型的油层特征，谱分布范围较宽；计算的电成像视地层水电阻率谱均值与方差均落在油气层区域内，第 38 层有效性相对较差，综合解释为差油层；其余储层综合解释为油气层。综合利用上述分析结果，对奥陶系储层共解释 I 类

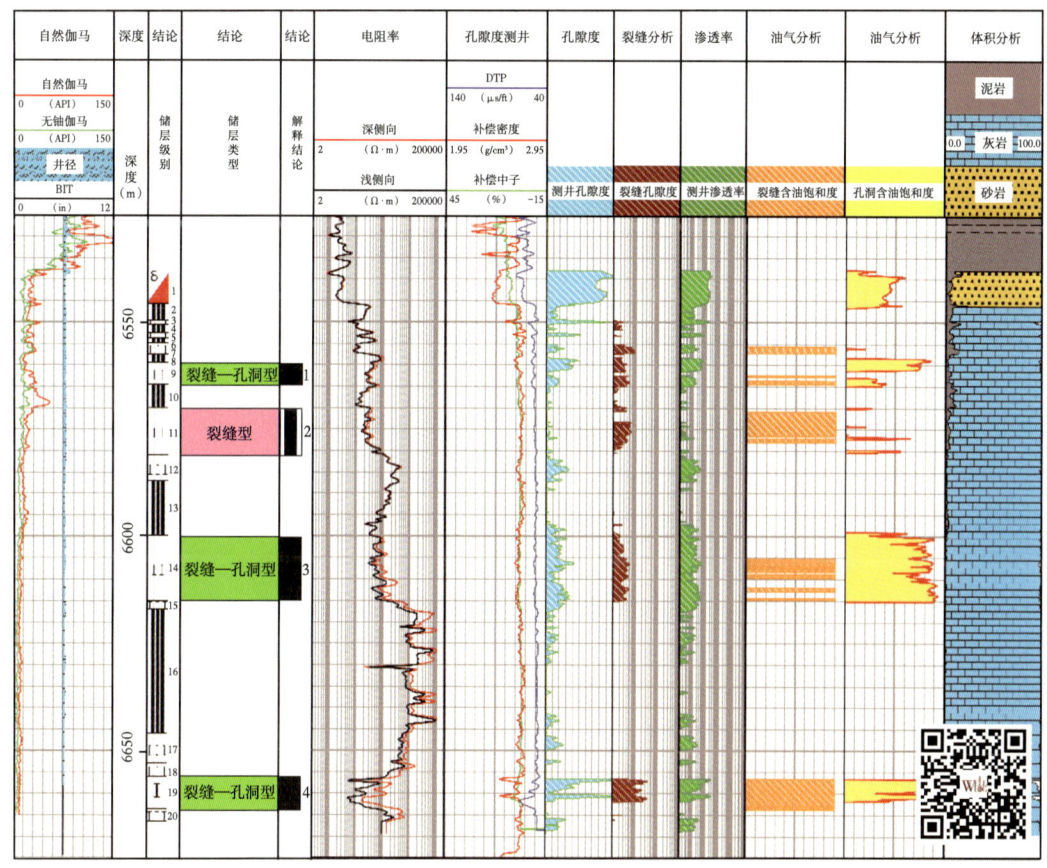

图 2-5-25 哈 X 井常规测井资料综合处理成果图

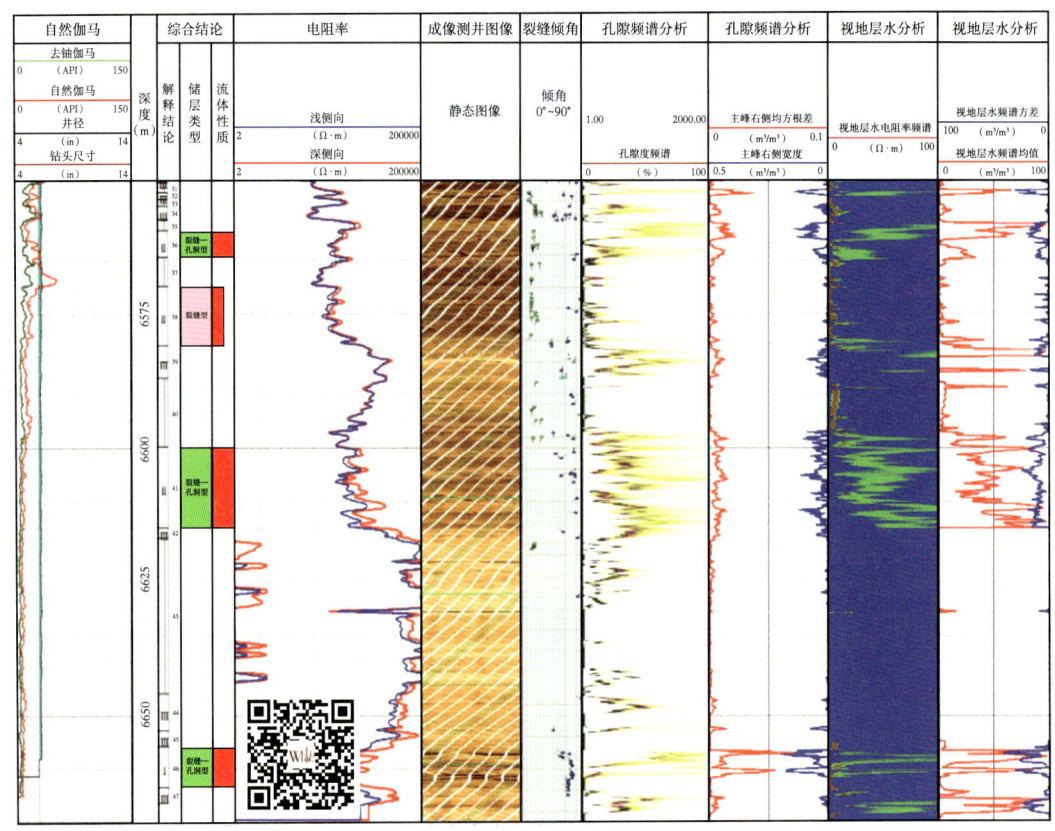

图 2-5-26 哈 X 井 XRMI 电成像谱分析综合处理成果图

储层 1 层共 7.5m，解释 Ⅱ 类储层 2 层共 26m；差油层 18.5m，油层 27.5m。2010 年 5 月 5 日，对该井 6512.61~6668m 井段进行测试（酸化井段 6591.25~6669m），使用 5mm 油嘴掺稀求产，日产地层油 52.5m³，蒸馏含水 1%，日产混合油 167.6m³，测试结论为油层。

2. 在四川盆地飞仙关组 LGX 井中的应用

龙岗构造位于四川省平昌县龙岗乡，地面为一个较平缓的北西向不规则穹隆背斜。在构造区划上属川北古中坳陷低平构造带平昌旋卷构造区。从地腹浅层开始，独立圈闭逐步消失，变化为低幅度的多变高点，至二叠系以下深层仅表现为一个宽缓的鼻状构造。

飞仙关组鲕滩气藏和长兴组生物礁气藏的储层主要是与礁滩相发育有关的各种颗粒岩、泥粒岩或鲕粒岩，经选择性白云石化和埋藏溶解作用形成的各种次生孔、洞、缝的储渗体，被周围致密岩体围限、封堵及上覆含泥质、膏质岩层封盖而形成圈闭，其分布均受沉积相控制。生物礁气藏作为一种岩性圈闭的气藏，储层类型主要是孔隙型的，但其储渗系统因各气藏成藏的地质条件不同而有所不同。从川东地区目前已取得的分析数据看，储层孔隙度按产气井单井平均为 1.6%~10%，孔隙渗透率为 1.5~43.6mD，产气井有效储层累积厚度为数米到百余米不等；通过对岩心的观察发现生物礁储层的裂缝发育情况也有明显差异。如铁山礁、云安厂礁裂缝发育，而板东礁、黄龙礁裂缝不发育；一些已投入开发或试采的气井的不稳定试井资料说明生物礁气藏储层的储渗系统具有属于双重介质的裂缝—孔隙型和单一介质的孔隙型两种。

图 2-5-27 是西南某井 6713~6730m 综合处理成果图，从成像测井分析，该段为礁翼微相，根据"礁丘翼为好储层"这一认识，该段应该处于储层的有利部位，该段计算的平均孔隙度为 4.2%，平均含气饱和度为 67%，ECS 测井处理结果表明，该段白云石化明显，白云石含量在 50% 以上，而且溶蚀孔洞非常发育，综合分析认为，该段储层为气层，建议进行试油。该井在 6713~6731m 井段进行了酸化压裂试油，日产天然气 $25.3 \times 10^4 m^3$，试油结论和解释结论完全一致。

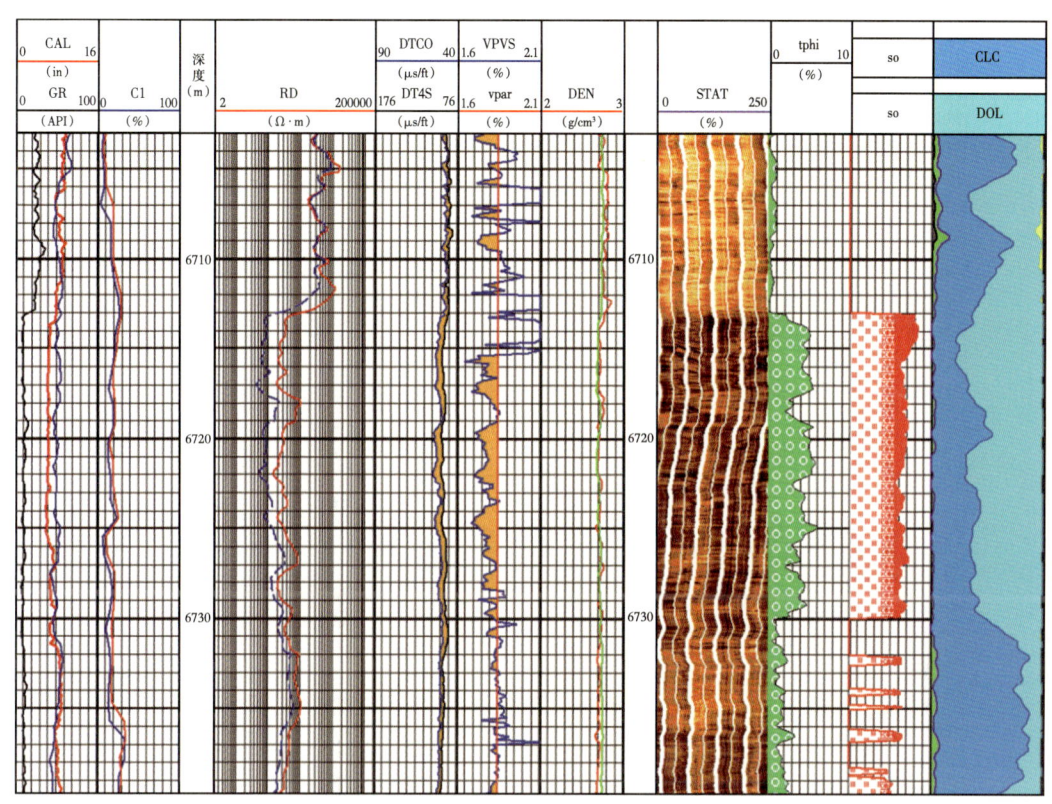

图 2-5-27　西南某井礁滩储层测井处理综合成果图

3. 在鄂尔多斯盆地马家沟组 SD 井中的应用

鄂尔多斯盆地奥陶系马家沟组纵向上可划分为上部、中部、下部三套成藏组合，靖西地区马家沟组中、上组合都具有好的成藏条件，具有形成大型气藏的地质基础。但中、上组合发育不同类型的白云岩储层。上组合主要为风化壳型白云岩储层，由于风化淋滤的作用，储层的溶蚀孔洞发育，孔隙类型以溶孔—晶间孔为主；中组合储层很少受到风化淋滤的作用，没有风化壳储层的渗流带和潜流带特征，缺少类似风化壳储层的大型溶蚀孔洞，孔隙类型以晶间孔为主。

SD 井位于靖边气田西侧，储层为风化壳白云岩储层。图 2-5-28 和图 2-5-29 是 SD 井风化壳岩溶储层识别过程。根据其图像特征，可自上而下划分为暗色条带状、垂直线状与暗色斑状、水平线状、块状等不同成像测井特征模式。对照风化壳岩溶带典型成像测井特征图版，可对该井岩溶带进行如下划分：3186.50~3187.50m 井段为风化壳残积层，3187.50~3202.50m 井段为垂直渗流岩溶带，3202.50~3235.00m 井段为水平潜流岩溶带，3235.00m 以深为基岩。

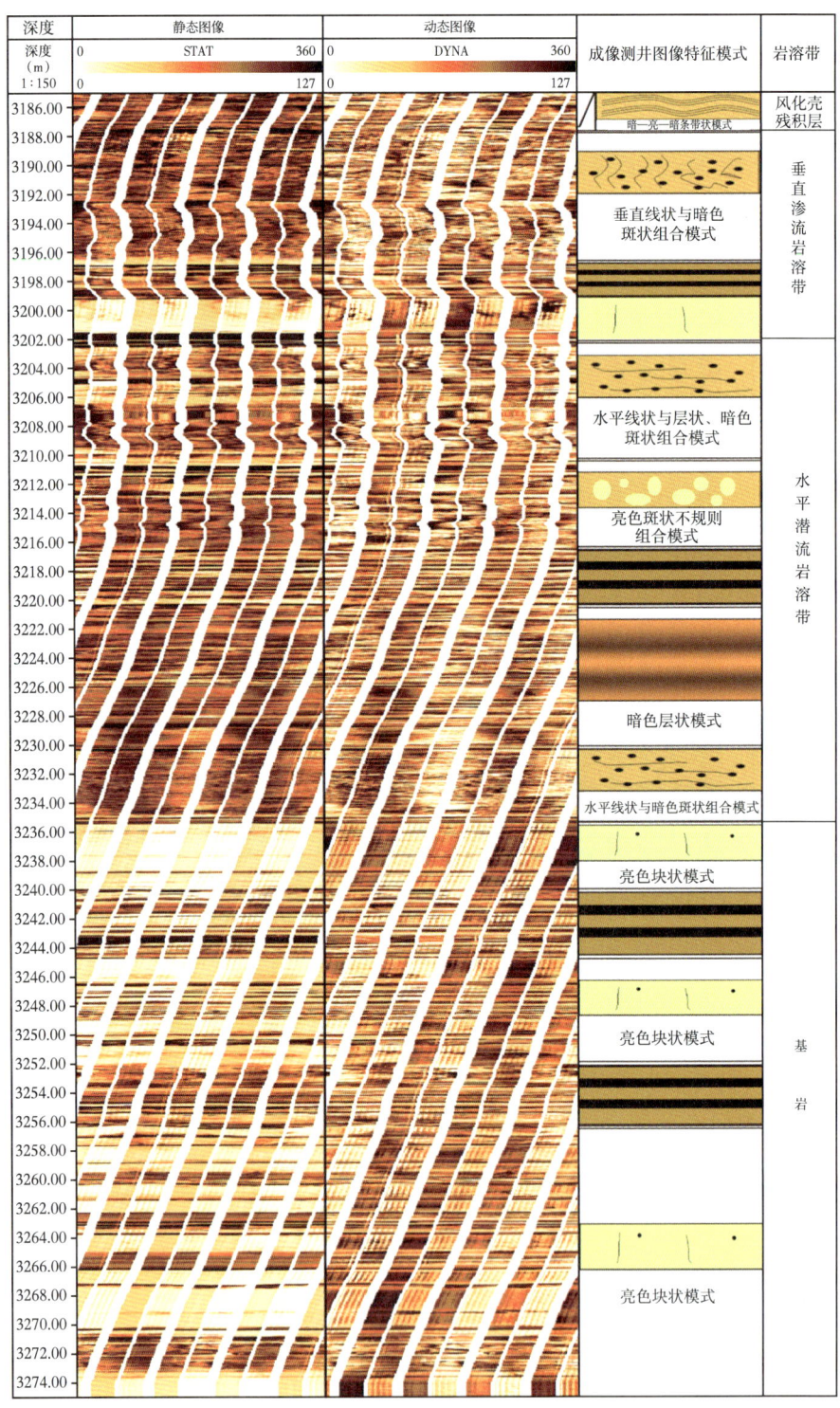

图 2-5-28 SD 井风化壳岩溶带识别

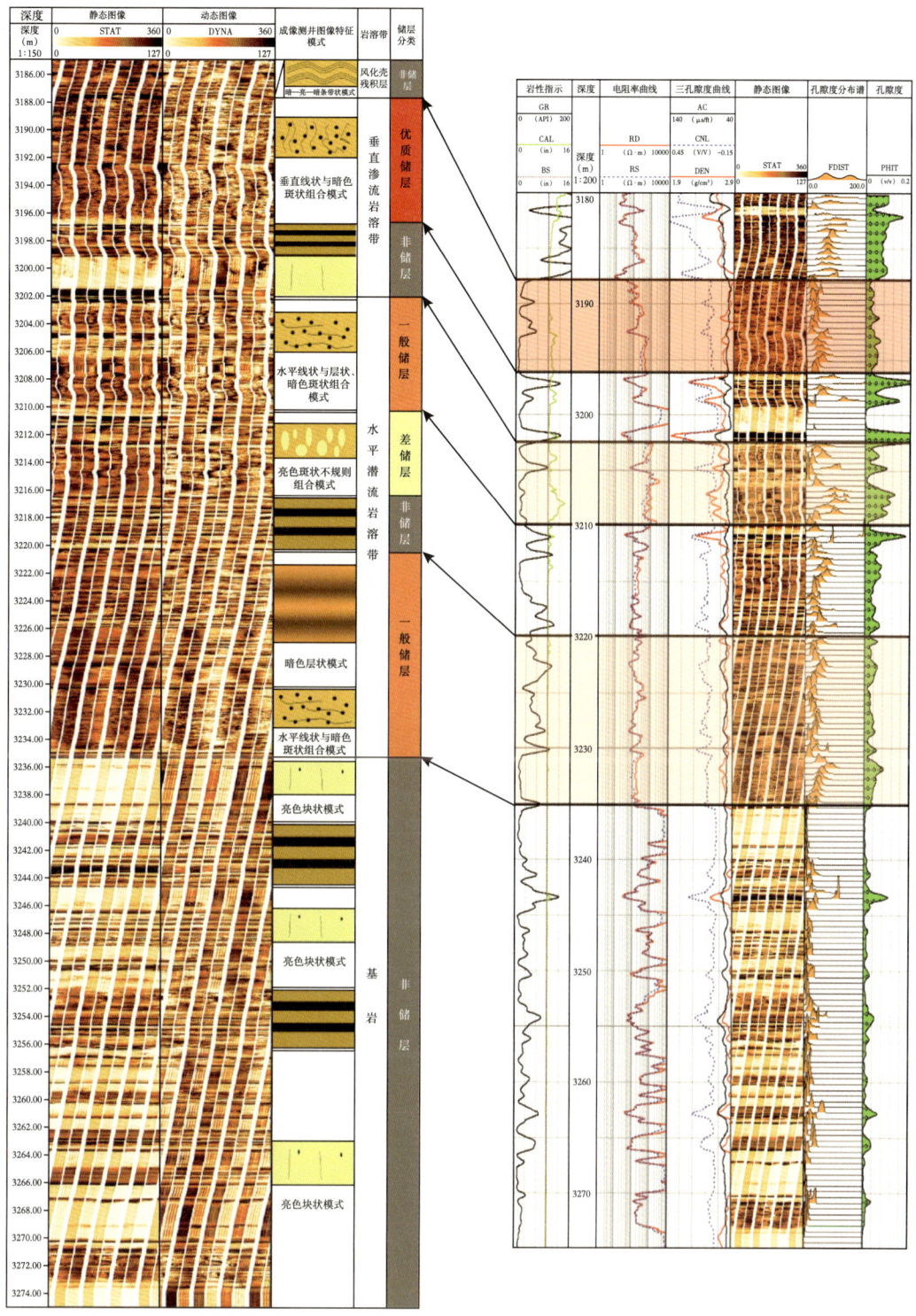

a. 岩溶带与有利储层分布　　　　b. 常规测井资料综合处理成果图

图 2-5-29　SD 井有利储层分布预测

图 2-5-29 是 SD 井有利储层分布预测，图 2-5-29a 是根据成像测井图像划分的岩溶带与有利储层分布；图 2-5-29b 是该井常规资料，第 1 道是自然伽马、井径及光电吸收截面指数曲线；第 2 道是深度索引曲线；第 3 道是双侧向电阻率曲线；第 4 道是三孔隙度测井曲线，即密度测井曲线、中子测井曲线与声波测井曲线；第 5 道是成像测井静态图像；第 6 道是成像资料结合常规资料结果计算的孔隙度分布谱；第 7 道是常规资料计算的总孔隙度。根据成像测井图像特征及有利储层分布特征划分，3188.00~3196.00m 为优质储层段，3202.50~3210.00m 井段、3220.00~3235.00m 井段位于水平潜流岩溶带，为一般储层，其余井段为非储层。从常规测井曲线上可见，3188.00~3193.00m 井段泥质含量较高，下段岩性较纯，双侧向电阻率值在 400Ω·m 左右，位于有利储层电阻率值分布区间内，计算孔隙度在 5% 左右；3202.50~3210.00m 井段、3220.00~3235.00m 井段 计算孔隙度约为 5%，电阻率测井值位于 100~1000Ω·m 之间，可能为储层发育层段，成像测井预测结论与常规测井资料分析结果相一致。

测试结果显示，对 3193.00~3196.50m 井段酸化，井口日产气 $3.3 \times 10^4 m^3$，无阻流量 $6.5 \times 10^4 m^3$，是该井奥陶系风化壳主力产层，而该段正是利用成像测井图像特征识别出的有利储层部位；3202.50~3210.00m 井段、3220.00~3235.00m 井段未测试，为一般储层，测试结论与成像测井预测结论一致。

第三章 火山岩测井解释评价

火山岩油气藏是油气勘探热点对象之一。与沉积岩储层相比，火山岩岩性复杂多样，纵横向变化快，岩性识别和多井对比困难；同时火山岩储层储集空间复杂多样，多为裂缝、孔隙双重介质，基质孔隙度相对较低，有效储层的识别和储层物性评价更为困难；此外，由于岩性和储集空间的复杂多样，造成了孔隙结构的复杂多变，给电阻率测井资料评价含油气性增加了许多不确定性。

第一节 火山岩储层类型与基本特征

火山岩是由岩浆冷凝固结所形成的岩石，其岩性和岩相主要取决于形成火山岩的岩浆性质、产出状态和形成环境。按其在地壳中形成的部位可以分为侵入岩和喷出岩（火山岩）两大类。岩浆侵入到地壳一定部位后冷凝固结的岩浆岩叫侵入岩，在地壳深部（一般限定的深度为大于3000m）形成的叫深成岩；在地壳浅部（一般限定的深度为1500~3000m）形成的叫浅成岩。火山活动中岩浆溢出或喷出地表冷凝固结的岩石，叫喷出岩（火山岩）。

一、火山岩岩石学特征

火山岩的物质成分包括化学成分和矿物成分，它们是火山岩的基本组成，是火山岩分类和命名的主要依据。

1. 火山岩的化学成分

火山岩中主要的造岩元素有O、Si、Ti、Al、Fe、Mn、Mg、Ca、Na、K、H、P等，其中含量最多的是O、Si、Al、Fe、Mg、Ca、Na、K等，它们占火山岩重量的99.25%，尤其以O的含量最高，占总重量的46.59%，占总体积的94.2%。

研究火山岩的化学成分，常用其对应的氧化物质量分数来表示，以SiO_2、Al_2O_3、Fe_2O_3、FeO、MgO、CaO、Na_2O、K_2O和H_2O等9种氧化物最为主要，占火山岩平均氧化物含量的98%，且各类岩石或多或少均有出现。其中，SiO_2是主要的成分，随SiO_2含量的增加，火山岩酸性程度增加，基性程度降低，其他氧化物呈有规律的变化，如图3-1-1所示。

由图3-1-1可以清楚地看出，随SiO_2含量的增加其他各氧化物含量的变化规律。

（1）MgO和FeO的变化趋势一致，二者随SiO_2含量的增加而急剧减少，特别是MgO的变化幅度更大。

（2）Al_2O_3和CaO的变化趋势基本一致，Al_2O_3在超基性岩（纯橄榄石、辉长石）中含量极少，在基性岩中大量增加（在SiO_2含量为45%~50%的区段上出现峰值），而在中性岩和酸性岩中保持相对稳定；CaO 在基性岩中大量增加，而在中性岩至酸性岩（闪长岩、花岗岩等）又逐渐减少，其减少量明显大于 Al_2O_3 的减少量。

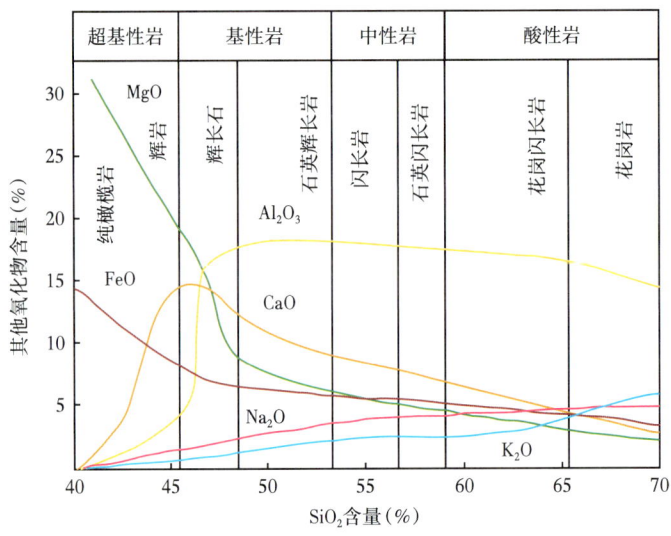

图 3-1-1　火山岩中 SiO_2 与其他氧化物含量之间的变化关系

（3）Na_2O 和 K_2O 的变化趋势一致，均随着 SiO_2 含量的增加而逐步增加。

由此可见，在不同类型的火山岩中，主要造岩元素的氧化物含量有规律地变化，其矿物成分有明显差异。

2. 火山岩的矿物成分

火山岩的矿物成分是火山岩岩性分类命名的主要依据，对了解岩石的化学成分、生成条件及岩浆岩的成因都具有重要的意义。除极少数玻璃质岩石以外，绝大部分火山岩都由矿物组成，它们主要是 O、Si、Al、Mg、Ca、Na、K 等元素的硅酸盐和铝硅酸盐，Fe、Ti 的氧化物，以及晶质 SiO_2 的某些同质多相变体。其中最常见的火山岩造岩矿物有下列 8 族：橄榄石、辉石、角闪石、黑云母、碱性长石、霞石和石英，如图 3-1-2 所示。

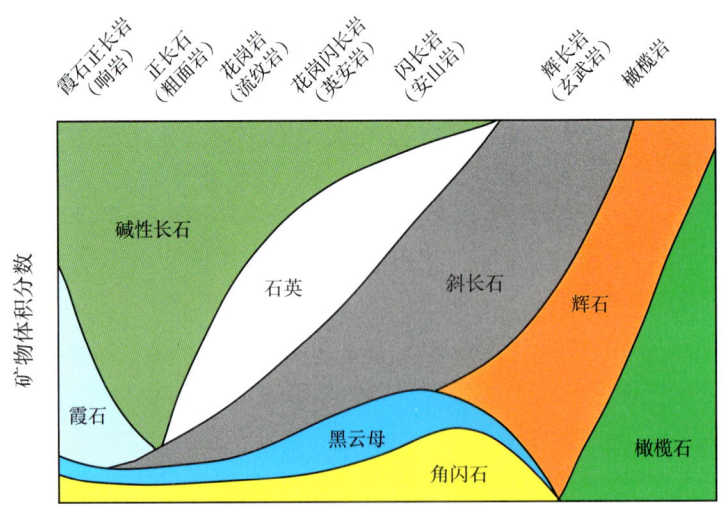

图 3-1-2　火山岩中常见的主要矿物组成

一种特定的岩石，主要由上述矿物中某一种或某几种按一定比例构成。例如，辉长岩（相应的喷出岩是玄武岩）由近乎等量的斜长石和辉石组成，且含少量黑云母和角闪石；如以橄榄石为主兼有辉石时，就称为橄榄岩（相应的喷出岩是科马提岩）；当斜长石、碱性长石和石英三者含量相近时，就是花岗岩（相应的喷出岩是流纹岩）；当斜长石数量超过碱性长石和斜长石总量的2/3或9/10，并含一定量石英、角闪石或者黑云母时，是花岗闪长岩（相应的喷出岩为英安岩）或闪长岩（相应的喷出岩为安山岩）；如以碱性长石为主，则为正长岩（相应的喷出岩是粗面岩）；相仿于正长岩，但含霞石的，称霞石正长岩（相应的喷出岩是响岩），等等。因此，随着矿物组成的变化和矿物相对含量的多寡，构成了各种超基性岩、基性岩、中性岩、酸性岩和碱性火山岩，见表3-1-1。

表3-1-1 典型火山岩矿物组分表

岩石	矿物组分	矿物含量（%）	岩石	矿物组分	矿物含量（%）
橄榄岩	辉石	50	英安岩	角闪石	12
	橄榄石	50		黑云母	15
玄武岩	角闪石	16		斜长石	35
	辉石	20		钾长石	18
	斜长石	60		石英	20
安山岩	黑云母	4	流纹岩	角闪石	4
	角闪石	16		黑云母	8
	黑云母	10		斜长石	13
	斜长石	52		钾长石	50
	钾长石	12		石英	25
	石英	10			
粗面岩	角闪石	4	安粗岩	角闪石	4
	黑云母	5		黑云母	5
	斜长石	4		斜长石	48
	钾长石	87		钾长石	43

火山岩的矿物组成取决于岩浆的化学成分、结晶环境、温度、压力系统等条件。岩浆的化学成分决定了火山岩的基本矿物组成，但是矿物颗粒的大小、数量、颗粒之间的相互关系、成分等，又随岩浆结晶条件而变化。因此，火山岩矿物有许多变种。例如Al元素，它既可与K、Si等元素以$K_2O \cdot Al_2O_3 \cdot 6SiO_2$的形式组成钾长石，也可以与Na、Si等元素以$Na_2O \cdot Al_2O_3 \cdot 6SiO_2$的形式组成钠长石，还可以与Ca、Si等元素以$CaO \cdot Al_2O_3 \cdot 6SiO_2$的形式组成钙长石，元素与矿物之间并没有严格的对应关系，多解性较强，因此给基于火山岩矿物含量多寡的岩性识别方法带来一定的困难。

3. 火山岩岩石分类

火山岩分类除了遵循按照各种火山岩的固有特征及相互关系进行归纳划分、便于生产使用的基本原则外，还要考虑岩石的成因、化学成分、矿物成分、结构、构造、产状等因素以及测井可识别、可操作性。

1) 火山岩岩石地质分类

火山岩主要由硅酸盐组成，SiO_2 是火山岩的主要成分，SiO_2 含量的变化反映了火山岩岩性的变化。国际地科联（IUGS）(1989) 提出了按 SiO_2 的质量分数划分火山岩岩性的方法，这种方法称为酸度分类法。根据 SiO_2 含量的变化将火山岩分为四类：超基性岩（＜45%）、基性岩（45%~52%）、中性岩（52%~63%）、酸性岩（＞63%）。根据碱金属氧化物与 SiO_2 含量的比值 $(Na_2O+K_2O)^2/(SiO_2-43)$ 可将火山岩划分为：钙碱性系列（比值＜3.3）、碱性系列（比值介于3.3~9.0）、过碱性系列（比值＞9.0），这种分类方法称为碱性分类方法。目前，较为常用的用火山岩的氧化物含量进行火山岩分类的方法还有 TAS 图解分类法，国际地科联火山岩分类学分委会推荐的 TAS 图的分类标准如图 3-1-3 所示。值得说明的是这三类分类方法都是应用火山岩的氧化物成分进行分类的方法，需要岩石全氧化物资料，同时不具成因意义，因而在应用上受到一定的限制。

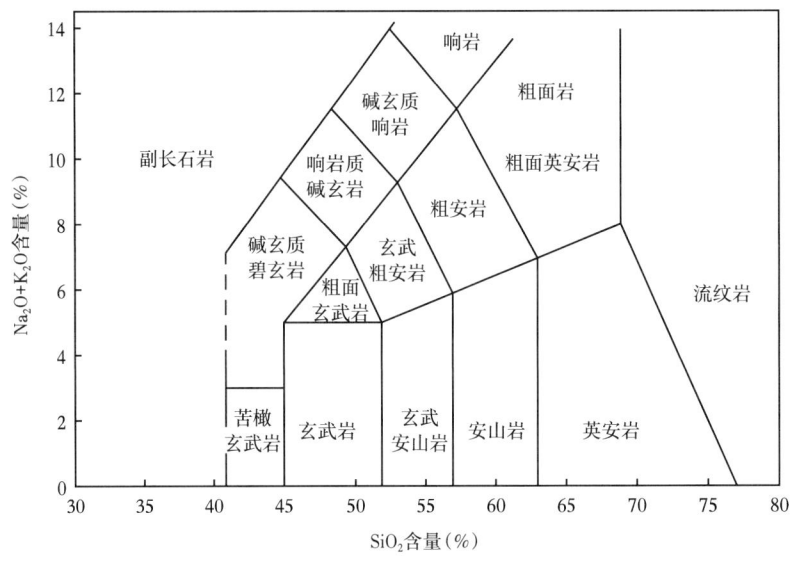

图 3-1-3 火山岩的 TAS 图分类

在 1989 年第 28 届地质大会上，国际地科联火山岩分类学分委会推荐了一种火山岩定量矿物成分分类方法（QAPF 分类法）。QAPF 分类方法将矿物分为五类：

Q——石英（石英、方石英、鳞石英）；

A——碱性长石（正长石、微斜长石、歪长石、透长石和钠长石）；

P——斜长石和方柱石；

F——副长石；

M——铁镁矿物及其有关矿物（云母、角闪石、辉石、橄榄石、不透明矿物、副矿物、绿帘石、石榴子石、黄长石、钙镁橄榄石和原生碳酸盐类等）。

五类矿物中，前四组 Q、A、P 和 F 为长英质矿物，M 组为镁铁质矿物。Q 与 F 不能共存。因此，在任何一种岩石中，最多只能存在四组矿物的组合。

QAPF 分类方法以实际矿物含量为基础，根据暗色矿物含量 M 将火山岩分为两大类：第一类是 M 为 90%~100% 的超镁铁质岩石，划分为第十六个区，居于双三角形图外。根据暗色矿物橄榄石、辉石和角闪石的含量比可对它做进一步划分，以主要铁镁矿物种属来表示，如橄榄岩、辉石岩等。第二类是 M < 90% 的岩石。再根据 Q、A、P 和 F 矿物数量比进一步进行划分。分类采用双等边三角形图解，双三角形的四个角顶分别代表石英、碱性长石、斜长石和副长石（图 3-1-4）。由于石英和副长石类矿物不能共存，故它们分别位于双三角形相对的两个顶端。在分类时使 Q+A+P=100%，A+P+F=100%，再根据 Q 或 F 的百分含量和 P/（A+P）值将 QAPF 双等边三角形划分为十五个区，每个区即是一种岩石大类的基本名称。

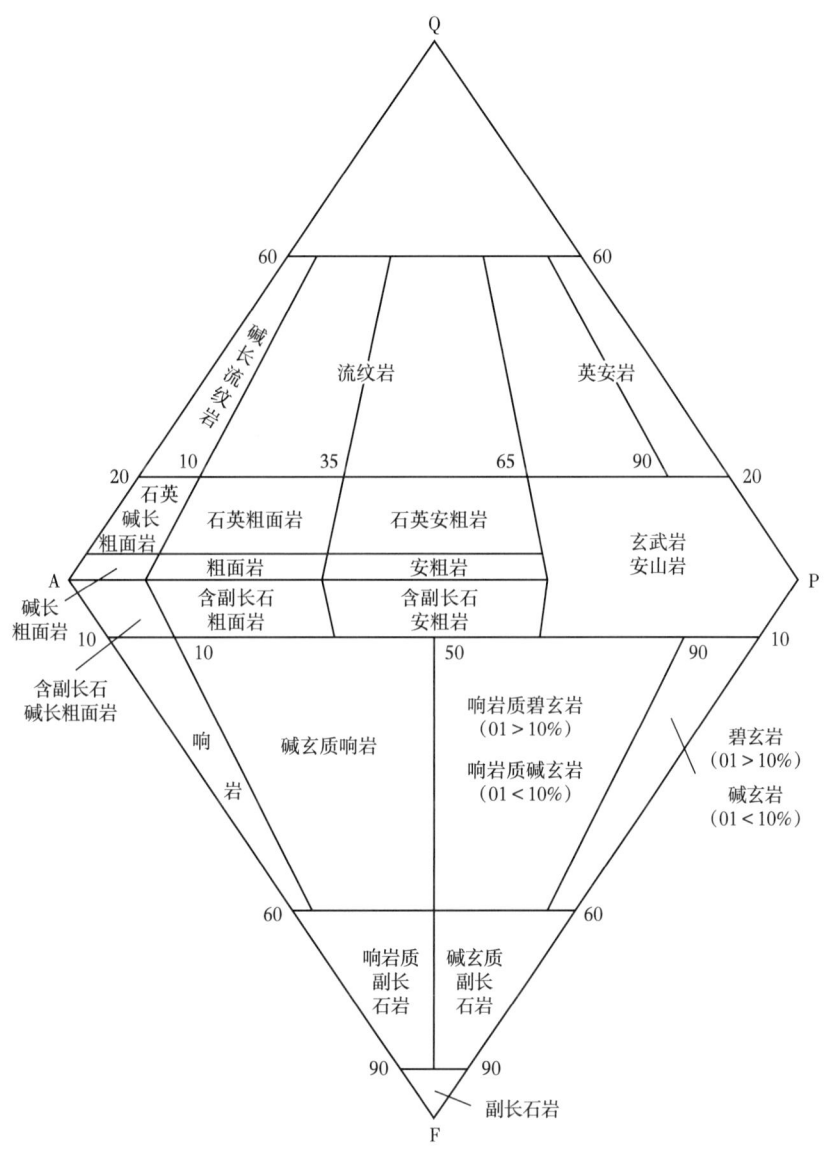

图 3-1-4　火山岩的 QAPF 分类图解（据 Strekeisen，1978；LeMeitre，1989；邱家骧，1996）

2）火山岩岩石测井分类

测井学的特点是用其他物理量间接地反映火山岩的化学成分及结构、构造特征，镜下精细的火山岩分类命名方法用测井是无法实现的。这样，就需要针对火山岩岩石学的特点和岩石物理学的特点，考虑测井资料的分辨率，在基本满足地质需求的前提下，对火山岩的岩性按测井响应特征进行一定的归类，形成满足地质需求、可操作性强、便于推广应用的测井分类方法及火山岩命名方法。

以三塘湖盆地石炭系火山岩分类为例，图3-1-5为火山岩样品的全岩氧化物TAS图解火山岩岩性识别图。TAS图显示，尽管该盆地石炭系火山岩从基性到酸性均有分布，但均为钙碱系列的火山岩。准噶尔盆地及松辽盆地的火山岩也基本为钙碱系列的火山岩，火山岩的碱性变化不大，这就大大减小了火山岩岩性分类的难度，提升了火山岩酸性分类的有效性和可操作性。因此，火山岩的测井成分分类采用以酸性分类为基础的火山岩岩性分类法。考虑到研究区均未见超基性火山岩，按照火山岩二氧化硅含量的变化将火山岩划分为四大类（图3-1-6）。划分标准如下：基性（玄武岩类）SiO_2含量为45%~52%，安山质（安山岩类）SiO_2含量为52%~63%，中酸性岩类（英安岩类）SiO_2含量

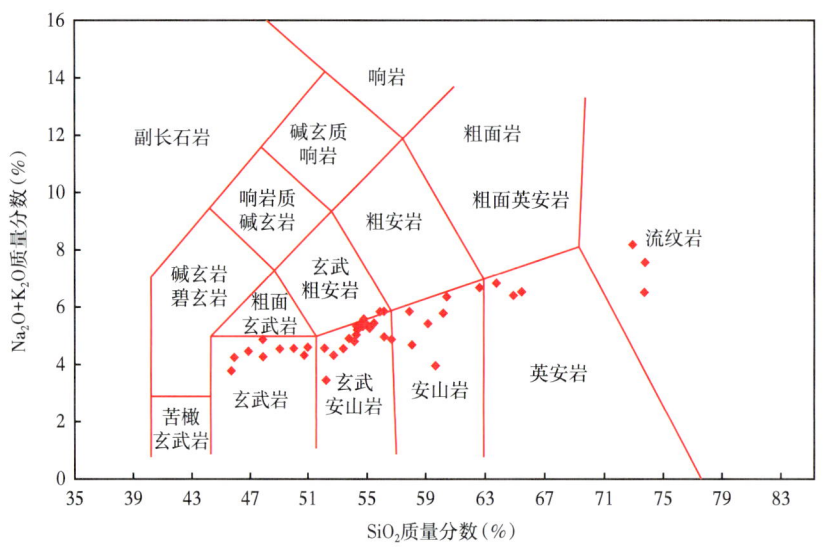

图3-1-5　三塘湖盆地石炭系TAS图解火山岩岩性识别图

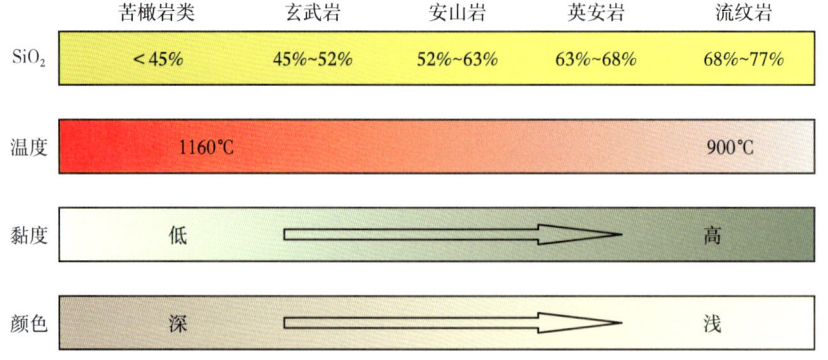

图3-1-6　火山岩成分的酸性分类方法

为63%~66%，酸性岩类（流纹岩类）SiO_2含量大于66%。火山熔岩的命名以四大类岩石的名称为基础，前缀加以结构、构造描述，裂缝发育的可加以描述，如裂缝发育的杏仁、气孔玄武岩。

火山碎屑岩按碎屑的相对大小和碎屑颗粒的主要成分分类。首先根据碎屑粒度的大小分为四类，即火山集块岩（≥64mm）、火山角砾岩（2~64mm）、火山灰凝灰岩（0.05~2mm）和火山尘凝灰岩（＜0.05mm）。以四大类火山碎屑岩为基础，根据碎屑颗粒的主要成分进行成分描述，称为质。如火山碎屑岩进一步分类为角砾岩，碎屑成分主要为玄武岩成分，则命名为玄武质角砾岩。

二、火山岩储集特征

火山岩储层储集空间的类型极其复杂，既有原生孔隙，又有孔喉变化较大的次生溶蚀孔隙。不同类型的孔隙空间对火山岩储集性能及产能的影响较大，厘清不同类型火山岩储集空间类型及其发育特征，对火山岩储层识别及有效性评价至关重要。

1. 火山岩储集空间类型

火山岩储层多为裂缝、孔隙双重介质的储层，从微观到宏观都表现出严重的非均质性，孔、洞、缝交织在一起，储层性能有很大的差异性和突变性。通常，裂缝是渗流的重要通道，基质孔隙是主要的储集空间。火山岩的储集空间可分为原生和次生储集空间两大类。原生储集空间包括原生孔隙和原生裂缝。其中，原生孔隙主要包括原生气孔、残余气孔、晶间孔、火山碎屑间孔；原生裂缝主要包括冷凝收缩缝、收缩节理和砾间裂缝等三种类型。次生储集空间包括次生孔隙和次生裂缝。其中，次生孔隙主要包括斑晶溶蚀孔、基质溶蚀孔、杏仁体溶蚀孔、交代物再溶蚀孔和冷凝收缩缝溶蚀孔等；次生裂缝包括构造裂缝和风化裂缝等。事实上，各种储集空间多呈组合形式出现，如原生孔隙中的气孔往往和缝、洞相连，而次生的构造缝常见为溶蚀—构造复合缝。火山岩常见的储集空间类型、成因及特点见表3-1-2。

表3-1-2 常见火山岩储集空间类型、成因及特点

储集空间类型		成因	特点
原生空间	原生孔隙	晶间孔	造岩矿物格架	孔隙尺寸相对较小
		气孔	冷凝工程中气体逸出	熔岩层的顶、底部发育，大小不一，形状各异
		收缩孔	冷凝收缩时气体占据的空间	多发育于熔岩层的中部，孔隙尺寸相对较小
		碎屑间孔	碎屑颗粒支撑	发育于粒度相对较大的火山碎屑岩，较为少见
	原生裂缝	冷凝收缩缝	岩浆冷凝收缩	常见的为节理缝，呈张开式，岩石少有错动
		砾间缝	自碎或隐爆	有复原性，裂缝规模小，多为微裂缝

续表

储集空间类型			成因	特点
次生空间	次生孔隙	溶蚀孔	斑晶溶蚀孔、斑晶和基质间溶蚀孔、基质溶蚀孔、杏仁体溶蚀孔、蚀变物溶蚀孔、交代物溶蚀孔	各种类型溶蚀作用	风化壳、裂缝面发育及原生渗透性好的层段发育
	次生裂缝		构造裂缝	后期构造作用	多发于构造应力释放带,与断裂有较好的相关性,规律性好
			风化、剥蚀缝	风化、剥蚀造成的岩石破裂	发育于风化壳,多为不规则的网状裂缝
			成岩收缩缝	碎屑颗粒脱水作用	发育于碎屑颗粒与填隙物之间,主要为微裂缝

根据岩石物理评价的特点,通常又将火山岩的储集空间分基质孔和裂缝两大类。基质孔隙主要包括气孔、杏仁体内孔、斑晶晶间孔、收缩孔、微晶间孔、晶内孔、溶蚀孔、胀裂孔、塑流孔及微裂缝等几何尺寸相对较小的孔隙空间,通常声波测井可以有效反映这些孔隙空间。裂缝包括构造裂隙、隐爆裂隙、成岩裂隙、风化裂隙、节理缝及大尺寸的孔洞等,声波测井无法有效地反映这些缝、洞,但密度测井和成像测井可以有效识别。

2. 火山岩储集空间演化

储集空间的演化可分为下述几个阶段。

(1)岩浆作用阶段:形成各种原生孔隙和裂缝。

(2)岩浆期后热液阶段:对原生孔进行填充或溶蚀。

(3)次生裂缝与蚀变交代阶段:由于构造作用影响,岩石破碎或产生裂隙,次生裂隙本身就是储集空间,并对不连通的孔(如气孔)缝(如原生裂隙)进行连通和改造。同时,热液沿裂缝通道改造两侧的外貌,对岩石进行交代,并形成溶蚀孔。交代溶蚀与充填同时发生,形成各种溶孔、充填残留孔、缝等。

(4)风化淋滤作用阶段:地质体裸露地表,经机械风化作用产生大量裂隙,加上化学风化作用和淋滤作用,一般有利于储存空间的形成与改善,但极细的风化物也能起到充填作用。

(5)深埋改造作用阶段:地壳下降,接受沉积,火山岩受上覆地层的覆盖和地下水的改造作用,携带油气的有机酸对孔、缝也有强烈的改造作用,改造后的空间被油气或水充填。

综上所述,储集空间的演化过程包含有利和有损于储集性能的两个方面,测井所能研究的是各种过程综合作用的结果,即当前的物理特征。

3. 火山岩储层主控因素

火山岩储集空间的形成、演化过程受诸多因素的控制,是一种动态的演化过程,控制因素复杂。岩相、岩性是控制火山岩储层物性的内因,一切次生作用等外部因素引起的物性变化都是通过内因而起作用。不同岩性、岩相的火山岩在相同的地质条件下经受风化剥蚀、构造作用、交代溶蚀作用与充填作用的程度是不同的,存在着明显的不均一性。构造作用往往会产生大量的构造裂缝。裂缝产生的概率除了受应力释放程度、火山岩体的构造位置、岩体的厚度等因素的影响外，不同岩性、岩相的火山岩产生裂缝的概率也不相同，裂缝的发育也存在着明显的不均一性。不同岩性、岩相的火山岩抗风化、剥蚀程度也存在明显的不均一性，从基性岩到酸性岩，抗风化的能力依次增强。

1）岩性、岩相

不同的地区火山岩的岩浆类型、岩相及成分、产出状态、产出环境对物性的影响各有特点，影响因素极其复杂。尽管岩性、物性对火山岩物性的影响存在多样性，火山岩岩浆演化、矿物共生组合的规律性反映在物性上也存在着内在规律性。

（1）岩性对物性的控制作用。

从基性到酸性火山岩，产出岩浆的温度逐渐降低，暗色矿物逐渐减少，二氧化硅的含量逐渐增加，岩浆的黏度逐渐增加，橄榄石、辉石等不稳定矿物的含量逐渐减少。上述火山岩的岩石学特征，对火山岩的物性有内在的控制作用。

从基性火山岩到酸性火山岩，由于岩浆的黏度逐渐增大，在挥发分含量和喷发环境相同的情况下，基性岩浆中的气体更容易逸出而形成气孔。岩心观察发现，基性的玄武岩气孔通常多但尺寸相对较小，酸性岩石的气孔少但尺寸相对较大。这也许是中基性火山岩原生孔隙通常更为发育的原因。

从基性火山岩到酸性火山岩，橄榄石、辉石、角闪石等不稳定暗色矿物的含量逐渐减少。橄榄石、辉石、角闪石一般蚀变形成伊利石、绿泥石、蛋白石、沸石及方解石，这些蚀变的产物对孔隙空间充填作用强烈。在地层水溶性强、流动性好的情况下，水溶液不饱和沉淀，这些溶解物被带到异地，气孔保存良好，且会形成次生的溶蚀孔。反之，这些溶解物易沉淀在已有的孔隙空间，形成次生充填。由于中基性火山岩易蚀变，蚀变矿物的含量大于酸性火山岩，在同等情况下，水溶液更容易饱和而发生沉淀作用，这是中基性火山岩杏仁构造更为发育、次生作用通常造成孔隙空间减少的重要原因。总而言之，中酸性火山岩原生孔易于保存，中基性火山岩原生孔易被充填，后期易发生次生变化（如浊沸石化、绿泥石化等）及溶蚀作用。

图 3-1-7 是准噶尔盆地的陆东—五彩湾地区 23 口井 333 块岩心实验数据统计结果，对比表明火山岩岩性对储层物性有重要的控制作用。总体来看，酸性火山岩的物性好于基性火山岩。上述结论仅仅是地区性的统计结果，在一定程度上反映了该地区火山岩岩性对物性的控制作用。

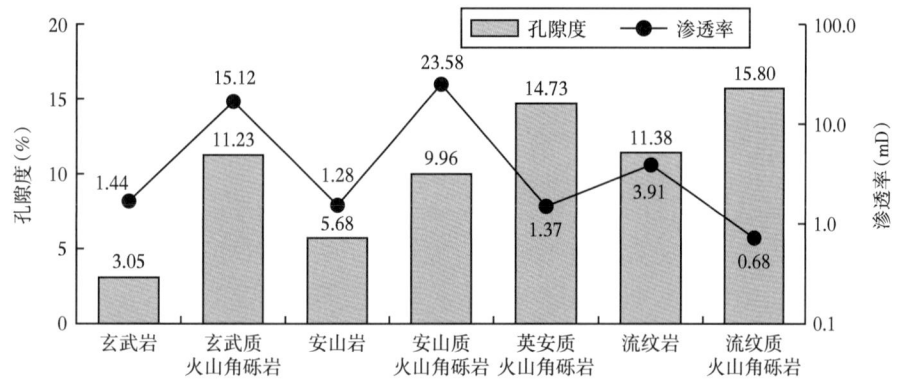

图 3-1-7 准噶尔盆地陆东—五彩湾地区不同岩性物性实验结果统计图

（2）岩相对物性的控制作用。

火山岩的岩相对火山岩的物性有明显的控制作用。有利的火山岩相带主要发育在近火山口相。近火山口岩相如火山熔岩、火山碎屑岩发育，长期处于构造高部位，风化淋滤作用相对较强。另外，火山熔岩及火山碎屑岩易于受到不同程度的改造，受交代作用及溶蚀作用的程度也较高。

同时研究表明，爆发相的火山岩物性好于溢流相；爆发相火山岩如火山角砾岩和粗凝灰岩好于其他类型的火山碎屑岩。火山爆发初期，火山碎屑岩除了发育气孔外，通常具有碎屑间孔，这些碎屑间孔在后成岩阶段或多或少的有所保存。另外由于成岩初期其渗流特性要好于一般溢流相的火山岩，这就为后热液作用提供了重要的通道，后期溶蚀作用更强。溢流相的火山岩其上部亚相和下部亚相物性一般好于中部亚相，上部亚相和下部亚相原生气孔通常较为发育，次生溶蚀作用也更为强烈，中部亚相一般较为致密，但一般裂缝发育。另外，上部亚相通常受到一定的风化、淋滤改造作用，物性也相对较好。

在火山活动的后期，由于喷发能量减弱，往往会形成熔渣玄武岩和浮岩。这种火山岩气孔最为发育，是火山岩中最为有利的储层类型之一。次火山岩相火山岩的结晶程度好于一般火山岩，长石等斑晶易于溶蚀形成晶间溶孔和斑晶溶孔洞，这也许是次火山岩物性一般要好于溢流相火山岩的重要因素。

2）风化、淋滤作用

风化、淋滤作用的结果，会在风化壳以下形成风化淋滤带。不同岩性的火山岩抗风化、淋滤的能力有所不同，同种岩性的火山岩所处的构造位置及其物理环境不同，遭受风化、淋滤的程度也有所不同。因此，不同构造位置、不同岩性、岩相火山岩的风化、淋滤带的厚度存在较大的差别。

风化淋滤的结果是会在顶部形成风化破碎带，在下部形成风化淋滤裂缝。由于风化淋滤裂缝的存在，在裂缝发育带溶蚀能力增强，溶蚀孔洞较为发育。对火山岩而言，风化程度与储层物性一般成正比关系。风化程度自上而下减少，风化微裂缝发育及溶蚀程度逐渐降低。此外，同一构造环境，不同岩性、不同岩相的岩石风化淋滤对物性的改造存在明显的不均一性。火山岩经风化、淋滤改造物性通常有较大的改善；而沉积岩明显存在两面性，有时会改善物性、有时则会使沉积岩的物性变差，或变化不大。这种风化、淋滤作用的不均一性对火山岩的成藏有重要的控制作用。

3）压实及构造作用

火山岩的岩石强度相对较大，和沉积岩相比压实减孔量相对较小，特别是火山熔岩，物性几乎不受压实的影响。沉积岩和火山岩的这种压实的差异性也是火山岩成藏的又一重要控制因素。

构造作用对火山岩物性的影响较大，在构造的作用下会产生一系列的构造裂缝。在其他因素相同的条件下，应力释放带裂缝最为发育，断裂带及正向构造的轴部地应力得到了有效的释放，是最为有利的裂缝发育带。在相同的构造应力作用下，一般薄层比厚层火山岩裂缝更为发育，也就是说火山岩的厚度越小，裂缝越发育。除了构造位置、岩层的厚度等影响因素外，岩石的延展性及脆性对裂缝的发育也有明显的控制作用，火山岩比沉积岩更容易产生裂缝，熔岩比火山碎屑岩更容易产生裂缝，酸性岩比基性岩更容易产生裂缝，不同岩性的岩石产生裂缝的概率存在明显的非均一性。

4）蚀变、溶蚀及充填作用

一般来讲，热液活动的直接后果是导致原有矿物发生次生变化（蚀变、溶蚀），同时有新的矿物形成导致次生胶结和充填作用发生。蚀变和溶蚀使火山岩孔隙度增加，胶结和充填使孔隙度，尤其是渗透率降低。因此蚀变作用对岩石物性有双重影响，一方面可以增加孔隙大小，但如果蚀变程度过高，蚀变后形成的次生矿物往往会对裂缝、孔隙等储集空间产生充填作用，使得储层物性变差。

火山岩热液蚀变的程度主要受岩石的化学成分、结构、构造以及热液的性质控制，也与交代作用的方式、过程有关。不同性质的热液与不同岩性的火山岩发生作用可形成不同类型的蚀变。基性和超基性的火山岩在岩浆后热液的作用下，岩石中橄榄石、辉石等铁镁矿物在后热液的作用下可发生水化、硅化、碳酸盐化和绿泥石化，形成高含水的蛇纹石、绿泥石、方解石和白云石。中性火山岩在后热液的作用下，岩石中辉石、角闪石、斜长石等矿物发生分解，转变成钠长石、绿泥石、绿帘石、阳起石和碳酸盐等矿物。水化作用形成绿泥石、绿帘石和阳起石等高含水的黄绿色矿物，与二氧化碳作用形成方解石和白云石。酸性火山岩在后热液的作用下发生蚀变，常形成次生石英岩，为一种浅色细粒致密的岩石。

火山岩溶蚀与火山岩的化学成分、结构、构造和水溶液的性质有关。一般水溶液的酸性、碱性和温度增加，溶液的溶蚀能力增强。火山岩的溶蚀除了和后热液作用有关外，还与风化、淋滤作用有关。除此之外，也与溶剂与溶质的接触面积、渗流通道的通畅性有关。

火山岩的充填程度主要与地层水的溶解能力和水动力条件有关。当地层水溶解能力较强，未达到饱和时，一般不会产生沉淀充填，而当溶液达到饱和时，沉淀充填是必然的。溶解、沉淀是一个动态过程，当溶液未达到饱和时，以溶解为主，当溶液达到过饱和时，以沉淀为主。在地层水流动性较好的条件下，溶解的物质容易带到它处，溶液不会达到饱和状态，溶解持续发生，溶解能力较强。相反，在地层水流动性较差的情况下，地层水很容易达到饱和产生沉淀，堵塞原有的渗流通道和孔隙空间。由此可以推断，岩石原有的渗透能力和地层水的流动性是控制溶蚀和充填的重要因素。也就是说，岩石的原始物性越好，产生溶蚀改造的条件越好，溶蚀改造越容易向物性更好的方向发展。反之，原始物性越差，蚀变程度越高，越容易造成物性进一步变差。

图3-1-8为准噶尔盆地L9井玄武岩段的综合测井图。该井段录井显示较好，取心也见到了明显的油气显示。但测井结果显示，补偿中子测井值较大，具典型的强蚀变火山岩的特点。该井段单从密度测井看，密度测井值达到了$2.65g/cm^3$，密度最大值达到了$2.85g/cm^3$，这对于玄武岩，密度测井值还是较低的，若用此值作为该段玄武岩的骨架，计算孔隙度值可达11%，似乎是物性较好。但该层试油、压裂后仍为干层。取心薄片资料很好地解释了该井段无产能的原因。从薄片照片可以看出，玄武岩蚀变程度较高，橄榄石出现明显的绿泥石化，长石格架也出现了绿泥石化，原始气孔几乎全部被绿泥石、方解石和浊沸石充填。密度测井值较低是蚀变形成了部分低密度矿物造成的。

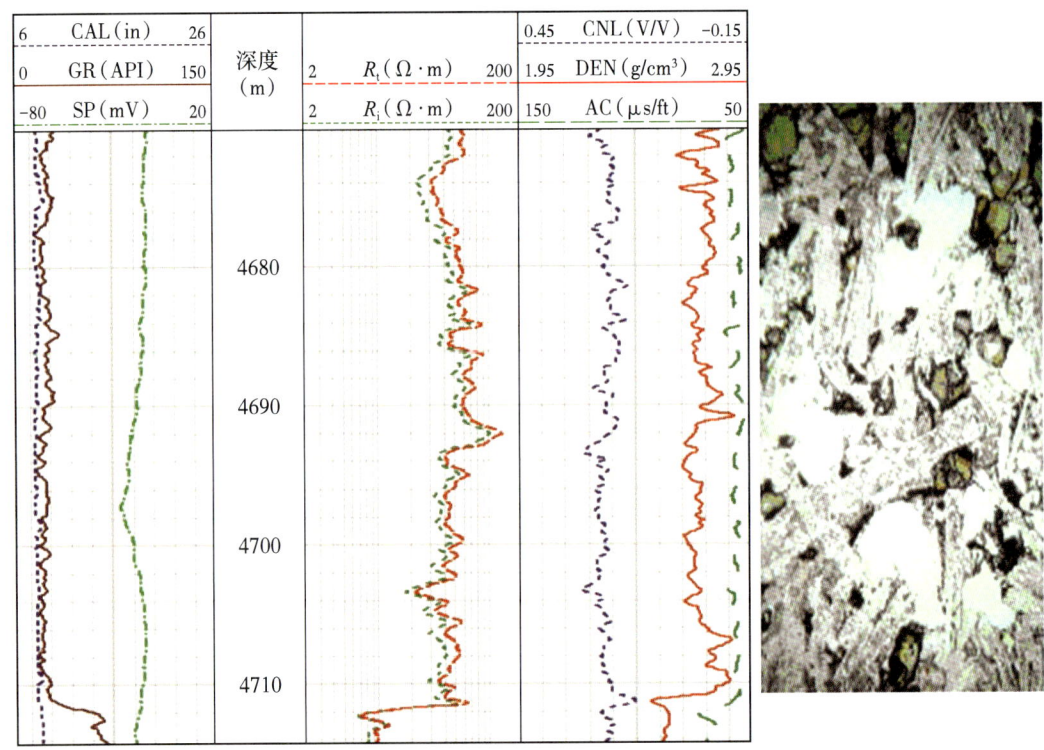

图 3-1-8 L9 井蚀变玄武岩井段的综合测井图

第二节 火山岩测井响应特征

火山岩的测井响应特征是岩石的成分、孔缝发育程度和流体性质等因素的综合反映。厘清不同类型火山岩测井响应特征，对准确地利用测井信息确定火山岩的岩石类型、估算岩石骨架参数以及计算孔隙度、饱和度等储层参数具有重要的指导意义。

一、自然伽马测井响应特征

自然伽马测井曲线反映了岩石所放射出自然伽马射线的总强度。一般从基性岩、中性岩到酸性岩，岩石中钾的含量逐渐增高，而酸性岩的铀、钍含量最高，因而放射性响应最强，自然伽马测井曲线值最大。以大庆徐家围子火山岩为例，从图 3-2-1 中可以看出，基性岩放射性最低，中性岩居中，酸性岩最高。在同一类岩石中，岩石的结构对放射性也有影响，基性岩和中性岩从熔岩向火山碎屑岩过渡，粒度由粗逐渐变细，放射性增加。研究区基性岩的自然伽马测井值一般不超过 50API，中性岩自然伽马测井值则在 50~80API 之间变化，中酸性岩自然伽马测井值一般在 125~130API 之间变化，酸性岩自然伽马测井值大于 130API。

通过对以上数据的分析可以发现，自然伽马测井的数值变化基本上反映了火山岩的岩性变化，因此在火山岩岩性识别中占有很重要的作用。相对于中基性火山岩，酸性火山岩的自然伽马值最高，是识别火山岩岩性最有效的信息之一。

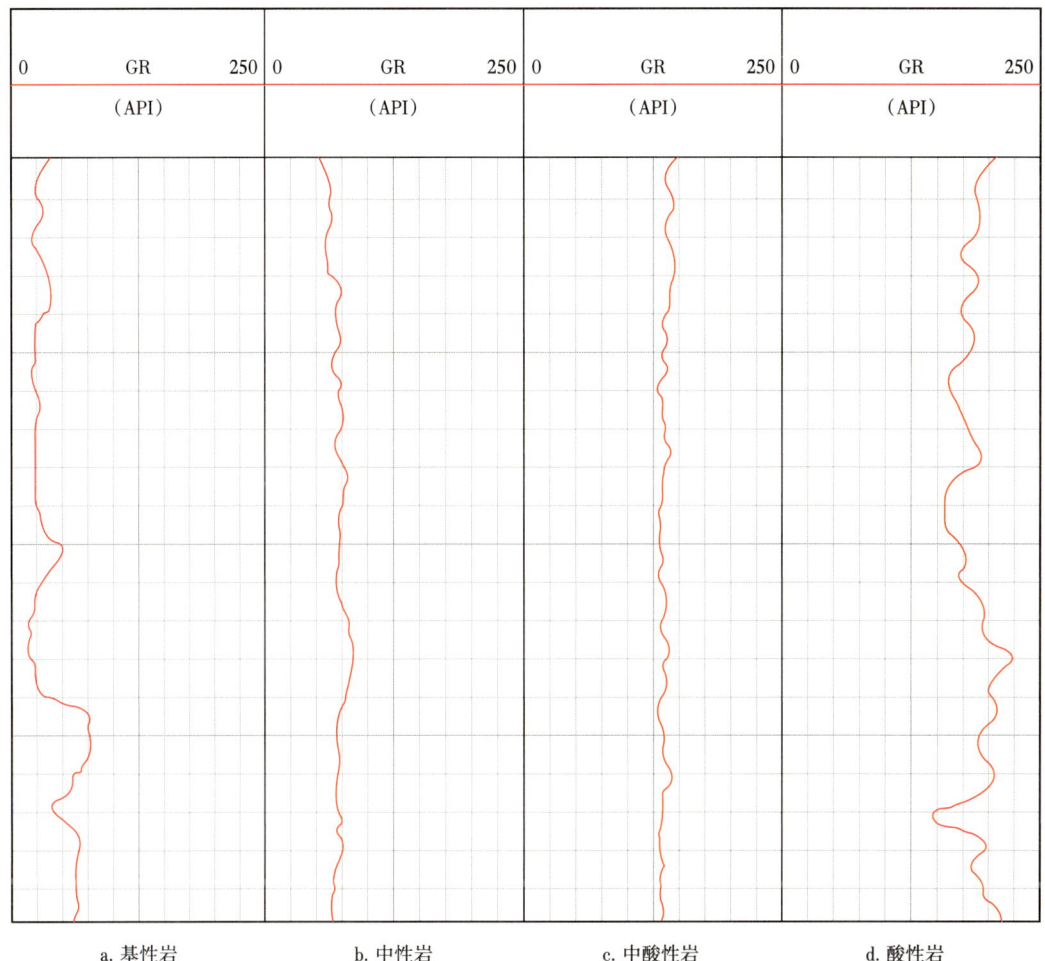

图 3-2-1 火山岩自然伽马测井曲线图

自然伽马能谱测井反映了地层岩石中铀、钍、钾含量产生的伽马射线总和，不同类型的火山岩具有的天然放射性元素（铀、钍、钾）的含量有明显的区别。自然伽马能谱测井在某些方面比自然伽马测井应用更广泛，因为它能提供更加详细的伽马射线信息。如图 3-2-2 所示，在大庆徐家围子地区，当火山岩岩性从基性、中性到酸性的变化过程中，自然伽马能谱测井曲线的变化规律分别表现为：基性岩中钾的含量平均为 1.13%，中性岩为 2.24%，中酸性岩为 3.10%，酸性岩为 3.8%，从以上数据可以看出钾的含量是逐渐增加的，但是增加幅度不是很大；钍的变化范围分别为基性岩 $1\sim4\mu g/g$，中性岩 $4\sim9\mu g/g$，中酸性岩 $10\sim14\mu g/g$，酸性岩大于 $14\mu g/g$，变化还是比较明显的；铀的变化范围为基性岩 $1\sim2\mu g/g$，中性岩 $1\sim2\mu g/g$，中酸性岩 $3\sim6\mu g/g$，酸性岩 $4\sim7\mu g/g$。

从上面的数据可以发现，在火山岩从基性、中性到酸性的变化过程中，自然伽马能谱测井曲线铀、钍、钾的含量都是逐渐增加的。钍的变化规律最明显；钾的含量虽然也在逐渐增加，但增加幅度较小；与钍、钾的变化规律相比，铀的变化规律最不明显。

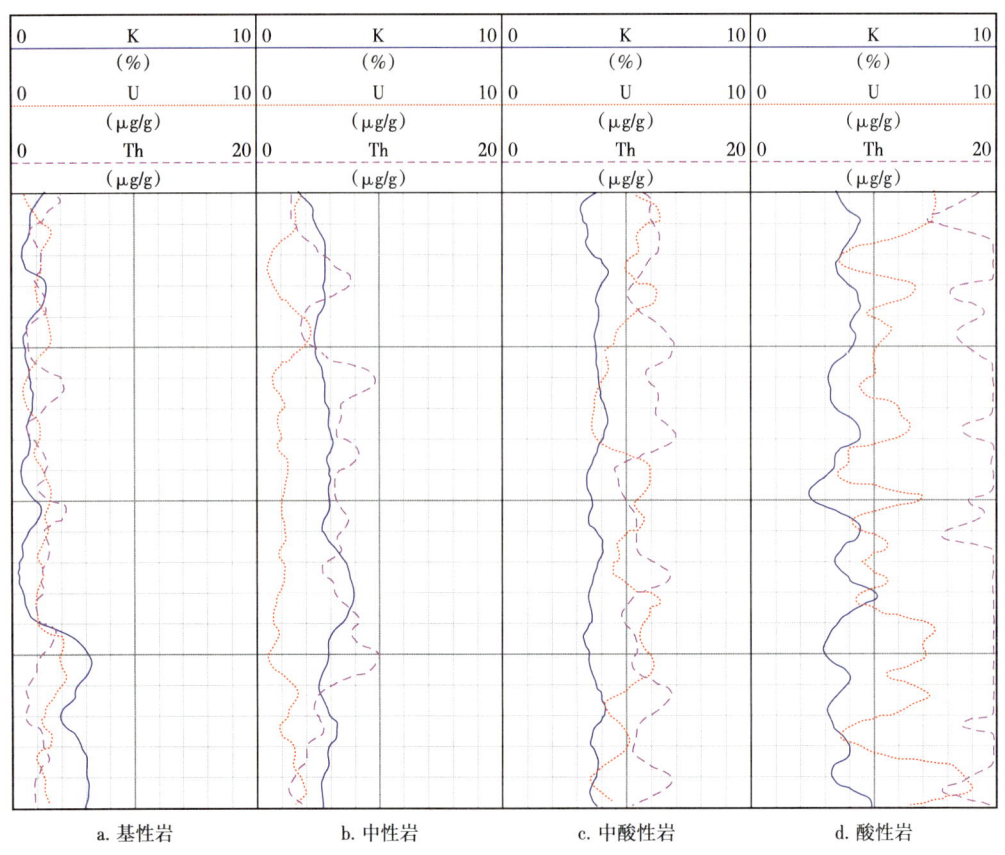

a. 基性岩　　　　　　b. 中性岩　　　　　　c. 中酸性岩　　　　　　d. 酸性岩

图 3-2-2　火山岩自然伽马能谱测井曲线图

二、电性测井响应特征

电阻率测井反映了岩石的矿物成分、热液蚀变、孔洞和裂缝发育程度、流体性质及含油气多少的变化。由于火山岩岩性复杂多变，当火山岩岩性的矿物成分或结构发生变化时，电阻率测井曲线也会产生变化。孔隙内的流体性质对电阻率测井影响较大；此外，发育的孔洞或网状裂缝被钻井液滤液充满时也会降低电阻率测井值；另外，长石风化为高岭石、黑云母蚀变为绿泥石，也可以降低岩石的电阻率。由于地层的电阻率受到各种因素的影响，因此火山岩地层的电阻率测井曲线值变化范围很大，在火山岩从基性岩、中性岩、中酸性岩到酸性岩的变化过程中，没有特别明显的变化规律，如图 3-2-3 所示。一般致密熔岩的电阻率最高，当裂缝或气孔发育时，由于受到钻井液侵入的影响，地层的电阻率有所降低。熔结凝灰岩的电阻率普遍低于致密的熔岩；一般凝灰岩的电阻率比熔结凝灰岩的电阻率低，但块状的致密的凝灰岩的电阻率也较高。

自然电位的分布和岩性有密切的关系，而且受地层水电阻率、地层厚度、扩径、地层温度、地层水矿化度等许多因素的影响。由于自然电位测井本身的局限性，从已有的多口井的测井曲线上看，不同岩性的火山岩没有表现出太大的差别，上下地层变化很小，有的层段甚至就是一条直线，如图 3-2-4 所示。

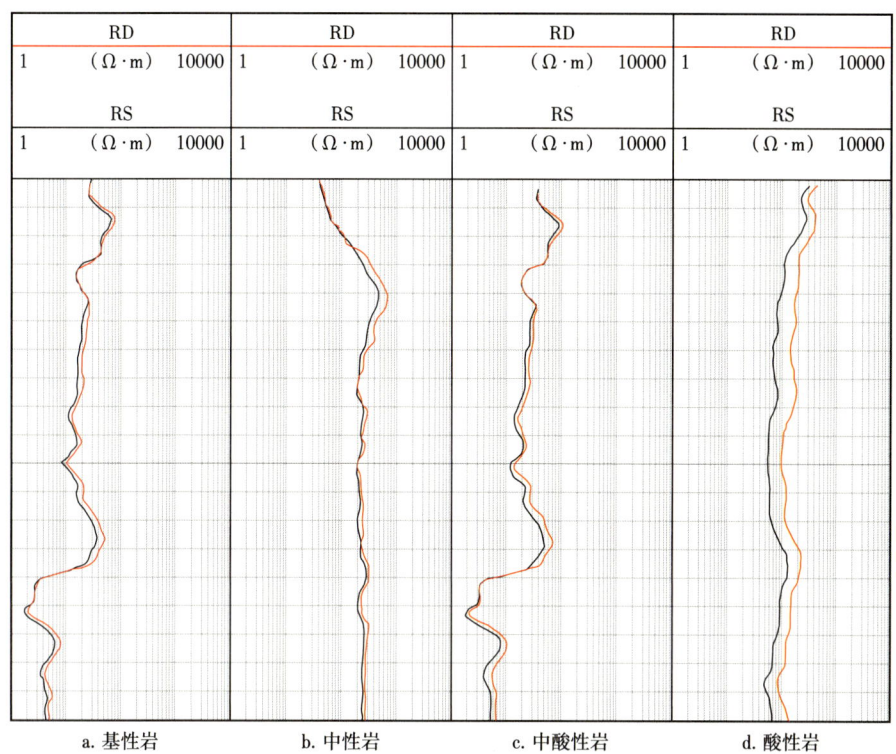

图 3-2-3　火山岩电阻率测井曲线图

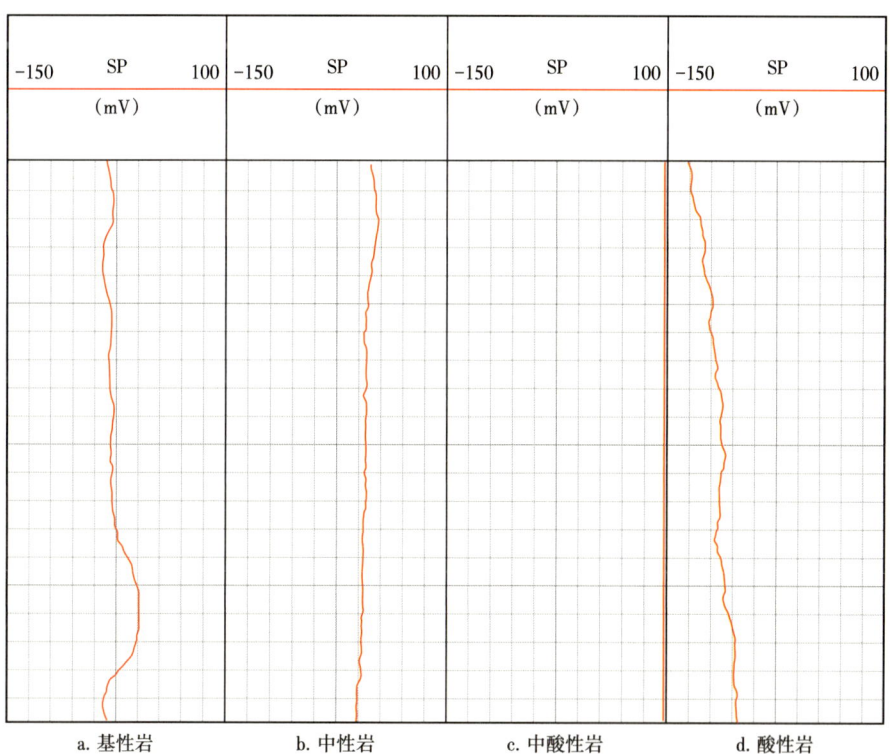

图 3-2-4　火山岩自然电位测井曲线图

三、三孔隙度测井响应特征

1. 中子测井曲线响应特征

中子测井受地层岩性、流体性质影响较大,并随孔隙、裂隙中流体含量的变化而发生变化。当岩石发生蚀变时,次生的绿泥石、沸石、绢云母等矿物含有大量的结晶水和结构水,常表现出很高的中子孔隙度值,特别是在蚀变严重时,中子测井曲线的反应异常敏感。如蚀变的玄武岩中子孔隙度最高可达30%以上,明显高于同类未蚀变岩石,可用于鉴别热液蚀变层的存在。在大庆徐家围子地区,在火山岩岩性从基性、中性到酸性变化的过程中,中子测井曲线平均值分别为:基性岩25%,中性岩9%,中酸性岩3%,酸性岩7%,如图3-2-5所示。

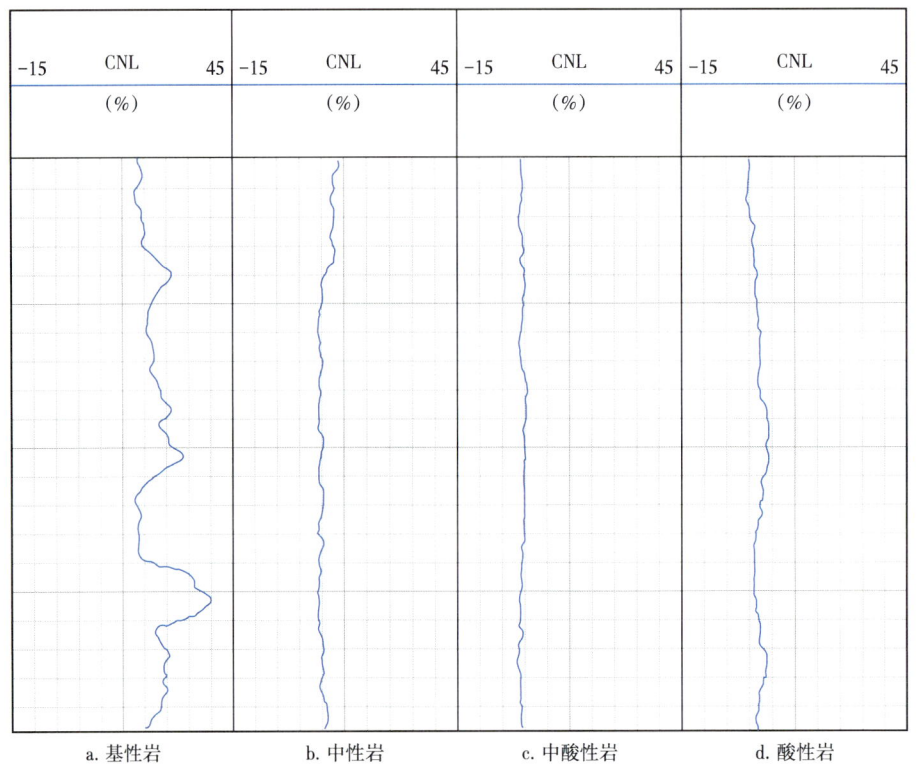

图3-2-5 火山岩中子测井曲线图

根据以上数据可以发现,在火山岩岩性从基性、中性到酸性的变化过程中,中子孔隙度是逐渐减小的。因此,中子孔隙度值在划分基性、中性和酸性三大类别时具有较高的分辨率。但由于中子测井还受孔隙、裂隙流体的影响,因此中子测井数据必须经过一定的预处理后才能使用。

2. 密度测井曲线响应特征

密度测井值受组成岩石的矿物成分、孔隙、裂隙、井眼尺寸和滤饼的影响。在火山岩中,随着岩性从基性、中性到酸性变化,岩石中铁、镁等重矿物含量逐渐减少,钙、铝矿物逐渐增加,因此密度是逐渐减小的。当然,孔隙发育的地层,其密度值会相应减小。在火山岩中玄武岩的密度较高,可以达到2.8g/cm³,而流纹岩平均密度只有2.45g/cm³左右;

在同类岩石中，火山碎屑岩的密度低于熔岩。孔洞或裂缝发育段由于受钻井液侵入的影响，密度明显下降，并呈锯齿状剧烈变化。同样，岩石蚀变产生的沸石充填于气孔、裂缝之中，也会造成密度值下降。研究区火山岩岩性从基性、中性、中酸性至酸性的变化过程中，密度测井曲线平均值分别为：基性岩 2.80g/cm^3，中性岩 2.70g/cm^3，中酸性岩 2.67g/cm^3，酸性岩 2.45g/cm^3，如图 3-2-6 所示。

总体来说，火山岩岩性从基性、中性到酸性变化，密度测井曲线值的变化趋势是逐渐降低的。

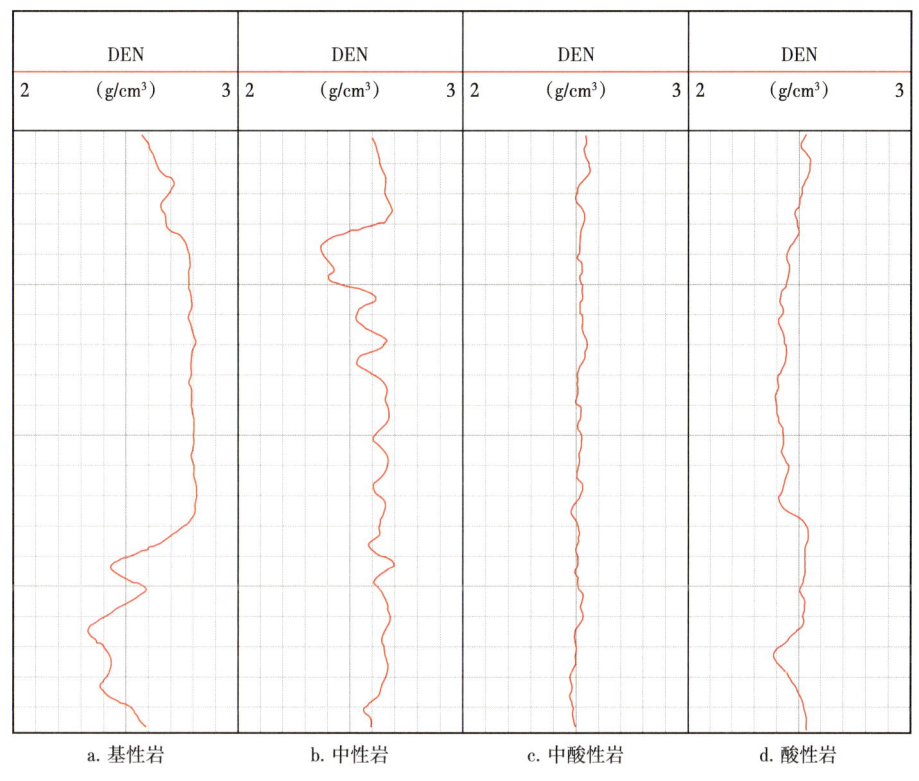

图 3-2-6 火山岩密度测井曲线图

3. 声波测井曲线响应特征

声波测井曲线受组成岩石的矿物成分、致密程度，岩石结构以及岩石孔隙流体的性质等因素影响而表现为不同的特征。在大庆徐家围子地区，火山岩由基性岩、中性岩、中酸性岩到酸性岩变化，声波测井曲线变化规律不明显，如图 3-2-7 所示。在火山岩岩性由基性到酸性的变化过程中，声波测井曲线平均值为：基性岩为 57μs/ft；中性岩为 70μs/ft；中酸性岩为 62μs/ft；酸性岩为 60μs/ft。在同类岩石中，火山碎屑岩的声波时差高于熔岩。同样，在岩石蚀变的情况下，声波时差值也略有上升。但是火山岩岩性非均质性比较强，即使是同一种岩性，其测量值的变化范围也比较大，规律性不强，不同岩性的测井响应值相互之间差别较小，因此在岩性识别时，一般不使用声波测井。虽然如此，研究中还是应用声波测井与密度测井的交会图，把交会图上直线的斜率提取出来定义为 M、N 值，M、N 值较声波测井值就有很大的改观，因为它消除了孔隙度的影响，在岩性识别方面具有更高的分辨率。

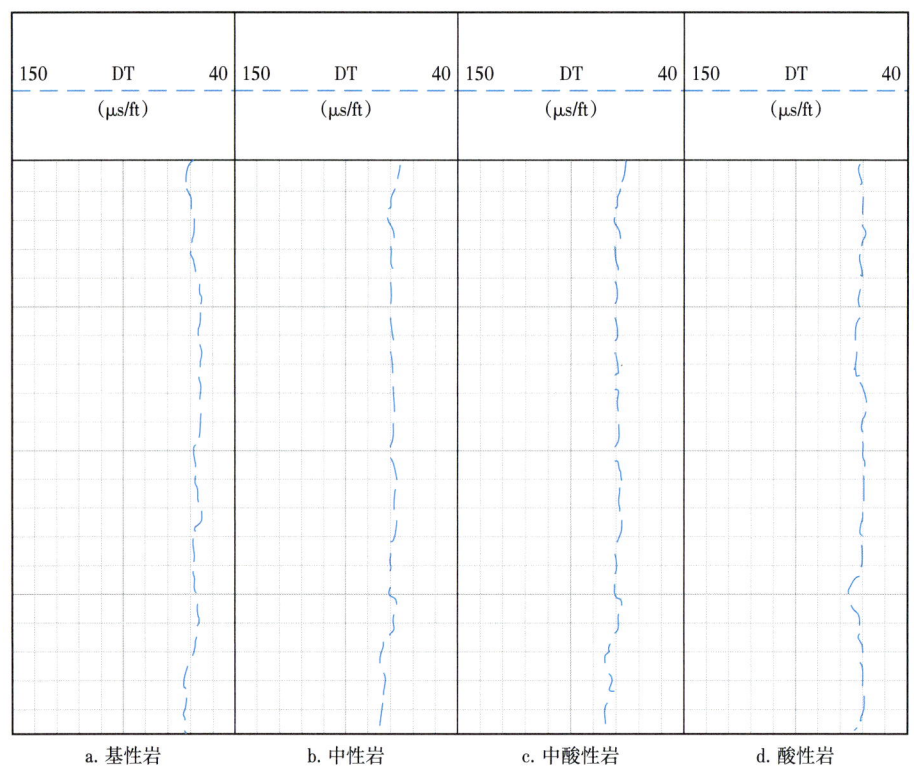

图 3-2-7　火山岩声波时差测井曲线图

四、元素俘获能谱曲线响应特征

如前所述，火山岩测井响应特征是其化学成分、矿物成分、结构和构造、孔隙及孔隙流体、裂缝发育程度的综合反映。而元素俘获能谱（Elemental Capture Spectroscopy，ECS）测井旨在准确给出地层骨架中各种元素的重量百分含量，去除了岩石结构、构造、孔隙及孔隙流体和裂缝发育程度等因素对测井响应特征的贡献。因此，从本质上来讲，元素俘获能谱测井响应主要是组成岩石矿物的各种元素百分含量的总体反映。当火山岩岩性从基性岩、中性岩到酸性岩的变化过程中，岩石中铁、钙、钛的含量逐渐减少，而硅、钠、钾的含量逐渐增加，正是这种不同类型火山岩岩石元素百分含量的差异性，造成了不同的测井响应特征，这也正是应用元素俘获能谱测井进行火山岩岩性识别的基础。以大庆徐家围子火山岩为例，结合实际取心资料、薄片鉴定资料及全岩氧化物分析资料，不同类型火山岩的元素俘获能谱测井响应特征如下。图 3-2-8 为达深 A 井玄武岩地层元素俘获能谱测井综合图，从左至右各道所代表的意义分别是 Si、Al、Ca、Fe、Su、Ti 和 Gd 元素的重量百分含量。在玄武岩层段 3206~3210m，Si 元素的重量百分含量变化比较平稳，平均值读数为 0.25kgf/kgf；Al 元素的含量稍微有些变化，读数在 0.05~0.1kgf/kgf；Ca 元素变化幅度较为明显，呈增加趋势，平均值为 0.05kgf/kgf；而 Fe 元素的含量则有明显的增加，由 0.05kgf/kgf 增加至 0.1kgf/kgf；Su 元素的含量非常少；Ti 和 Gd 元素在进入玄武岩层段含量也明显增加，分别由 0.005 kgf/kgf 增加至 0.015kgf/kgf、由 10μg/g 增加至 18μg/g。

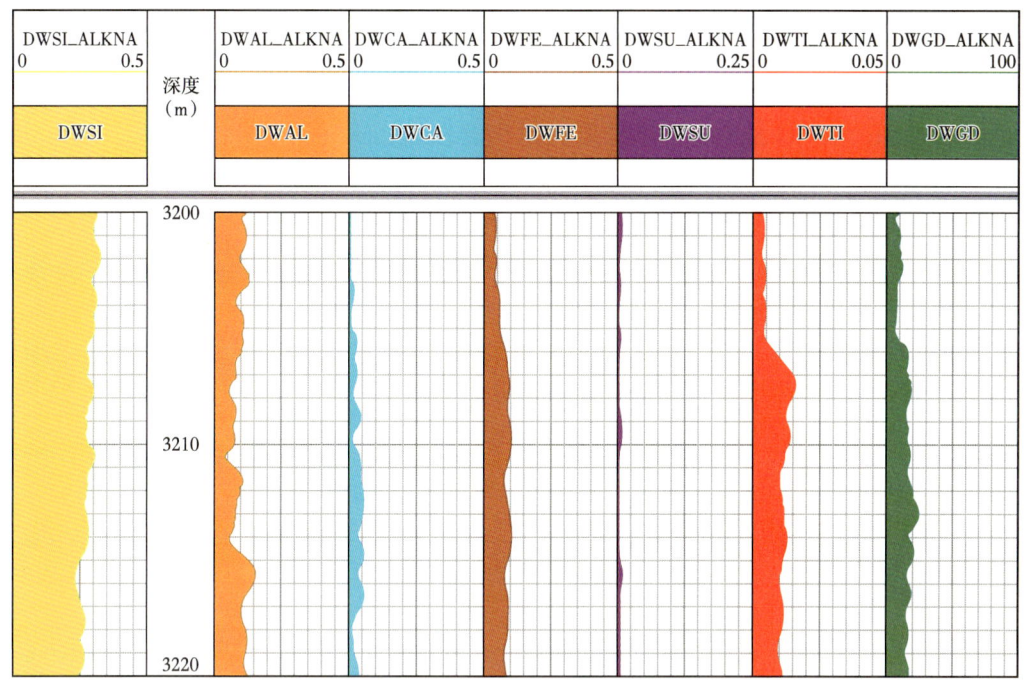

图 3-2-8　玄武岩元素俘获能谱测井响应特征

图 3-2-9 为达深 B 井安山岩地层元素俘获能谱测井综合图,从左至右各道所代表的意义分别是 Si、Al、Ca、Fe、Su、Ti 和 Gd 元素的重量百分含量。在安山岩层段

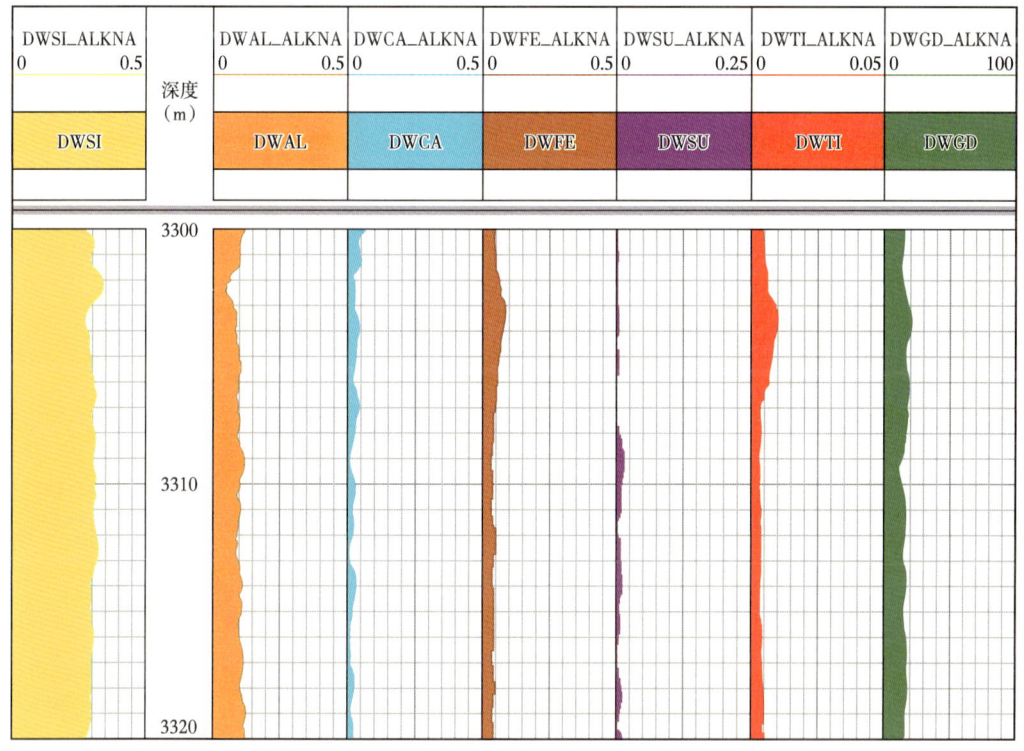

图 3-2-9　安山岩元素俘获能谱测井响应特征

3310~3320m，Si 元素的重量百分含量变化比较平稳，平均值读数为 0.3 kgf/kgf；Al 元素的含量较高且变化不明显，平均读数为 0.1kgf/kgf；Ca 元素变化幅度较为明显，锯齿状变化有缺失，读数范围在 0~0.02kgf/kgf；而 Fe 元素的含量无明显变化，平均读数为 0.05kgf/kgf；Su 元素的含量略有增加但含量仍然较低；Ti 和 Gd 元素在进入该地层含量也趋于稳定，读数分别为 0.004kgf/kgf 和 18μg/g。

图 3-2-10 为徐深 C 井粗安岩地层元素俘获能谱测井综合图，从左至右各道所代表的意义分别是 Si、Al、Ca、Fe、Su、Ti 和 Gd 元素的重量百分含量。在粗安岩层段 3810~3820m，Si 元素的重量百分含量变化比较平稳，平均值读数为 0.32kgf/kgf；Al 元素的含量稍微有些变化，读数在 0.1~0.13kgf/kgf；Ca 元素变化幅度较为明显，呈增加趋势，局部地区 Ca 元素缺失；而 Fe 元素的含量无明显变化，含量较为稳定，平均读数为 0.03kgf/kgf；Su 元素的含量少且呈锯齿状变化；Ti 元素在该地层含量也无明显变化，平均读数为 0.35kgf/kgf。

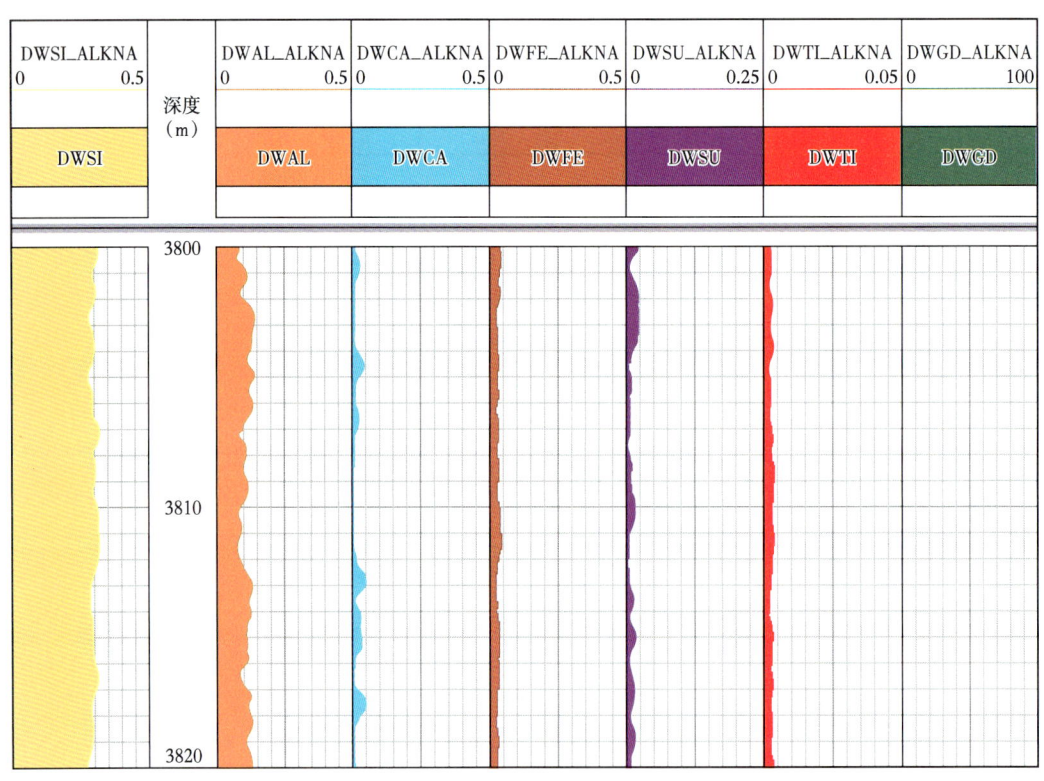

图 3-2-10 粗安岩元素俘获能谱测井响应特征

图 3-2-11 为徐深 D 井流纹岩地层元素俘获能谱测井综合图。从左至右各道所代表的意义分别是 Si、Al、Ca、Fe、Su、Ti 和 Gd 元素的重量百分含量。在流纹岩层段 3720~3740m，Si 元素的重量百分含量变化比较平稳，平均值读数为 0.35kgf/kgf；Al 元素的含量稍微有些变化，读数在 0~0.1kgf/kgf；Ca 元素含量较少；而 Fe 元素的含量相对比较稳定，平均读数为 0.02kgf/kgf；Su 元素在进入该地层含量明显减少，局部地区缺失；Gd 元素在该地层增加，平均读数为 19μg/g。

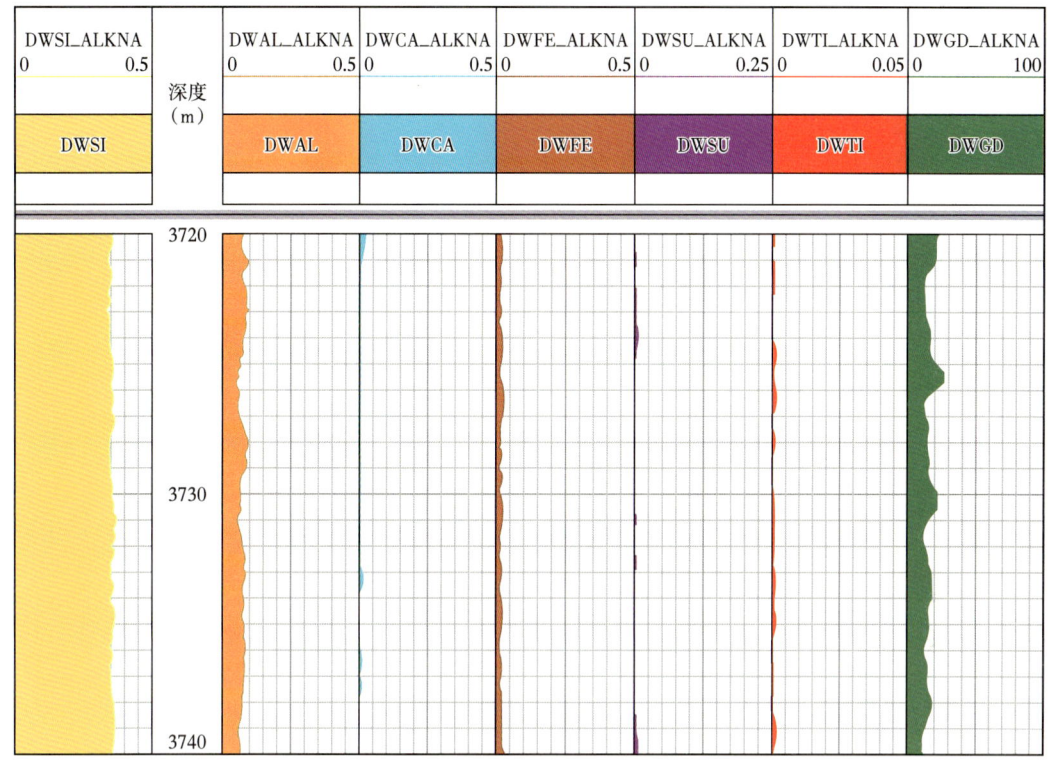

图 3-2-11 流纹岩元素俘获能谱测井响应特征

通过上面的一些实例可知,当岩性从沉积岩过渡到火山岩时,Gd 元素的含量有一个突变的过程,Gd 元素值突然升高;在火山岩岩性从基性、中性到酸性的变化过程中,铁元素、钙元素和钛元素曲线值是逐渐降低的,而硅元素、钠元素和钾元素曲线值是逐渐升高的。通过这一现象可以较好地区分沉积岩和火山岩,中基性火山岩和酸性火山岩。

通过上面对火山岩测井响应特征的论述可知,相对于基性和中性火山岩,酸性火山岩常规测井曲线具有高自然伽马、高钍、高钾、低中子、低密度等特征;元素俘获能谱测井曲线具有高硅、高钠、高钾、低铁、低钙、低钛等特征,总结这些特征并加以分析,对火山岩储层进行岩性识别、流体性质判别非常有帮助。

五、成像测井响应特征

火山岩成因结构复杂,即使岩石化学成分相同,但如果成因、结构不同,其岩石类型和名称也会不同。由于火山喷发作用形成的环境和堆积条件的不同,形成了各岩性固有的结构和构造特征,这些结构和构造特征是测井识别火山碎屑岩与熔岩、火山岩与沉积岩的重要依据。

1. 典型火山岩结构响应特征

火山岩结构是指岩石的结晶程度、颗粒大小、形态特征以及这些物质彼此间的相互关系。常见火山岩结构包括斑状结构、霏细结构、球粒结构、交织结构、显微球粒结构、少斑结构、间粒结构、熔结结构、火山碎屑结构(凝灰结构、角砾结构)、隐爆角砾结构、沉火山碎屑结构、细晶结构、显微桁状结构、暗化结构、脱玻化结构等，从成像测井图上可以识别其中的 6 种结构，即熔岩结构（斑状结构、交织结构、少斑结构）、熔结结构、凝灰结构、角砾结构、隐爆角砾结构、沉火山碎屑结构。

1）熔岩结构

熔岩结构是指岩石在宏观上不具有粒度特征的斑状结构、交织结构、少斑结构。这三种结构在图像上难于区分，故合称为熔岩结构。熔岩结构成像测井图像整体由特高阻、高阻亮色或低阻暗色组成，多具流纹构造和块状构造，当组成岩石的矿物颗粒成分或岩屑、晶屑较大时，会在图像上产生斑点效应（图 3-2-12）。

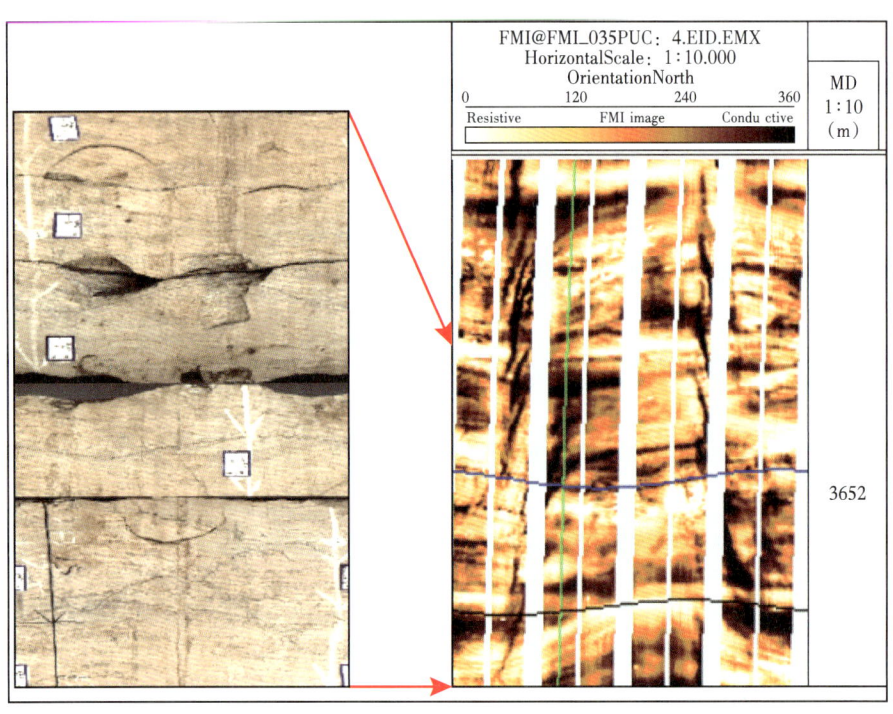

图 3-2-12　徐深 A 井熔岩结构成像测井图像特征

2）熔结结构

熔结结构的成像测井图像由高阻亮色岩屑、晶屑，中低阻橙色火山灰流和黑色低阻条纹椭圆形斑点组成。高阻亮色岩屑、晶屑大小不均，平均在 5~10cm 之间，排列具有方向性，压扁拉长特征明显。中低阻橙色火山灰流具有成层性特征，岩屑、晶屑分布其间。黑色低阻条纹为裂缝，切割岩石，说明其形成于岩石之后，椭圆形斑点为气孔和未充满的杏仁构造。图 3-2-13 为徐深 B 井熔结结构和杏仁构造标准测井图像模式。

3）火山碎屑结构（分为火山凝灰结构和火山角砾结构）

火山碎屑结构是指岩石图像宏观上具有粒度特征，高阻亮色不规则角砾与中低阻暗色凝灰交织组成。高阻亮色角砾大小不均，主体粒径在 10~50mm，颗粒间相互支撑，混杂堆积，棱角清晰，不具磨圆特征。当碎屑粒度小于 2.0mm 且含量达到 50% 以上为凝灰结构。图 3-2-14 为徐深 C 井凝灰结构标准测井图像模式。当碎屑粒度大于 2.0mm

时，为角砾结构（含集块结构）。图 3-2-15 为升深更 A 井火山角砾结构标准测井图像模式。

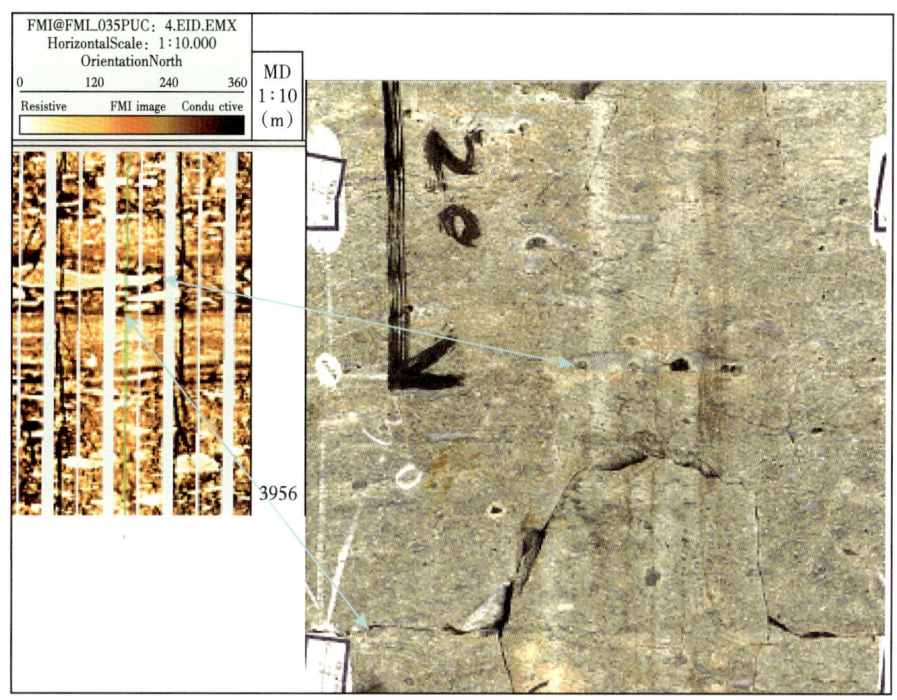

图 3-2-13　徐深 B 井熔结结构和杏仁构造成像测井图像特征

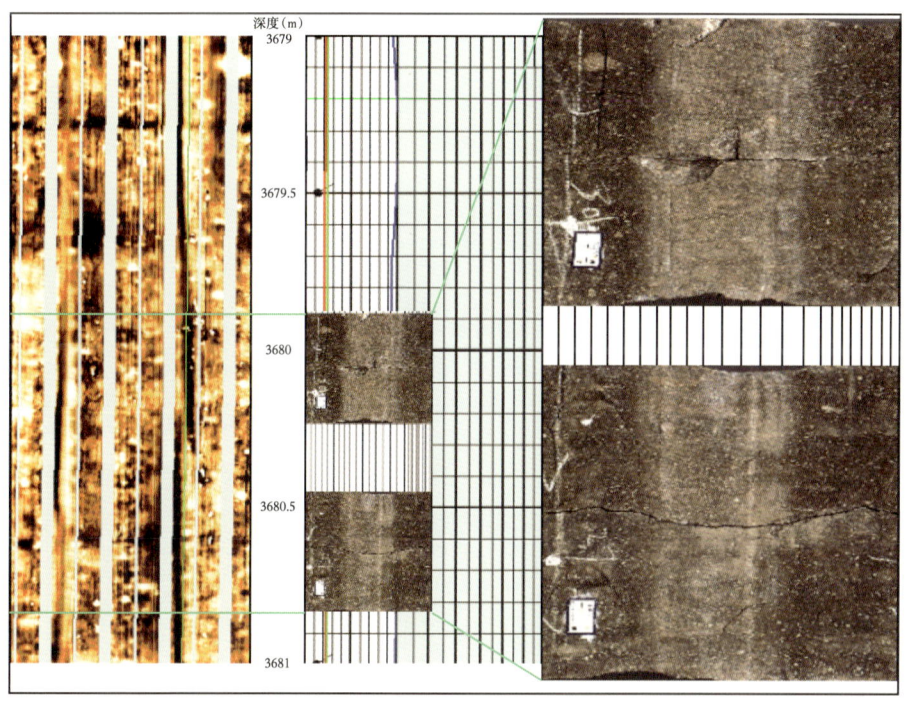

图 3-2-14　徐深 C 井凝灰结构成像测井图像特征

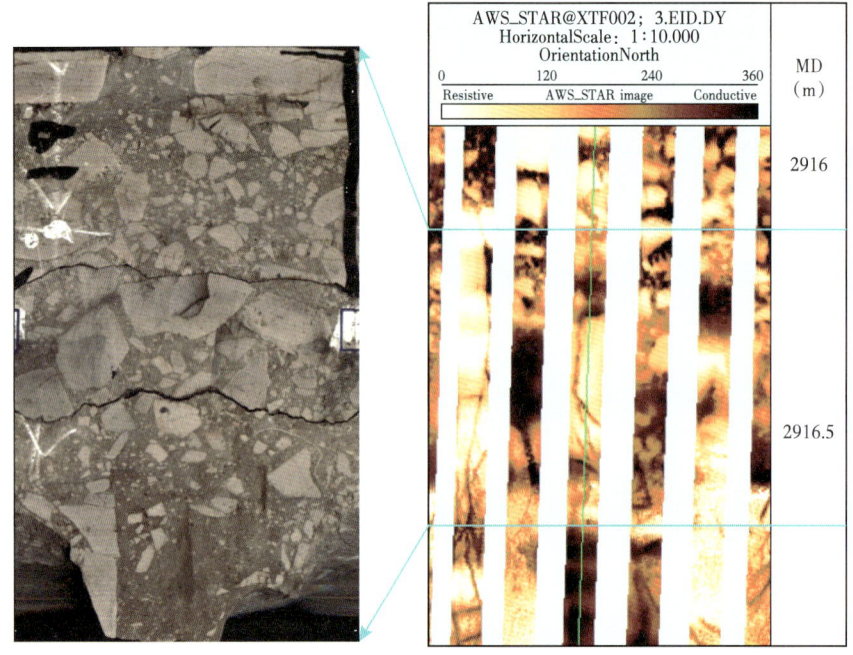

图 3-2-15 升深更 A 井火山角砾结构成像测井图像特征

4）隐爆角砾结构

隐爆角砾结构的图像由高阻亮色角砾、中低阻橙色基质、亮色高阻条纹和暗色椭圆形斑点组成。高阻亮色角砾平均在 10~20mm。中低阻橙色基质颜色不均，说明电性差异较大。亮色条纹为岩浆侵入条带，但与周围基质差异较小。椭圆形斑点为气孔。图 3-2-16 为徐深 D 井隐爆角砾结构标准测井图像模式。

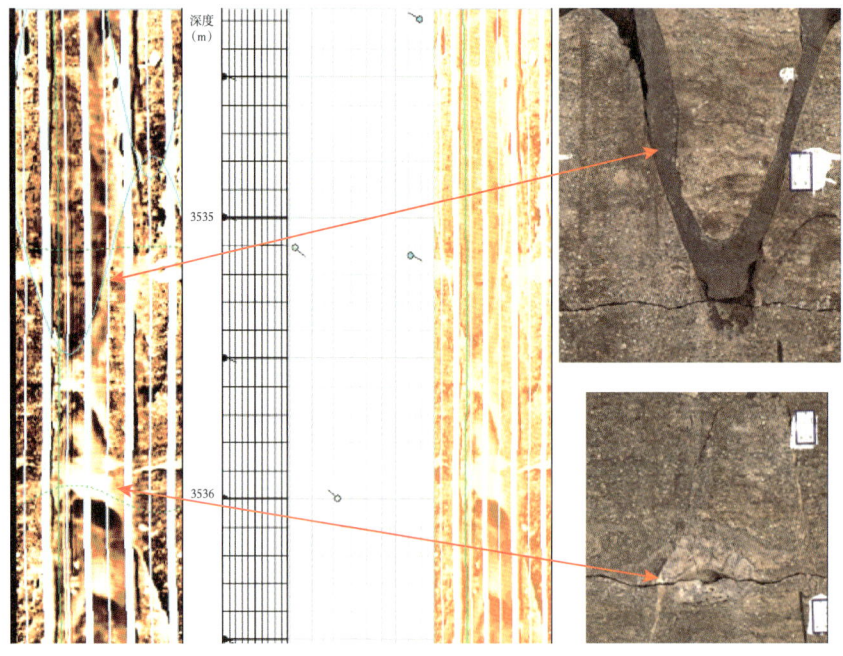

图 3-2-16 徐深 D 井隐爆角砾结构成像测井图像特征

5）沉火山碎屑结构

沉火山碎屑结构的静态图像为条带状高、低阻不等厚互层，动态图像高阻部分多具沉积岩的水平、平行层理特征，如图 3-2-17 所示。

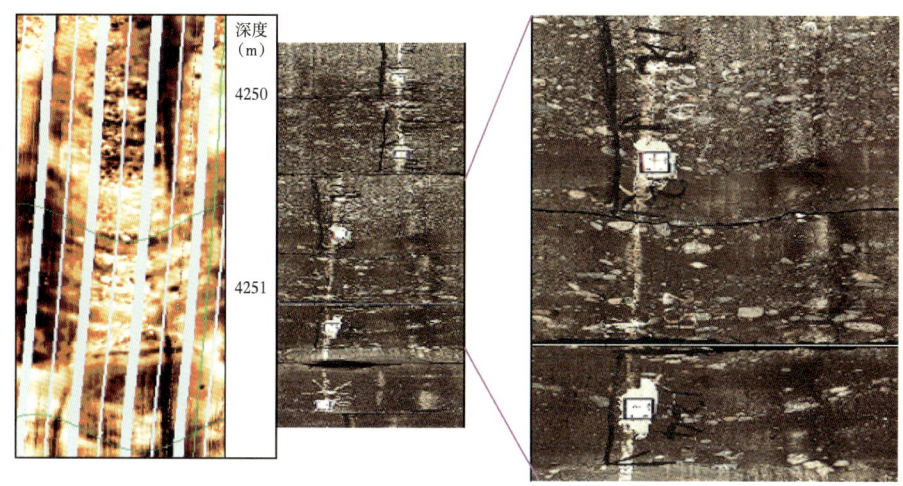

图 3-2-17　徐深 E 井沉火山碎屑结构成像测井图像特征

2. 典型火山岩构造响应特征

火山岩构造是指火山岩中不同矿物集合体或矿物集合体与岩石的其他组成部分之间的排列、充填方式所构成的岩石特点。应用成像测井资料，可识别出 6 种火山岩构造，分别是流纹构造、假流纹构造、变形流纹构造、块状构造、气孔构造和杏仁构造。

1）流纹构造

流纹构造的图像由中低阻基质明暗相间，由一组或若干组近于等距的抛物线或正弦线组成流纹面。图 3-2-18 为徐深 F 井流纹构造标准测井图像模式。

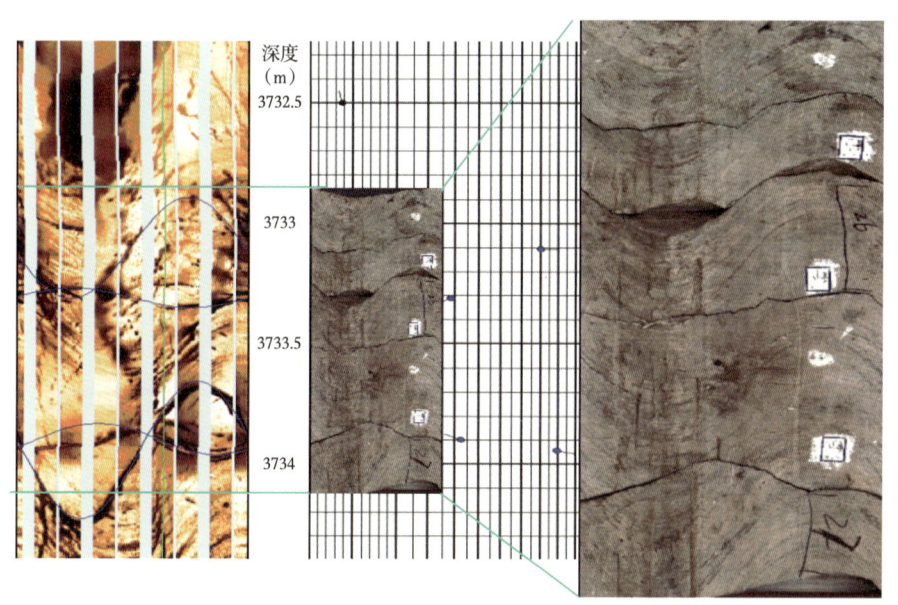

图 3-2-18　徐深 F 井流纹构造成像测井图像特征

2）假流纹构造

假流纹构造的图像由中低阻基质和高阻亮色岩屑、晶屑组成，高阻亮色岩屑、晶屑大小排列具有方向性，成层特征明显。由一组或若干组近于等距的抛物线或正弦线组成假流纹面。图 3-2-19 为徐深 G 井熔结结构组成的假流纹构造标准测井图像模式。

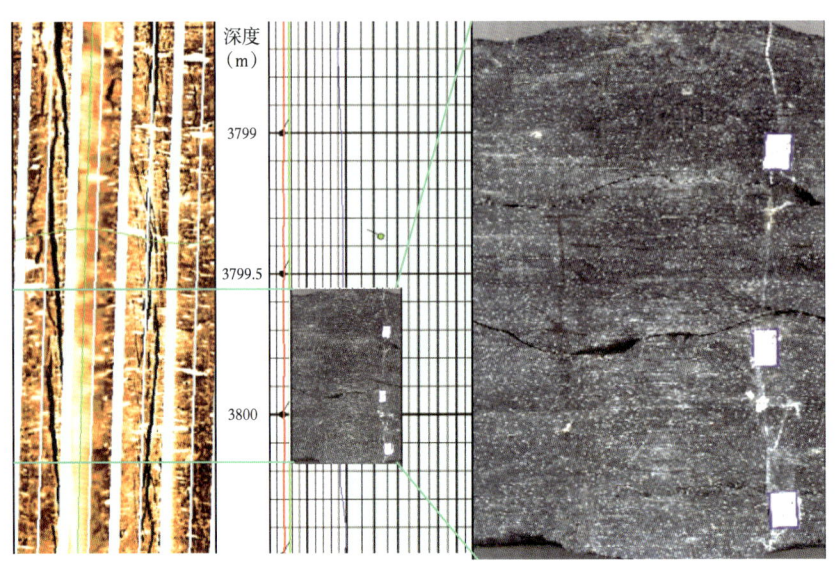

图 3-2-19　徐深 G 井熔结结构组成的假流纹构造成像测井图像特征

3）变形流纹构造

变形流纹构造的图像整体由中低阻橙色基质和暗色井眼扩径组成。中低阻橙色基质由明暗相间，近于等距的似抛物线组成流纹面，黑色低阻条纹切割流纹面，局部椭圆形斑点为气孔。图 3-2-20 为徐深 H 井变形流纹构造标准测井图像模式。

图 3-2-20　徐深 H 井变形流纹构造成像测井图像特征

4）块状构造

块状构造的图像整体由高、低阻基质组成。图 3-2-21 为升深更 B 井块状构造标准测井图像模式。

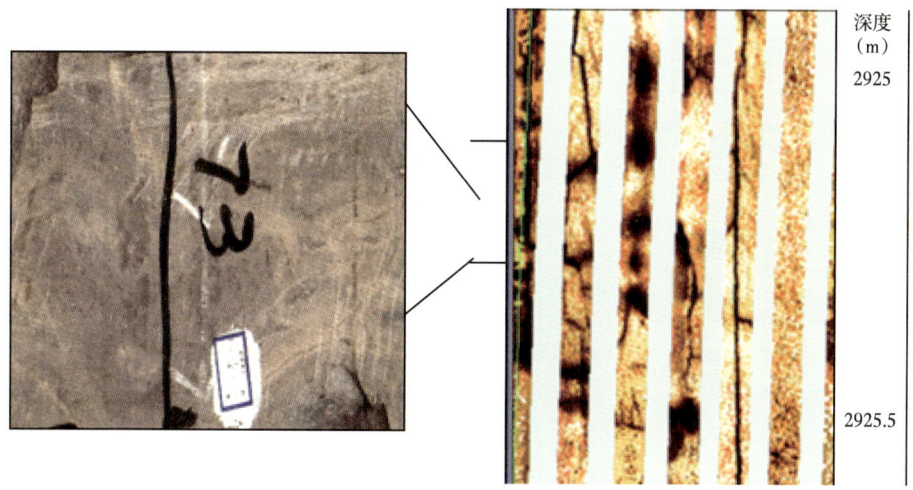

图 3-2-21　升深更 B 井块状构造成像测井图像特征

5）气孔构造

气孔构造的图像整体由中低阻橙色基质、暗色近垂直条纹和散乱分布的暗色斑点组成。基质中散乱分布的暗色椭圆形、圆形斑点为气孔，直径为 0.3~1cm。图 3-2-22 为徐深 I 井气孔构造标准测井图像模式。

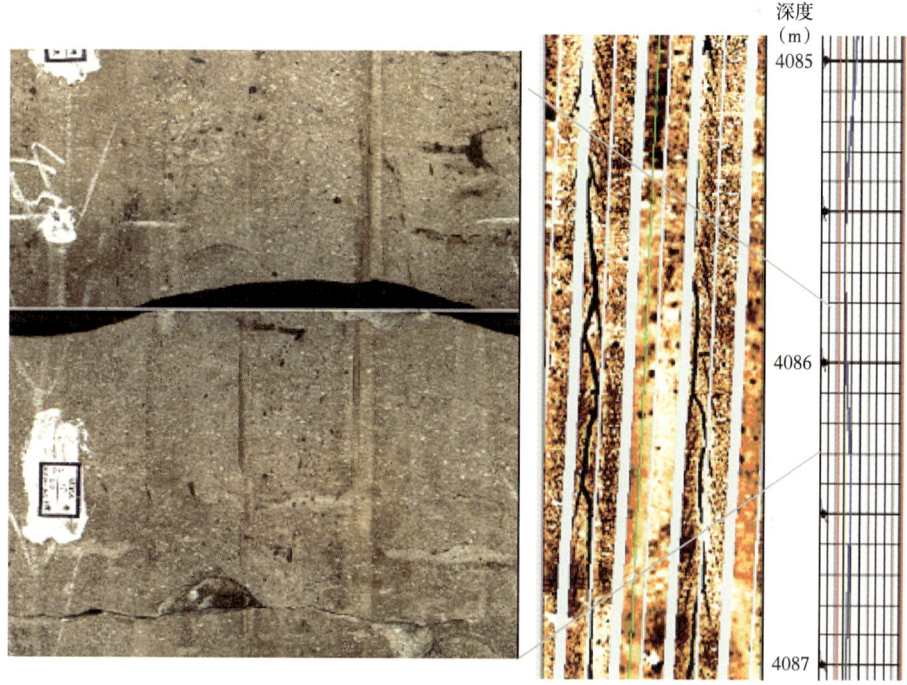

图 3-2-22　徐深 I 井气孔构造成像测井图像特征

6）杏仁构造

杏仁构造的图像整体由中低阻橙色基质组成。基质中散乱分布的暗色或亮色椭圆形、圆形斑点为杏仁构造（图 3-2-23）。一般暗色或亮色中心为亮色或暗色，即双色套环特征。

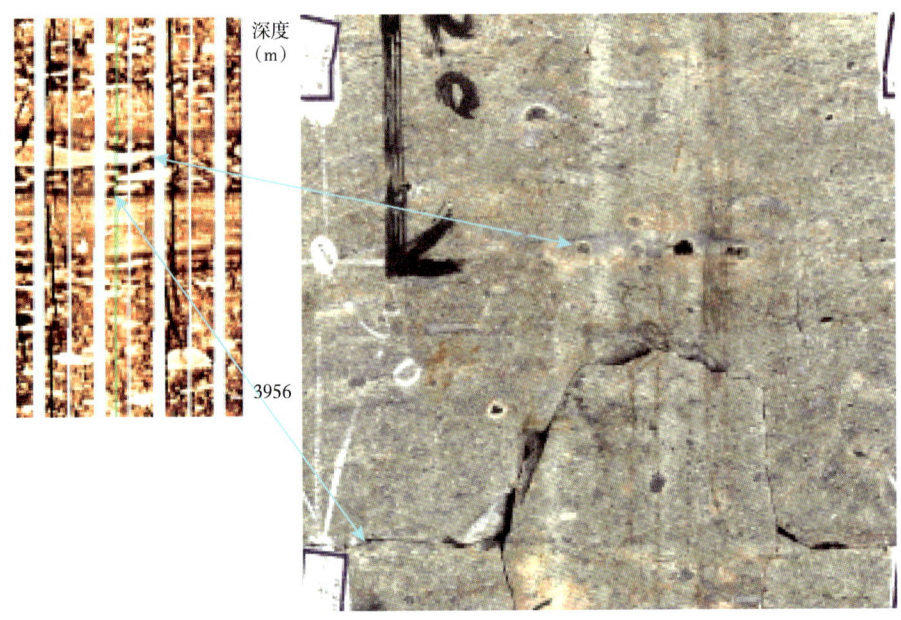

图 3-2-23　徐深 B 井熔结结构和杏仁构造成像测井图像特征

第三节　火山岩岩性岩相测井识别

火山岩岩性和岩相主要取决于形成火山岩的岩浆性质、产出状态和形成环境，如何对岩性岩相进行准确识别是测井评价的最大难点之一。

一、火山岩岩性测井识别方法

火山岩矿物成分多变，岩性对测井的影响往往超过储层流体的影响，同时不同岩性储层其物性和产能也有较大差别，直接导致解释结果会遗漏气层。因此，准确识别火山岩岩性是开展火山岩储层测井评价的基础和关键。

1. 岩性识别技术路线

综合岩心、薄片、元素分析、常规测井等资料，充分发挥电成像测井与元素俘获能谱测井新技术在岩性识别上的优势。确定岩石组分与岩石结构识别相结合、常规测井和特殊测井相结合的岩性识别思路。在明确火山岩岩石测井分类系统的基础上，应用交会图版法、TAS 图分类法、神经网络法、空间三维岩性识别等多种方法开展火山岩岩性的测井识别研究，建立符合火山岩地质特点的测井资料识别岩性的方法，如图 3-3-1 所示。

2. 常规交会图法识别火山岩岩性

测井数据交会图法是识别火山岩岩性的简单而有效的方法。它是把两种测井数据在平面图上交会，根据交会点的坐标定出所求参数的数值和范围的一种方法。在交会图上能直观地看出各种岩性的分界和分布的区域，能比较直观地识别火山岩。

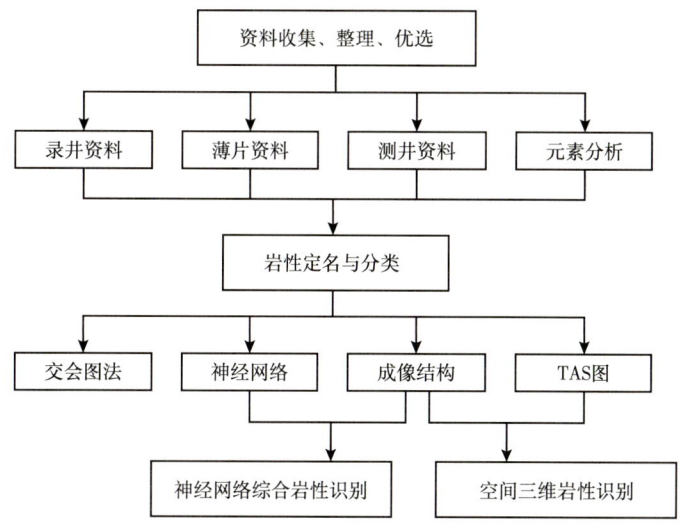

图 3-3-1　火山岩岩性识别技术路线

以大庆油田徐家围子火山岩为例，通过对火山岩物理特性进行分析，发现作为火山岩分类指标的 SiO_2 含量与钾含量有很强的相关性，SiO_2 含量高则钾含量高；钍含量从酸性岩石向超基性岩石减少；而自然伽马测井测量的是地层中放射性元素的总含量，一般从基性到酸性火山岩逐渐升高；另一个指示岩性的光电吸收截面指数，一般从基性到酸性火山岩逐渐降低。为此，利用自然伽马 GR、深侧向电阻率 LLD、中子视孔隙度 NPHI、密度 RHOB、声波时差 DT、光电吸收截面指数 PE、钍 Th、铀 U、钾 K 等 9 条测井曲线的数据以及参数 M、N 共做出了 37 张交会图。GR—Th 和 PE—Th 两张交会图版是识别火山岩岩性的最有效的图版。其中 GR—Th 交会图效果最好，PE—Th 效果次之，二者的符合率均达到 85% 以上。两个图版明显可以区分四个区：基性岩性区、中性岩性区、中性向酸性过渡岩性区、酸性岩性区，GR—Th 图版解释符合率为 92.62%（图 3-3-2），PE—Th 图版解释符合率为 86.16%（图 3-3-3）。

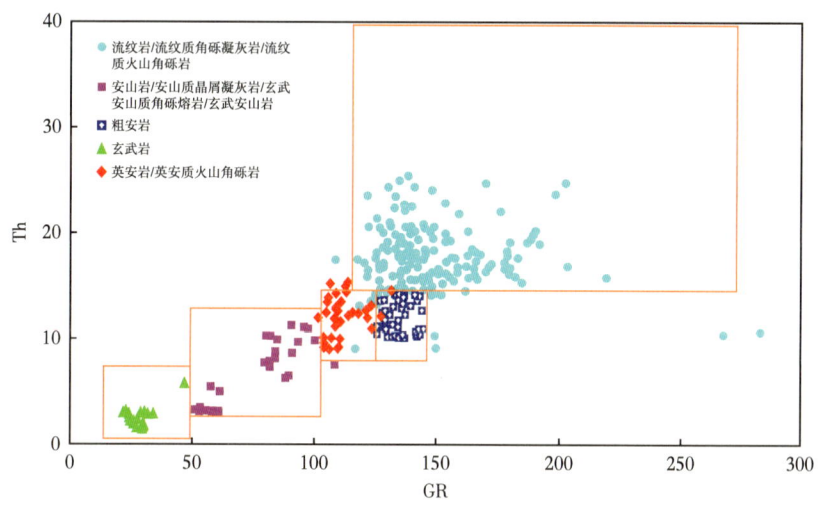

图 3-3-2　GR—Th 图版

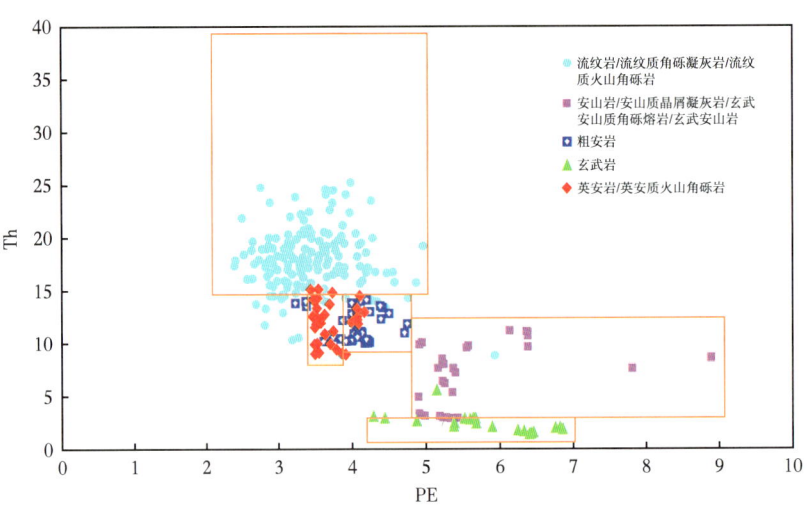

图 3-3-3　PE—Th 图版

利用 GR—Th 和 PE—Th 岩性识别图版对 20 口井取心段进行岩性判别，判别结果与 309.2m 地质命名结果对比，岩性大类判准率分别为 92.62% 和 86.16%。但由于缺少岩石的结构信息，利用交会图版在岩性大类中进一步细化岩性存在问题，需要在后续的研究中加以解决。

3. 神经网络综合识别火山岩岩性

人工神经网络是人们在模拟人脑处理问题的过程中发展起来的一种智能信息处理理论，它能够对人脑的形象思维、联想记忆等过程进行模拟和抽象，实现与人脑相似的学习、识别、记忆等信息处理能力。人工神经网络一般分为有监督和无监督的神经网络两类，它们都能够通过对样本的训练和网络自身结构的调节，实现对输入数据的自动分类，从而为综合利用各种测井参数提供了新的手段。

对于岩性十分复杂的火山岩地区，当已知地层信息较少时，有监督的神经网络（如 BP 网络）将受到限制。此时利用 Kohonen 提出的自组织特征映射网络（Self-Organization Map，简称 SOM）能够对输入信息进行自动分类，它是一种无监督的聚类方法，能够通过网络自身的调节对输入模式进行聚类。且对参加训练的参数没有限制，可以作为一种判别火山岩岩性的方法，实现对复杂的火山岩地区的岩性识别。利用 Kohonen 提出的自组织特征映射网络流程图如图 3-3-4 所示。

网络训练所需要的样本数据必须具有很高的准确性和代表性，因此通过选取全岩分析、岩心资料、岩石薄片及铸体薄片资料所明确定名的各井段火山岩测井数据作为 SOM 网络训练的样本数据。以大庆油田徐家围子火山岩岩性识别为例，利用神经网络识别的岩性共有 5 种，分别为流纹岩、安山岩、英安岩、玄武岩和粗安岩。其中流纹岩的数据点共有 186 个，安山岩的数据点共有 32 个，英安岩的数据点共有 33 个，玄武岩的数据点共有 22 个，粗安岩的数据点共有 52 个，共计 325 个数据点。

利用 SOM 网络对样本进行训练，根据样本的数量及样本的种类，网络的各个输出参数需要根据神经网络的训练原理人为地进行了多次调节，具体做法如下所述：首先选取网络的输出层为 5×5，测井曲线选取与岩性相关系数较大的 K、Th、GR、PE、CNL、

CAL、U 七条曲线进行训练判别，训练次数从 100 到 2000，每间隔 100 次训练判别得到一个正确率，可以得知，正确率是逐级上升到一定程度然后降低的，最高的正确率出现在训练 1000 次时，正确率为 95.83%，因此确定了网络的输出次数应选为 1000 次；其次对输出层为 6×6、7×7、8×8、9×9、10×10 时的样本进行正确率识别试验，通过对识别结果进行比较，可知在输出层为 8×8 时的样本正确率最高，从而得到网络的输出层应选择 8×8；最后针对输出层为 8×8、训练次数为 1000 次时的神经网络训练模式，根据图版法判别岩性的正确率高低，选择参与神经网络训练的曲线数量和种类，训练结果表明七条曲线共同进行训练时的正确率最高，正确率为 95.96%。

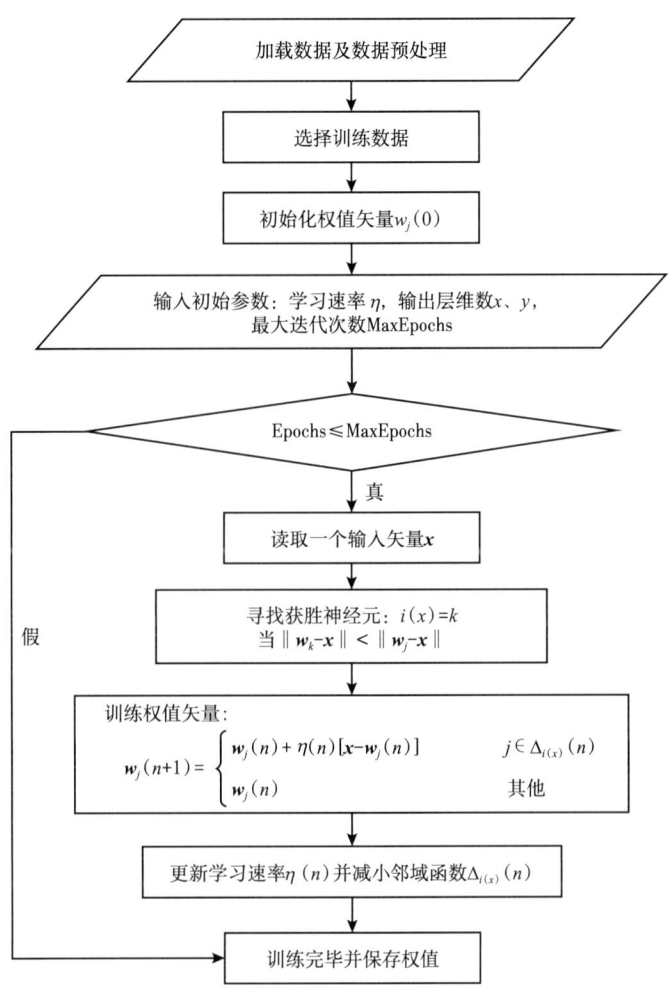

图 3-3-4 SOM 网络流程图

利用神经网络判别岩性法对 20 口井取心段的岩性进行判别，岩性大类判准率为 94.23%，虽然正确率较常规交会图法高，但同样没有考虑岩石的结构信息，因此仍然存在岩性大类无法进一步细化的问题。

4. 元素测井 TAS 图解识别火山岩岩性

TAS（Total Alkali Silica）分类法即所谓的硅—碱分类法，是国际地科联通用的火山岩分类标准。它主要是针对矿物颗粒很细或结晶程度差的火山岩，根据化学成分及含量进行分类的方法。其基本的分类依据是根据 SiO_2 含量和碱度高低即氧化钾和氧化钠之和的比例关系进行酸碱度划分。根据 SiO_2 的含量分为超基性、基性、中性、酸性；根据 Na_2O+K_2O 的含量进行碱性系列划分。

元素测井是目前唯一能够直接测定岩石相关元素质量分数的测井项目，因而在火山岩岩性识别方面有独特技术优势。元素测井可以得到地层连续的元素含量，如硅、钾和钠元素等，这就为应用测井曲线进行 TAS 分类提供了资料基础。

以大庆深层火山岩为例，对大庆深层 28 口有元素俘获能谱测井资料的井进行了分析并对各种成分火山岩岩性出现的频率进行了统计，结果发现出现频率最高的岩性大致有 7 类，即玄武岩、粗安岩、英安岩、流纹岩、流纹质凝灰岩、熔结凝灰岩和火山角砾岩。将元素俘获能谱测井资料分析得到的样本点投影到 TAS 图版上，得到如图 3-3-5 所示的分布。

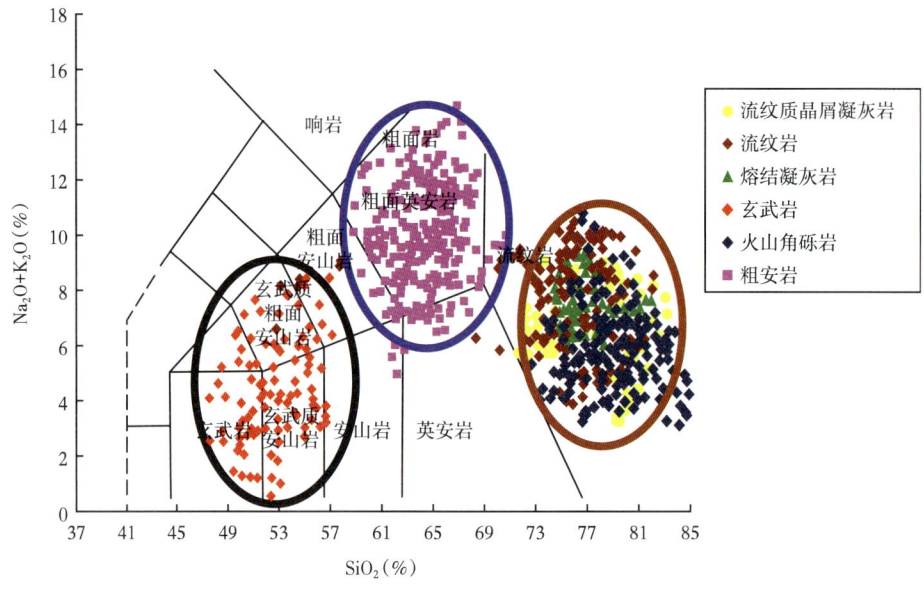

图 3-3-5 TAS 图岩性分类

从图 3-3-5 不难发现，基性玄武岩（左部红色点）、中性粗安岩（中部粉红色点）在 TAS 图上有明显的分界，很容易识别。但酸性大类中的流纹岩、流纹质凝灰岩、熔结凝灰岩和火山角砾岩的点子在 TAS 图上相互重叠（右部 4 种颜色点），无法区分。而酸性大类中的流纹岩又是大庆深层的主力气层，故必须加以识别与区分。

5. 空间三维岩性识别技术

空间三维岩性识别技术是在平面上利用 TAS 图划分岩性大类的基础上，增加第三维由成像测井拾取的岩石结构信息，实现在一个立体空间内识别岩性的目的，很好地解决了常规交会图法和神经网络法识别火山岩岩性存在的问题。

火山岩岩性很多以岩石结构命名，如火山角砾岩，即具有角砾结构的火山岩。根据成像测井火山岩典型结构特征，可以有效识别火山岩岩石结构。以大庆深层火山岩为例，从 FMI 图上截取了几百个典型火山岩结构图片，建立了结构图像数据库，其中最典型的 4 种结构如图 3-3-6 所示。

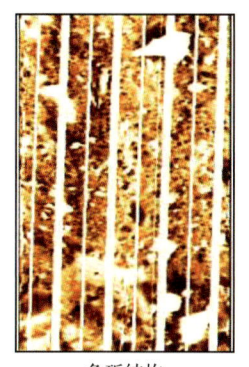 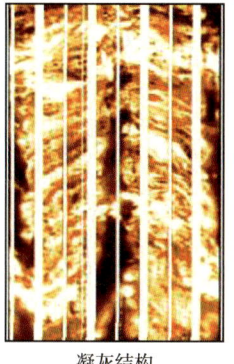 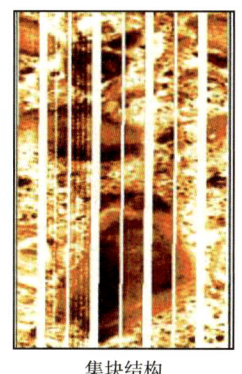 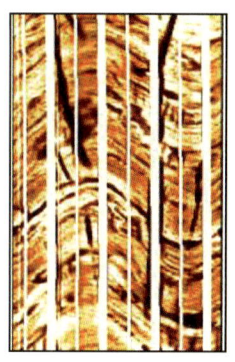

角砾结构　　　　　　凝灰结构　　　　　　集块结构　　　　　　熔岩结构

图 3-3-6　大庆油田深层火山岩典型结构特征

至此，形成了解决火山岩岩性识别的科学思路，即如果给图 3-3-5 的 TAS 平面增加一个 Z 坐标（3-3-7a），并用图 3-3-6 的火山岩结构图像对其进行刻度，如图 3-3-7b、c 所示，就可以比较准确地对火山岩大类进行细化。

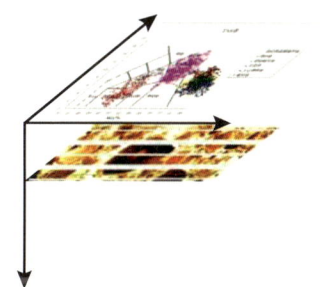 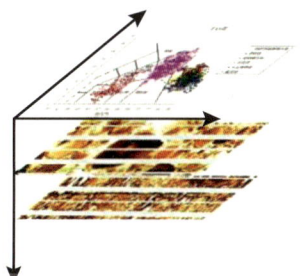 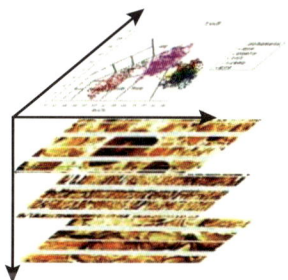

a. 增加Z轴的火山岩岩性识别TAS平面　　b. 火山岩岩性识别TAS平面刻度　　c. 三维TAS火山岩岩性分类结构

图 3-3-7　三维 TAS 岩性分类基本思路

图 3-3-7 的实质是利用火山岩结构把 TAS 图上酸性大类中相互重叠的流纹质凝灰岩、熔结凝灰岩和火山角砾岩在三维空间上拉开距离，使之达到图 3-3-8c 的视觉效果：从 TAS 图的正面看过去（图 3-3-8a），酸性大类中的流纹岩、流纹质凝灰岩、熔结凝灰岩和火山角砾岩相互重叠，不能区分；将经过火山岩结构图像刻度后的三维 TAS 图旋转一个角度（图 3-3-8b），酸性大类中原来重叠的几种岩性开始拉开距离；再将三维 TAS 图进一步旋转到如图 3-3-8c 所示角度，酸性大类中重叠的岩性完全分开了。

这一过程的实质是通过增加一维空间将多因素影响单一化。这样就建立了基于元素俘获能谱和成像结构刻度的空间三维岩性识别技术，即利用元素俘获能谱测井资料和 FMI 图像进行识别火山岩岩性的新方法。可以用图 3-3-9 形象表达。首先通过元素俘获能谱测井资料判断出酸性大类，其次再从 FMI 图像上识别出角砾结构，最后综合定名为火山角砾岩，即 ECS 组分 +FMI 成像结构 = 火山岩岩性。显然这一技术可以将重叠在 TAS 图上酸性大类中的流纹岩、流纹质凝灰岩、熔结凝灰岩和火山角砾岩很容易地细分开，从而彻底解决了从酸性大类中准确识别流纹岩储层的难题。图 3-3-10 是应用这一方法的一个处理实例。第 8 道是岩心分析结果，第 9 道是处理结果，二者对流纹质角砾熔岩的判断结果完全一致。

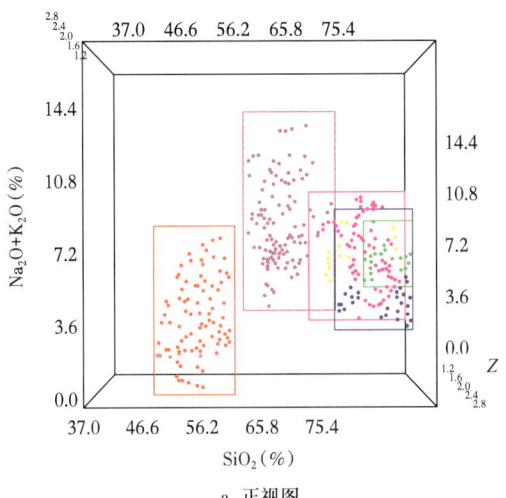

a. 正视图

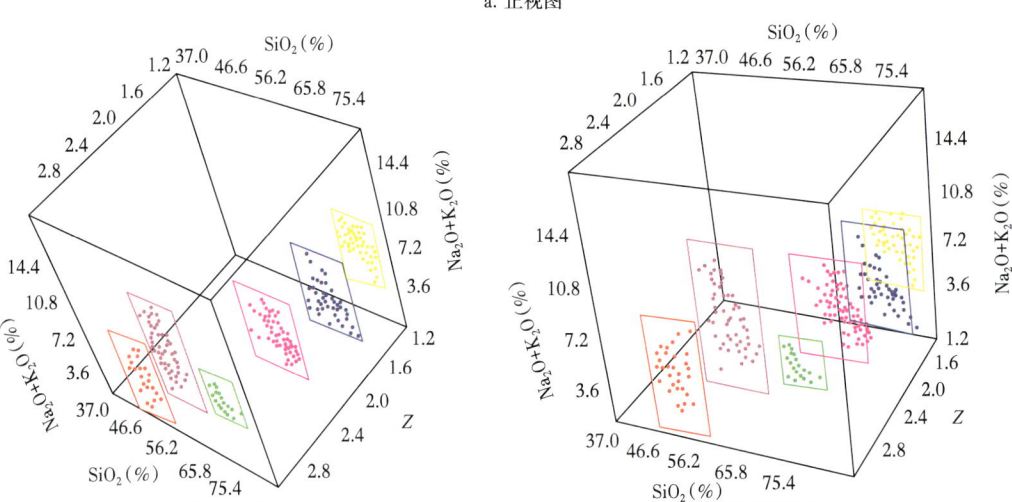

b. 旋转40°观察　　　　　　　　　　c. 旋转10°观察

图 3-3-8　三维 TAS 岩性分类的实现

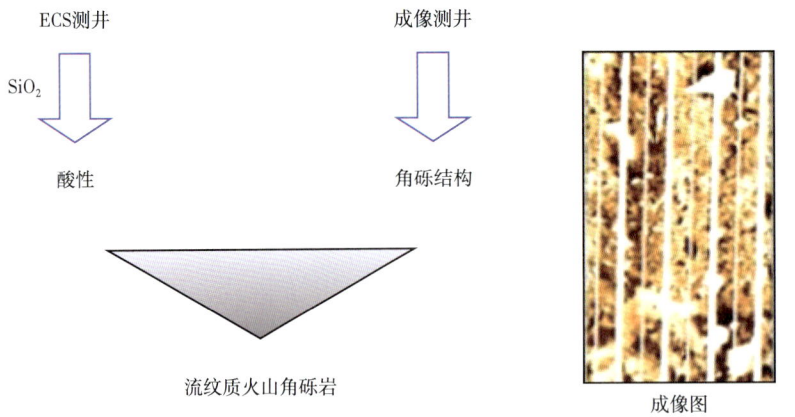

组分（ECS）+结构（成像）=岩性

图 3-3-9　火山角砾岩定名示意图

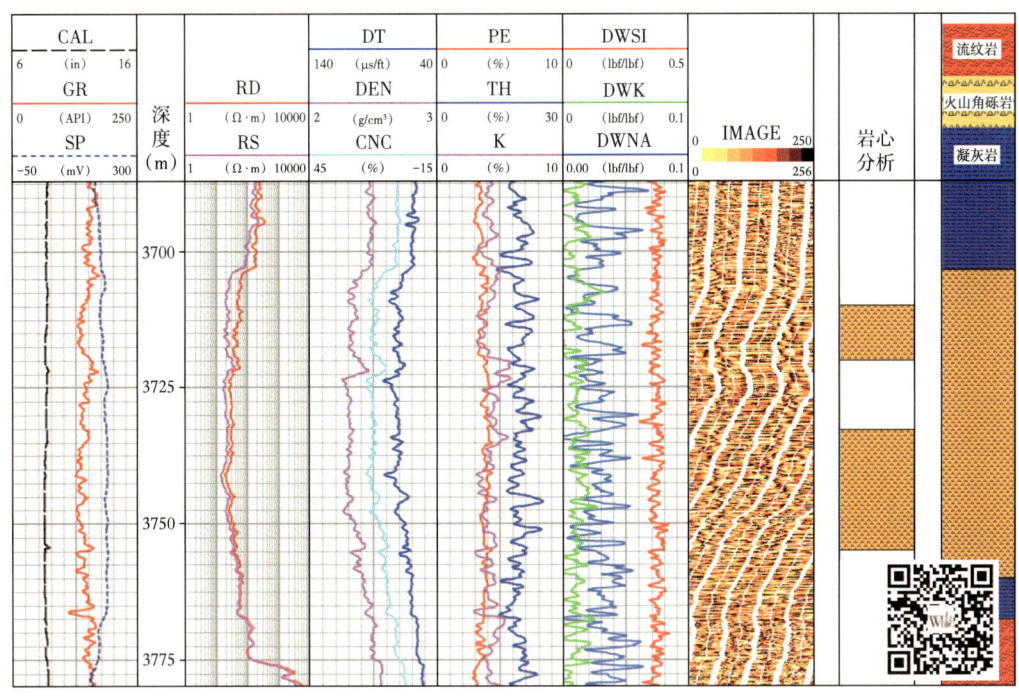

图 3-3-10 三维空间岩性识别成果图

二、火山岩岩相测井识别方法

火山岩的岩相是指火山活动环境及在该环境下所形成的特定火山岩岩石类型的总和（邱家骧，1996），是火山作用产物在空间上的分布格局、产出方式以及这些产物呈现的外貌特征的反映。研究火山岩的岩相，只有对包括喷出岩在内的所有火山岩进行岩相划分才能了解火山作用的发展过程、岩浆演化的特点以及它们形成的地质条件。目前国内外火山岩岩相划分的方法很不统一，有的以火山岩形成时间为依据分为古相火山岩和新相火山岩；有的以火山喷发时所处的环境不同分为陆相火山岩及海相火山岩；有的以火山喷发物离火山口的远近分为火山口相、近火山口相和远火山口相；有的以火山喷发物所处的部位分为顶板相、底板相、内部相和前额相；有的以火山活动产出物的产出方式、形态及岩石特征划分为爆发相、溢流相、火山通道相、次火山岩相及火山沉积相。最后一种方法基本以火山机构的分布形态描述最为接近，对于恢复古火山机构有直接的帮助，是采用最多的一种火山岩岩相划分的方法。

1. 火山岩岩相测井分类

根据油气勘探的地质要求和测井学的特点，测井相划分参考了按火山机构进行岩相划分的思路。由于火山通道相、侵出相在井下钻井中不常见，且测井的方法几乎无法识别，故未做相应的测井相分类。综合近几年测井火山岩岩相划分的经验，考虑地质应用的适用性与火山岩岩性划分结果的可转化性及操作的方便性，将火山岩的测井相划分为4个岩相11个亚相。四个岩相分别为爆发相、溢流相、次火山岩相和火山沉积相（图 3-3-11）。

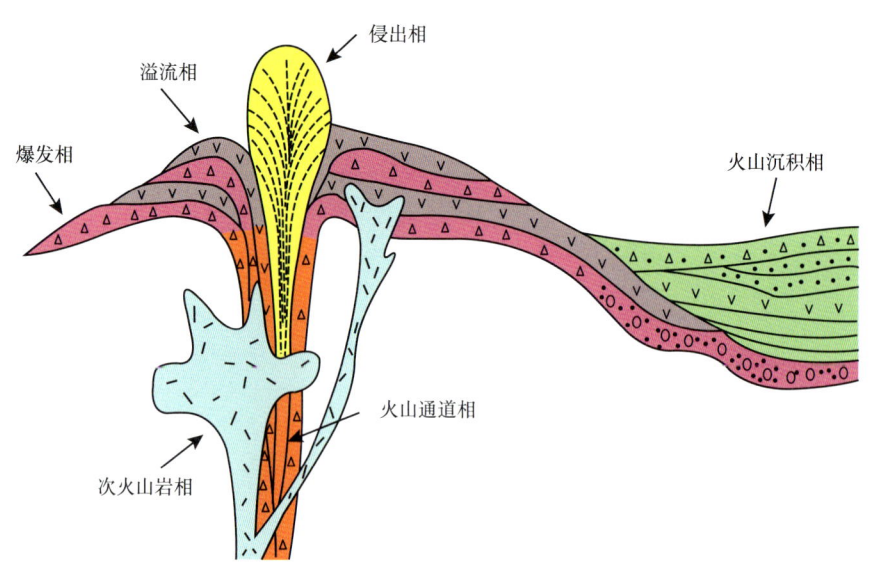

图 3-3-11 火山岩岩相划分的示意图

爆发相分为集块亚相、角砾亚相和凝灰亚相。溢流相分为顶部亚相、中部亚相和底部亚相。次火山岩相分为熔岩亚相、自碎碎屑亚相和隐爆角砾亚相。火山沉积相分为沉火山角砾岩亚相、沉凝灰岩亚相和凝灰质沉积亚相（表 3-3-1）。

表 3-3-1 火山岩岩相的测井分类表

岩相	亚相	主要岩石类型
爆发相	集块亚相、角砾亚相和凝灰亚相	火山碎屑岩
溢流相	顶部亚相、中部亚相和底部亚相	火山熔岩
次火山岩相	熔岩亚相、自碎碎屑亚相和隐爆角砾亚相	次火山岩
火山沉积相	沉火山角砾岩亚相、沉凝灰岩亚相和凝灰质沉积亚相	沉积岩

1）爆发相

岩石成分不定，岩性为火山碎屑岩。挥发分多、黏度大的中酸性、碱性岩浆多见。形成于火山作用的不同阶段，但以早期及高潮期火山喷发能量较大时最为发育。有的以层状产出，有的在火山口附近形成碎屑锥。通常粗粒级多近火山口分布，细粒级分布相对较远。按粒级的大小，测井上可分为集块亚相、角砾亚相和凝灰亚相。用常规测井划分三种亚相通常较为困难，但用微电阻率扫描成像测井资料则较易识别。图 3-3-12 为爆发相不同亚相的火山碎屑岩的典型测井相模式图。

爆发相的三种岩相和火山碎屑岩的三种岩性一一对应，划分方便，易于操作。地质上通常按成因划分亚相，将爆发相划分为空落、热基浪、热碎屑流和水携碎屑四种亚相。这种划分方法需要在火山喷出物的立体分布状态分析的基础上进行。对单井而言，测井划分难度过大，可操作性较差，可在多井解释中应用，将三种测井亚相转换为四种地质亚相。

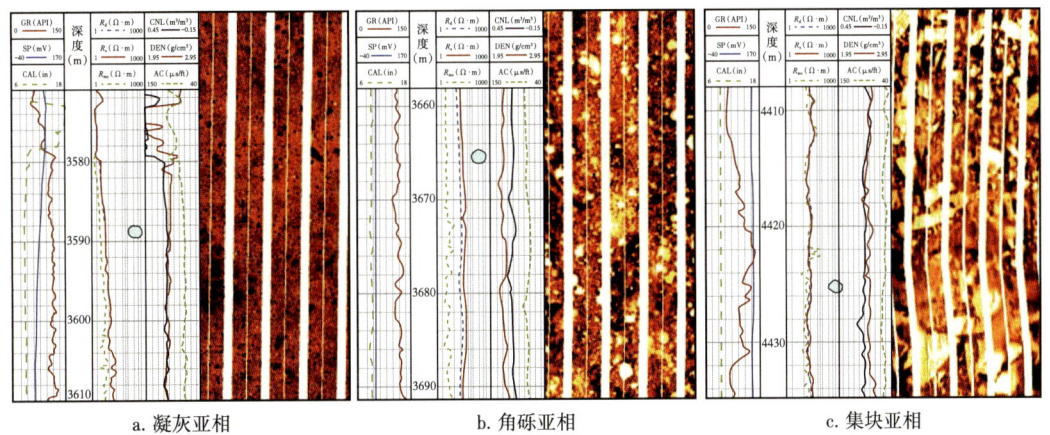

图 3-3-12 爆发相不同亚相的火山碎屑岩的典型测井响应

2）溢流相

岩石成分不定，岩性为火山熔岩。从基性到酸性均有发育。溢流相可形成于火山作用旋回的各个时期，但多数见于强烈爆发相以后，岩浆在后续喷出物推动和自身重力的共同作用下，在沿着地表流动过程中，岩浆逐渐冷凝固结而形成。当以中、基性熔岩为主时，可见面状或线状岩流。当以酸性熔岩为主时，由于岩浆黏度较大，溢流范围较小，可在火山口附近形成火山穹隆。对于喷发的熔岩，在产出厚度较大时，尽管其岩浆性质基本相同，但由于从上到下所处的位置不同，造成其结构、构造有较大的差异，物性的差异也较大。一般而言，顶、底部气孔较为发育，基质物性较好，为好的储层。为此，将溢流相的熔岩分为顶部亚相、中部亚相和底部亚相三个单元。

（1）顶部亚相。

纵向上位于每个溢流期次的顶部。由于熔岩在流动过程中，顶部冷凝硬结，但下部岩浆仍在流动，所以顶部岩石会破碎呈角砾状，若被炙热的岩浆熔结可形成熔结角砾岩。由于上部岩浆冷却较快，下部熔岩中的挥发分向上溢出，可在上部形成较多的气孔。同时，一般在一次喷溢周期结束后，均有短时间的地面暴露和淋滤，有利于次生溶孔和裂缝的形成。对于酸性熔岩在顶部可见泡沫状含角砾带。

（2）中部亚相。

中部亚相处于溢流相的中部，由于在溢流过程中冷凝速度较慢，大部分流体溢出，基本没有气孔，或只有非常小的孤立气孔发育，岩性比较致密，孔隙度很低，呈块状特征。中部亚相的泊松比通常小于顶部、底部岩相，岩性相对较脆，故裂缝通常较为发育。

（3）底部亚相。

底部亚相位于每个喷发—溢流期次的底部，主要由具有气孔和成岩微裂缝的火山熔岩组成。由于在溢流过程中首先接触底部并相对较快冷凝，所以部分气孔被保留，在底部流动摩擦的影响下，气孔呈拉长状。底部岩相的厚度一般小于顶部亚相，气孔较为发育，对于酸性熔岩，可多见流纹构造。另外，由于岩浆底部直接与地面接触，地面中的岩石碎屑可被岩浆携带，形成它源的熔结角砾岩。

图 3-3-13 为准噶尔盆地 K84 井石炭系火山岩顶部火山岩井段的岩相划分图。该段火山岩整体为溢流相安山岩，具明显的三段结构，三个亚相发育明显。① 3090~3110m 井

段底部岩相，该段火山岩处于该溢流期次的底部，从下到上电阻率测井和密度测井值逐渐增大，声波时差、补偿中子测井值逐渐减小，物性逐渐变差。从 FMI 测井图像看主要为角砾熔岩，具明显的熔结结构，可见气孔发育。由于底部直接与沉积岩接触，可见明显的沉积岩成分混杂于火山岩中。② 3038~3090m 井段中部岩相，该段火山岩处于该溢流期次的中部，从下到上常规测井值变化不大，整体较为致密，但物性向上有逐渐变好的趋势。从 FMI 图像看，该段具明显的块状熔岩结构，气孔发育程度低，但裂缝较为发育。③ 3020~3038m 井段顶部岩相，该段火山岩处于该溢流期次的上部，从下到上三孔隙度测井值显示物性逐渐变好，自然伽马测井值逐渐降低。测井资料显示该段火山岩从下到上逐渐由熔结结构过渡到碎屑结构。FMI 图像段显示为明显的熔结结构，角砾熔岩，气孔发育。

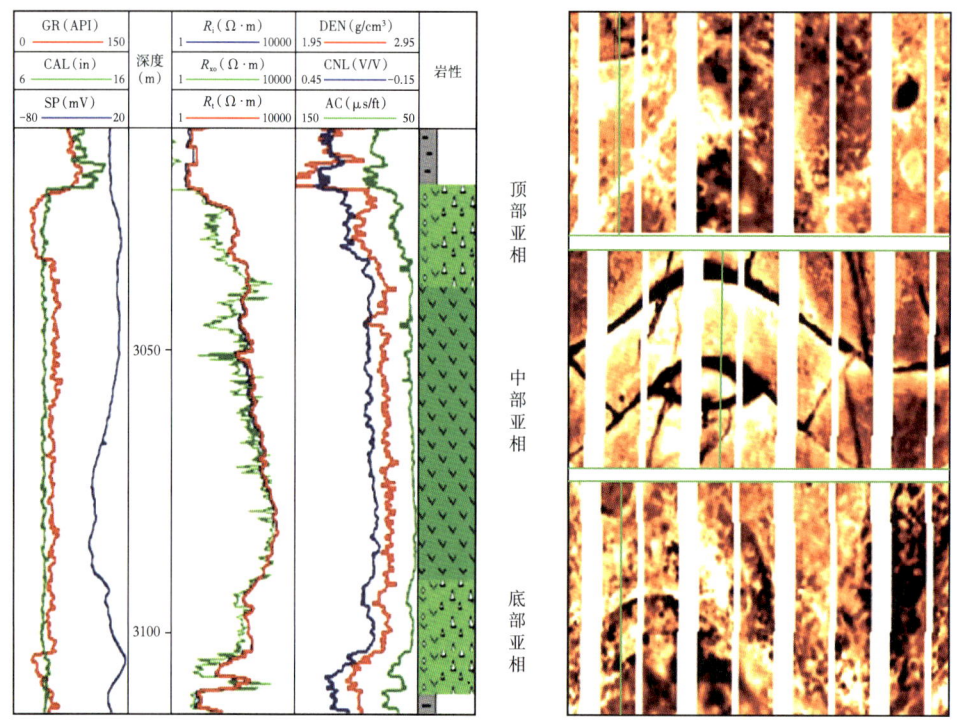

图 3-3-13 溢流相不同亚相的典型测井响应

3）次火山岩相

次火山岩相由未喷出地面但离地面较近的岩浆形成，岩浆成分不定。由于岩浆未喷出地面，温度下降相对较慢，故结晶程度低于一般的侵入岩，高于喷出岩。地质上此种岩相的火山岩又称为浅成岩，由于该种岩相的火山岩多与火山活动有关，且与喷出岩的岩性相近，多划为火山岩的范畴。岩性主要为熔岩、自碎的火山碎屑岩和沉积岩经岩浆烘烤、挤压形成的隐爆角砾岩，是与火山岩同源的、呈侵入状的岩体。这种岩相在准噶尔盆地和三塘湖盆地石炭系较为多见，物性较好。它与火山岩有"四同"的特点，即"同时间但一般较晚，同空间但分布范围较大，同外貌但结晶程度较好，同成分但变化范围及碱性相对较大"。实践中，常按岩性将次火山岩相分为熔岩亚相和自碎碎屑亚相和隐爆角砾亚相。尽管次火山岩相和喷出岩岩相较难识别，但二者具有明显的区别。最为明显的是其侵入岩的特征，岩性均质，各类测井响应的变化不大，几乎平直，与上下围岩呈突变接触，且其物性明显好于喷出型火山岩。

（1）熔岩亚相。

熔岩亚相产状及结构、构造特征几乎与溢流相的中部亚相完全一致，所不同的是其结晶程度较好，具明显的浅成岩的特点，测井上通常为层状或厚块状分布，在同一层内上下无明显的结构和构造变化，均质性好，各类测井曲线通常呈平直状。

（2）自碎碎屑亚相。

自碎碎屑亚相的岩性由次火山岩破碎而成，常呈集块结构和角砾结构。由于结构、构造特征与自碎火山熔岩完全一致，有时较难识别，一般将次火山岩相整体识别，则可容易地识别出这种亚相。之所以将这种亚相单独分开，是因为这种亚相的火山岩在次火山岩中物性相对较好，是较好的储层。

（3）隐爆角砾亚相。

隐爆角砾亚相由沉积岩经岩浆烘烤、挤压形成的隐爆角砾岩形成。其岩石成分为沉积岩成分，但隐爆角砾岩由岩浆侵入形成，具有火山碎屑岩的结构特征。尽管沉积岩有时破碎碎块较大，习惯上仍称为隐爆角砾岩。这些破碎沉积岩碎块通常和次火山岩一起形成连通的储集空间，故习惯上将其划分为次火山岩的一个亚相。

图 3-3-14 为准噶尔盆地某井的次火山岩相的常规测井曲线和 FMI 图像。xx34~xx55m 井段为二长玢岩，xx34m 以浅为泥岩，xx55m 以深为砂岩。从常规测井图上可以看出，次火山岩段自然伽马测井曲线、电阻率测井曲线及三孔隙度测井曲线显示该段地层与上下地层呈突变接触，各种曲线数值变化不大，地层均质。应用成像测井可将该段

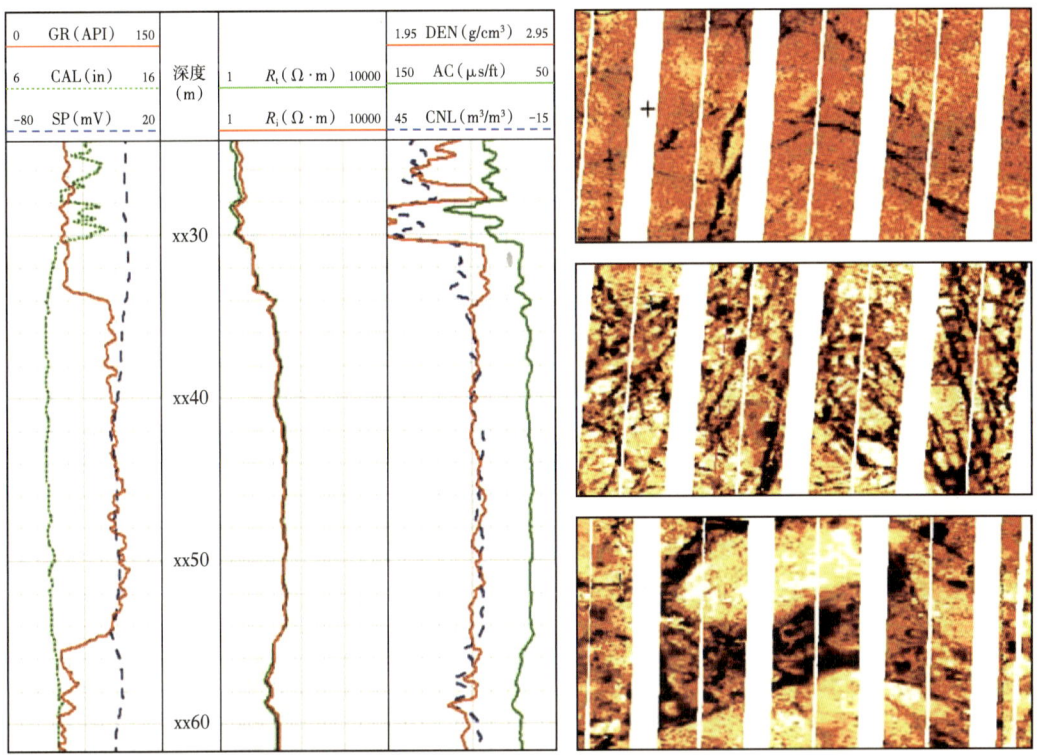

图 3-3-14 准噶尔盆地某井次火山岩相的常规测井曲线和 FMI 图像

地层划为三个亚相。① xx34~xx42m 井段为熔岩亚相（上部 FMI 图像）。该段的结构和构造特征几乎与溢流相的中部亚相完全一致，但所不同的是其气孔、溶孔发育。② xx42~xx55m 井段为自碎碎屑亚相（中部图像）。此井段的 FMI 图像岩性与火山角砾岩的图像几乎完全一致，所不同的是由次火山岩破碎而成，具有较好的复原性。③ xx55m 以深为隐爆角砾亚相。该段岩性与上部岩性完全不同，上部岩性为二长玢岩，而该段岩性为砂岩，但其结构特征酷似自碎的火山熔岩。该段岩性与上段二长玢岩完全连通，形成同一储层。

4）火山沉积相

岩石成分多样，岩性主要为与火山活动相关的产物。根据测井学的特点，同时便于火山机构的识别，将火山沉积相分为沉火山角砾岩亚相、沉凝灰岩亚相和凝灰质沉积亚相。沉火山角砾亚相分布于近火山口附近，与火山角砾岩亚相不同的是其存在明显的搬运痕迹，沉积构造发育，在成像测井图像上可以看到明显的沉积层理。沉凝灰岩亚相与凝灰质亚相不同的是凝灰质亚相基本是空落堆积，而沉凝灰岩亚相具有明显的水搬运痕迹，沉积层理发育，有时夹杂泥质条带。凝灰质沉积亚相基本为沉积岩，具有沉积岩的所有特征，所不同的是具有凝灰质成分。

2. 火山岩岩相测井划分

1）测井划分方法及流程

以岩性解释结果为基础，以建立的火山岩岩相为指导，综合应用各种地质信息，分析火山岩发育的时空关系、产出状态及外貌特征，在划分喷发期次、旋回的前提下，由大到小逐级划分火山岩的岩相。

火山岩的岩相划分按以下步骤进行：

（1）在火山岩发育井段，首先划分出火山岩及每个喷发间断发育的沉积单元，或火山岩内部发育的不整合，以此为依据，划分出火山发育期次。

（2）按火山发育演化序列划分大的火山旋回，如从基性火山岩到酸性火山岩的正序列演化旋回，或从酸性火山岩到基性火山岩的反序列旋回。大的旋回可包括喷发间断。

（3）按爆发的能量大小，火山从爆发到溢流直至消亡的过程划分小的旋回。爆发到溢流可以称为正旋回，反之，可称为反旋回。或按火山岩岩石成分划分旋回，如玄武旋回、安山旋回等。划分方法可以根据地质需求及火山机构的描述需求选择。

（4）在大小旋回、发育期次划分的基础上进行四类岩相的划分。

（5）在四类岩相划分的基础上进行亚相的详细划分。

2）火山岩岩相划分实例

M19 井为三塘湖盆地的一口预探井，钻探的目的层位为石炭系，钻探的目的岩性为石炭系的火山岩。该井钻穿了卡拉岗组，完钻于哈尔加乌组，钻穿石炭系厚度 1300m。根据该井的岩性解释结果，按照火山岩岩相划分方法和流程对该井火山岩的岩相进行了划分。全井段火山岩和沉积岩交互发育，在火山岩中共有六个沉积岩夹层，这六个沉积岩夹层是火山喷发间断期的沉积产物，基本为凝灰质的砂泥岩，显示有六个较大的火山喷发间断，同时参考火山岩的接触关系及岩浆演化特点，可划分出不同期次喷发火山岩。

井底至 2585m 为第一期次的火山岩，以安山质的火山岩为主。该期次的标志为上部发育近 30m 的凝灰质砂泥岩，是明显的喷发间断标志；熔岩的自然伽马测井值从下到上逐渐增大，表明酸性逐渐增强，为典型的正序列火山岩。该段岩性以火山碎屑流形成的凝灰质火山角砾岩为主，夹薄层的溢流相玄武岩和安山岩，由于碎屑流的成因，火山碎屑的成分较杂，与熔岩不完全同质，火山碎屑岩的自然伽马测井值常常高于熔岩。该段可划分为三个小的火山旋回，旋回一为爆发旋回，旋回二和旋回三为溢流旋回，火山爆发能量由强变弱，直至爆发该期次的火山爆发结束。火山岩的岩相划分结果如图 3-3-15 所示。

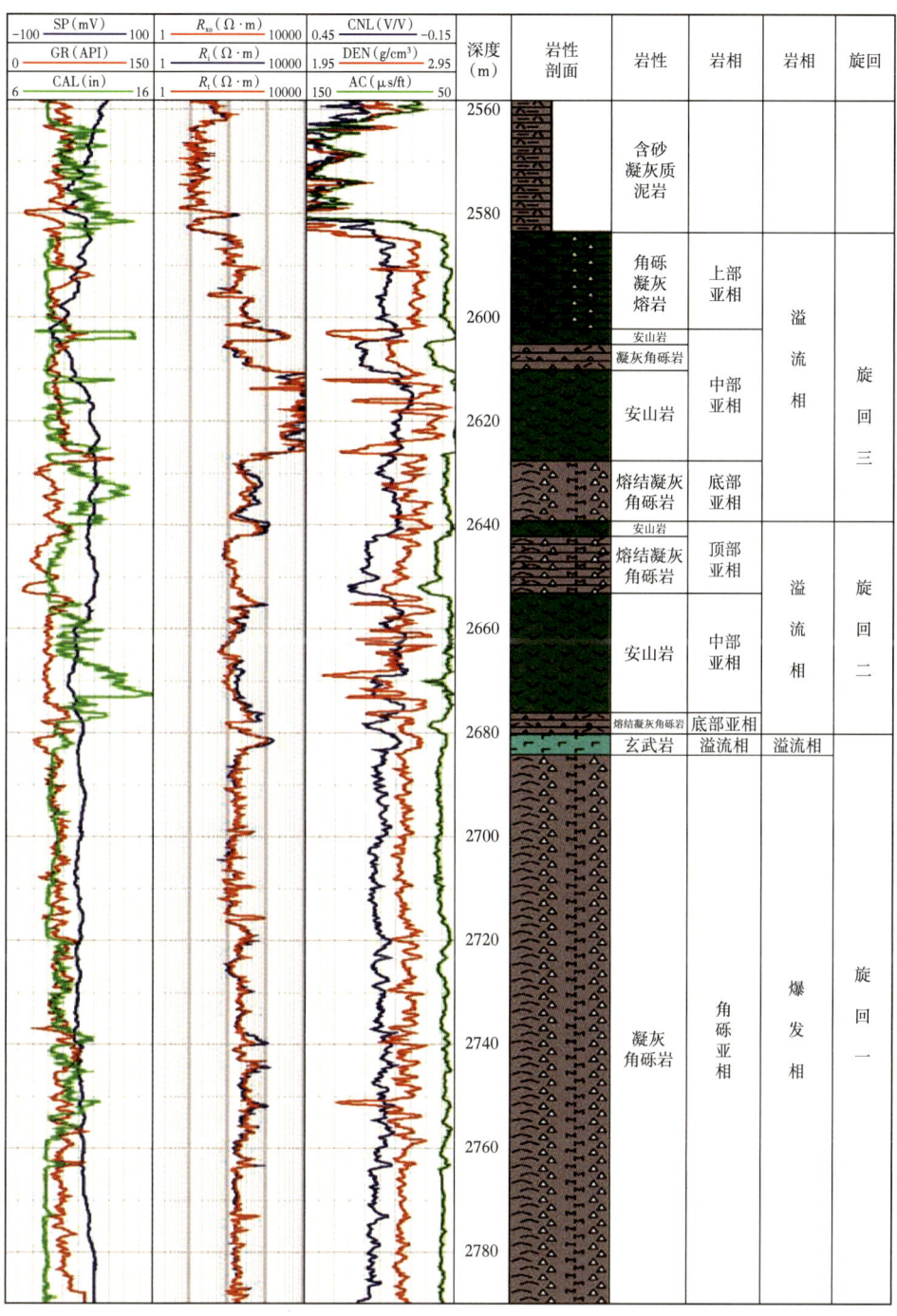

图 3-3-15　M19 井火山岩岩相图

第四节 火山岩储层参数定量计算

火山岩储层是一种缝洞型双孔隙介质非均质储层，埋藏较深，岩石类型多样。主力储层难于识别是测井评价面临的第一大难题。储层严重的双重非均质性，即非均质基质骨架和叠加在这一骨架背景之上的非均质次生缝洞构成了测井评价的第二大难题。因此，火山岩测井解释评价体系的建立要突破储层岩性识别、储层流体性质识别、储层基质孔隙度、饱和度定量计算以及储层裂缝孔隙度计算、饱和度定量计算等多个关键环节。

一、基质孔隙度计算

测井储层评价一个最关键的任务就是计算储层基础参数。储层基础参数是测井资料数字处理解释的基础，只有储层基础参数求准了，才有可能对储层做出正确的评价。下面从火山岩岩石骨架参数的准确确定入手，探讨火山岩储层基质孔隙度的计算方法。

1. 火山岩骨架参数的确定

骨架参数的确定是孔隙度计算的关键，测井解释所应用的火山岩岩石的骨架参数，主要包括骨架密度、中子及声波时差。碎屑岩骨架参数选择的方法都可应用于火山岩骨架参数的选择。和碎屑岩储层的骨架参数选择一样，对于区域性预探井，交会图法确定骨架参数仍然是一种行之有效的方法。除此之外，应用自然伽马测井资料和元素俘获能谱测井资料确定骨架参数是值得提倡的方法。

1）基于测井资料本身的物性骨架参数的选择

基于测井资料本身确定物性评价的骨架参数是预探井测井孔隙度定量计算常用的方法，这种方法具有快速、方便的特点，评价误差基本可以接受。对火山岩而言，由于存在致密的熔岩层，在这种情况下，可以直接读取致密段的测井值作为骨架参数。这种方法在熔岩和火山碎屑岩同质且矿物成分变化不大的情况下尤为适用。

图 3-4-1 为三塘湖盆地 L20 井火山岩井段的综合测井曲线图。综合分析常规测井曲线，可以判断该井段为安山岩和安山质火山碎屑岩互层，熔岩和火山碎屑岩同质，均为安山岩的成分。整个井段有两段致密的安山岩，即 2345~2349m 井段和 2480~2493m 井段，可将致密段的测井值作为全井段的骨架值，两个致密段的密度测井值为 $2.75g/cm^3$，声波时差为 $52\mu s/ft$，补偿中子测井值为 0.08pu。

最为常见的方法是应用各种交会图，用交会图确定骨架参数，这种方法在预探井的孔隙度计算中普遍采用。交会图法不仅可以确定骨架参数，用骨架趋势线还可以定性地判断评价井段的岩性变化情况。

图 3-4-2 为图 3-4-1 所示井段的声波时差—密度交会图，图例颜色显示了自然伽马测井值的变化情况。从交会图可以看出，纯岩石线显示清楚，表明全井段的岩石成分基本一致，用该方法确定骨架参数是可行的。从交会图得到该段安山质火山岩骨架密度值为 $2.75g/cm^3$，骨架声波值为 $52\mu s/ft$。

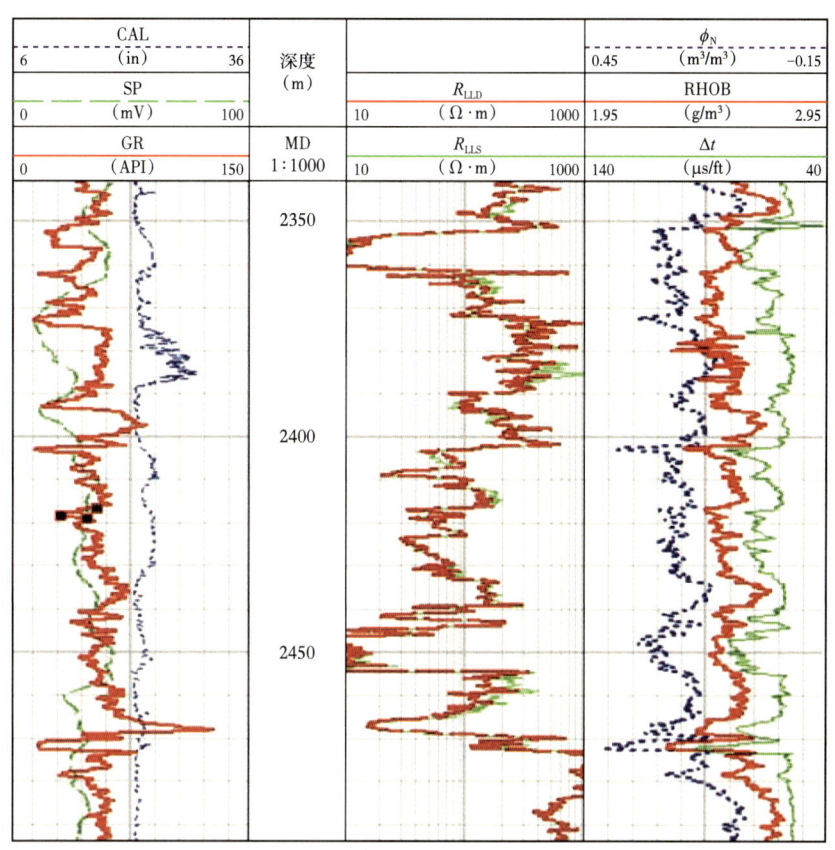

图 3-4-1 L20 井火山岩井段的综合测井曲线图

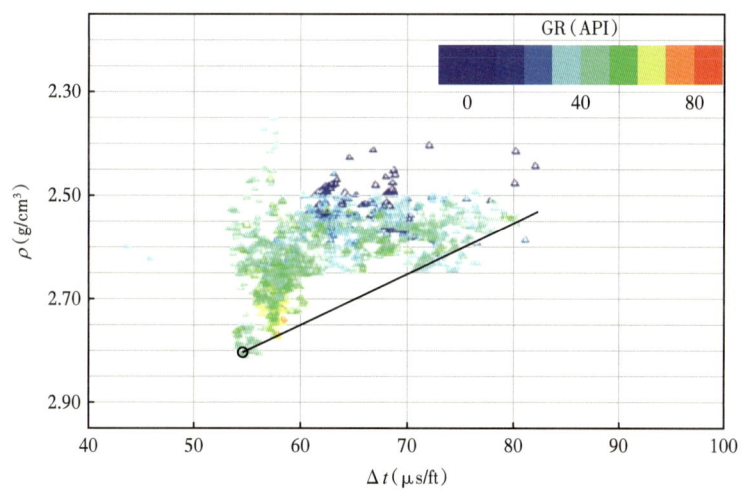

图 3-4-2 L20 井火山岩段声波密度交会图

2)基于自然伽马测井的骨架参数估算方法

火山岩的骨架密度与其主要的矿物成分含量密切相关,SiO_2 是含量最多的矿物成分。有这样定性的规律:从基性岩到酸性岩,SiO_2 含量增多,而岩石的密度减小,自然伽马测井值增大。也就是说,火山岩的骨架密度与其自然伽马测井值存在内在的联系。如果这种关系在一个地区有明确的定量关系，则可以由自然伽马测井值反演得到火山岩地层的骨架密度，从而计算其基质孔隙度。

准噶尔盆地不同地区 92 块火山熔岩样品全岩氧化物分析得到的 SiO_2 含量及骨架密度的相关关系实验结果如图 3-4-3 所示。实验结果显示，熔岩的骨架密度与 SiO_2 含量呈负相关性，SiO_2 含量越高，火山岩的骨架密度越小。需要说明的是，该方法统计的是火山熔岩的自然伽马测井值与骨架密度的相关关系。故上述统计关系仅能用于确定熔岩的骨架密度。对于火山碎屑岩可以用同源的熔岩确定骨架密度，但由于火山碎屑岩的成分更为复杂，需要进行相应的凝灰和黏土校正。

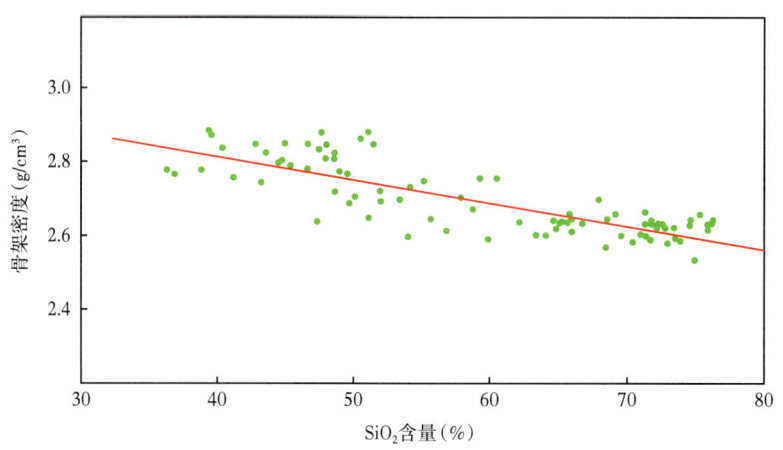

图 3-4-3　SiO_2 含量与骨架密度相关关系分析图

3）利用元素俘获能谱测井资料计算骨架参数

由于火山岩的特殊性，即使相同的岩性，其骨架参数也有可能是不同的，而利用前面的方法确定的骨架参数值往往是一个定值。通过统计分析的方法确定岩石的骨架参数，并在单井或者单个地层组中应用不变的骨架参数，这显然不符合火山岩的特性。岩石骨架的物理参数由两个因素决定：一是岩石的骨架密度；二是岩石的化学成分，也就是各种元素的含量。斯伦贝谢公司根据实验室岩心分析得到了岩石骨架密度和化学成分数据，建立了岩石骨架参数与岩石元素含量的关系。

（1）骨架密度：

$$\rho_{ma} = 3.1475 - 1.1003W_{Si} - 0.9834W_{Ca} - 2.4385W_{Na} - 2.4082W_{K} \\ + 1.4245W_{Fe} - 11.31W_{Ti} \quad (3\text{-}4\text{-}1)$$

（2）骨架中子：

$$\phi_{N_{ma}} = 0.3517 - 0.728W_{Si} - 0.7597W_{Ca} - 1.5533W_{Na} - 1.0979W_{K} \\ - 0.2408W_{Fe} + 9.3709W_{Ti} \quad (3\text{-}4\text{-}2)$$

（3）骨架光电吸收截面：

$$\Sigma_{ma} = 9.7986 - 7.525W_{Ti} + 6.729W_{Ca} - 39.9591W_{Na} - 0.8197W_{K} \\ + 59.8762W_{Fe} + 192.4243W_{Ti} \quad (3\text{-}4\text{-}3)$$

（4）骨架 SIGM 计算公式：

$$\Sigma_{Nma} = 33.5758 - 71.4856W_{Si} + 71.1593W_{Fe} - 6.4189W_{Ti} + 0.6168W_{Gd} \quad (3\text{-}4\text{-}4)$$

式中：ρ_{ma} 为骨架密度；Σ_{ma} 为骨架光电吸收截面；ϕ_{Nma} 为砂岩骨架中子；Σ_{Nma} 为岩石骨架热中子俘获截面；V_{ma} 为骨架体积；V_f 为孔隙流体体积；W_{Si} 为元素俘获能谱测井得到的硅元素的重量百分含量；W_{Ca} 为元素俘获能谱测井得到的钙元素的重量百分含量；W_{Na} 为元素俘获能谱测井得到的钠元素的重量百分含量；W_{Fe} 为元素俘获能谱测井得到的铁元素的重量百分含量；W_{Gd} 为元素俘获能谱测井得到的钆元素的重量百分含量；W_K 为元素俘获能谱测井得到的钾元素的重量百分含量；W_{Ti} 为元素俘获能谱测井得到的钛元素的重量百分含量。

2. 基质孔隙度计算方法

1）中子—密度交会

密度孔隙度和中子孔隙度为去掉岩石骨架影响后的孔隙度，该孔隙度仅与孔隙流体有关，即与孔隙内的钻井液滤液、油气体积有关。中子测井和密度测井测量原理不同，这两种测井仪器探测的径向和纵向范围也不同。当地层含气时，会引起中子测井孔隙度减小和密度测井孔隙度的增大。常用中子—密度交会孔隙度计算公式如下：

$$\phi = \sqrt{\frac{\phi_D^2 + \phi_N^2}{2}} \quad (3\text{-}4\text{-}5)$$

式中：ϕ_D 为密度孔隙度；ϕ_N 为中子孔隙度。

由于中子测井比密度测井径向探测深度大 2 至 3 倍，中子测井比密度测井受侵入带含气饱和度的影响程度大，直接采用中子—密度交会确定的气层孔隙度偏低。利用谭廷栋提出的测井定量解释气层的孔隙度计算方程，可以有效消除含气饱和度的影响，其方程为

$$\phi = \frac{\phi_N + \phi_D}{4} + \sqrt{\frac{\phi_N^2 + \phi_D^2}{8}} \quad (3\text{-}4\text{-}6)$$

2）声波实验公式

李宁（2007）通过实验准确得到了声波时差和孔隙度的关系，其具体公式为

$$\Delta t = \Delta t_{ma} e^{0.0228\phi_s} \quad (3\text{-}4\text{-}7)$$

式中：Δt 为测量的地层声波时差值，Δt_{ma} 为岩石声波骨架值。

这里的孔隙度是用百分数表示的，当孔隙度用小数表示，求解上面的方程便可得到声波孔隙度计算公式为

$$\phi_s = 0.4386 \lg \frac{\Delta t}{\Delta t_{ma}} \quad (3\text{-}4\text{-}8)$$

3）核磁共振测井孔隙度

核磁共振测井依据观测信号强度与孔隙流体中氢核含量的对应关系来确定地层孔隙

度。如果观测信号能够正确地反映宏观磁化强度 M，那么它在零时刻的数值大小将与地层孔隙中的含氢总量 $\sum_i p_i$ 成正比，经过恰当的标定，即可把零时刻的信号强度 $E(0)$ 标定为岩层的孔隙度：

$$\phi = E(0) = \sum_i p_i \tag{3-4-9}$$

图 3-4-4 是 CaiX1 井基质孔隙度计算成果图。计算结果和岩心分析结果对比结果见表 3-4-1，CaiX1 井的平均绝对误差为 9.1%，其精度可以达到勘探开发的需求。

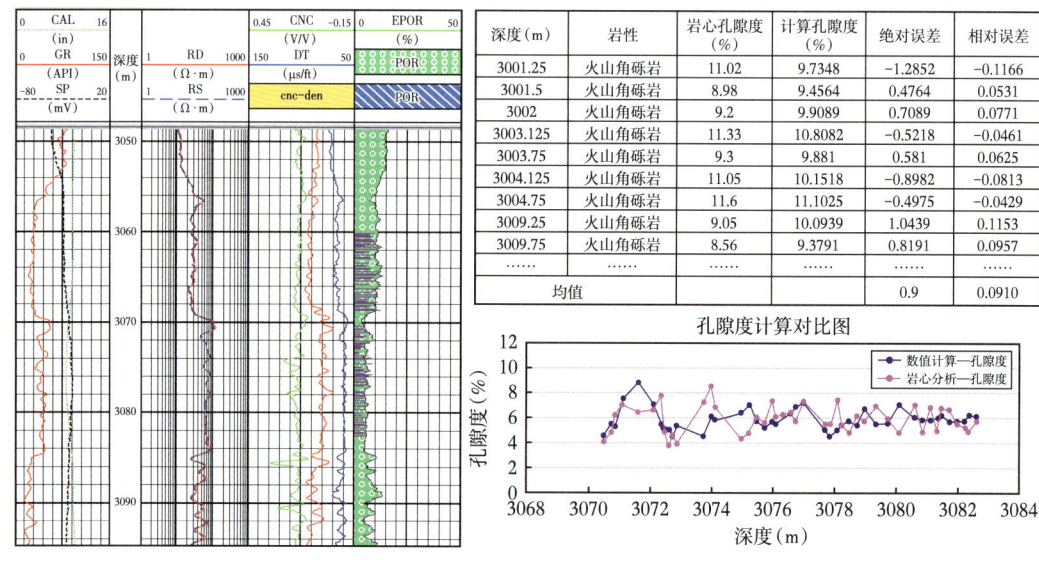

图 3-4-4　CaiX1 井孔隙度计算图

表 3-4-1　CaiX1 井基质孔隙度计算结果和岩心分析的结果对比

深度（m）	岩性	岩心孔隙度（%）	计算孔隙度（%）	绝对误差	相对误差
3001.25	火山角砾岩	11.02	9.7348	−1.2852	−0.1166
3001.5	火山角砾岩	8.98	9.4564	0.4764	0.0531
3002	火山角砾岩	9.2	9.9089	0.7089	0.0771
3003.125	火山角砾岩	11.33	10.8082	−0.5218	−0.0461
3003.75	火山角砾岩	9.3	9.881	0.581	0.0625
3004.125	火山角砾岩	11.05	10.1518	−0.8982	−0.0813
3004.75	火山角砾岩	11.6	11.1025	−0.4975	−0.0429
3009.25	火山角砾岩	9.05	10.0939	1.0439	0.1153
3009.75	火山角砾岩	8.56	9.3791	0.8191	0.0957
…	…	…	…	…	…
均值				0.9	0.0910

二、裂缝孔隙度计算

裂缝孔隙度虽然在总孔隙度中占的比重较小（火成岩裂缝孔隙度一般小于1%），对储集空间贡献甚微，但裂缝具有非常重要的渗流特点，为油气的运移提供了通道。裂缝参数主要包括裂缝宽度、裂缝长度、裂缝密度、平均水动力宽度和裂缝孔隙度，其中最重要的是裂缝孔隙度。

1. 常规测井资料计算裂缝孔隙度

应用电阻率测井资料进行裂缝孔隙度计算的方法较多，总结起来主要有以下几种。

1）双孔介质模型计算法

双重孔隙介质的裂缝孔隙度 ϕ_f 计算公式：

$$\phi_f = \sqrt[m_f]{(\sigma_t - \sigma_b)/(\sigma_{mf} - \sigma_b)} \qquad (3\text{-}4\text{-}10)$$

式中：m_f 为裂缝孔隙度指数，通常取值1.5以下；σ_t、σ_b、σ_{mf} 分别为岩石电导率、基质电导率和钻井液滤液电导率，S/m。

2）双侧向测井电阻率幅度差法

在钻井过程中，由于钻井液压力大于裂缝孔隙流体压力，钻井液容易侵入裂缝孔隙空间，而不容易侵入岩块孔隙中。在这种情况下，可以利用双侧向测井电阻率确定裂缝孔隙度：

$$\phi_f = \left[(1/R_{LLS} - 1/R_{LLD})/(1/R_{mf} - 1/R_w)\right]^{1/m_f} \qquad (3\text{-}4\text{-}11)$$

式中：R_{LLD}、R_{LLS} 分别为深、浅侧向电阻率，$\Omega \cdot m$；R_w、R_{mf} 分别为地层水电阻率和钻井滤液电阻率，$\Omega \cdot m$。

2. 成像测井资料计算裂缝孔隙度

根据成像测井资料计算裂缝孔隙度的前提条件是，在成像测井图所见到的裂缝在地层中视为均匀连通的，利用公式计算得到的裂缝宽度（用 W 表示）代表地层中的裂缝宽度。裂缝体积等于裂缝在井筒截面积与裂缝宽度的乘积，如果裂缝相对井径的裂缝视倾角为 θ，可以推出单条裂缝的裂缝体积 V_1 与裂缝储层单位圆柱体体积 V 的比为：

$$\frac{V_1}{V} = \frac{\sqrt{1+\tan^2\theta}\,W}{h} = \frac{cW}{h} \qquad (3\text{-}4\text{-}12)$$

其中：

$$c = \sqrt{1+\tan^2\theta} \qquad (3\text{-}4\text{-}13)$$

$$V = \frac{1}{4}d^2\pi cW \qquad (3\text{-}4\text{-}14)$$

式中：θ 为裂缝视倾角；W 为裂缝宽度，m；h 为单位圆柱体的高度，m；c 为裂缝长度系数。

裂缝孔隙度等于裂缝体积与岩石总体积的比值。当有多条裂缝时，用 W_i 表示裂缝宽度，c_i 表示裂缝长度系数，h 表示岩石体积的高度。由式（3-4-14）可以进一步得到裂缝孔隙度的计算公式：

$$\phi_f = \frac{\sum V_i}{V} = \sum \left(\frac{c_i W_i}{h} \right) \quad (3-4-15)$$

三、基质饱和度计算

火山岩油气层识别和饱和度计算是火山岩测井评价最为困难的工作。虽经多年研究，取得了一定的进展，但仍然存在一些无法克服的技术瓶颈。究其原因是其严重的各向异性、复杂多变的孔隙结构及裂缝孔隙双重介质的成因，火山岩储层岩电关系呈明显的非阿奇特征，导致饱和度准确计算困难。

1. 基质饱和度精确定量计算理论基础

李宁（1989）推导出了电阻率—孔隙度、电阻率—含油（气）饱和度关系的一般形式——两个对称的表达式，并给予了实验证明：

$$F = \sum_{i=1}^{n} \left(\frac{q_i}{\sum_{k=1}^{t_i} c_{ik} \phi^{\beta_{ik}}} \right)$$

$$= \frac{q_1}{c_{11}\phi^{\beta_{11}} + c_{12}\phi^{\beta_{12}} + \cdots + c_{1t_1}\phi^{\beta_{1t_1}}} + \frac{q_2}{c_{21}\phi^{\beta_{21}} + c_{22}\phi^{\beta_{22}} + \cdots + c_{2t_2}\phi^{\beta_{2t_2}}} \quad (3-4-16)$$

$$+ \cdots + \frac{q_N}{c_{n1}\phi^{\beta_{n1}} + c_{n2}\phi^{\beta_{n2}} + \cdots + c_{nt_n}\phi^{\beta_{nt_n}}}$$

$$I = \sum_{i=1}^{n} \left(\frac{p_i}{\sum_{k=1}^{l_i} h_{ik} S_w^{\theta_{ik}}} \right)$$

$$= \frac{p_1}{h_{11}S_w^{\theta_{11}} + h_{12}S_w^{\theta_{12}} + \cdots + h_{1l_1}S_w^{\theta_{1l_1}}} + \frac{p_2}{h_{21}S_w^{\theta_{21}} + h_{22}S_w^{\theta_{22}} + \cdots + h_{2l_2}S_w^{\theta_{2l_2}}} \quad (3-4-17)$$

$$+ \cdots + \frac{p_n}{h_{n1}S_w^{\theta_{n1}} + h_{n2}S_w^{\theta_{n2}} + \cdots + h_{n1_n}S_w^{\theta_{n l_n}}}$$

其中：
$$0 < q_i = \frac{l_i}{l} \leq 1$$

$$p_i = q_i = \frac{L_i}{l}$$

式中：p_i、q_i 分别为等效模型中第 i 种导电成分在电流方向的相对长度。l 为立方体岩石模型长度；l_i 为岩石模型中第 i 种介质厚度（$i=1, 2, \cdots, n$）；C_{ik} 为第 i 种介质对于组合薄片的系数；β_{ik} 为指数；ϕ 为孔隙度，对应于孔隙在岩石中的分布是非均匀的完全含水地层的情况；h_{ik} 为第 i 个介质对于组合薄片的系数；$S_w^{\theta_r}$ 是第 2 个组合薄片上的含水饱和度（$r=1, 2, \cdots, N; k$ 取 l_i）。

同时证明了阿奇公式、Winsauer 公式和双水公式都是一般形式在一定条件下的特例。在一般情况下，通过岩心数据进行优化截短，可以得到适合不同地区或地层的最优方程。

2. 火山岩基质饱和度最优截短模型确定

以大庆深层火山岩储层基质饱和度最优截短模型确定为例，岩样 100% 饱和后，在模拟地层温度、压力条件下，根据大庆储层以产气为主的特点，采用气驱水的方法，通过调节驱替压力，获得不同含水饱和度，并测量对应的电阻率。由肇深 A 井 3 号等 4 块岩心在 5000g/m³ 矿化度条件下得到的 I—S_w 实验关系如图 3-4-5 所示。对应的饱和度方程分别是：

肇深 A 井 3 号

$$I = \frac{0.971}{S_w^{1.369}} \qquad (3\text{-}4\text{-}18)$$

芳深 A 井 66 号

$$I = \frac{0.0667}{S_w^{4.865}} + 0.937 \qquad (3\text{-}4\text{-}19)$$

芳深 A 井 62 号

$$I = \frac{0.076}{S_w^{5.226}} + 0.924 \qquad (3\text{-}4\text{-}20)$$

肇深 B 井 2 号

$$I = \frac{0.277}{S_w^{5.444}} + 0.722 S_w^{1.798} \qquad (3\text{-}4\text{-}21)$$

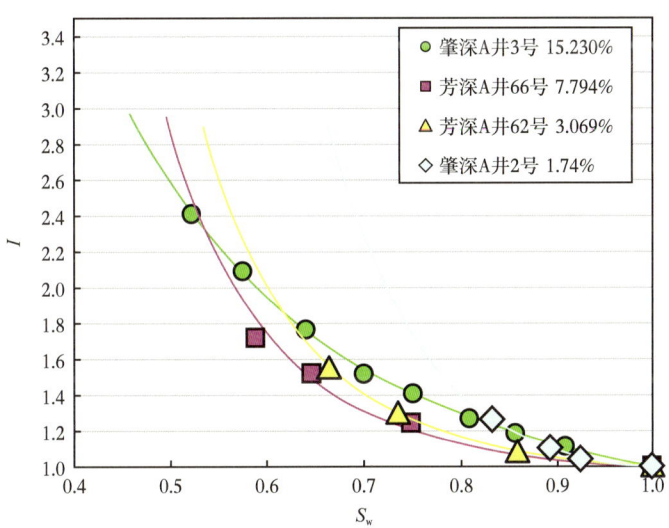

图 3-4-5　大庆深层火山岩 I—S_w 实验关系

将图 3-4-5 的 4 组数据分别用阿奇公式进行拟合，拟合结果用蓝线表示在图 3-4-6 中。可以看出，孔隙度最大的肇深 A 井 3 号岩心阿奇公式与最优方程非常接近，即用阿奇公式描述肇深 A 井 3 号岩心的 I—S_w 实验关系就可以满足要求；但芳深 A 井 66 号、芳深 A 井 62 号和肇深 A 井 2 号等 3 块岩心的阿奇公式与最优方程差距较大，即这 3 块岩心的 I—S_w 实验关系不符合阿奇规律。如果用它们计算含气饱和度 S_g，将使结果偏高。

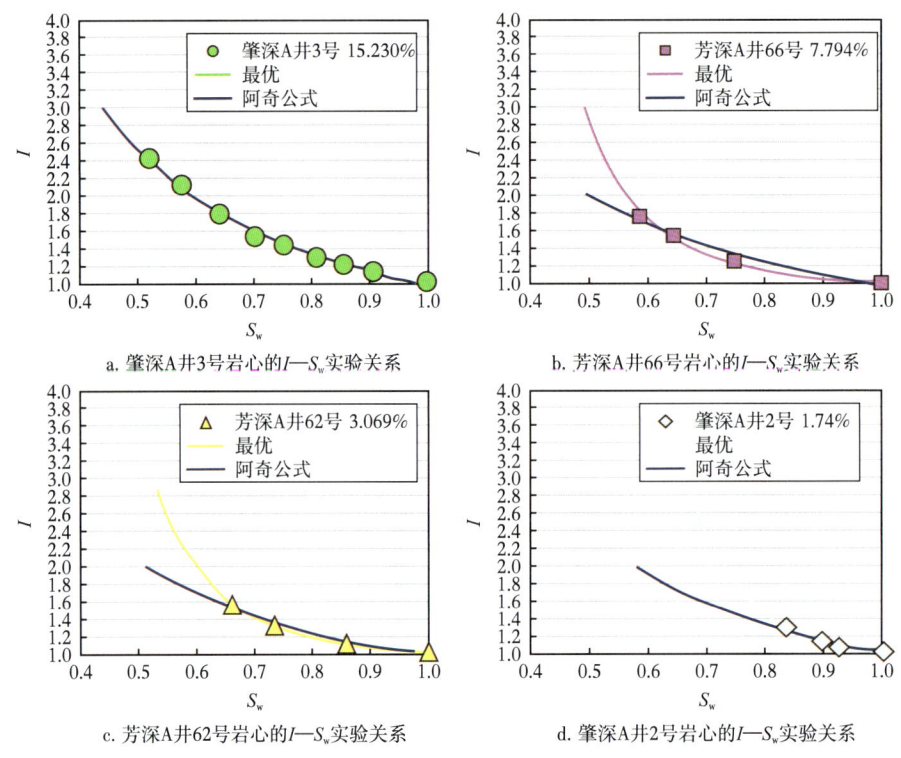

图 3-4-6　阿奇公式与最优方程拟合对比

图 3-4-7 是基质饱和度计算方法实际应用效果的体现。DXY1 井共解释了两个油气层，其中在 3630~3650m 井段，计算的含气饱和度为 70%，从成像图上看，溶蚀孔洞比

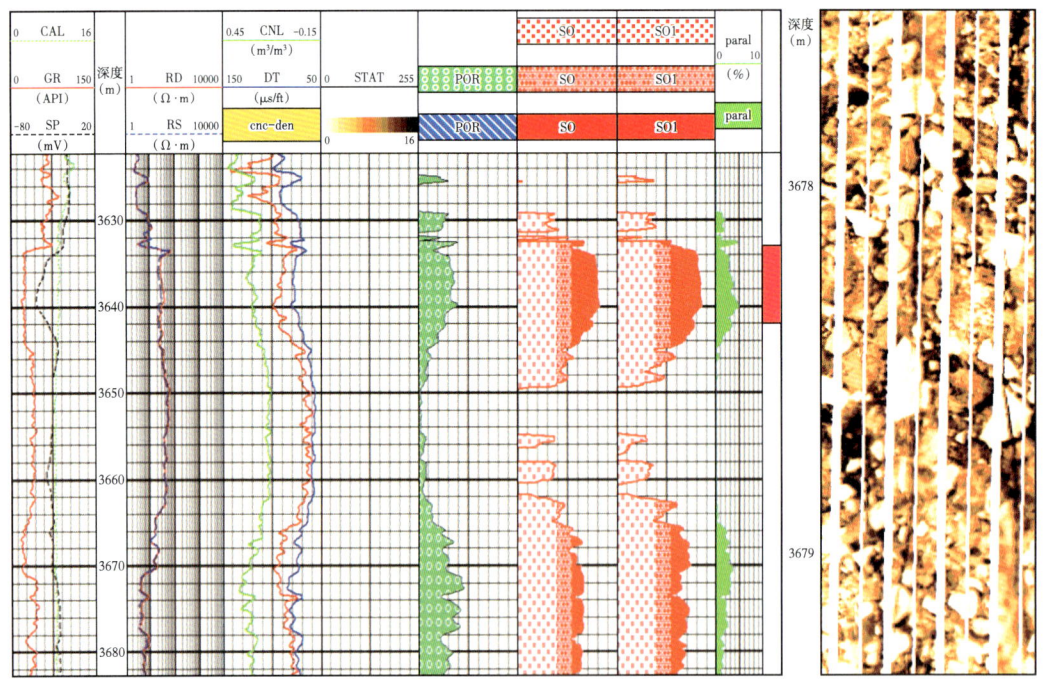

图 3-4-7　DXY1 井饱和度计算成果图

较发育，计算的平均孔隙度为9%，解释为油气层，试油段为3633~3670m、日产油18.48m³，气31.22×10⁴m³，解释结论和试油结论一致。

四、裂缝饱和度计算

裂缝饱和度定量计算是酸性火山岩评价的另一个关键，也是过去一直没有很好解决办法的棘手问题之一。从裂缝孔隙的导电机理出发，在深入研究裂缝岩石导电机理和裂缝性岩石电阻率的基础上，结合逾渗网络模型进行数值模拟实验模拟，共同确定裂缝饱和度计算方法。

裂缝的存在往往导致含气饱和度的计算结果偏低。沿用确定基质饱和度的方法来确定裂缝饱和度是不现实的，因为无法在实验室中完成有裂缝状态下的含水饱和度—电阻增大率实验。裂缝的存在会使驱替过程在瞬间完成，即气体在加压进入岩心的瞬间就沿裂缝迅速从一端贯穿到另一端，来不及记录电阻增大率随含气饱和度变化的中间过程。近些年来，数值岩心实验方法的快速发展为解决这一复杂问题提供了手段。但由于没有经过实际刻度标定，仅仅依靠数值岩心实验往往只能得到曲线相对变化规律的认识，尚不能用于实际定量计算。

解决这个问题的科学思路是：采用实际岩心实验结果作为边界条件对数值岩心实验进行约束，使数值岩心实验过程在实际岩心实验刻度范围内进行。这样得到的数值模拟实验结果就具有了较高的可靠性和置信度，因而可以用于实际处理解释。

图3-4-8是针对酸性火山岩，在考虑裂缝存在情况下所做的75个数值模拟实验结果中的一个。该图模拟的是当基质孔隙度为5%，裂缝孔隙度从0变化到0.4%时的情况。图的横坐标是含水饱和度，纵坐标是电阻增大系数。图中最右边深蓝色曲线是当裂缝孔隙度为0时，真实全直径流纹岩岩心含水饱和度—电阻增大系数实验曲线；图中最左边咖啡色曲线上含水饱和度为0.24的点是密闭取心实验分析结果；中间粉红色、黄色、浅蓝色及最左边咖啡色曲线是在深蓝色实测曲线及密闭取心分析点共同约束下利用数值岩心实验得到的裂缝孔隙度为0.1%、0.2%、0.3%和0.4%时的内插结果。显然，这一结果经过了真实岩心实验和密闭取心分析结果的刻度，可以用于实际资料处理。用图3-4-8计算裂缝饱和

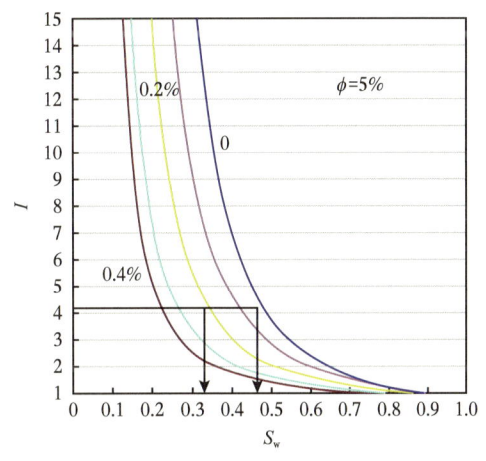

图3-4-8 酸性火山岩存在裂缝时的数值模拟结果

度的原理是，当电阻增大系数为4，如果地层没有裂缝（即裂缝孔隙度为0）时，显然含水饱和度为0.47，含气饱和度为1-0.47=0.53（右边箭头）；如果地层有裂缝，且裂缝孔隙度为0.2%，则实际含水饱和度应为0.32，含气饱和度应为1-0.32=0.68（左边箭头）。

图3-4-9是裂缝饱和度计算方法实际应用效果的体现。图中蓝圈指示的是没有考虑裂缝影响时的饱和度计算值，红圈则是考虑裂缝影响时的饱和度计算值，显然其消除了裂缝对含气饱和度计算的影响，提高了气层识别率、气层有效厚度和含气饱和度。

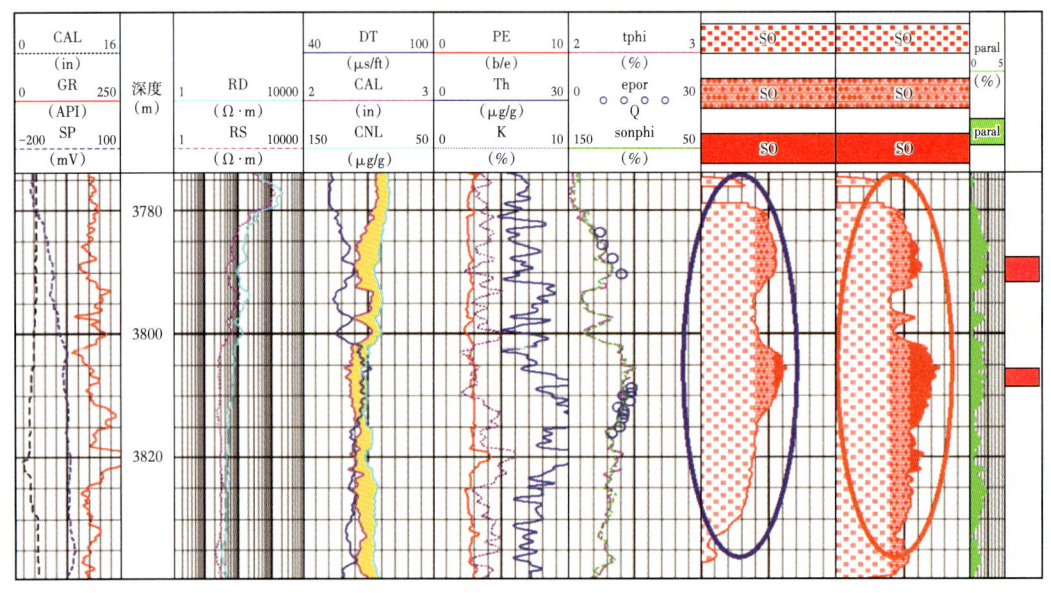

图 3-4-9 裂缝饱和度计算成果图

五、渗透率计算

渗透率是影响储层流体能否产出的关键的储层参数，它与岩石的孔隙结构密切相关。常用火山岩渗透率计算包括常规测井、核磁测井方法。

1. 常规测井资料求取火山岩储层渗透率的方法

岩心分析的渗透率与岩心分析的孔隙度建立关系，是储层渗透率计算的常用方法。以大庆深层火山岩为例，将岩心分析的渗透率与岩心分析的孔隙度建立关系。因此，针对研究区块的这种实际情况，在确定储层的渗透率参数时，采取了应用孔隙度参数，通过回归求取储层渗透率参数的方法。回归公式为

$$K = A \cdot e^{B \cdot \phi} \tag{3-4-22}$$

式中：K 为储层的渗透率；A、B 为回归系数。

统计 8 口井 81 块岩心分析资料，计算的渗透率与岩心分析结果进行对比，数量级符合率达到 85.9%，如图 3-4-10 所示。

2. 核磁共振测井资料求取火山岩储层渗透率的方法

如何应用测井资料更加准确地计算储层渗透率参数，一直是测井界的难题。由于核磁共振测井能够反映出储层的孔隙结构，从而可以提供更为精确的储层渗透率参数。目前 MRIL-P 型核磁共振测井采用 Coates 模型计算渗透率，其方程为：

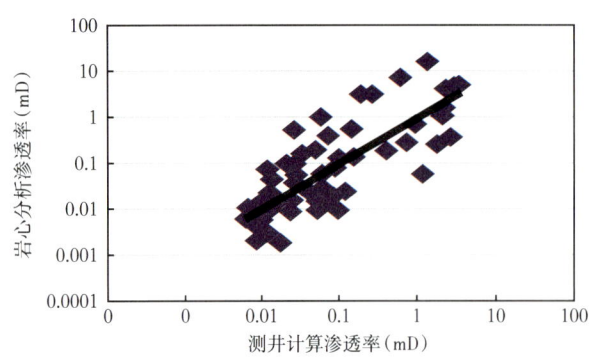

图 3-4-10 常规测井计算渗透率与岩心分析结果对比图

$$K = (\text{MPHI}/C)^4 \cdot (\text{FFI/BVI})^2 \qquad (3\text{-}4\text{-}23)$$

式中，MPHI为核磁孔隙度，小数；C为常数，一般通过岩心实验确定；FFI为可动流体体积，cm^3；BVI为束缚水体积，cm^3。

在定量解释和计算渗透率的过程中，束缚水体积（BVI）的准确性起着关键作用，目前普遍采用T_2截止值的方法确定束缚水体积，为提高渗透率的求取精度，采用岩心分析的渗透率刻度T_2截止值，通过对比确定了火山岩的T_2截止值为8~15ms。模型中参数C的确定是通过与岩心分析的渗透率进行对比后确定的。对于6%以上的核磁共振孔隙度，C的值为20；对于6%以下的核磁共振孔隙度，C的值为10，确定了T_2截止值和C后，应用Coates模型计算的渗透率与岩心分析资料的对比，误差在一个数量级范围内。

第五节 火山岩测井解释方法与应用

火山岩测井解释通常在岩性、岩相识别及储层参数计算的基础上进行，不同岩性、物性以及流体性质的火山岩物理特征有所不同，这些物理特征的变化在地球物理测井资料上或多或少有所反映，测井解释工作就是将这些差异用行之有效的方法显示出来，指导储层和流体性质的识别。

一、基本解释流程

将常规测井与成像测井等新技术及录井、地质分析和测试资料进行了有机结合，建立了从火山岩岩性识别方法入手，应用多井对比分析技术，进行单井储层参数求取、流体性质识别、气水系统识别；提出科学合理的试气层位，建立火山岩测井解释流程，如图3-5-1所示。

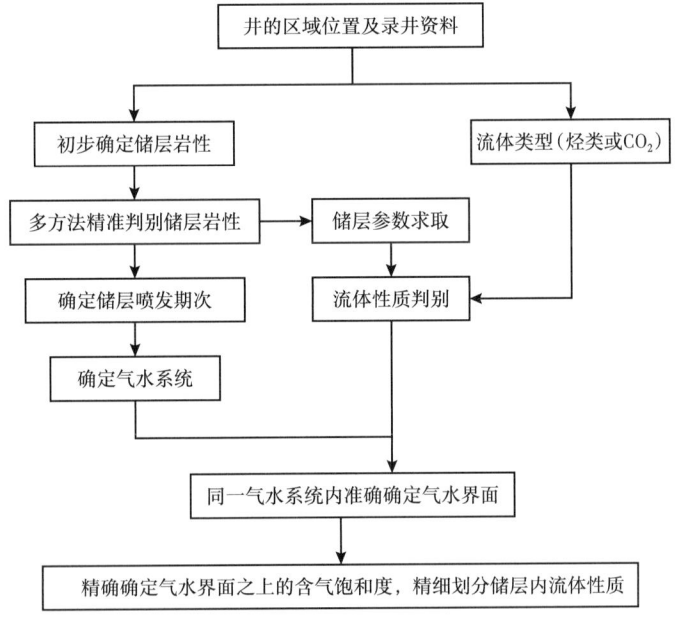

图3-5-1 火山岩测井解释流程

1. 确定所解释井的区域位置

根据井所处的位置及录井气测显示来判定储层可能的流体类型，采用相应的解释方法进行测井解释，同时初步判定储层的岩性。

2. 精确判断储层的岩性

利用岩性识别方法，准确确定储层的岩性。针对不同的岩性，确定储层参数，进而利用相应的流体性质识别方法，进行流体性质识别。

3. 根据喷发期次确定气水系统

在喷发期次确定的基础上，利用储层参数如孔隙度、渗透率、裂缝参数判断不同期次间是否存在隔层，从而确定气水系统。

4. 针对同一气水系统内准确确定气水界面

在同一气水系统内，由上到下，应用相应的饱和度方法求取含水饱和度，当含水饱和度为40%~70%时为气水界面区。气水界面的精确确定结合气水层解释图版、邻井勘探成果、气测录井显示等综合判定。气水界面以下的储层内流体以含水为主，不必精细解释，气水界面以上的层须进一步进行储层划分。

二、火山岩储层识别方法

实践证明，除火山灰凝灰岩外，各种类型的火山岩都可成为有效储层。随着测井技术的发展，特别是FMI、DSI、NMR等测井新技术的应用为火山岩储层识别及划分提供了新的、更为有效的手段，用测井方法识别、划分火山岩储层的条件已较为成熟。

1. 储层类型识别

按储集空间类型，火山岩储层可分为孔隙型、裂缝孔隙型和裂缝型三类。这三类储层特点各不相同，测井响应特点也有较大的差别，通过常规、成像测井可有效识别。

1）孔隙型储层

孔隙型储层的储集空间以原生、次生孔隙空间为主，无大型裂缝（收缩缝、淋滤缝、构造裂缝）发育。

图3-5-2为准噶尔盆地L11井石炭系孔隙型火山岩储层的测井响应特征。图中4809~4822m井段为熔结流纹角砾凝灰岩。从岩心扫描图像和FMI图像可以看出，该段角砾凝灰岩溶蚀孔洞极为发育，孔洞部分充填，但充填程度较弱，裂缝不发育，为典型的孔隙型储层。密度测井值在$2.25g/cm^3$左右，声波测井值近$70\mu s/ft$，处理平均孔隙度24%，物性好。由于无裂缝发育，溶蚀孔洞的连通性相对较差，属于高孔、低渗层，需要压裂提高产能。对该井4808~4826m井段试油，经压裂改造，日产油42.8t、气$0.32×10^4 m^3$。

2）裂缝孔隙型储层

裂缝孔隙型储层储集空间以基质孔隙为主，裂缝次之。此类储层基质孔隙是主要的储集空间，裂缝是重要的渗流通道。裂缝孔隙型储层缝、孔、洞相互联通，是最为理想、也是最为常见的火山岩储层类型。该类储层由于基质孔隙渗透性较好，供液能力较强，产量一般较为稳定。

图3-5-3为准噶尔盆地L12井的综合测井图，为裂缝孔隙型储层的测井响应特征。该井段为次火山岩，岩性为二长玢岩。常规测井处理孔隙度可达10%以上；T_2谱显示，基质孔隙发育，且孔径相对较大，有裂缝发育的特征；FMI图像显示，次火山岩段裂缝发育，

溶蚀孔洞（暗色斑点）发育也较为均匀。综合分析，该段储层具典型裂缝孔隙型储层的特点，为裂缝、孔隙双重介质储层，裂缝有效沟通了基质孔隙，储层储集性能及渗透性好。对该段火山岩 3635~3650m 井段射孔压裂后日产油 13t、天然气 $13×10^4m^3$。

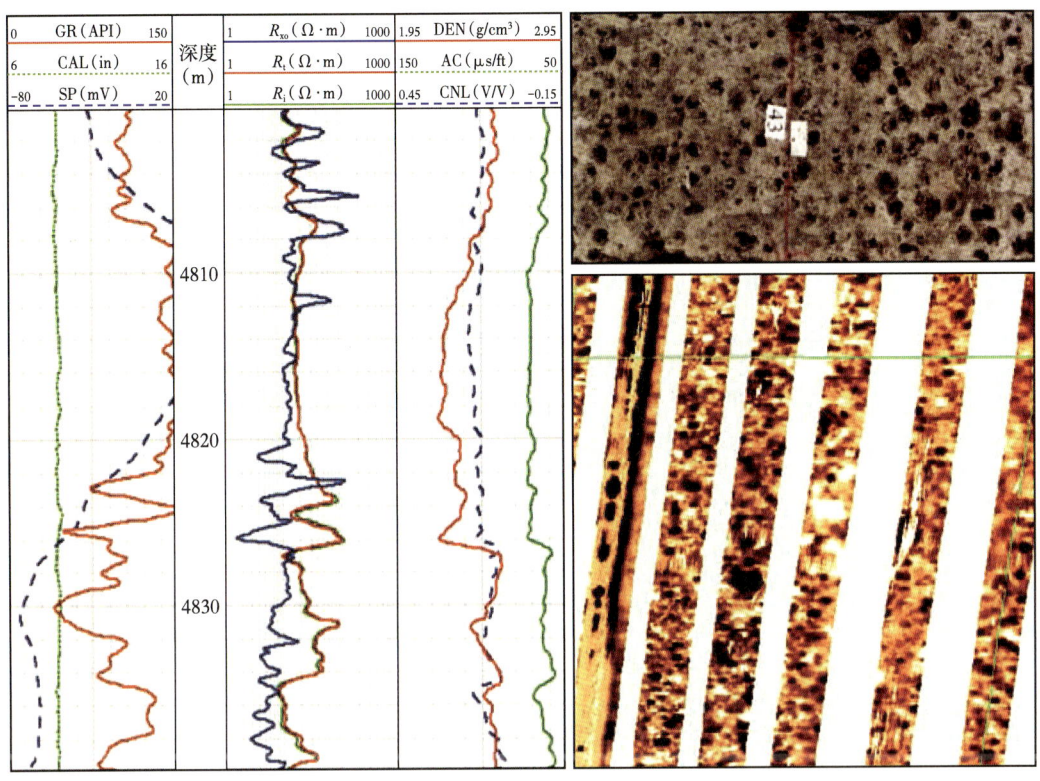

图 3-5-2　L11 井孔隙型火山岩储层的测井响应特征

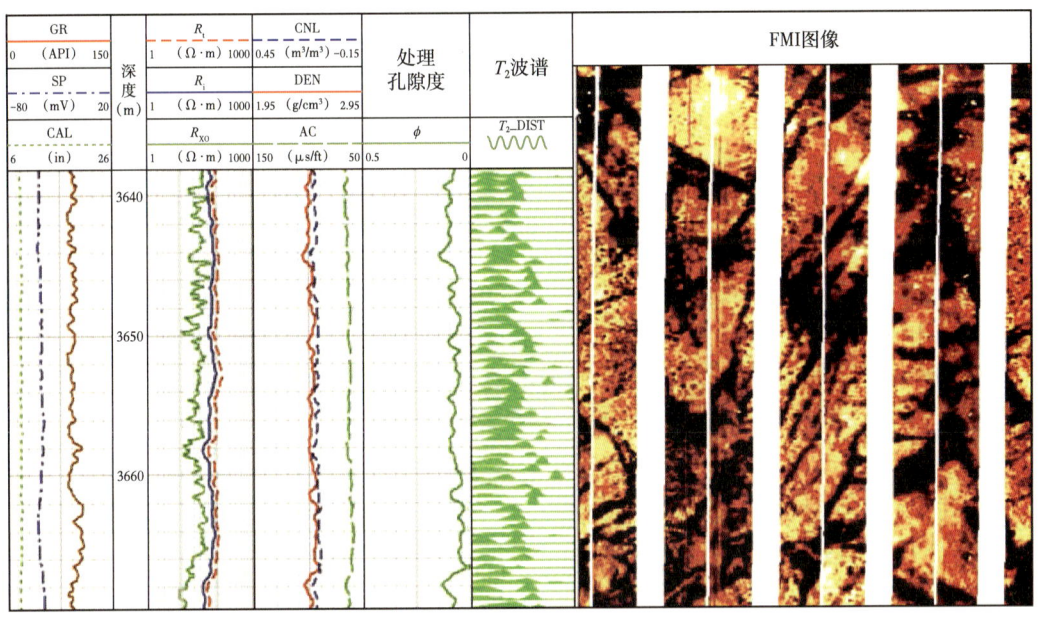

图 3-5-3　L12 井裂缝孔隙型火山岩储层的测井响应特征

3）裂缝型储层

这类储层储集空间基本为裂缝，无有效的基质孔隙度。图3-5-4所示的玄武安山岩中部亚相就是此类储层。此段玄武安山岩的密度测井值达2.75g/cm³，基质有效孔隙度较低，但裂缝发育，为典型的裂缝型储层。

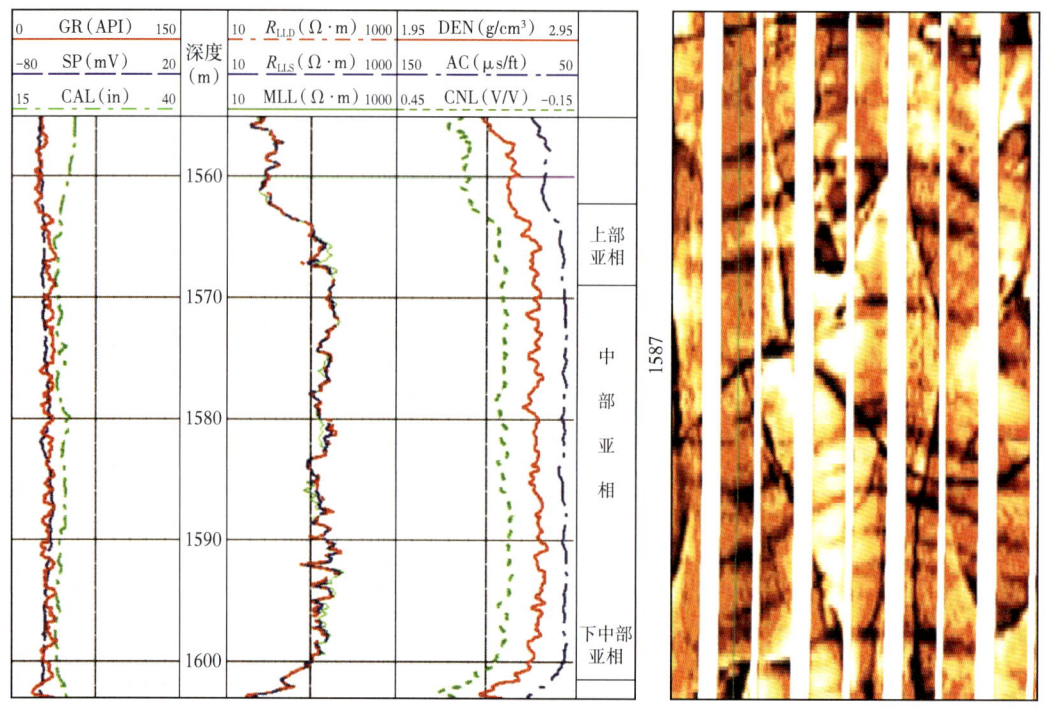

图3-5-4　L5井裂缝型火山岩储层的测井响应特征

2. 火山岩蚀变程度评价

火山岩蚀变后形成不同类型的黏土矿物，有的存在于岩石的骨架，有的充填于孔隙空间。这种类型的火山岩在孔洞未被充填的情况下，物性较好，而在被充填的情况下则物性较差。有效识别火山岩的蚀变和孔隙充填程度是火山岩储层评价的一项重要工作。岩石物理研究表明，对于蚀变矿物充填的火山岩，中子测井反应敏感，且蚀变程度越高、孔隙充填程度越高、中子测井值越大。应用岩石物理特征，可以有效识别火山岩的蚀变程度和孔隙充填程度。

图3-5-5为准噶尔盆地某区块建立的玄武岩蚀变程度与孔隙充填程度的识别图版。图中，横坐标为密度孔隙度与声波孔隙度的差值，反映了大尺寸气孔、溶蚀孔的发育程度；纵坐标为中子测井值，反映玄武岩的蚀变程度和孔隙充填程度。该方法的建立为分析蚀变和孔隙充填黏土矿物的火山岩提供了重要的技术支撑，在多个油气田应用效果明显。

图3-5-6为准噶尔盆地L9井的常规测井曲线和FMI图像。该井段为强蚀变的玄武岩。从FMI图像上看，气孔、溶蚀孔洞发育。气孔和溶蚀孔洞可分为两类，一类为高阻亮色斑点，为方解石充填形成的杏仁构造，另一类为低阻黑色斑点，是否充填仅从FMI图像较难判断。常规测井资料显示，在4692~4706m井段，密度测井值在2.70g/cm³左

右,密度骨架可选用上部和下部致密玄武岩的密度测井值 2.85g/cm³,计算有效孔隙度为 8.1%;该段声波时差为 58μs/ft 左右,声波骨架时差可选择上部致密段的测井值 53μs/ft,计算该井段的声波孔隙度为 3.7%,由此计算孔洞孔隙度为 4.4%。常规计算的孔洞孔隙度与成像测井显示的一样,孔洞孔隙度发育。该段玄武岩补偿中子测井值较高,分布在 23% 左右,中子骨架达 15%。该层段在图 3-5-5 上落于气孔充填区,薄片照片显示的孔洞被绿泥石充填。该段油气显示较好,但压裂试油为干层,证明了上述解释结论。

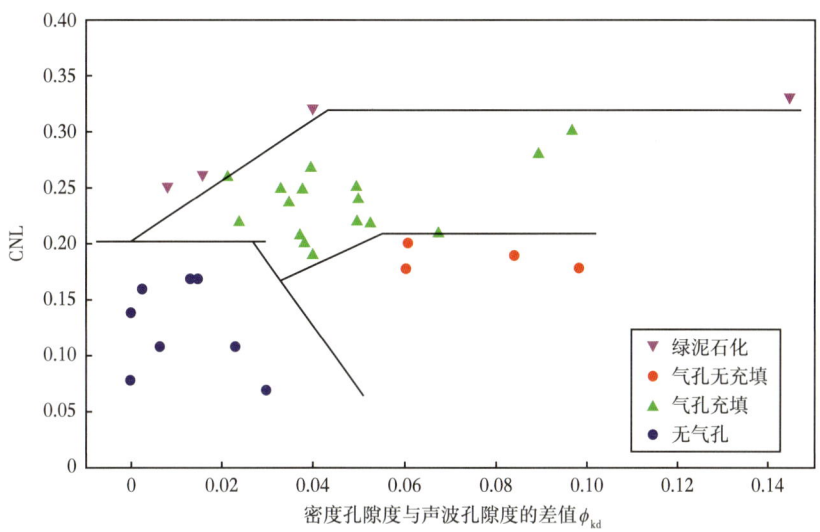

图 3-5-5　玄武岩蚀变程度与孔隙充填程度识别图版

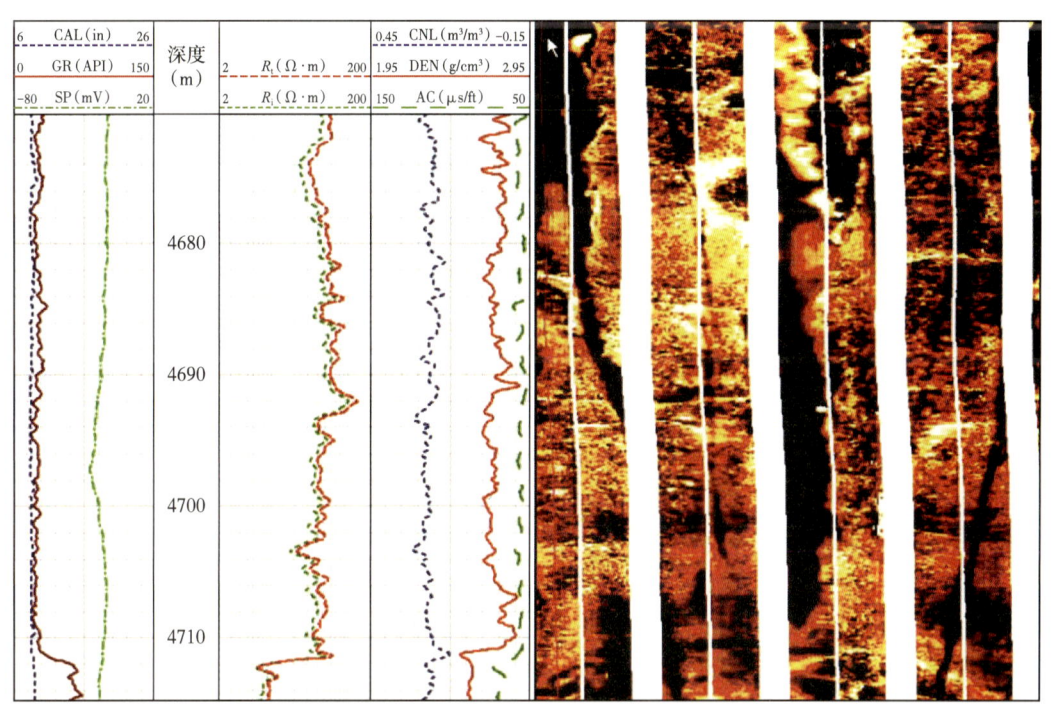

图 3-5-6　准噶尔盆地 L9 井玄武岩井段的常规测井曲线和 FMI 图像

3. 火山岩储层分类标准

大庆深层火山岩厚度很大，储层非均质性强。储层划分是测井解释过程中的重要环节，有利于试气层位和射孔位置的确定。对于火山岩双重孔隙介质储层，用常规测井曲线对厚度很大的储层精确划分存在较大困难，测井新技术在火山岩储层的广泛应用，给火山岩双重孔隙介质储层精确划分提供了契机。通过应用岩心分析资料刻度常规测井资料和核磁共振测井资料求取基质孔隙度、应用常规测井与核磁共振测井资料结合求取渗透率以及应用成像测井资料定量计算裂缝参数的方法为火山岩双重孔隙介质储层精确划分提供了很好的依据。

以大庆深层火山岩为例，对研究区块双重孔隙介质储层不同产能井的岩性和物性进行了详细研究，并参考了不同油田划分火山岩储层的分类标准和国外火山岩油气田岩石物性与产能情况。在此基础上，根据测井资料实际处理的孔隙度、渗透率、储层裂缝参数，制定了双孔隙介质储层测井资料储层划分标准，见表3-5-1，将储层类型由好到差划分为Ⅰ—Ⅳ类储层，具体指标有孔隙度、渗透率、裂缝参数几项指标。

表3-5-1 火山岩储层测井资料储层划分表

储层类型		孔隙度（%）	渗透率（mD）	裂缝宽度（mm）	裂缝参数（条/m）	代表井情况
Ⅰ类储层	优质储层	≥10	≥1	—	—	Xs8井 孔隙度11.6%，测试产气$22×10^4m^3/d$
	较优储层	6~10	0.05~1	1~2	1~2	Xs1-1井 孔隙度8.2%，压后产气$44.6×10^4m^3/d$
Ⅱ类中等储层		4~6	0.01~0.05	0.5~1	0~1	Xs5井 孔隙度5.8%，压后产气$12×10^4m^3/d$
Ⅲ类较差储层		2~4	0.001~0.01	<0.5	0~1	Shs5井 孔隙度3.8%，产气$108m^3/d$
Ⅳ类干层		<2	0.001	—	0~1	FS901 孔隙度很低，干层

三、火山岩流体性质识别方法

火山岩的流体类型评价是测井评价的一大难题，造成难点的主要原因是，由于岩性岩相、储集空间及复杂侵入特征等因素的影响，测井流体类型识别的基础——电阻率法在火山岩储层的不确定性增加。火山岩储层流体性质识别需要综合钻井、录井资料进行，综合应用各种油气显示的信息会得到事半功倍的效果。

1. 录井资料识别流体性质

在气测录井过程中，全烃曲线是唯一连续测量的一项重要参数，全烃曲线幅度的高低、形态变化均富含储层信息（油气水信息、地层压力信息等）。全烃曲线形态特征直观地反映了储层中油气水的信息，能够很好地对储层流体性质进行判别。

根据油气水密度差异、气水自然分异原理，按储集空间类型（孔隙型、裂缝型）进行气测全烃曲线形态划分。其中，孔隙型储层气测全烃曲线形态归纳为六种：箱形、半箱形、正直角三角形、倒直角三角形、钟形、指状。裂缝型储层气测全烃曲线形态归纳为三种：尖峰状、梳状、低幅箱形。

一般来说，全烃曲线形态有忽高忽低的趋势，但低的部位不能低过原基值，同一层段内出现若干尖形峰，形如手指状。在这种形态的地层，钻时普遍较快，钻井过程中有时出现放空现象。钻开储层后，全烃曲线呈现出上升下降速度快、幅度大的形态，形如指状。烃组分为高 C_1、低重烃的趋势。全烃分析常出现分析值低于现场烃组分分析值的情况。一般情况下，将具有该形态特征的地层判断为"气层"。

对于裂缝型油藏，一定要根据实际情况进行分析，做出正确的判断。以下列举两种情况。

（1）钻开储层后，全烃曲线上升的趋势较为缓慢，接近储层的中、底部时达到最大值，后急速下降到某一值上，形如一正三角形。

（2）钻开储层后，全烃曲线上升速度较快，在较短的时间内达到最大值，后缓慢下降到某一个值上，形如一倒三角形。

全烃曲线形态无论是呈现正三角形或倒三角形的井段，普遍存在钻时较快的情况，在全烃曲线低值时，烃组分主要以 C_1 为主，重烃含量低或没有；而全烃曲线在高值时，烃组分含量明显增加，C_1 的相对含量在 50 % 以上，重烃组分齐全。一般将具有该曲线形态的地层解释为"含油水层"或"油水同层"。如果在全烃曲线高值时，出现一些小的指状尖峰，则将该层段解释为"含气水层"或"气水同层"。

2. 常规测井资料识别流体性质

1）三孔隙度测井组合法识别流体性质

三孔隙度测井曲线是用来评价油气藏储集性能的重要测井资料。中子测井主要反映岩层的含氢指数，一般储层中天然气的含氢指数低于油和水的含氢指数，所以当储层中存在天然气时会引起视补偿中子孔隙度（ϕ_{Na}）减小。天然气的密度和声波传播速度远小于油和水，所以当地层中含气时可引起视密度孔隙度（ϕ_{Da}）、视声波孔隙度（ϕ_{Sa}）增大。此外三孔隙度测井都是模拟纯水地层刻度的，因此视补偿中子孔隙度和视密度孔隙度在水层段时重合，而在气层段时两孔隙度将有明显差值。气层一般有 $\phi_{Sa} > \phi_{Na}$、$\phi_{Da} > \phi_{Na}$、$(\phi_{Sa}\phi_{Da})/\phi_{Na}^2 > 1$，因此可利用气层在三孔隙度测井曲线上的不同响应特征来识别气层。

考虑到岩性复杂和钻井液滤液侵入的影响，可采用以下四个复合参数作为地层的含气指标，以放大含气特征显示：

$$Gc = \phi_{Sa} + \phi_{Da} - 2\phi_{Na} \tag{3-5-1}$$

$$GB = \phi_{Sa} \cdot \phi_{Da}/\phi_{Na}^2 \tag{3-5-2}$$

$$\phi_{Ba} = \frac{\phi_{Na} + \phi_{Da}}{4} + \sqrt{\frac{\phi_{Na}^2 + \phi_{Da}^2}{8}} \tag{3-5-3}$$

$$QCFG = (\phi_{Ba}/\phi_{Na} - 1.25) \cdot Gc \cdot (Gb - 1) \tag{3-5-4}$$

式中：ϕ_{Ba} 为测井孔隙度背景值，是指岩石孔隙空间完全含水时的视孔隙度；QCFG 为气层指示参数。

气层一般有 ϕ_{Sa}、ϕ_{Da} 大于 ϕ_{Ba}。Gc 反映了孔隙度测井视地层孔隙度的绝对累计误差，是地层孔隙中含气体积的函数，适合于孔隙度较大的无侵入或轻度侵入地层。若地层为气层时，Gc＞0。GB 则是相对累计误差的体现，适合于气显示较弱的低孔地层或侵入较深的高孔地层。若地层为气层时，GB＞1。

图 3-5-7 是兴城地区的 XS21 井的 3650.0~3810.0m 井段的流体性质识别处理成果图，图中三孔隙度差值 Gc、三孔隙度比值 GB、ϕ_{Ba} 测井孔隙度背景值及气层指示参数 QCFG 是指示气层的 4 个参数。从图中可见，几个参数均能较好地指示气层，试气结论为工业气层与解释结论相符。

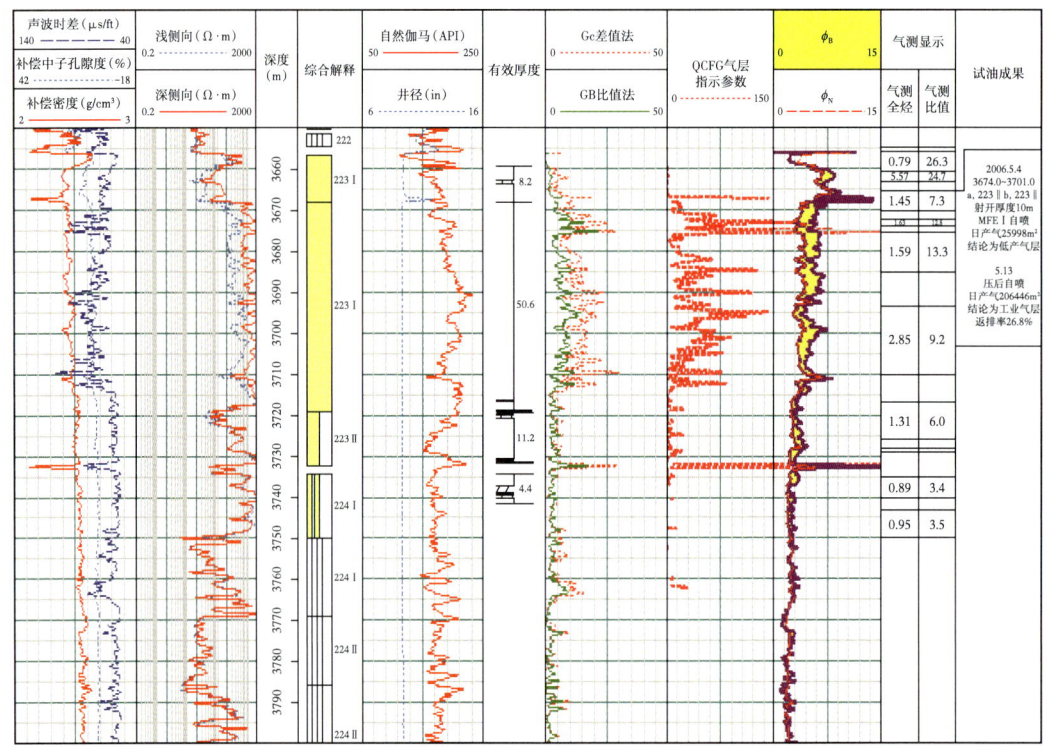

图 3-5-7 XS21 井流体性质识别处理成果图

2）交会图识别流体性质

多种交会图可用于油气层的识别，不同的流体类型有针对性的识别交会图。可用中子—密度、核磁共振孔隙度—密度孔隙度、纵横波速度比—泊松比等交会图识别气层，电阻率—孔隙度等交会图识别油气层。

以大庆深层火山岩流体识别为例，经研究确定出最能反映储层岩性、物性、含气性的测井响应值（中子、密度、电阻率、孔隙度）及火山岩全直径岩电实验确定的参数，建立了火山岩气水层解释图版，该图版既可校正岩性引起的密度、中子的交会，又可以对非含气性引起的电性的增高进行校正，如图 3-5-8 所示，图版符合率分别为 89.7%。

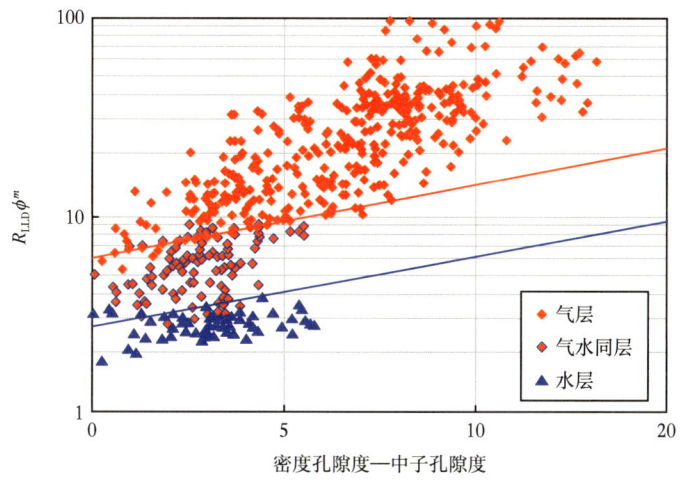

图 3-5-8　深层火成岩烃类气气水层解释图版

3. 核磁共振测井资料识别流体性质

核磁共振测井不仅是物性评价的有效手段，而且应用不同的采集方式和采集参数采集的资料还可进行流体性质的识别。应用核磁共振测井资料进行流体性质识别的方法常见的有差谱法和移谱法。另外，密度孔隙度和核磁共振孔隙度重叠也是一种气层识别的有效方法。

1）核磁共振孔隙度与密度孔隙度重叠识别气层

如果地层含气，由于天然气密度较油、水小，视密度孔隙度（ϕ_{Da}）将增大。而气体的存在对核磁共振测井的影响正好相反，这是因为气体的含氢指数较低且在很短的测井时间内气体未能完全极化，导致核磁共振测井会过低地估计地层的总孔隙度，因此应用密度孔隙度与核磁共振孔隙度交会法来判别气层，结合常规测井资料建立了火山岩气水层解释图版如图 3-5-9 所示，图版分为气层区、气水同层和水层区，图中气层和水层密度孔隙度与核磁共振孔隙度差值的差异较大，气层识别效果较好，综合应用视电阻增大系数数据，在图版中气层、气水同层、水层分区清楚，效果较好。

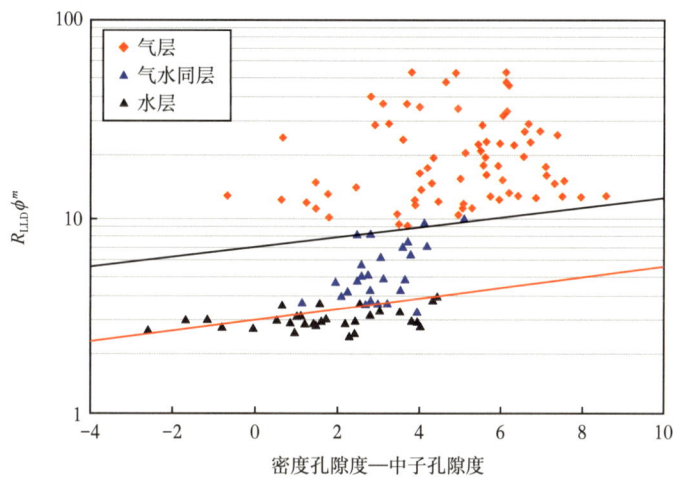

图 3-5-9　深层火成岩核磁共振测井与常规测井综合流体性质识别图版

2）核磁共振测井差谱法识别油层

双恢复等待时间谱差分测井（DTW）主要是根据油气水在静磁场完全极化所需的恢复等待时间不同，采用长、短2个不同等待时间测量2个自旋回波串，利用2个回波串相减后的差分回波串作为油气弛豫衰减信号，通过T_2谱反演得到差分谱，并可直接对差分回波串进行指数或双指数拟合，得到仪器探测范围内油、气体积，从而达到直观识别油、气、水层的目的。其应用效果取决于储层流体（油、气、水）核磁共振弛豫特性的差异、地层岩石物性以及所选择的测井采集参数的不同。当储层中烃与水的核磁共振弛豫时间有明显的差别，油气的纵向弛豫特性基本上为单值，而水相的T_1一般小于烃相T_1的一半时，核磁共振谱差分测井的差分谱可作为较为可靠的储层含油气指示，因此谱差分测井一般对天然气、轻质油的识别效果较好。

图 3-5-10 为三塘湖 L3-6 井石炭系火山岩段核磁共振测井处理成果图。第 1 道为深度道，第 2 道为双侧向测井曲线，第 3 道为长等待时间获得的 T_2 谱，第 4 道为短等待时间获得的 T_2 谱，第 5 道为两种等待时间的 T_2 波谱经差分处理获得的差分谱。差分谱油气显示明显，该井段应有轻烃存在，综合解释该段为油层，试油，日产轻质油 32.9t。

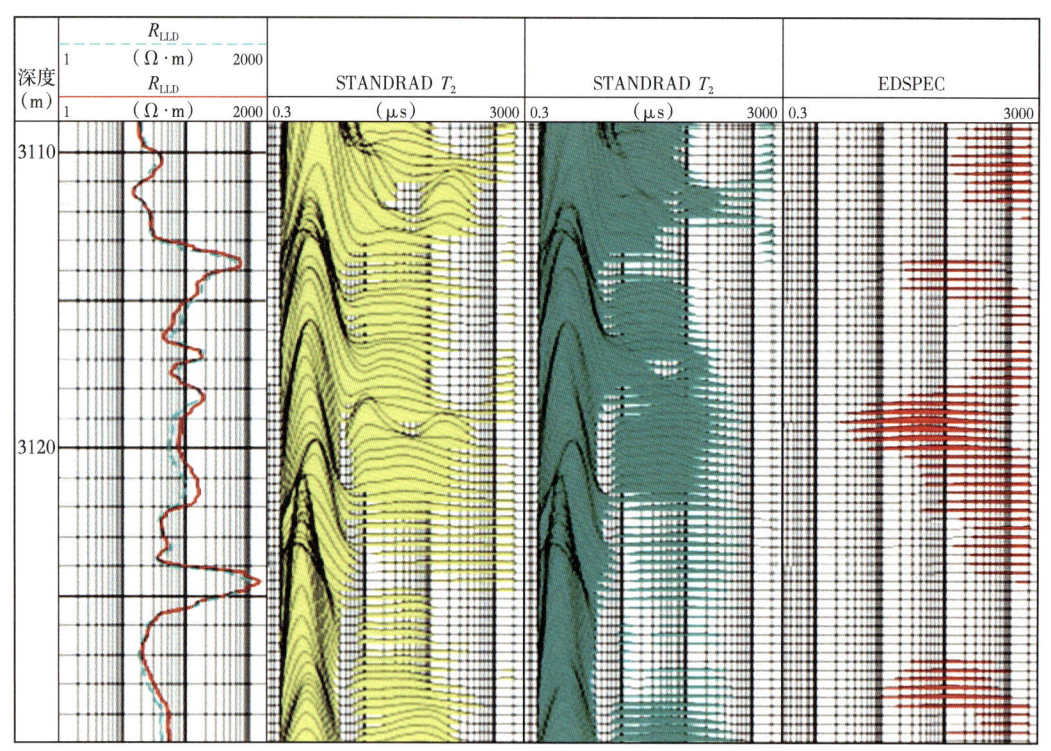

图 3-5-10 L3-6 井核磁共振差谱法识别油层图

4. 阵列声波测井资料识别流体性质

偶极声波测井仪可以获得高质量的纵横波测井资料，为应用声波测井资料识别天然气奠定了坚实的基础。常用基于阵列声波测井的流体识别方法包括纵横波速比、声波幅度衰减等方法。

1）纵横波速比法

阵列声波测井仪的优势是能准确测量到地层的横波，对于气层，横波的传播速度基本不变，而纵波的传播速度减慢，从而横、纵波时差比就明显减小，因此可以利用横纵波时差比定性指示气层。

以大庆深层火山岩为例，建立如图3-5-11所示的酸性火山岩 $\Delta t_s/\Delta t_p$—R_t 交会图版，解释图版能较好地区分气层、气水同层和水层，图版符合率为87.4%，由该图版估算 $\Delta t_s/\Delta t_p$ 参数的产气截止值为1.68。

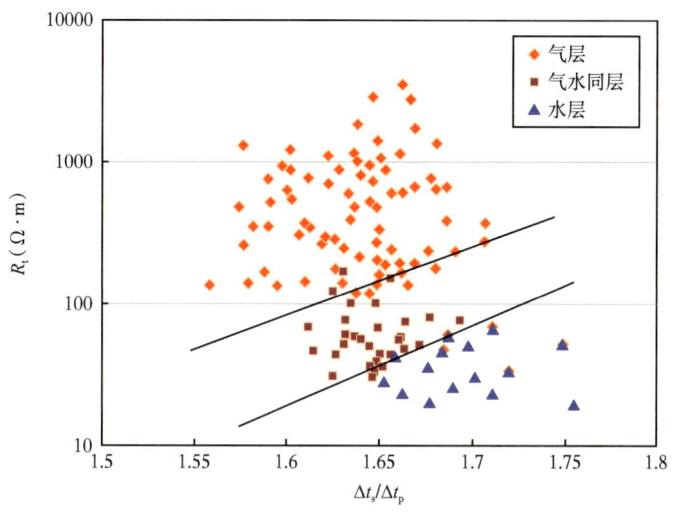

图3-5-11　酸性火成岩 $\Delta t_s/\Delta t_p$—R_t 交会识别气水层解释图版

2）利用声波幅度衰减辅助判别气层

声波在不同介质中传播的速度会有很大差异。同样，声波幅度的衰减也受介质的影响，对于火山岩储层，它的岩性、骨架结构、孔渗性、孔隙中所含的流体性质、裂缝发育情况等，都影响声波幅度的衰减。鉴于研究区域大多储层岩性、物性相似的实际情况，因此在这里主要考虑相同岩性骨架、相似孔渗条件情况下，孔隙中所含不同流体对声波幅度的影响。

交叉偶极阵列声波测井仪接收并记录声波波形数据（8阵列），然后利用阵列处理方法来计算井中各种不同声波振动的传播速度及衰减。井中的声波很多都是导波，速度随频率变化，即有频散特性（例如挠曲波、伪瑞利波、斯通利波等）。

计算衰减的常规方法是频谱比方法，该方法通过求两个接收器上的振幅谱之比来计算衰减：

$$\ln\frac{X(\omega,z_2)}{X(\omega,z_1)}=(z_2-z_1)\frac{\pi f}{Qv}+\ln\frac{G(z_2)}{G(z_1)} \quad (3-5-5)$$

式中：X 为波的振幅谱；f 为频率；v 为波速；G 为几何扩散，表征了由于波形传播引起的幅度衰减。

通常假设几何扩散系数 G 与频率无关，因此，式（3-5-5）等号右侧第二项是与频率无关的常数。这样一来，波谱比的自然对数与频率之间有线性关系，二者之间可以进行线性拟合。拟合得到直线的斜率，即品质因子 Q 的倒数。这种方法看上去非常简单，然而，实际处理测井数据时，有两个严重的问题限制了该方法的可能性。第一个问题是实际声波测井的波谱在不同的深度上往往有很大的局部变化，其结果使得波谱比的变化幅度很大，线性拟合的误差也大。第二个问题是很多情况下接收器与源的距离不能看作是波的远场，这时 G 对于频率的依赖是不可忽略的。

为解决上述问题，本书采用了一种新的声波幅度衰减测量处理方法，通过在实际中应用，该方法基本解决了上面的两个问题，是计算衰减的一种可靠方法。

设位于地层深度为 z 的声波仪器记录的声波的振幅谱可以写成：

$$X_{(\omega,z)} = S_{(\omega)} G_{(\omega,z)} R_{(\omega)} \exp\left[-\frac{\omega T_{(z)}}{2Q_{(z)}}\right] \tag{3-5-6}$$

式中：S、R 分别为声源和接收器的振幅谱；T 为波的传播时间。

将式（3-5-6）重新组合，并取自然对数，得：

$$\frac{2\ln X}{\omega} = -Q^{-1}T + \frac{2\ln(SRG)}{\omega} \tag{3-5-7}$$

式（3-5-7）等号右侧第一项只依赖于深度 z（假设声波测井频率范围内 Q 与频率无关），第二项依赖于 ω 和 z。如果可以想办法让等号右侧第二项只依赖于频率 ω，那么就可以分别对 ω 和 z 求统计平均或中值来计算衰减 Q^{-1}。

可以利用理论模拟方法消去式（3-5-7）等号右侧第二项中对深度 z 的依赖关系。具体做法是假设没有衰减（即 $Q^{-1}=0$），模拟计算式（3-5-7），然后求实际数据与理论模拟结果之差，得：

$$\Delta\Phi(z,\omega) = \phi(z) + \Delta A(\omega) \tag{3-5-8}$$

$$\begin{cases} \phi = -Q^{-1}T \\ \Delta\Phi = \dfrac{2\ln X}{\omega} - \dfrac{2\ln X_{\text{syn}}}{\omega} \\ \Delta A = \dfrac{2\ln(SRG)}{\omega} - \dfrac{2\ln(SRG)^{\text{syn}}}{\omega} \end{cases} \tag{3-5-9}$$

式中：syn 为理论模拟结果。

如果理论模拟部分的格林函数 G 正确地模拟了实际数据中几何扩散对深度 z 的依赖关系，那么式（3-5-8）中的第二项将与深度 z 无关。值得指出的是，理论模拟中的源—接收器函数与实际仪器中的源—接收器函数没有必要相同，因为它们都与深度 z 无关。唯一需要注意的是它们应该大致处于相同的频率范围内。

将式（3-5-9）对 ω 和 z 的依赖关系分成独立的两项对问题的解决很有帮助，因为与频率 ω 有关的项 $\Delta A(\omega)$ 对所有的深度的数据来说是一个共同项，它可以对所有深度上的数据用统计学的方法可靠地计算出来。实际数据处理中，$\Delta\Phi(\omega,z)$ 是一个 m 列、

n 行的矩阵，其中 $\omega=\omega_1, \cdots, \omega_m$；$z=z_1, \cdots, z_n$。

下面将要采用的方法的核心部分是分别对上述矩阵的行和列用统计平均或中值的方法来估算声波幅度的衰减。首先，对每一个深度 z，求出式（3-5-8）对频率 ω 的平均值：

$$\Delta \tilde{\Phi}(z) = \text{mean}_\omega \{\Delta \Phi(\omega, z)\} \quad (3\text{-}5\text{-}10)$$

式中：mean_ω 为对频率 ω 求平均。

可以看出，$\Delta \tilde{\Phi}(z) = \phi(z) + \Delta \bar{A}$，这里的 $\Delta \bar{A}$ 项是一个既与 ω 无关又与 z 无关的常数项。式（3-5-8）减去该常数项，得到二者之差，再将这个差对深度 z 求中值，就得到 $\Delta A(\omega)$ 与频率有关的部分：

$$\delta[\Delta \tilde{\Phi}(\omega)] = \Delta A(\omega) - \Delta \bar{A} = \text{median}_z \{\Delta \Phi(\omega, z) - \Delta \tilde{\Phi}(z)\} \quad (3\text{-}5\text{-}11)$$

式中：median_z 为对深度 z 求中值。

从统计学角度上看，一组数据的中值要比平均值抗突变干扰的性能好得多。例如，数组 $\{1, 2, 3\}$ 的均值和中值都是 2。假定受突变干扰的数组变为 $\{1, 2, 9\}$，其均值变为 4，但中值仍为 2。中值的这种统计性质有效地消去了数据在深度上的随机突变的局部干扰。显然，如果现在将 $\delta[\Delta \tilde{\Phi}(\omega)]$ 从式（3-5-10）中减去，并对频率 ω 求中值，就可以去掉对频率的依赖：

$$\hat{\Phi}(z) = \text{median}_\omega \{\Delta \Phi(\omega, z) - \delta[\Delta \tilde{\Phi}(\omega)]\} \quad (3\text{-}5\text{-}12)$$

这样就得到了 $Q^{-1}T$ 外加一个未知常数：

$$\hat{\Phi}(z) = -Q^{-1}T + \Delta \hat{A} \quad (3\text{-}5\text{-}13)$$

最后，如果某一参考深度 z_0 上的 Q 已知，例如 $Q(z_0)=100$，就可以利用下面的公式计算绝对衰减值：

$$Q(z)^{-1} = \frac{\Delta \hat{A} - \hat{\Phi}(z)}{T(z)} = \frac{\hat{\Phi}(z_0) - \hat{\Phi}(z) + Q^{-1}(z_0) T(z_0)}{T(z)} \quad (3\text{-}5\text{-}14)$$

这样得到的衰减是参考于某一未知基数的相对衰减。虽然基数未知，但该衰减剖面随深度的变化还是很有意义的。

应用该方法处理了研究区域内 12 口井资料，对储层段声波幅度衰减与气层的相关性进行了对比分析，发现声波幅度衰减与含气储层都有着较好的相关性，因此可以用来识别气层。

通过实际资料的处理，发现纵波幅度的衰减的确与储层的含气性有着很好的相关性。图 3-5-12 为 Xs1 井的幅度衰减指数成果图和原始测井的波形图。第 5 道是单极全波列变密度图；第 6 道是 8 个接收器记录波形的其中 4 道纵波幅度曲线；第 7 道是纵波衰减指数曲线，在测井解释气层段，纵波衰减指数明显增大，指示储层含气。

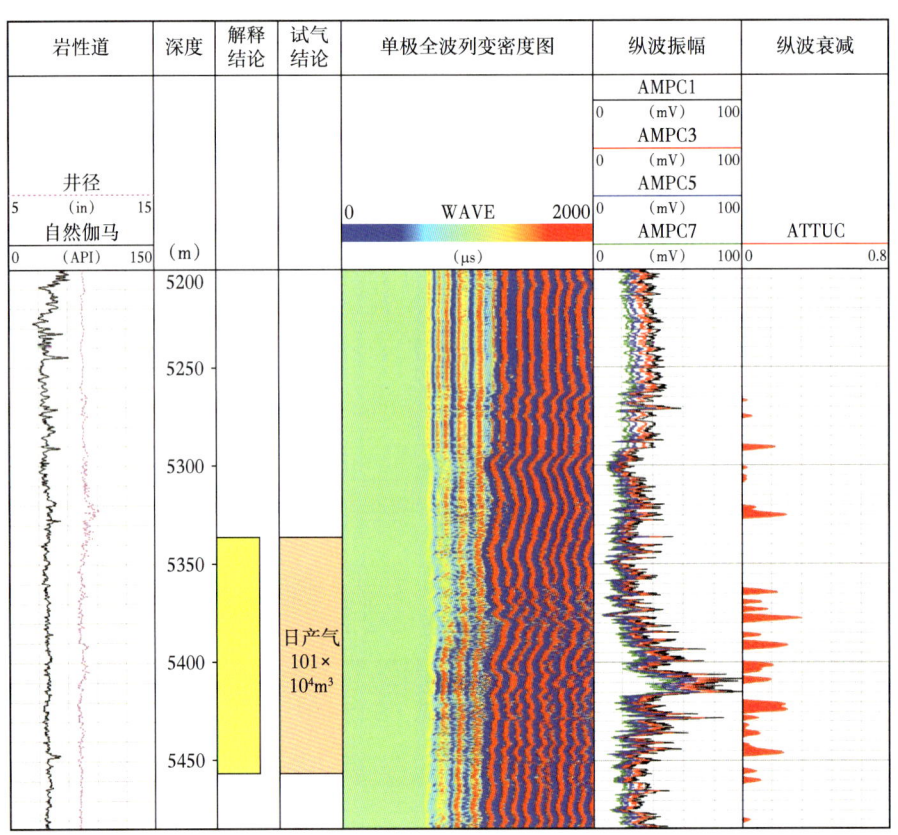

图 3-5-12 Xs1 井幅度衰减指数和原始测井波形图

5. 电成像测井识别流体性质

常规测井视地层水电阻率法在孔隙度较高的砂岩储层中识别油气层效果较好，应用广泛，是一种简单、直观的好方法。但该方法应用的是一条深探测电阻率曲线，它反映的是探测范围内储层电阻率的平均值，由此计算的视地层水电阻率是探测范围内的平均值。对于均质的砂岩储层，该方法适应性较好。火山岩储层岩性复杂，各向异性强，不同岩性和孔隙结构对电阻率的影响较大，常规测井视地层水电阻率法识别流体性质的能力变差。微电阻率扫描成像测井在井周不同的方位上测量大量的电阻率曲线，可以很好地测量不同点、不同方位的电阻率的变化，有效地反映不同方位储层流体性质的变化。将常规测井视地层水电阻率识别油气层的方法与微电阻率扫描成像测井的特点相结合，就形成了应用微电阻率扫描成像测井资料计算视地层水电阻率频谱识别油气层的方法，为岩性变化大、各向异性强火山岩储层流体性质的识别提供了一种新的方法和手段。

由阿奇公式，常规测井计算视地层水电阻率的公式为：

$$R_{wa} = \frac{R_t}{a}\phi^m \quad (3-5-15)$$

类似常规测井计算视地层水电阻率，定义成像测井视地层水电阻率为：

$$R_{wai} = \frac{R_i}{a}\phi^m \qquad (3\text{-}5\text{-}16)$$

式中：R_{wai}为成像测井每个像素点视地层水电阻率；R_i为成像测井每个像素点刻度后的电阻率。

将每个深度窗内，所有成像测井像素点视地层水电阻率值按由小到大的统计分布频率，即可形成视地层水电阻率频谱。由刻度方法和微电阻率扫描测井仪的测量原理可知，计算的视地层水电阻率频谱反映的基本上是侵入带的流体特征。对于水层，计算的视地层水电阻率中值数据较小，且分布较为集中；对于油气层，由于各向异性的影响，侵入带对油气的冲刷程度有所不同，视地层水电阻率频谱分布范围相对较宽，且数值相对较大。用这种方法，可以有效地识别油气层和水层。

图3-5-13为准噶尔盆地L3-1井石炭系酸性火山碎屑岩应用FMI视地层水电阻率频谱识别流体性质的实例。图中第1道分别为自然伽马、自然电位和井径曲线，第3道

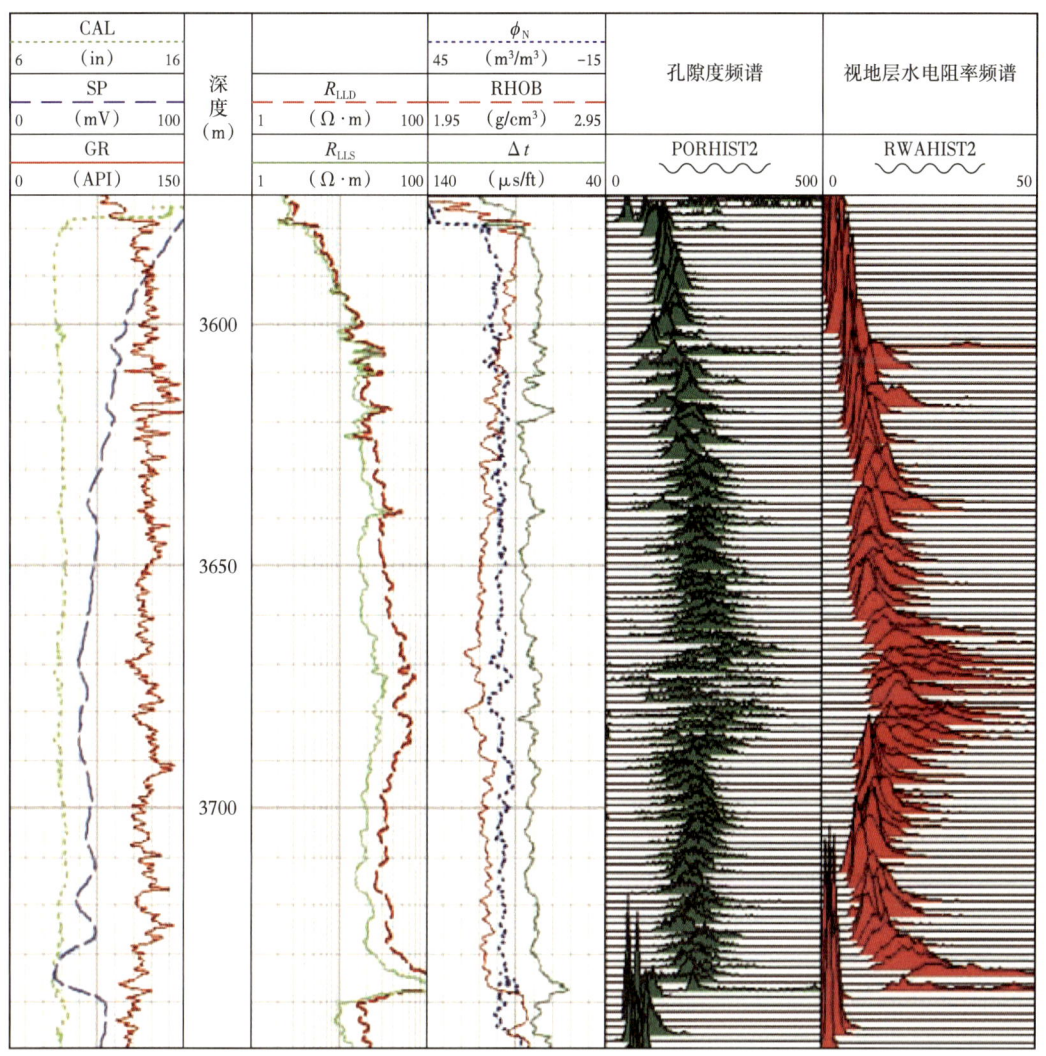

图3-5-13　L3-1井FMI视地层水电阻率频谱识别流体性质图

分别为双侧向测井电阻率曲线，第4道为三孔隙度测井曲线，第5道为FMI孔隙度频谱图，第6道为FMI视地层水电阻率频谱分布。该井从3580m钻遇流纹质火山碎屑岩，上部30m为火山灰凝灰岩，三孔隙度测井曲线显示物性较差，FMI孔隙度频谱显示以微细孔隙为主，视地层水电阻率频谱显示分布中值数值较低，且分布集中，无油气显示，解释为干层。3610~3738m井段岩性为流纹质凝灰角砾岩，三孔隙度测井曲线显示孔隙度相对较大，FMI图像观察粒度越粗，物性越好，FMI孔隙度频谱处理结果显示，孔隙分布范围较大，溶蚀孔洞孔隙度发育，且岩性越粗，溶蚀孔洞孔隙度越发育。密度—中子测井曲线重叠有明显的"镜像"特征，"挖掘效应"明显，FMI视地层水电阻率频谱分布显示视地层水电阻率中值较大，且分布范围较宽，为典型的油气显示。综合各种信息，该段解释为气层。3652~3674m井段压裂试油，针阀求产，日产天然气$9.0×10^4m^3$、油6.4t。

四、火山岩测井解释典型应用

前面内容对火山岩测井评价具有共性的思路、方法与技术进行了介绍。本小节简要介绍上述方法在大庆和新疆两个重点探区的应用情况，旨在反映火山岩测井评价方法、技术及评价思路在火山岩勘探中的应用情况。

1. 在大庆徐家围子Xs1预探井中的应用

Xs1井是位于松辽盆地东南断陷区徐家围子断陷升平—兴城鼻状构造上的一口预探井，目的层为营城组、沙河子组，兼探登娄库组和泉一段、泉二段。该井钻入营城组后，发现巨厚的火山岩储层，火山岩孔洞、裂缝发育，其间夹杂砂砾岩沉积，为准确评价气层，加测了多项测井新技术。

该井营城组的149号层3447.0~3573.8m段厚度较大，为126.8m，如图3-5-14所示。测井资料显示储层岩性变化较大，储集类型复杂。该层于3443.93~3452.39m井段和3524.00~3532.56m井段分别进行钻井取心，由于取心厚度占层厚的比例较小，不足以涵盖整个储层的岩性变化内容，因此在后期的详细定名过程中，测井资料起到了非常重要的作用。

测井成像成果图显示，149号层3560.0~3571.0m井段、3551.0~3554.0m井段发育高角裂缝、网状缝，角度在75°以上，对油气的运移极为有利，3542.0~3534.0m井段气孔呈对称状，3475.0~3454.0m井段气孔、孔洞发育，储集条件优良，综合分析认为149号层为孔洞—裂缝型储层。

核磁共振测井解释成果显示，T_2谱显示该层的粒度明显要比上面几个层大，最长的T_2为2048ms，该层有效孔隙度为4%~10%，渗透率为1~220mD，TDA结果显示，该层经含氢指数校正后的孔隙度为6%~17.5%，含气体积占25%~50%，MRIAN处理含水饱和度为20%，气层特征非常明显。

从常规测井曲线上看，该层中子、密度均有很好的交会，其中顶部显示最好处中子—密度交会达21%，一般为10%~15%，应用火山岩三孔隙度交会法对该层进行气水层识别，含气特征很明显。从该层三次时间推移测井的曲线对比图看（时间间隔分别为120天和60多天），该层上部孔渗好的地方第一次和第二、第三次中子密度测井曲线之间的差别很大，表现为中子、密度第二、第三次测井值明显高于第一次测井值，说明地

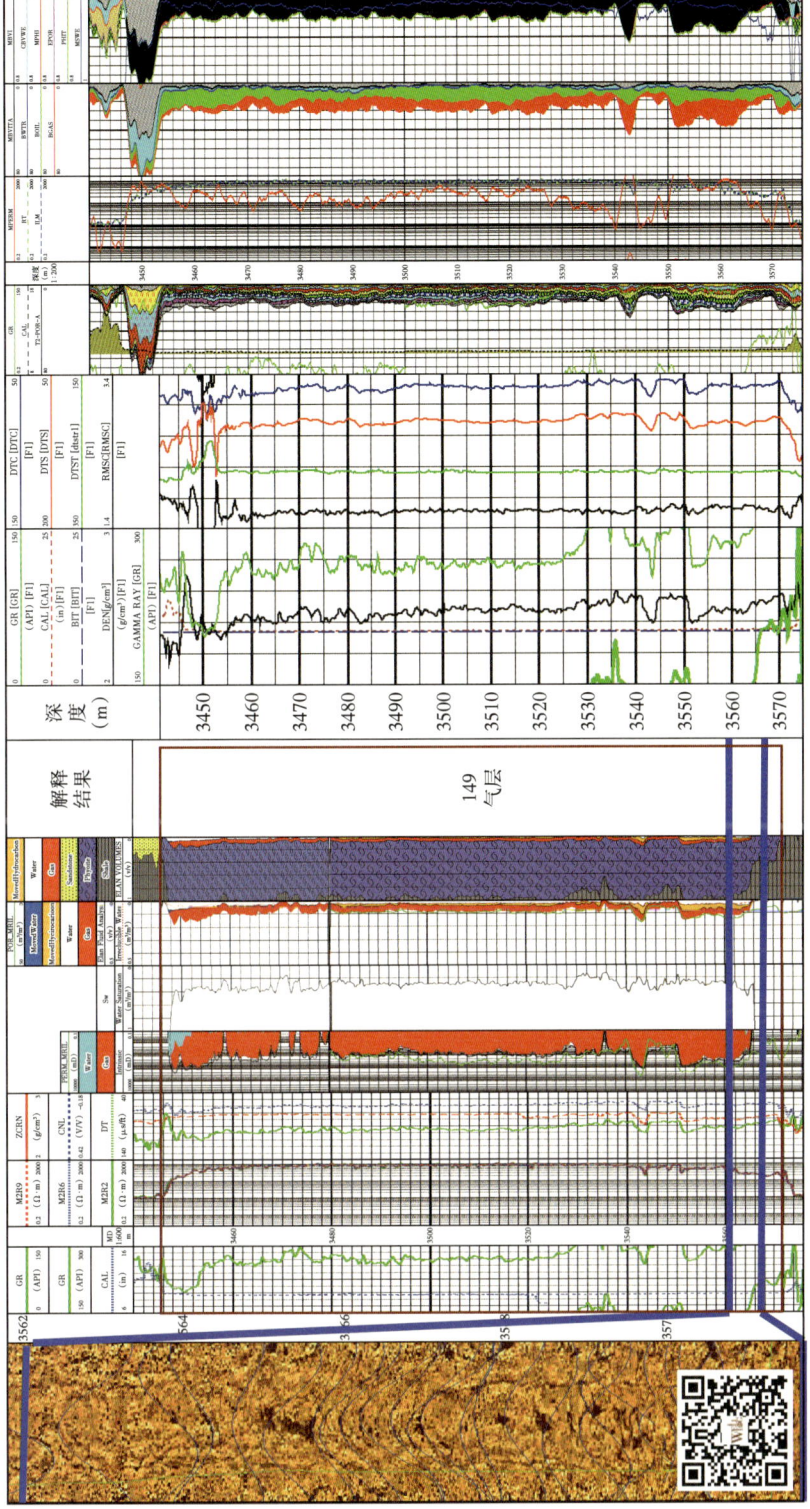

图 3-5-14 Xs1 井 149 号层测井解释综合图

- 221 -

层孔渗好，由于钻井液滤液渗入地层，导致中子密度值增加。随着深度的增加，地层岩性变得致密，这种差异逐渐减小，这说明 149 号层上部孔渗好，下部相对略差。ELAN 数字处理有效孔隙度一般为 10%，顶部显示最好处孔隙度为 15%，渗透率为 10mD 左右，含水饱和度一般为 30%，ELAN 与核磁共振测井处理结果对应较好。从岩石力学成果图上看，顶部 3448.0~3453.0m 井段纵波发生周波跳跃现象，横波时差、纵波时差比相对邻层明显降低，气层显示明显。由于该层厚度很大，而且各项测井资料都显示该层具明显的含气特征，综合分析，将该层解释为气层。

该井营城组 150 号层厚度为 126.8m，于 3631.55~3636.22m 井段进行钻井取心一筒，录井岩性描述为灰色火山角砾岩，在深层火山岩岩性识别图版上落在流纹岩区。该段成像成果图上显示，部分地层发育裂缝，以高角裂缝为主。部分地层发育气孔杏仁构造。根据常规、声成像测井及岩心资料，确定该层为孔洞—裂缝型储层，岩性以流纹质火山角砾岩为主。

常规测井曲线上显示，本层地层密度在 2.50g/cm^3 左右，中子—密度交会 6~8Pu，含气特征很明显。数字处理有效孔隙度为 6%~10%，含水饱和度为 38%；核磁共振测井解释的有效孔隙度为 6% 左右，经含氢指数校正后的孔隙度为 8%~10%，渗透率为 1~10mD，MRIAN 处理含水饱和度为 28%。150 号层横纵波时差比值相对邻层较小，为气层显示。综合以上各项分析将此层解释为气层。为准确确定试气射孔层段，根据常规、核磁共振、成像等测井资料处理结果。

该井的 149 号、150 号层压后自喷分获高产气流，从而发现了庆深气田，为探明 $1000 \times 10^8 m^3$ 天然气储量做出了重要贡献。

2. 在新疆油田陆东—五彩湾地区 DXY2 井中的应用

DXY2 井南断块及 Dx8 井南火山岩岩性圈闭位于准噶尔盆地陆梁隆起滴南凸起。其中 Dx8 井南断块由北东走向的 Dx8 井南 2 号断裂、北西走向的 Dx10 井北 2 号断裂及北东东走向的 Dx8 井南 1 号断裂在平面上相交而成。断块内构造呈向西倾没的鼻状构造。根据前期陆东石炭系会战研究小组利用薄片鉴定资料、FMI 资料、常规测井资料所建立的陆东—五彩湾地区石炭系火山岩岩性解释图版及初步建立的火山岩地震相预测模式推测，此反射特征为近火山口的爆发相地层。

陆东地区井下岩心资料证明，火山岩发育区一般为强磁异常区，碎屑岩一般为弱磁异常区。从磁力垂直二次导数异常图上，可以看出位于弱磁异常区的 Dx1 井钻遇岩性为砂砾岩，Dx4 井为凝灰岩和砂砾岩。而北部强磁区的滴西 5 井区为安山岩和火山角砾岩发育区，在 Dx5 井及 Dx8 井以南存在一个近东西向的强磁异常区，推测 Dx5 井至 Dx10 井一带为有利火山岩发育带。Dx5 井东南有一个环形的强磁异常区，可能为近火山口的反映。推测 DXY2 井所在位置较为有利，在石炭系内部识别出的火山岩岩性圈闭与 Dx5 井南断块圈闭相重叠，且高点大致重合，为有利的勘探目标。

如图 3-5-15 所示，DXY2 井从 3495m 到 3553m 计算的平均孔隙度为 6%，但是从成像上看其裂缝很发育，储层渗透性较好，计算的含油气饱和度平均为 80%，综合解释为油气层，试油段：3510~3530m，日产气 $25.06 \times 10^4 m^3$，日产油 17.71t，解释结论和试油结论一致。

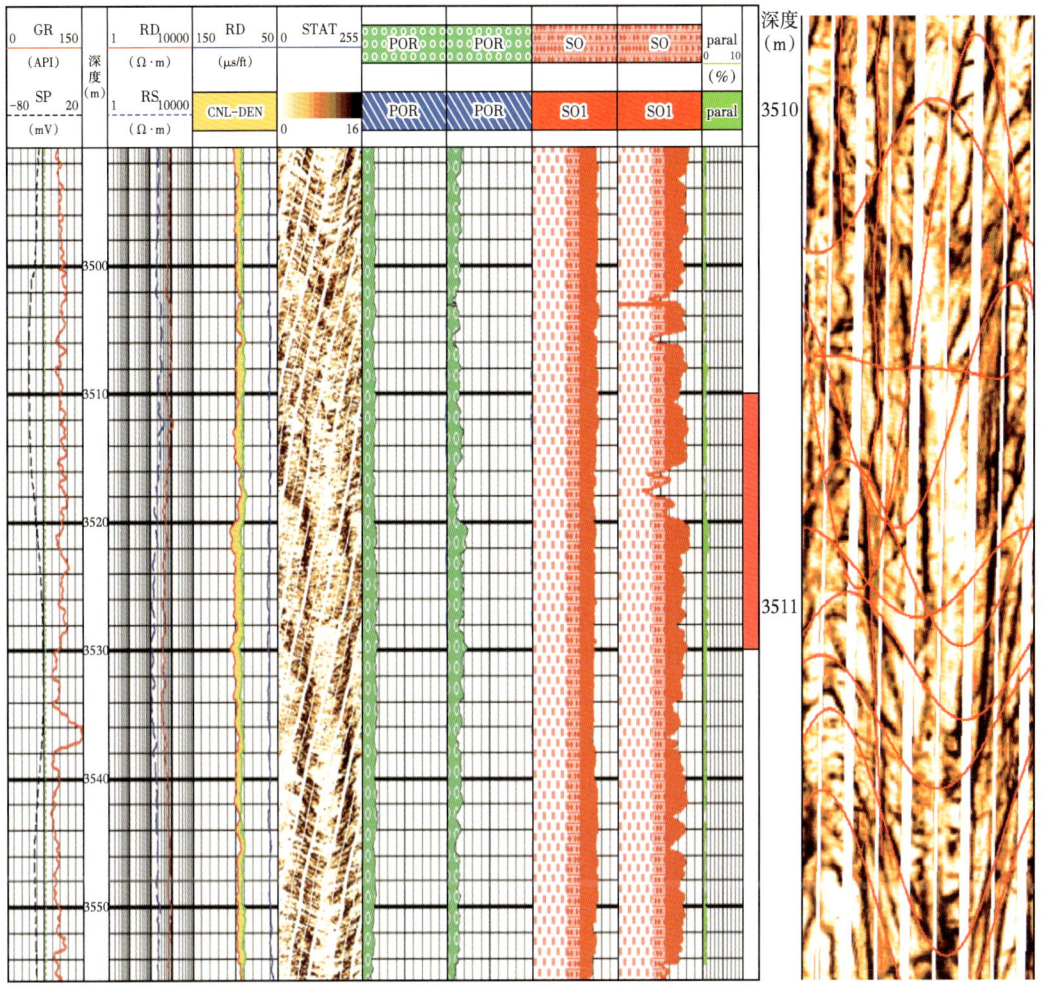

图 3-5-15 DXY2 井综合解释成果图

第四章 非常规油气测井解释评价

随着油气勘探开发过程的不断深入，非常规油气资源日益受到重视。与常规油气藏相比，非常规油气资源，如页岩气、煤层气、页岩油等，其成藏机理、赋存状态、分布规律及勘探开发方式存在显著差异。同时，非常规油气整体资源品质低，储层致密，岩性复杂，多为薄互层，非均质性和各向异性强，这些地质特点和成藏特征决定了非常规油气勘探开发有着特定的需求；测井科研评价技术与常规油气亦存在着许多明显差异。

第一节 非常规储层类型及三品质测井评价内涵

国内外学者对非常规油气概念的认识存在一定差异。20 世纪 70 年代，美国学者曾根据经济指标，将处于次经济和经济边缘的煤层气、页岩气等划分为非常规油气资源。1995 年，美国地质调查局（USGS）提出了"连续油气聚集"的概念，突出强调了连续气藏是指受水柱影响不强烈的气藏，气体富集与水对气体的浮力无直接关系，并且不是由下倾方向气水界面圈定的离散的、可数的气田群组成。B.E.Law 等（2002）指出非常规油气系统与构造圈闭无关，基本上不受重力影响，区域上存在大规模的普遍含油气带。Yergin（2012）认为非常规油气是指无法依靠传统的开采技术开发且无法实现经济赢利的油气资源。Harris Cander（2012）提出界定非常规油气的两个关键参数，即黏度和渗透率，认为其应该是在运用技术改变储层的渗透率或者流体的黏度，继而获得工业产能的资源。2007 年，国际石油相关学术组织（SPE、AAPG、SPEE、WPC）联合商定了非常规油气的概念，一致认为非常规油气资源形成于油气富集体系之中，是具有面积大、受束缚且地下水动力对其影响较小的连续型沉积矿床。赵靖舟（2012）综合国内外非常规油气研究成果和界定标准，将其定义为：在油气藏特征与成藏机理方面有别于常规油气藏、采用传统开采技术通常不能获得经济产量的油气藏。邹才能在系统分析各类非常规油气基本特征的基础上，赋予非常规油气明确的较统一的概念，且提出两个关键的判别标志和参数。其认为非常规油气是指用传统技术无法获得自然工业产量、需用新技术改善储层渗透率或流体黏度等才能经济开采的、连续或者准连续型聚集的油气资源。其两个关键标志为：（1）油气大面积连续分布，圈闭界限不明显；（2）无自然工业稳定产量，达西渗流不明显。两个关键参数为：（1）孔隙度小于 10%；②孔喉直径小于 1μm 或渗透率小于 1mD。

非常规油气类型多种多样。目前对非常规油气还没有统一的划分方案。2011 年，美国地质调查局定义的非常规油气类型主要有包括页岩油气、致密油气、煤层气和重油。除此之外还应当包括油砂油、油页岩和天然气水合物等。就聚集方式而言，非常规油气包括准连续型和连续型两大类，其中连续型油气聚集主要包括致密砂岩油和气、页岩油和气、煤层气、天然气水合物等，是非常规油气主要聚集模式。

一、页岩气

1. 页岩气资源类型

页岩气的概念已非常明晰，即主要以游离态和吸附态储藏于页岩中的非常规天然气。页岩气主要赋存于含油气盆地内厚度较大、分布较广的富有机质黑色页岩型气源岩层系中。由于页岩具有强致密性，页岩气主要为自生自储，页岩既是生成页岩气的气源岩、赋存页岩气的储集岩，也是保存页岩气的自封闭层。页岩气的生成、富集、赋存都发生在同一页岩地层内，为原地聚集。页岩气主要储存在微米—纳米级孔隙、页理缝、微裂缝等多类储集空间中，其中，微米—纳米级孔隙以有机质孔为主，不同储集空间决定了页岩气的不同赋存状态。因此，页岩气在自然条件下很难流动，必须采用水平井和分段体积压裂技术以实现商业开采。

依据页岩沉积环境，可将中国页岩气划分为海相、海陆过渡相和陆相3种类型。其中，海相页岩主要分布在中国南方的四川盆地及其周缘、中—下扬子地区，发育在上震旦统陡山沱组、下寒武统筇竹寺组、上奥陶统五峰组—下志留统龙马溪组、中泥盆统罗富组、下石炭统、下二叠统栖霞组、上二叠统大隆组等。目前已在四川盆地及其周缘的上奥陶统五峰组—下志留统龙马溪组发现了海相页岩气并实现规模有效开发。海陆过渡相页岩主要分布在中国南方地区和鄂尔多斯盆地，发育在石炭系—二叠系，目前已在鄂西—渝东红星地区和鄂尔多斯盆地东部大宁—吉县地区的二叠系海陆过渡相富有机质页岩层系中发现了页岩气并实施了初步开发。陆相富有机质页岩主要分布在中国北方松辽盆地（青山口组、沙河子组）、渤海湾盆地（沙河街组）、鄂尔多斯盆地（延长组）和南方四川盆地（三叠系—侏罗系），目前已在松辽盆地公主岭地区下白垩统沙河子组、四川盆地普光地区侏罗系发现页岩气。

2. 页岩气勘探开发现状

历经10余年的勘探开发实践及理论技术攻关，以四川盆地及其周缘五峰组—龙马溪组海相页岩气为重点，实现了中国页岩气资源的规模有效开发和页岩气理论技术创新发展，使中国成为北美之外全球最大的页岩气生产国。自2005年中国开始页岩气勘探开发及理论技术攻关起，主要经历了借鉴探索与评价选区阶段、先导试验阶段和工业化开发阶段，目前已在四川盆地及其周缘实现了中国海相页岩气工业突破和快速规模有效发展，创新开启了中国页岩革命之路。

2008年以来，明确了四川盆地及其周缘古生界海相页岩气优越的形成与富集条件，在上奥陶统五峰组—下志留统龙马溪组评价优选川南和川东为页岩气有利富集区。2009年以来，在川南威远、长宁、昭通、川东涪陵、南川等地区钻获一批页岩气高产稳产井，发现了威远、威荣、泸州、长宁、昭通、涪陵等大型页岩气田（区）。截至2021年底，四川盆地形成了威远、长宁、昭通、涪陵等气藏埋深小于3500m的页岩气生产区，并即将实现川南泸州—渝西、川东南川—丁山等埋深为3500~4500m的深层页岩气藏的全面突破，累计探明页岩气田8个，明确含气面积3142km^2，探明地质储量$2.74×10^{12}m^3$。2021年，四川盆地页岩气产量为$230×10^8m^3$，累计生产页岩气$924×10^8m^3$。

针对3500m以上浅层页岩气的勘探开发，发展形成了以甜点区/段地质综合评价技术体系创新形成了以"七性（岩性、源岩性、物性、含气性、可压性、应力、电性）关系"为核心的"资源—储层—工程"一体化的地质、工程双甜点精细预测和评价方法，建立了适宜四川盆地及其周缘地质特征的页岩气甜点选区选段技术方法和指标体系，优选了长宁、威远、昭通和涪陵等页岩气富集区和甜点区，发现了川南、川东南两个万亿立方米的页岩气储量大气区。四川盆地在五峰组—龙马溪组发育构造型甜点区和连续型甜点区两类页岩气富集模式。构造型甜点以焦石坝页岩气田为代表，具有边缘构造复杂、内部构造稳定、裂缝发育等特点；"连续型甜点区"以威远—富顺—永川—长宁页岩气区为代表，属盆地内大型凹陷中心和构造斜坡区，具有展布面积大、稳定连续分布等特征。海相页岩气甜点段总有机碳含量一般为 4%~6%、含气量为 3~6m^3/t、脆性指数为 50%~70%。其中，页岩气靶体层位为有机质异常富集段，厚度较薄。川南地区在五峰组—龙马溪组沉积期持续发育富有机质、高硅质、含钙质、半深水—深水陆棚相，甜点段厚度为 0.5~8.0m，平均为 5.6m，分布面积为 $1.8×10^4km^2$。其中，泸州地区位于沉积中心附近，甜点段厚度最大，为 4~8m，阳 101 井区页岩气甜点段厚度为 5~8m；威远东北部、内江—大足、自贡南部页岩气甜点段储层厚度较小，为 2.0~5.0m；永善—绥江区块甜点段厚度在 3.0~6.0m，平均为 4.7m；渝西区块足 201 井区页岩气甜点段优质储层厚度为 0.8m。

3. 页岩气资源潜力

中国页岩气资源丰富，陆上主要含油气盆地页岩气地质资源量为 $80.45×10^{12}m^3$，技术可采资源量为 $12.85×10^{12}m^3$，海相、海陆过渡相、陆相页岩气技术可采资源量分别为 $8.82×10^{12}m^3$、$2.42×10^{12}m^3$、$1.61×10^{12}m^3$。从区域分布看，页岩气资源主要分布在以四川盆地及其周缘为主的南方地区和以鄂尔多斯盆地为主的西北地区，四川盆地及其周缘、中—下扬子地区和鄂尔多斯盆地的页岩气可采资源量分别为 $10.0×10^{12}m^3$、$1.45×10^{12}m^3$ 和 $0.90×10^{12}m^3$。从分布层系看，页岩气资源主要分布在寒武系、奥陶系—志留系，可采资源量为 $8.82×10^{12}m^3$；石炭系—二叠系和三叠系—新近系的页岩气可采资源量分别为 $2.45×10^{12}m^3$、$1.46×10^{12}m^3$。

二、页岩油

1. 页岩油资源类型

中国学者通常根据国内陆相页岩油特点，从热演化成熟度、储层类型、岩性组合、源—储组合等角度进行资源类型划分。赵文智等、胡素云等、金之钧、邹才能等根据热演化成熟度将页岩油资源划分为中—低成熟页岩油和中—高成熟页岩油，但两类页岩油分类界限的镜质体反射率 R_o 尚未统一（0.7%、0.8%、0.9% 或 1.0%）。中国石油化工股份有限公司（中国石化）和部分高校学者多根据储层类型、岩性组合、源—储组合，将页岩油划分为基质型、裂缝型和夹层型（或混合型）等。2018 年以来，中国石油天然气集团有限公司（中国石油）有学者提出了 2 种页岩油划分方案：（1）根据源储比例或岩性组合、夹层厚度划分为Ⅰ类（厚层砂岩型）、Ⅱ类（薄砂岩夹层型）和Ⅲ类（纯页岩型）页岩油，该方案实际上将部分致密油也列入了Ⅰ类、Ⅱ类页岩油；（2）根据源储关系，划分为源储一体（共存）型、源储分异/离型、纯页岩型 3 类页岩油。焦方正等强调中国陆相页岩层系储层甜点可大致划分为夹层型、混积型和页岩型 3 类。赵文智等认为中国陆相页岩油可分为致密油型、纯正型和过渡型，其中，致密油型页岩油以鄂尔多斯盆地庆城油田延长组 7 段 1—2 亚段页岩油为代表；纯正型页岩油以松辽盆地古龙凹陷青山口组一——二段页岩油为代表；过渡型页岩油以准噶尔盆地吉木萨尔凹陷二叠系芦草沟组页岩油最为典型。

2. 中国陆相页岩油勘探开发现状

中国是目前国际上实现陆相页岩油商业规模开发最成功的国家之一。围绕陆相页岩油从突破出油关、获得工业产量以及在现有技术和成本条件下实现效益开发等关键问题，开展了大量探索和实践，同时配套开展了页岩油水平井和体积压裂改造等关键技术的攻关和优化，相继在不同盆地陆相富有机质页岩层系获得系列重要发现，展示了中国陆相中—高成熟页岩油的良好勘探前景。2021 年，中国陆相页岩油产量约为 $272.3 \times 10^4 t$，其中，鄂尔多斯盆地延长组 7 段致密砂岩/黑色页岩产油量为 $188 \times 10^4 t$，准噶尔盆地吉木萨尔凹陷芦草沟组页岩油产量为 $42 \times 10^4 t$，渤海湾盆地沧东凹陷孔店组二段页岩油产量为 $10 \times 10^4 t$，松辽盆地古龙凹陷青山口组页岩油产量为 $2 \times 10^4 t$，松辽盆地南部页岩油产量为 $4.7 \times 10^4 t$，三塘湖盆地页岩油产量为 $21 \times 10^4 t$，渤海湾盆地济阳坳陷古近系页岩油产量为 $4.6 \times 10^4 t$。

页岩油甜点段表现为高游离烃含量（S_1）、高抽提产率、最高热解峰温 T_{max} 偏移。建立了页岩层系多重地层格架、全尺度储层精细描述、数字岩石评价、微米—纳米孔喉系统石油赋存与可动性综合评价、地质—地球物理一体化评价等甜点区/段识别和评价关键技术；构建了富集指数与可开发评价系数，确定了用于反映是否为烃源岩、储集性好坏、可压性、液体可动性、产能高低等重点盆地页岩油资源甜点区选区评价参数。

3. 中国陆相页岩油资源潜力

中国陆相页岩油资源潜力很大。2013 年国土资源部估算中国页岩油地质资源量为 $153 \times 10^8 t$；2014 年中国石化评价中国页岩油地质资源量为 $204 \times 10^8 t$；2016 年中国石油评价中国页岩油地质资源量为 $145 \times 10^8 t$。2022 年，吴晓智等（2022）评价中国页岩油地质资源量为 $335.4 \times 10^8 t$，技术可采资源量为 $30.7 \times 10^8 t$。

赵文智等（2020）基于中—高成熟页岩油 R_o 大于 0.9% 取值评价，并结合多个探区多口井试采数据对相关参数进行校正，评价中国陆上 10 个重点陆相页岩油盆地的中—高成熟页岩油地质资源总量为 $(130\sim163) \times 10^8 t$，在布伦特原油价格为 60 美元 / bbl 条件下，有利富集区经济性尚好的页岩油资源总量为 $(67\sim84) \times 10^8 t$。依据实验室分析数据，初步评价中国中—低成熟页岩油通过人工转质可生成的页岩油资源总量为 $1016.2 \times 10^8 t$（油当量），其中液态烃为 $704.2 \times 10^8 t$，气态烃为 $312 \times 10^8 t$（油当量）。按 65% 的采收率计算，中国中—低成熟页岩油经人工转质的总可采资源量达 $660.4 \times 10^8 t$（油当量）。

三、水合物

天然气水合物是低温高压条件下由气体与水形成的固体类冰状物质，主要产于海底沉积物和陆上永久冻土带中。这是一种新型潜在能源，全球资源量达 $2.1 \times 10^{15} m^3$，具有巨大的能源潜力，并有重要的环境及地质灾害意义，引起世界各国的高度关注（Kvenvolden，1988；Milkov，2004）。中国政府也高度重视天然气水合物的调查研究，其中中国地质调查局主导资源调查评价、试采及配套研究工作，取得了一系列重要进展（张洪涛等，2007；张洪涛，祝有海，2011）。

1. 发展简史

人们认识天然气水合物已有 200 多年的历史，大致经历了发现和实验室合成、管道堵塞及防治、资源调查、开发利用四个阶段。目前世界各国天然气水合物调查研究的重点仍集中于发现产地、确定产状和解释成因，进而计算资源量，只有部分国家开展试生产研究，且进展喜人，研究重点逐渐从资源调查转向开发利用。预计在解决了开发技术难题后，在开发动力（包括经济动力和政治动力）的推动下最终实现商业化利用（Collett，2002）。

中国对天然气水合物的调查研究起步较晚，20 世纪 80 年代初才有少量学者关注国际天然气水合物的调查研究动态，并将相关成果介绍到国内（史斗，郑军卫，1999）。随后资源领域的发展大致经历了三个阶段，90 年代中晚期为资源预测阶段，我国部分学者对南海、青藏高原天然气水合物的形成条件、异常标志及找矿前景进行了初步研究和预测（姚伯初，1998；徐学祖等，1999）。1999 年，广州海洋地质调查局对南海西沙海槽进行天然气水合物首次地球物理调查，发现与天然气水合物有关的地球物理标志——Bottom Simulating Reflection（BSR），开启了中国天然气水合物资源调查阶段，特别是自 2002 年开始实施的"我国海域天然气水合物资源调查与评价"国家专项及其他项目，对我国南海、东海、陆域冻土区开展了系列资源调查工作，相继于 2007 年及 2008 年在南海神狐地区、祁连山木里地区钻获天然气水合物实物样品（Zhang et al.，2007；祝有海等，2009），取得了找矿发现的重大突破。2011 年开始实施的"天然气水合物资源勘查与试采工程"国家专项，除对我国海域、陆域冻土区继续开展资源调查外，重点转向试采领域，分别于 2011 年和 2016 年对祁连山成功实施了两次陆域水合物试采工程，2017 年和 2020 年先后三次对南海神狐地区成功实施海域水合物试采工程，取得试采领域的重大突破，由此进入资源试采阶段。预计在攻克一系列技术、经济和环境难题后，有望在 2030 年前后实现商业化利用。

2. 分布及资源潜力

目前已在中国南海、东海及青藏高原发现天然气水合物样品 5 处，发现地质、地球物理、地球化学等赋存标志 7 处。

南海是西太平洋地区最大的边缘海，总面积约 $350×10^4 km^2$，绝大部分陆坡均具有形成天然气水合物的温压条件及气源条件，面积约 $126.4×10^4 km^2$。Hinz 等（1989）最早报道了南海存在与天然气水合物有关的 BSR，姚伯初（1998）利用已有地震资料在东沙和西沙海槽识别出 BSR。1999 年广州海洋地质调查局在西沙海槽的首次调查发现了 BSR，随后在南海北部的西沙海槽、东沙群岛南部、神狐地区及琼东南盆地开展了地质、地球物理、地球化学调查，完成高分辨率多道地震 $16.7×10^4 km^2$，钻探井 88 口，共发现 BSR 分布区 26 处，圈定 11 个有利远景区，分布面积达 $32750 km^2$（苏丕波等，2017；梁金强等，2016）。2007 年起中国地质调查局组织实施了 4 次天然气水合物钻探工程，先后在神狐、东沙和琼东南等地获得了水合物实物样品（Zhang et al.，2007；Yang et al.，2017）。

东海冲绳海槽是西太平洋沟—弧—盆体系中的一个弧后盆地，长约 1200km，宽

100~230km，面积约 $22\times10^4km^2$。初步研究结果显示，冲绳海槽特别是其北侧槽坡具备形成天然气水合物的温压、气源及构造条件。多道地震资料显示冲绳海槽存在有较为可靠的 BSR、振幅空白带、极性反转、速度反转等地球物理标志，BSR 主要分布于冲绳海槽南部，中部次之，北部较少，其分布水深一般为 300~1500m，多位于海底之下 380~470m（方银霞等，2001；徐宁等，2006）。此外，冲绳海槽还发现一些与水合物有关的地质、地球化学标志，如海底冷泉、泥火山、底层海水烃类异常、碳酸盐结核、自生黄铁矿等，并在冲绳海槽中部的 JADE 热液活动区发现 CO_2 水合物（Sakai et al.，1999），显示出良好的天然气水合物找矿前景。

中国是世界上第三冻土大国，在青藏高原和大兴安岭地区存在着大片冻土区，多年冻土面积达 $215\times10^4km^2$（周幼吾等，2000）。鉴于冻土区天然气水合物的重要意义，中国地质调查局自 2002 开始对我国冻土区天然气水合物的成矿条件、异常标志和找矿前景开展调查研究，迄今已在青藏高原发现水合物产地一个，推测产地两个。祁连山木里地区的天然气水合物发现于 2008 年，是世界上第一个在中纬度高山冻土区发现的天然气水合物。水合物均产于冻土层之下，埋深 133~396m，主要赋存于中侏罗统江仓组，水合物以薄层状、片状、团块状赋存于粉砂岩、泥岩、油页岩的裂隙面中，或是以浸染状赋存于细粉砂岩的孔隙中。水合物中的气体组分较为复杂，除甲烷外还含有较高的乙烷、丙烷等重烃组分，部分样品甚至还含有一定量的 CO_2，为一种较为罕见的水合物（祝有海等，2009）。昆仑山垭口盆地为上新世—中更新世断陷盆地，面积约 $50km^2$，沉积了约 600m 厚的新近纪—第四纪沉积物。2013 年施工的 KZ-3 井，发现了一系列天然气水合物赋存的证据，如在 250m 以下的多个岩层中发现大量气体释放现象，甲烷含量达 22%~32%，且具有天然气水合物分解的间歇性释放特征。这些气体释放层位还伴有密度降低、侧向电阻率和声波波速增大等测井标志，并发现有与水合物分解有关的自生碳酸盐、黄铁矿等自生矿物标志，显示这一地区可能赋存有天然气水合物（吴青柏等，2015）。2015 年，青海南部乌丽地区 TK-2 孔于 52~241m 间的二叠系那益雄组岩心中，发现有强烈冒泡、"冒汗"现象（水合物分解后释放出气体和水），并有红外低温异常、点火助燃等标志，测井曲线上呈现出密度降低、声波速度增大、侧向电阻率增高等标志，并有泄气构造、自生矿物及盐析现象等，具有明显的天然气水合物赋存标志。此外，2016 年施工的 TK-3 孔气测录井结果显示，在那益雄组多层段发现丰富 CO_2 显示，CO_2 含量最高达 91.09%，平均为 31.03%，暗示该地区有可能存在 CO_2 水合物（刘晖等，2019）。

南海天然气水合物资源量约为 $64\times10^{12}m^3$，东海冲绳海槽天然气水合物资源量约为 $24\times10^{12}m^3$，陆域冻土区天然气水合物的保守资源量约为 $38\times10^{12}m^3$，全国合计约为 $126\times10^{12}m^3$，这一结果显示我国具有巨大的天然气水合物资源潜力，约是我国常规天然气资源量（$63\times10^{12}m^3$）（李建忠等，2012）的 2 倍，占全球天然气水合物总资源量的 0.60%。

3. 储层类型

天然气水合物储层类型可归纳为金字塔分布（图 4-1-1），位于金字塔顶端的储层由于渗透性高最具资源开发潜力，而金字塔底端的天然气水合物储层泥质含量高、渗透率极低，其开采难度最大，自然界中这部分天然气水合物储层类型占比最大，我国南海天然气水合物储层主要以这种类型为主。

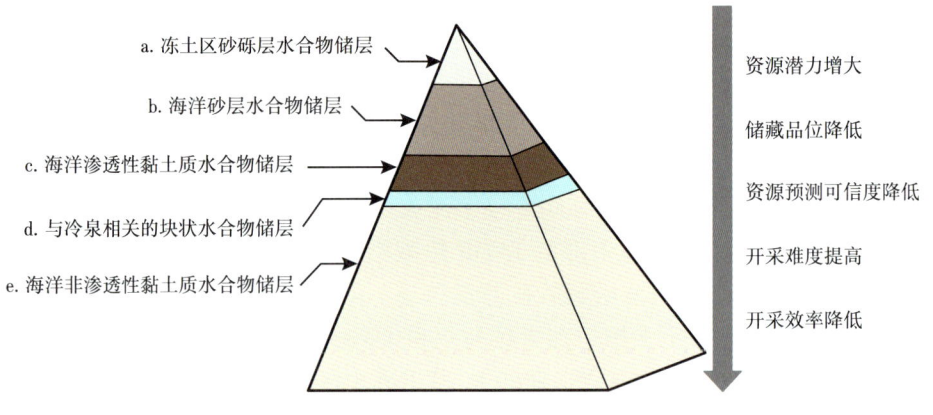

图 4-1-1 天然气水合物资源金字塔

四、煤层气

煤层气是形成于煤层又储集于煤层中的一种自生自储式非常规天然气，主要由甲烷（含量超过 95%）和极少量较重的烃类（大部分为乙烷和丙烷）及氮气、二氧化碳组成。煤层气源储一体，源藏共生，圈闭界限不明确。煤岩不仅持续生烃，而且运移、聚集、成藏、分布以及开采过程均表现出"连续性"特征，为典型的"连续型"气藏。

煤层气的储层含有一组被称为"割理"的正交断层，其方向与煤层垂直，为流体流动提供了主要渠道。控制煤层气含量的主要因素包括煤层厚度、煤组成成分、吸附气含量及气体组成成分。煤组成成分指煤中有机成分的数量和类型，它对可吸附气的数量将产生极大影响。煤层中气体含量变化较大，而且是煤的成分、热成熟度、埋藏和上升历史、运移热量增加或生物气增加量等的函数。总之，煤层气以吸附在煤层颗粒基质表面为主，有的在煤层割理、裂缝中含微量游离气、水溶气。

煤层气赋存具有明显的分带性。煤层气藏并非在原地、同期、一次形成，而是在含煤层系中经煤化作用不断生烃，又受上覆沉积、断裂构造和水动力作用不断改造，进而形成了具有内在联系的几个带。由盆地边缘向盆地腹地一般可划分为氧化散失带、生物降解带、饱和吸附带和低解吸带 4 个带。其中饱和吸附带由于盖层条件好，处于承压水封闭环境，含气量大，吸附饱和度高，煤层埋深适中，物性较好，气井单井产量高，是煤层气勘探的主要目标区。

五、富油煤

我国能源结构呈现出"缺油、少气、相对富煤"的资源禀赋特征。煤炭作为重要的化石能源，是我国能源消费的主体，2020 年煤炭占我国一次能源生产近七成，消费的一半以上。受制于我国资源条件、发展阶段、产业结构、技术水平、增长态势和能源安全等因素，煤炭作为国家能源主体地位短期内不会改变，仍继续扮演着能源压舱石的角色。为了响应国家"2030 年碳达峰、2060 年碳中和"的庄严承诺和保障国家能源供给安全的目标，推动煤炭安全绿色开采、清洁高效低碳利用是能源生产和消费革命的要求，也是新时代煤炭工业重要的发展方向。

富油煤是集煤、油、气属性于一体的煤炭资源，隔绝空气条件下可通过中低温热解生成焦油、煤气和半焦，是一种煤基油气资源。按照《矿产资源工业要求手册（2014修订本）》定义，富油煤是指在格金干馏试验条件下焦油产率为7%~12%的煤岩，而焦油产率小于7%的定义为含油煤，大于12%的称为高油煤。王双明院士从资源评价角度，将焦油产率大于等于7%统称为富油煤。富油煤不同于传统的煤岩，其最大特点是煤中富含较多热解可生成油气的富氢结构，富氢结构是影响富油煤中潜在油气属性特点的关键物质结构，主要由煤中具有脂肪结构的侧链及桥键构成，煤热解过程中芳香簇间的桥键、脂肪侧链、脂肪小分子相和芳香杂原子等不稳定化学键发生裂解，并形成自由基碎片是形成油气及半焦的关键。

六、非常规油气三品质测井评价

非常规油气藏测井评价的重点是做好烃源岩品质、储层品质及工程品质测井评价。烃源岩品质测井评价主要包括对烃源岩总有机碳含量TOC、镜质体反射率R_o、游离烃含量S_1等关键参数的测井评价。储层品质测井评价主要包括对储层总孔隙度、有效孔隙度、水平及垂向渗透率、总含油气饱和度、可动油饱和度、吸附气与游离气含量等储层物性参数及含油气性参数的测井评价。工程品质测井评价主要包括对脆性、地应力大小及方位、储隔层应力差（或顶底板封堵能力）及孔隙压力等岩石力学参数的测井评价。

第二节 页岩气储层测井解释评价

页岩气测井评价技术的发展与不同阶段的技术需求、测井技术的进步密不可分。早期评价阶段，主要利用测井曲线进行地层划分与有效层识别，一条自然伽马曲线就能胜任这项工作；直井页岩气开发阶段，地质评价严重依赖岩心分析，延误钻完井周期，如Eagle Ford页岩岩相和岩性变化大，需要通过大量岩心数据作支撑，利用元素、核磁共振和声波等测井资料得到岩性、矿物成分、总有机碳含量和物性等特征参数，节约了大量钻井成本、缩短了钻完井周期（Aamir et al., 2016）；大规模水平井开发阶段需要随钻测井，同时对储层精细描述要求更高，完井压裂工艺优化也需要通过测井资料获取含气量、脆性指数、黏土矿物含量、断裂与裂缝发育程度、地应力等参数。此外新型测井技术，如元素俘获测井，也应用于页岩气有机碳含量的评价，进一步提高了解释精度。页岩气测井解释评价一般包括有机质测井评价、岩石矿物组分评价、孔隙流体评价及工程品质参数测井评价等内容。

一、有机质测井评价技术

页岩地层中有机质测井评价指标主要包括总有机碳含量、有机质成熟度，用于评价储层生烃能力、吸附气赋存能力。早期测井评价富有机质页岩仅评价TOC，TOC的高低可以表征烃源岩有机质富集程度，确定生烃潜力。随着页岩气的兴起及测量技术的发展，评价方法不断丰富。

1. 总有机碳含量测井评价方法

TOC测井方法主要有$\Delta \log R$法（Passey et al., 1990）、密度法（Schmoker, 1979；Schmoker and Hester, 1983）、元素测井法、核磁共振—密度法（Horron et al., 2011）、

自然伽马及能谱法（Schmoker，1981；Fertl and Forst，1982）等，另外也用测井曲线与神经网络算法结合计算 TOC（Huang，1996）。

1）ΔlogR 计算 TOC 方法

该方法由 Exxon/ESSO 在 1979 年建立，适用于碳酸盐岩及碎屑岩，可以在较大成熟度范围内准确预测 TOC：

$$\Delta \log R = \lg \frac{R}{R_{\text{base}}} + K(\Delta t - \Delta t_{\text{base}}) \tag{4-2-1}$$

$$\text{TOC} = (\Delta \log R)^{102.297 - 0.1688 \text{LOM}} \tag{4-2-2}$$

式中：ΔlogR 为经过一定刻度的孔隙度曲线（如声波测井）与电阻率曲线的幅度差；R_{base} 为非烃源岩的电阻率基线；Δt 为声波时差；Δt_{base} 为非烃源岩的声波时差基线；K 为刻度系数，取决于孔隙度测井的单位；LOM 为有机质成熟度，与镜质组反射率有一定的函数关系。

幅度差 ΔlogR 是成熟度的函数（图 4-2-1）。计算过程中，声波时差曲线及电阻率曲线需要采用一定的刻度方法来显示，一般 100μs/ft 声波时差曲线的刻度范围对应电阻率曲线一个对数刻度范围。对曲线进行重叠并以细粒"非烃源岩"确定基线，确定基线条件是两条曲线"一致"或在相当深度范围彼此重叠。基线确定以后，可依据两条曲线的幅度差鉴别富有机质层段（图 4-2-2）。

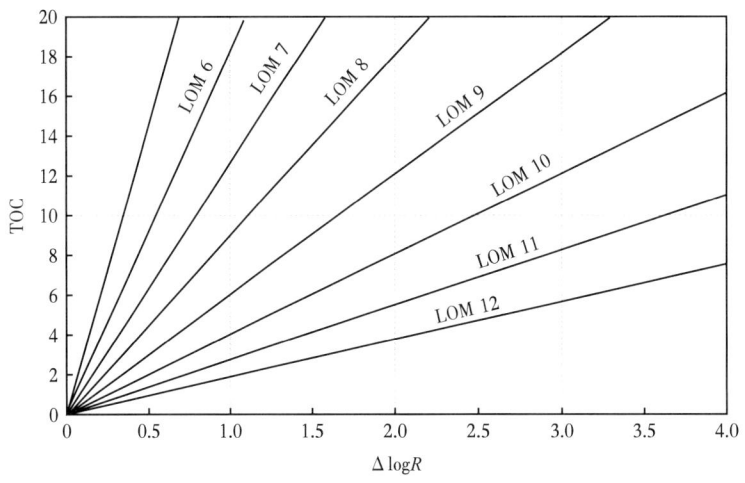

图 4-2-1　不同成熟度条件下 ΔlogR 与 TOC 关系图版（据 Passey et al.，1990）

LOM 表示有机质变质作用和成熟度的等级，在确定或估算成熟度后，选择合适的 LOM，应用 ΔlogR 图可将幅度差转变成 TOC。依据多样品分析（如镜质体反射率、热变指数等），或依据埋藏史及热史估算得到 LOM。若 LOM 估算不正确，则 TOC 估算就存在误差，但可表征 TOC 的垂向变化特征。

在实验室对样品进行测量，获得样品的总有机碳含量，进而可利用岩心测量结果来刻度测井评价结果的准确性。非烃源岩或富黏土岩段的声波时差及电阻率曲线基线值确立后，一般认为基线层段上的 TOC 为零。但事实上该层段 TOC 具有微弱背景值，因

此对所有具正 ΔlogR 幅度差（而不论 ΔlogR 幅度差大小）层段，式（4-2-2）所计算的 TOC 还应加上背景值。

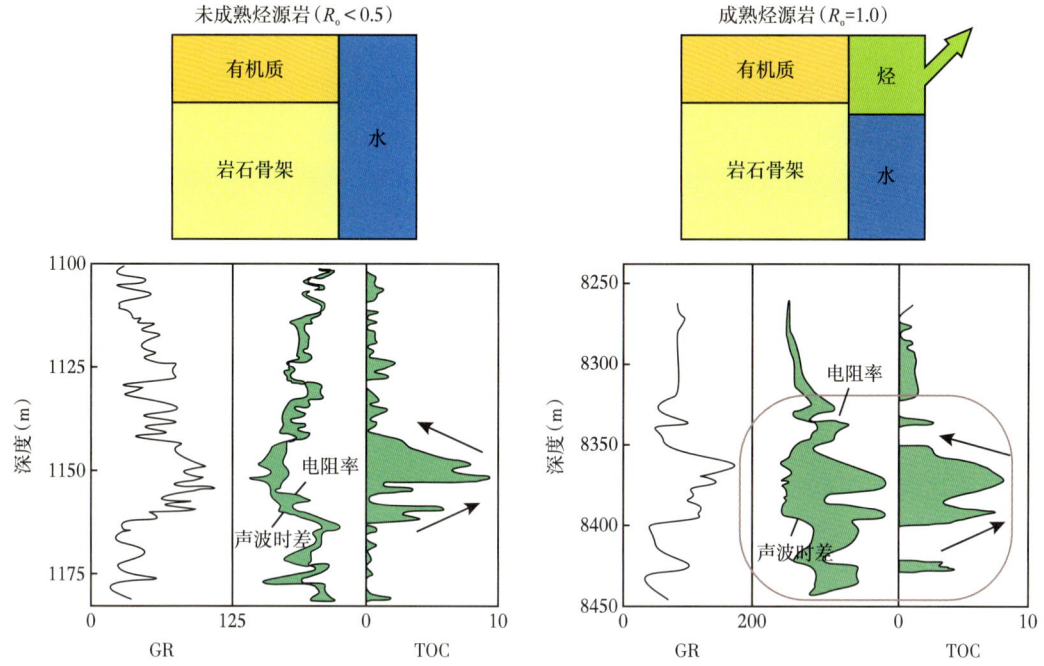

图 4-2-2　声波时差与电阻率叠加显示富含有机质地层（据 Passey et al.，1990）

根据电阻率曲线和反映孔隙度曲线（如声波曲线）来确定基线的优势在于两条曲线对孔隙度变化均比较敏感，当确立一定岩性的基线后，孔隙度变化会影响两条曲线的响应，一条曲线的位移可由另一曲线对应大小的位移来反映。例如，孔隙度增加引起 Δt 增加，亦即传导性水体积增加，导致电阻率减小。这样无需岩心测试参数，根据测井曲线计算得到 TOC。

该方法在湖相、海相烃源岩评价中均有应用，但在川南龙马溪组应用时还存在一定问题，由于部分段石墨化等因素导致井低电阻率，造成该方法计算的 TOC 小于实验分析结果。

2）密度测井计算 TOC 方法

根据有机质密度（干酪根密度 0.95~1.05g/cm³）低于岩石密度的特性，可以利用密度测井参数估算烃源岩的 TOC（Schmoker，1979），该方法需要确定总有机碳与干酪根（质量分数）之间的关系常数 A（通常取 0.7 或者 0.9）：

$$\text{TOC} = \frac{A(\rho_b + \rho_{ma}\phi - \phi - \rho_{ma})}{1 - \rho_k\left(\frac{\rho_{ma}\rho_b}{\rho_{ma}V_w} - \phi - \rho_{ma}\right)} \quad (4\text{-}2\text{-}3)$$

式中：A 为总有机碳与干酪根（质量分数）之间的系数；ρ_b 为岩石体积密度；ρ_{ma} 为骨架密度；ρ_k 为干酪根视密度；ϕ 为孔隙度。

扩径段密度测井值偏大，计算 TOC 相应增大；可借助元素测井资料及岩心分析资料提高骨架密度的计算精度。

3）利用伽马能谱测井资料计算 TOC 方法

在海相沉积环境中，有机物在还原条件下发生转换，也促使铀元素从细菌和腐殖碎片存在的双氧铀溶液中吸附到有机质中，在酸性条件下，离子状态的 UO_2^{2+} 转化为不可溶解的 UO_2 沉淀下来，从而使富含有机质的地层表现为较高的铀放射性。

1980 年，Fertl 和 Forst 通过自然伽马射线能谱测井来估算 TOC。根据伽马能谱测井仪进行伽马能谱测量，并计算 TOC 值（Radtke et al., 2012）。

国内针对海相页岩，利用川南页岩岩心 TOC 实验分析数据，用铀曲线计算 TOC 模型：

$$\text{TOC} = 10^{a - \dfrac{b}{1 + \left(\dfrac{U}{c}\right)^d}} \qquad (4-2-4)$$

式中：a、b、c、d 为经过区域岩心刻度的拟合参数；U 为自然伽马能谱测井的铀含量曲线。

海相页岩中铀含量与 TOC 具有较好的正相关关系，但需要注意不同地区相关关系存在差异及在铀含量异常高值层段，应以实验分析为准。

4）利用元素测井资料计算 TOC 方法

地层元素测井可以获得地层多种元素的质量分数，如地层中碳元素的含量，采用多矿物体积模型来定量描述固体骨架中的组分（Pemper et al., 2009），从而可以确定地层中矿物成分及有机质的含量，计算页岩中 TOC。根据下列表达式将有机碳从总碳中剥离出来得到：

$$\text{TOC} = C_{总} - C_{方解石} - C_{白云石} - C_{菱铁矿} \qquad (4-2-5)$$

式中：$C_{总}$ 为元素测井测得总含碳量；$C_{方解石}$、$C_{白云石}$ 和 $C_{菱铁矿}$ 分别为方解石、白云石、菱铁矿中 C 元素含量。

5）利用核磁共振—密度资料结合计算 TOC 方法

根据密度测井计算得到的孔隙度受到岩石中赋存有机质的影响，孔隙度高于实际值；根据核磁共振测井计算得到的孔隙度不受有机质的影响，基本与实际值吻合。利用以上两种孔隙度的差异可以用来表征和预测有机质的丰度，但页岩气评价中核磁孔隙度同时又受多种因素影响。页岩储层孔隙度较低，孔隙度通常为 3%~8%，导致测井值信噪比（SNR）较低，从而使得储层参数预测精度亦较低。与常规储层相比，预测页岩储层的流体体积更具挑战性，对于常规储层，可以利用烃/水扩散系数的差异，设置不同回波间隔，得到多个 TE 下的回波串，计算得到流体体积（Freedman and Heaton, 2004）。而对于页岩，利用烃/水扩散系数差异进行流体识别不具有可行性，主要原因是页岩储层孔径极小，分子扩散受到显著影响，而且孔隙流体表面弛豫时间和自由弛豫时间非常短（例如黏土束缚水和沥青），为毫秒级或更低，不同扩散系数流体响应差异不大。

以美国东北部马塞勒斯一口页岩气井为例来说明本方法适用性，图 4-2-3 中第 2 道是根据元素测井仪测得的元素含量计算得到的矿物剖面，用颜色代号表示的矿物含量解释结果。第 3 道为根据元素测井（Radtke et al., 2012）数据得到的 TOC 解释结果与岩心分析值。第 4 道是页岩孔隙度与岩心分析对比，可以看到中子—密度交会方法计算孔隙度和核磁共振孔隙度值与岩心分析值总体上非常接近，密度计算孔隙度要远大于岩心分析孔隙度值。第 3 道为测井计算的干酪根体积和岩心分析结果计算的干酪根体积。第 6 道和第 7 道分别为使用方程得到的可动气体积和地层水体积测井解释值，值得注意的是并未获得该井岩心分析流体体积数据。第 8 道为根据元素测井资料计算得到的骨架密度和经过有机质校正的岩心颗粒密度，二者总体上非常接近。

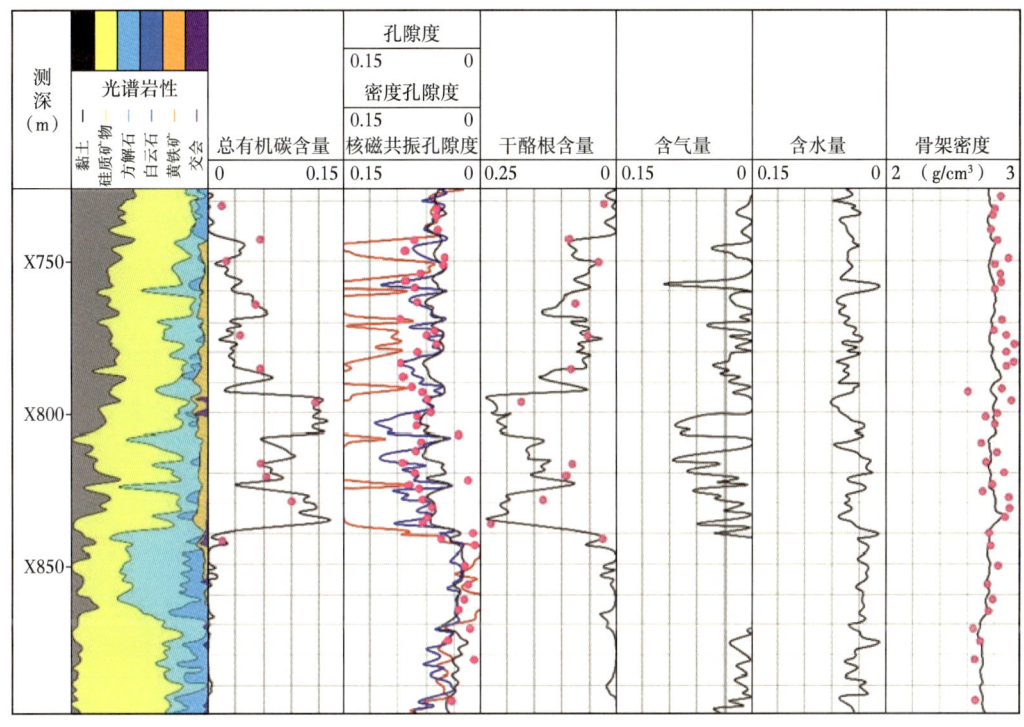

图 4-2-3　美国东北部马塞勒斯页岩气井评价结果（据 Herron et al., 1996）

在国内川南地区实际区块更多使用实验分析的 TOC 与密度、铀含量统计方法建立的经验公式，同时兼顾干酪根的密度和放射性两种物理属性，实际效果良好并应用广泛。

2. 有机质成熟度测井解释方法

Craddock（2019）建立了一套基于估算有机质成熟度来评价干酪根特征的方法，可以进行富有机质页岩的测井资料解释。

通过富有机质页岩系列实验，确定有机质成熟度，提取干酪根、确定干酪根化学组分、干酪根骨架密度测量、利用正演模拟（SNUPAR）软件计算如下参数：测井密度、光电吸收截面指数 PE、中子孔隙度、含氢指数 I_{Hk}、热和超热中子孔隙度、宏观热中子俘获截面（Sigma）、宏观快中子弹性散射截面等参数。

氢质量浓度、氢碳原子比、干酪根骨架密度/电子密度是有机质成熟度的函数（图 4-2-4、图 4-2-5）。有机质成熟度从 0.5% 到 4%，干酪根的骨架/电子密度增加了将近 50%（密度从 1.1 g/cm³ 到 1.6 g/cm³），相关系数为 0.9。页岩中 Ⅱ 型干酪根完全符合密度随有机质成熟度变化关系。在 Dicman Alfred（2012）计算储层参数的方法中也用到了干酪根骨架与镜质体反射率的关系，二者测量的实验结果是一致的。进一步说明干酪根镜质体反射率物理基础是由有机质的基质密度引起的。

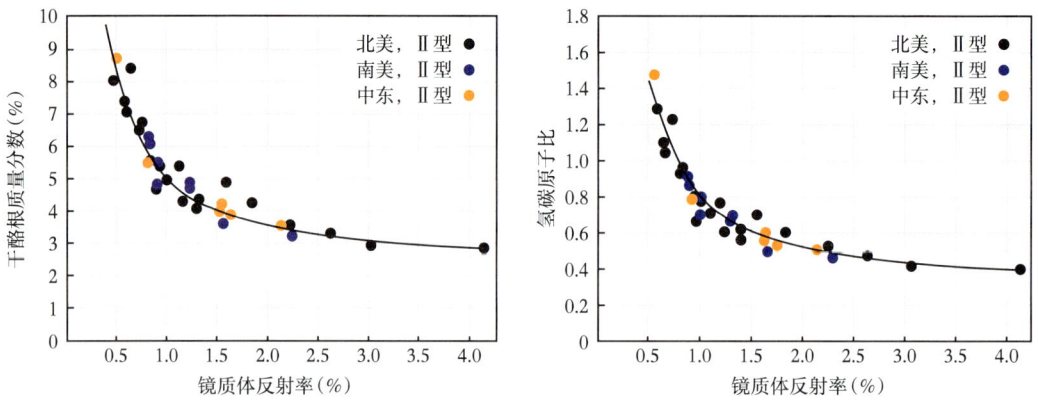

图 4-2-4　干酪根碳质量浓度、氢碳原子比与镜质体反射率的关系（据 Craddock et al., 2019）

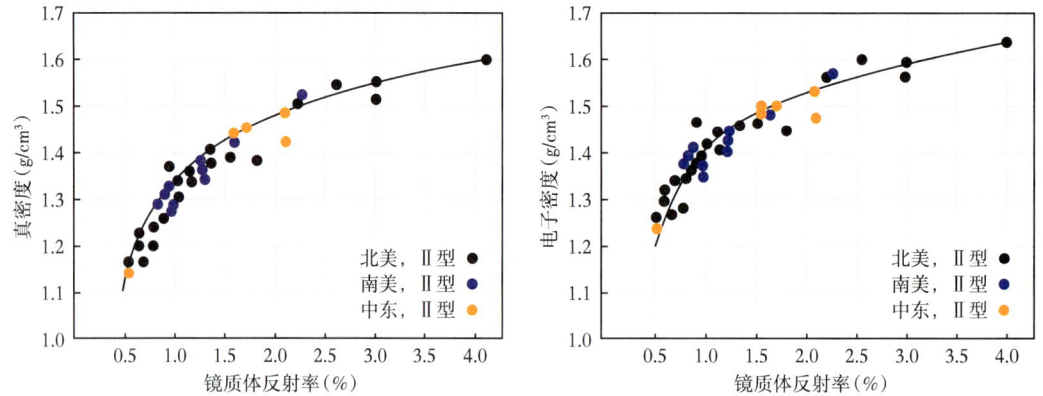

图 4-2-5　干酪根骨架密度、电子密度与镜质体反射率关系（据 Craddock et al., 2019）

任意地层的光电吸收截面指数取决于基质的矿物成分，更高的平均原子数具有更高骨架密度。干酪根的光电吸收截面可以近似等于 $0.25\rho_e$（图 4-2-6a），其中 ρ_e 为干酪根的电子密度，如碳原子的电子密度为 6，氢原子的电子密度为 1，Ⅱ型干酪根的光电指数平均值为 0.25。

随镜质体反射率从 0.5% 增加到 4%，干酪根的含氢指数从 0.9 降至 0.4（图 4-2-6b），两者的相关系数 R^2 达 0.87。在所研究的有机质页岩中，Ⅱ型干酪根样品满足含氢指数与有机质成熟度的关系。

在石灰岩孔隙度刻度条件下，有机质成熟度从 0.5% 增加到 4%，热中子孔隙度从 95% 降到 45%，相关系数 R^2 为 0.86（图 4-2-7）。Ⅱ型干酪根的中子孔隙度随着有机质成熟度变化规律在所研究的富有机质页岩中具有典型特征。

具体应用到测井解释，从主要有机质页岩持续分离 50 个干酪根样品，按年代、地质特征、有机质成熟度（0.5%~4%），证明了Ⅱ型干酪根的特征参数与有机质成熟度的关系最佳。

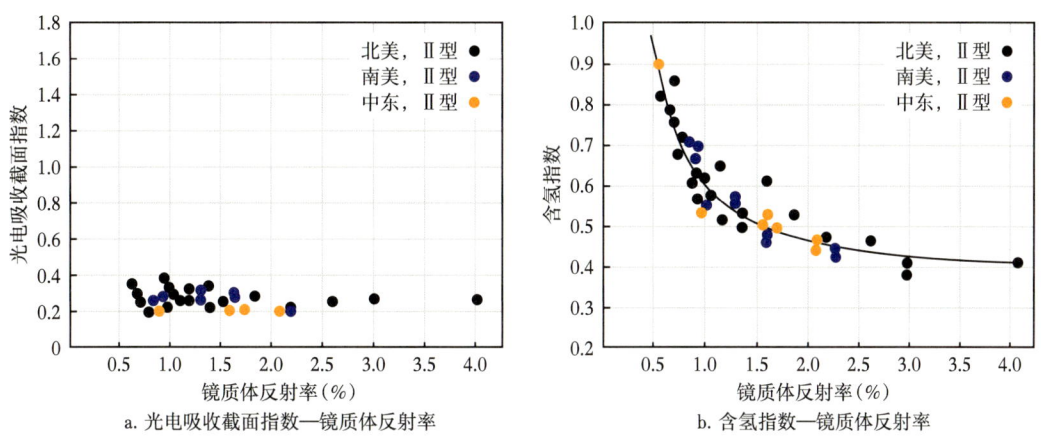

图 4-2-6 干酪根的光电吸收截面指数、含氢指数与镜质体反射率的关系（据 Craddock et al., 2019）

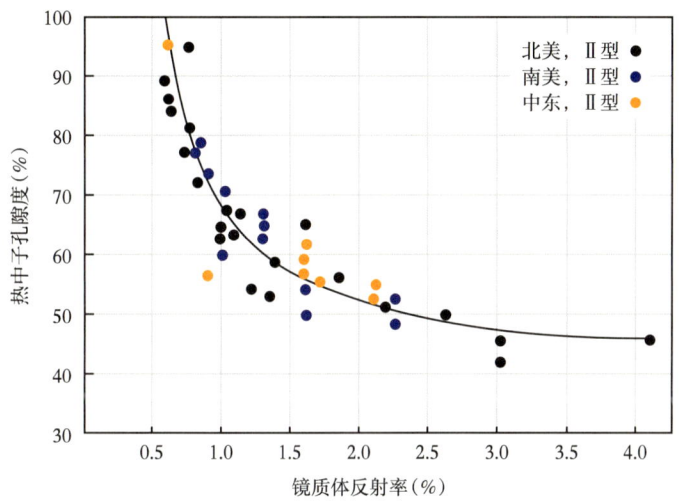

图 4-2-7 热中子孔隙度与镜质体反射率的关系（据 Craddock et al., 2019）

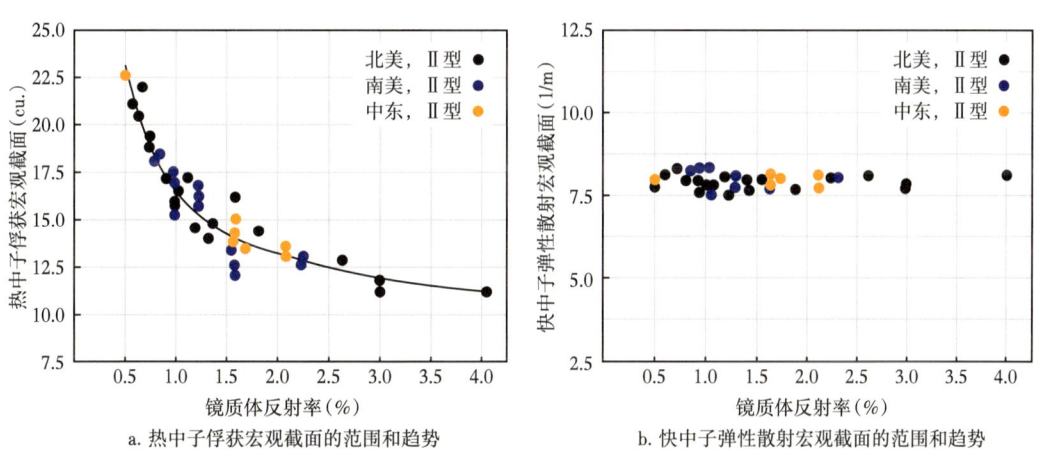

图 4-2-8 热中子俘获宏观截面和快中子弹性散射宏观截面的范围和趋势（据 Craddock et al., 2019）

图 4-2-9 是美国泥页岩测井评价实例，测井处理时加入不同的成熟度参数，得到完全不同的含气量结果。第 2 至第 4 道分别为自然伽马，电阻率，密度、中子和核磁共

- 237 -

振孔隙度。第5道对比了不同干酪根密度参数计算的干酪根体积，其中红色曲线为生油窗有机质的总有机碳含量，黑色曲线为生气窗的总有机碳含量。第6至第8道为多矿物反演得到的地层矿物剖面，干酪根参数以及孔隙度和流体孔隙度，最后是评价的含气量（GIP）。第9至第11道为多矿物反演的剖面，仅成熟度参数变化。通过在模型中引入干酪根参数、Langmuir等温系数、气体密度、孔隙压力梯度等参数，其中不同有机质成熟度参数导致含气量存在差异，GIP增加了40%。

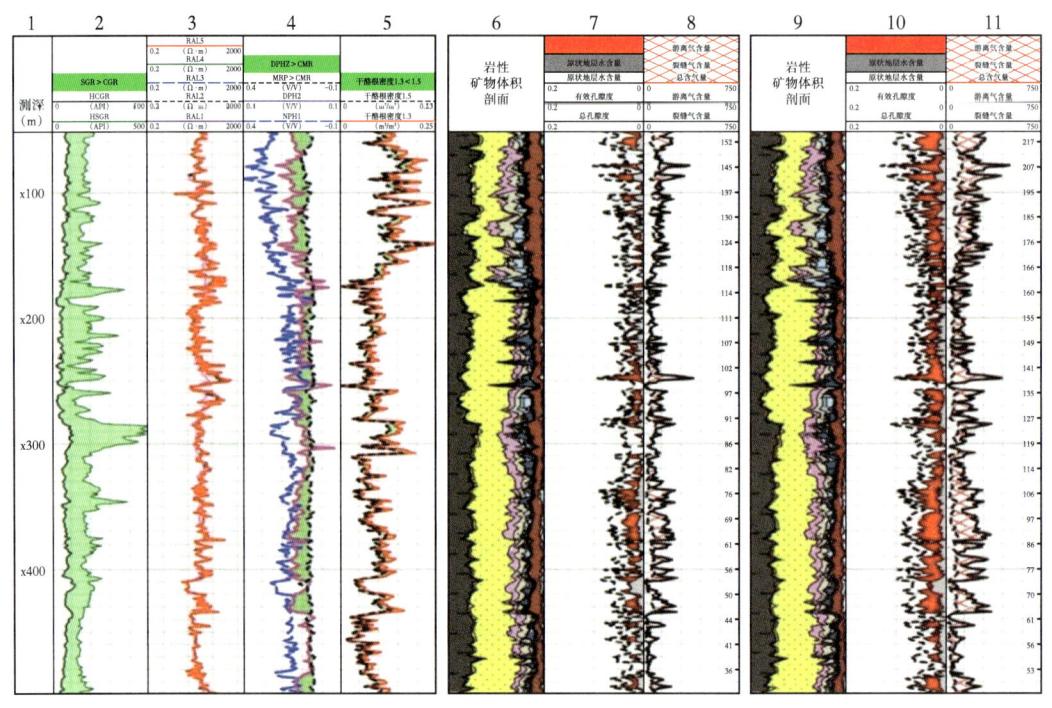

图4-2-9　美国有机质泥页岩的测井评价结果（据Craddock et al., 2019）

二、岩石矿物成分及孔隙流体测井评价技术

1. 页岩储层岩性与孔隙度测井评价方法

页岩气储层的岩石矿物成分测井评价方法与常规储层相比，岩石矿物组成更加复杂，用到更高精度的测井资料，如元素俘获测井曲线和高精度的常规系列测井曲线，才能较为准确地评价地层的矿物组分。基于研究区的配套实验资料，建立合适的氧闭合模型，实现基于元素测井资料的元素及地层复杂矿物组分的定量计算。

孔隙度评价依赖于适用的岩石物理模型，将测井响应特征与模型建立联系，通过不同测井响应方程联立定量计算储层孔隙度。

不同学者提出的物理模型存在较大差异（图4-2-10），各组分的初始定义不同，包括流体类别及气体的富集位置，矿物组分数量及响应参数等，其中区别较大是无机矿物的细分及有机物中流体类型。

由于矿物成分的复杂性和孔隙类型的多样性，Zhu（2018）提出了一种基于页岩物理模型的储层总孔隙度评价方法。首先建立计算总孔隙度的岩石物理模型，然后结合密度测井和中子孔隙度测井消除了岩石物理模型中含气饱和度的影响。在此基础上，采用元素测井和常规测井相结合的方法，对基质密度、基质中子孔隙度和有机质进行评价，最后计算了页岩储层的总孔隙度。

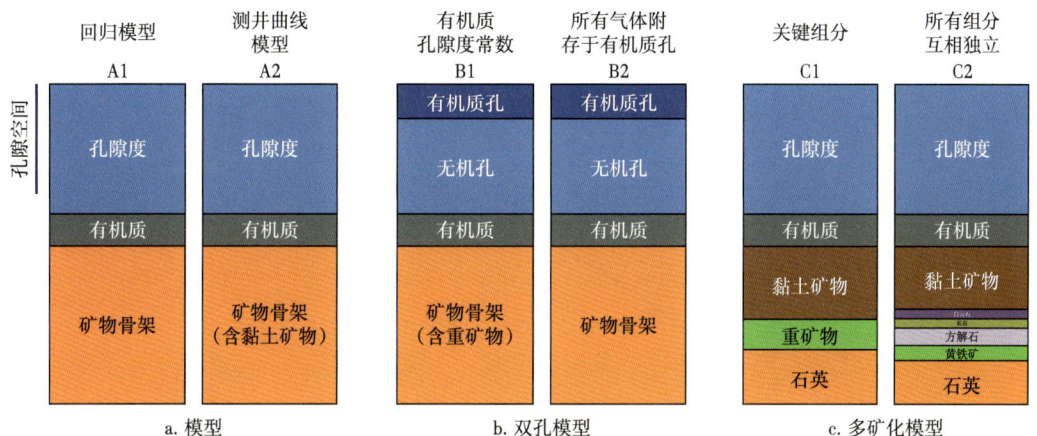

图 4-2-10 页岩气系统三大类 6 个岩石物理模型（据 Inwood et al.，2018）

通过增加元素测井资料可以提高岩性矿物组分计算精度，除常规三孔隙度测井外，考虑到核磁共振测井不受矿物组分及有机质含量影响，还可以利用它测定孔隙度，但由于孔隙中天然气的含氢指数受压力及浓度控制，影响核磁共振测量信号强度，导致孔隙度数据精度也受到一定影响。

图 4-2-11 是 Barnett 页岩的一口直井测井处理成果图，该井进行元素扫描测井和伽马能谱测井，获得详细的岩性剖面和岩相分类结果，指导了储层评价和压裂设计。

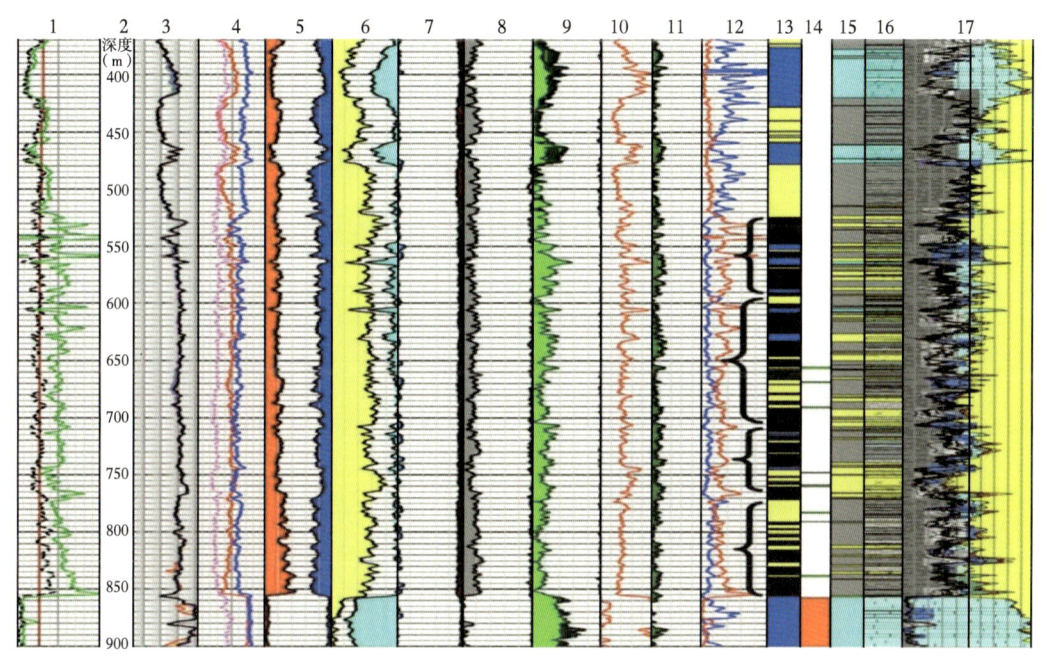

图 4-2-11 Barnett 页岩测井处理成果图（据 Jacobi et al.，2018）

Dicman Alfred（2012）模型将岩石划分为有机和无机两部分，有机质部分包括干酪根骨架和生成的孔隙体积（富含油气），无机部分主要包括无机骨架和孔隙。该模型假

- 239 -

设干酪根生成的孔隙体积全部充满油气，无机部分的孔隙全部为水，通过镜质体反射率 R_o 与干酪根骨架密度之间的幂指数关系确定干酪根骨架密度（图 4-2-12）。干酪根骨架密度取决于干酪根类型和有机质成熟度，常见值为 1.1~1.4g/cm^3。

1.6
1.5
1.4
1.3
1.2
1.1
1
干酪根骨架密度（g/cm³）
0.5
1.0
1.5
2.0
2.5
镜质体反射率（%）
y=1.293x^0.2

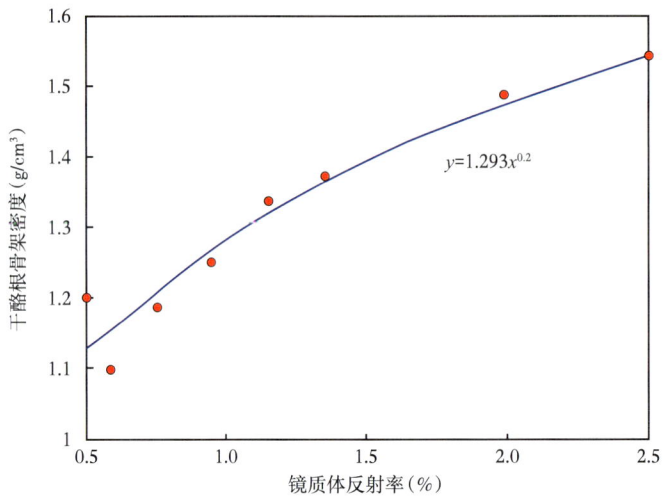

图 4-2-12　干酪根骨架密度与镜质体反射率之间关系（据 Dicman 和 Lev，2012）

该模型计算的总孔隙度对测井体积密度和总有机碳精度要求较高，考虑到体积密度曲线受井眼条件影响严重（李霞等，2013），所以在计算这一结果时还要充分考虑井眼情况。

$$\phi = 1 - \frac{A(\rho_{bnk} - \rho_b)}{TOC \cdot \rho_{nk}(\rho_{bnk} - \rho_{bk})} \quad (4\text{-}2\text{-}6)$$

$$A = (1 - \phi_k)[TOC \cdot (\rho_{nk} - \rho_k) + C_k \rho_k] \quad (4\text{-}2\text{-}7)$$

式中：ρ_{bnk} 为有机矿物储层视密度；ρ_{bk} 为有机质部分视密度；C_k 为有机质中碳百分含量。

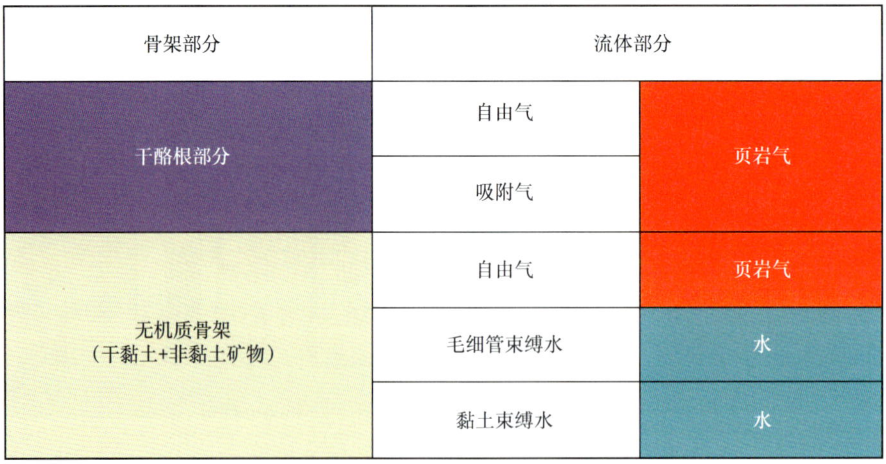

骨架部分
流体部分
干酪根部分
自由气
吸附气
页岩气
无机质骨架
（干黏土+非黏土矿物）
自由气
页岩气
毛细管束缚水
水
黏土束缚水
水

图 4-2-13　Glorioso 模型有机质页岩岩石体积及流体分布

为评价页岩储层原地含气量，Glorioso（2012）提出了较为合理的页岩物理模型。模型把页岩分成骨架和流体两个部分，相当于在图 4-2-10a 中 A2 模型基础上对游离气和孔隙水赋存位置进一步细分，将干酪根作为骨架的一部分，对于页岩气除干酪根孔隙中的游离气和吸附气外，还考虑了无机骨架基质孔隙中的游离气，而对于孔隙中的水主要由骨架基质孔隙中的束缚水和黏土表面吸附的黏土水两部分组成（图 4-2-13）。

2. 孔隙流体测井评价技术

对于页岩储层中孔隙流体，由于页岩岩性致密，孔隙度小，测井反映的孔隙流体的岩石物理响应弱，而且环境对测量误差增大。

1）吸附气含量测井计算方法

普遍认为页岩吸附气服从 Langmuir 等温吸附模型（Langmuir，1917；Quirein et al.，2010；Glorioso and Rattia，2012）。甲烷临界压力为 4.54MPa、临界温度为 196.6K（-82.6℃），是非极性物质，即使第一次吸附之后仍有极性，第二层吸附也较难，因此满足 Langmuir 单层吸附理论。利用等温吸附实验数据可标定干酪根吸附能力。

页岩吸附气满足 Langmuir 方程：

$$V_{\text{ads}} = \frac{V_{\text{L}}p}{p+p_{\text{L}}} = \frac{V_{\text{L}}kp}{1+kp} \qquad (4-2-8)$$

式中：k 为吸附系数，与吸附剂特性有关代表了固体吸附气体的能力，$k=1/p_{\text{L}}$；V_{L} 为吸附达到饱和时所吸附的气量，又称"兰氏体积"；p_{L} 为吸附时达到饱和吸附量一半时的压力，又称兰氏压力；p 为当前状态时的压力。

页岩吸附气含量测井计算主要根据页岩地层的实际温度和压力，利用 Langmuir 方程计算地层吸附气含量，而关键参数 V_{L} 和 p_{L} 参数是从粉碎样的等温吸附实验中获取，V_{L} 决定了吸附气能力，而 p_{L} 决定了吸附曲线的形状和吸附气体的释放速率。

图 4-2-14 是实验室测量的典型曲线，通过实验数据拟合获得 p_{L} 和 V_{L}。Ambrose（2010）研究认为，吸附气密度比游离气密度大。用如下公式对吸附气体积进行校正，可以得到含气量：

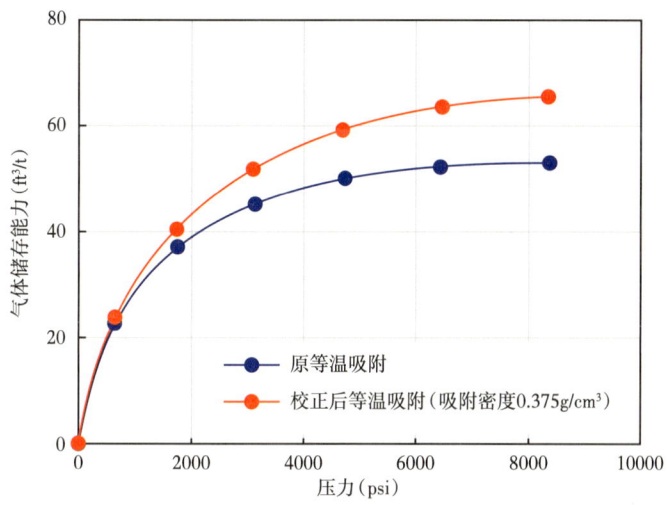

图 4-2-14　实验室测量的等温吸附曲线（据 Glorioso 和 Rattia，2012）

$$G_C = \frac{G'_C}{1 - \dfrac{\rho_{\text{free}}}{\rho_{\text{ads}}}}$$ (4-2-9)

式中：G_C 为吸附气体积；G'_C 为 Gibb 吸附气校正后体积；ρ_{free} 为游离气密度；ρ_{ads} 为吸附气密度。

Langmuir 体积通常与总有机碳含量具有较好的相关性，可以用这一关系评价储层压力条件下的吸附气含量。如图 4-2-15 所示，采集 6 口井 33 个样品点，所有数据点来源于具有相同成熟度的同一烃源岩，V_L 的变化范围大，当 TOC 为 4%，V_L 的变化范围为 1.42~4.25m³/t。进一步了解原因，等温吸附实验温度为 87.8~154.4℃，而这些样品所在井的地层温度分布在 121~149℃ 之间。

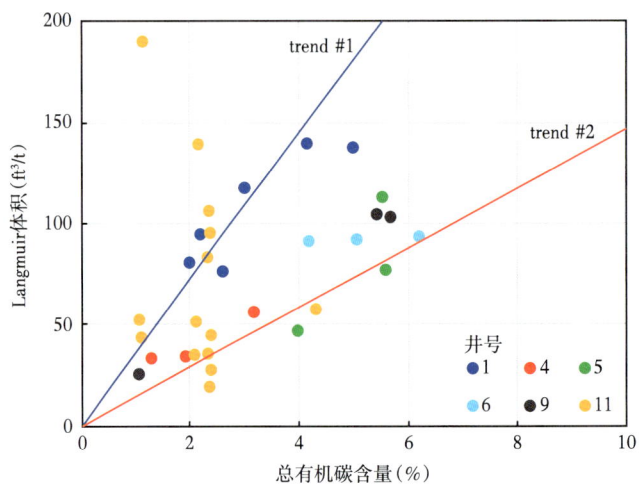

图 4-2-15　Langmuir 体积与总有机碳含量之间关系（据 Glorioso 和 Rattia，2012）

影响甲烷吸附气含量的因素包括含水饱和度、黏土矿物含量及温度。来自同一地层和成熟度的样品，其 TOC、含水饱和度、黏土矿物含量也会存在一定差异（图 4-2-16），

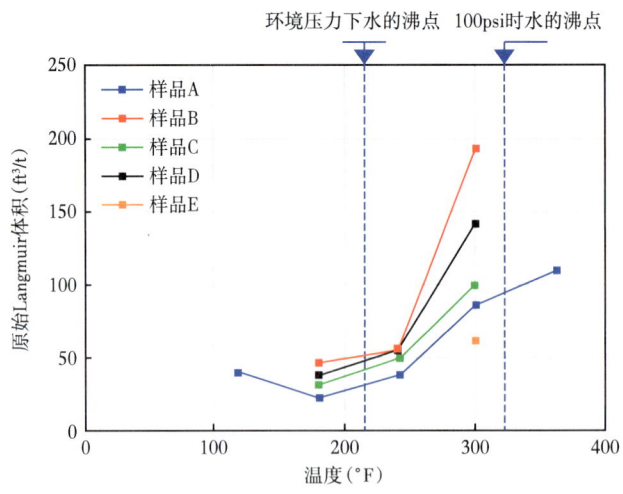

图 4-2-16　Langmuir 体积与实验温度的关系（据 Glorioso 和 Rattia，2012）

吸附气含量受温度的影响十分显著。说明不同实验条件下测量的等温吸附实验数据不可直接用于测井评价模型，需要对来自不同温度条件下的实验结果进行温度校正后，才能应用到测井计算。

2）游离气含量测井计算方法

Rick L（2004）和 Rafay A（2019）等利用测井计算的孔隙度和含气饱和度参数，通过岩心数据校正后得到游离气含量，具体公式如下：

$$G_f = 0.907179658 \frac{\phi_e (1-S_w)}{\rho_b C_g} \quad (4\text{-}2\text{-}10)$$

式中：G_f 为游离气含量，m³/t；ϕ_e 为有效孔隙度；S_w 为含水饱和度；ρ_b 密度测井值；C_g 为气体压缩系数。

计算游离气含量时需要考虑将吸附气占用体积的剔除的问题（Ambrose et al., 2010）。

（1）页岩气含气饱和度模型。

含气饱和度计算主要依靠电阻率方法的西门杜方程，以及直接评价含烃孔隙体积的方法。页岩孔径和粒径都非常小，为10~3000nm，有机质孔径为5~500nm，说明页岩比表面极高，因而导致表面效应对介电常数、电阻率和核磁共振弛豫时间测井值的影响显著增加，并且页岩储层复杂的表面效应会造成较大的测井值误差，从而导致得出错误的解释结论（Freedman et al., 2016）。

（2）饱和度参数岩心刻度相关研究。

Rafay A（2019）研究认为，游离气含量的计算精度高度依赖岩心实验室分析流程及实验条件变化（图4-2-17、图4-2-18）。样品准备及水提取方法的差异可引起含水饱和度和孔隙度实验室测试结果差异分别达到10%和20%，最终导致含气量的差异达35%。

国内也采用页岩岩心分析原始含水量来标定含气饱和度，目前只是从数据相对变化趋势上与测井计算含气饱和度进行对比（图4-2-19）。

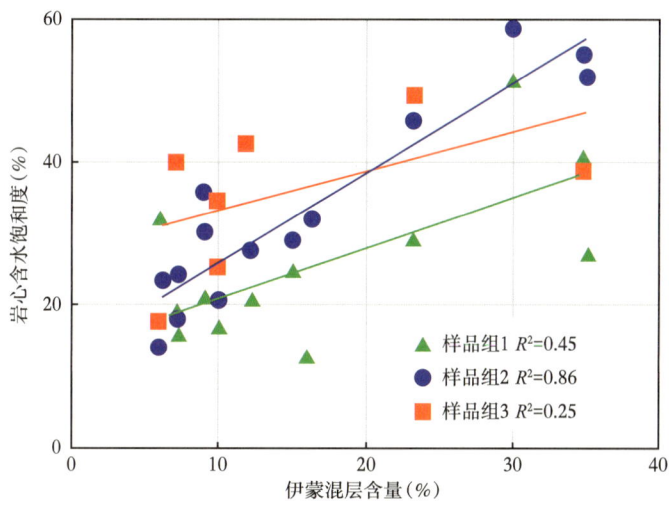

图4-2-17 岩心测量的含水饱和度与伊蒙混层含量的关系（据 Rafay et al., 2019）

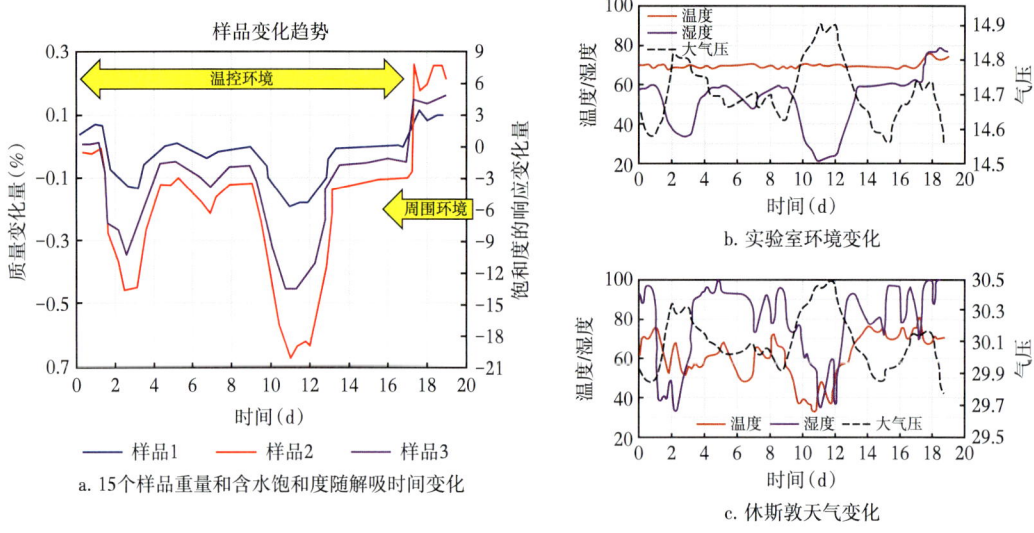

图 4-2-18　样品质量与含水饱和度分布与测量环境参数分布（据 Rafay et al., 2019）

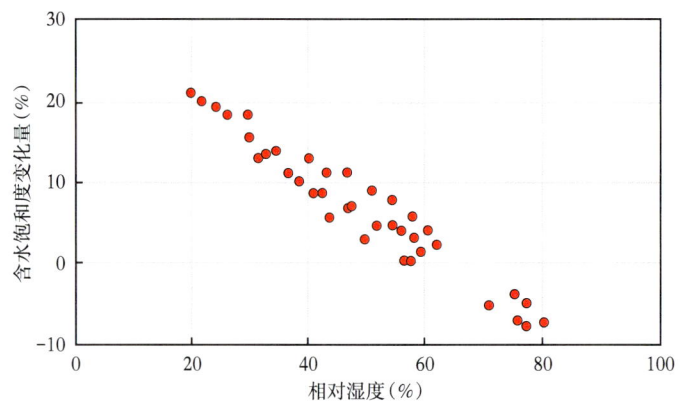

图 4-2-19　含水饱和度变化量与实验室的相对湿度关系（据 Rafay et al., 2019）

（3）关于含气量测试相关技术。

可以考虑利用增压井壁取心—含气量测试技术，以测定页岩岩心含气量。通过对全直径岩心、井壁取心、增压井壁取心的对比分析，寻求保持、还原原始地层饱和度的途径（Blount et al., 2018）。针对在二叠纪盆地同一储层利用不同取心技术获取的岩心，设计了可降低岩心流体流失的实验方法，开展了对比试验及结果分析，从而帮助岩石物理学家还原原始储层孔隙内的流体饱和度。

三、工程品质相关参数测井评价技术

页岩气工程品质的测井评价主要包括裂缝识别与评价、脆性、弹性参数和地应力等，为储层压裂施工提供必要参数。通过与常规储层的测井技术对比，本小节主要对页岩储层中所采用不同的评价方法和参数进行说明。

1. 裂缝识别与评价

页岩裂缝参数计算模型与常规储层基本一致，除了通过岩心观察来识别裂缝、层理外，还可以利用微电阻率扫描成像测井识别裂缝与层理，利用随钻超声成像测井仪识别

裂缝（Claudia 和 Gregory，2019），如图 4-2-20 和图 4-2-21 所示。在裂缝识别基础上，结合其他岩石物理数据，可以进行裂缝综合评价，计算裂缝宽度、长度和半径。

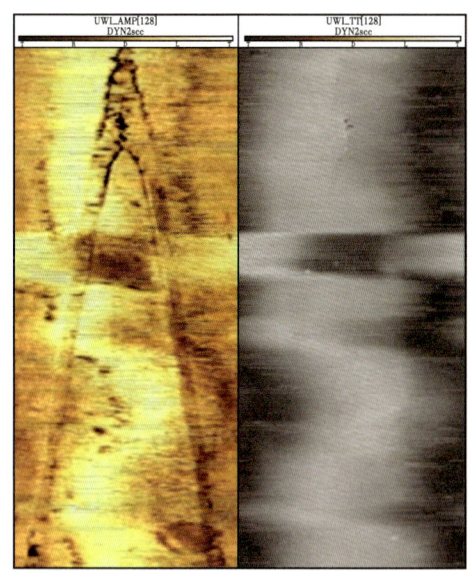

图 4-2-20　在时间域显示传播时间和幅度

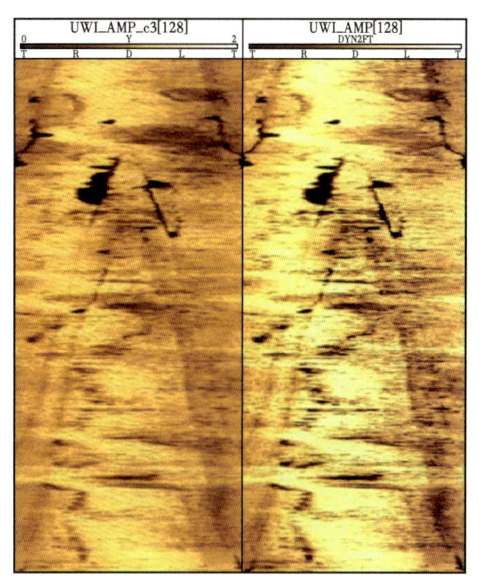

图 4-2-21　声波幅度成果图（据 Claudia 和 Gregory，2019）

从随钻超声成像测井获取的高分辨率图像可用来识别诱导缝，了解邻井连通性和优化水力压裂工艺，能够分析水基钻井液系统钻井时形成的双线性（bi-linear）裂缝存在特征和影响。该技术有助于判断井眼范围是否被邻井干扰和影响，可用于优化压裂工艺。另外，通过整合图像能够刻画裂缝到井眼的联系，可用来进行储层历史拟合和地质力学模型的建立，服务于油田开发部署和调整。

2. 脆性指数计算

脆性指数是反映岩石脆性的参数，用于测井评价或者岩石力学实验参数表达储层可压性，脆性指数与岩石压裂后形成缝网的难易程度有关。通过分析岩心矿物组成和岩石力学特性进行脆性页岩气储层区域的优选。

1）矿物组分法

根据矿物组分评价结果确定石英、方解石和黏土的体积分数，然后利用下式计算页岩岩石脆性指数：

$$\mathrm{BI} = \frac{V_{\mathrm{brittle}}}{\sum V_i} \times 100\% \qquad (4\text{-}2\text{-}11)$$

式中：V_{brittle} 为骨架矿物中脆性矿物体积分数，%；V_i 为骨架矿物中各种矿物体积分数，如石英、长石、方解石、白云石、黄铁矿和黏土等，%；BI 为岩石脆性指数，%。

2）弹性参数法

用阵列声波测井资料计算岩石杨氏模量和泊松比，计算脆性指数具体方法如下：

$$\mathrm{BI} = \frac{\dfrac{E - E_{\min}}{E_{\max} - E_{\min}} - \dfrac{\nu - \nu_{\min}}{\nu_{\max} - \nu_{\min}}}{2} \times 100\% \qquad (4\text{-}2\text{-}12)$$

式中：E 为测井计算的杨氏模量，MPa；$E_{\max}$ 为杨氏模量最大值，MPa；$E_{\min}$ 为杨氏模量最小值，MPa；ν 为测井计算的泊松比值；$\nu_{\max}$ 为目的层泊松比测井最大值；$\nu_{\min}$ 为泊松比测井最小值。

图 4-2-22 是一口页岩气井岩石力学参数评价成果实例，通过测井计算获得页岩的矿物组成、岩相分类、弹性参数和应力差等参数曲线，根据曲线纵向差异，对 6400~7400m 井段划分 A~G 等 7 个层段，并按照表 4-2-1 进行统计分析，确定压裂参数。

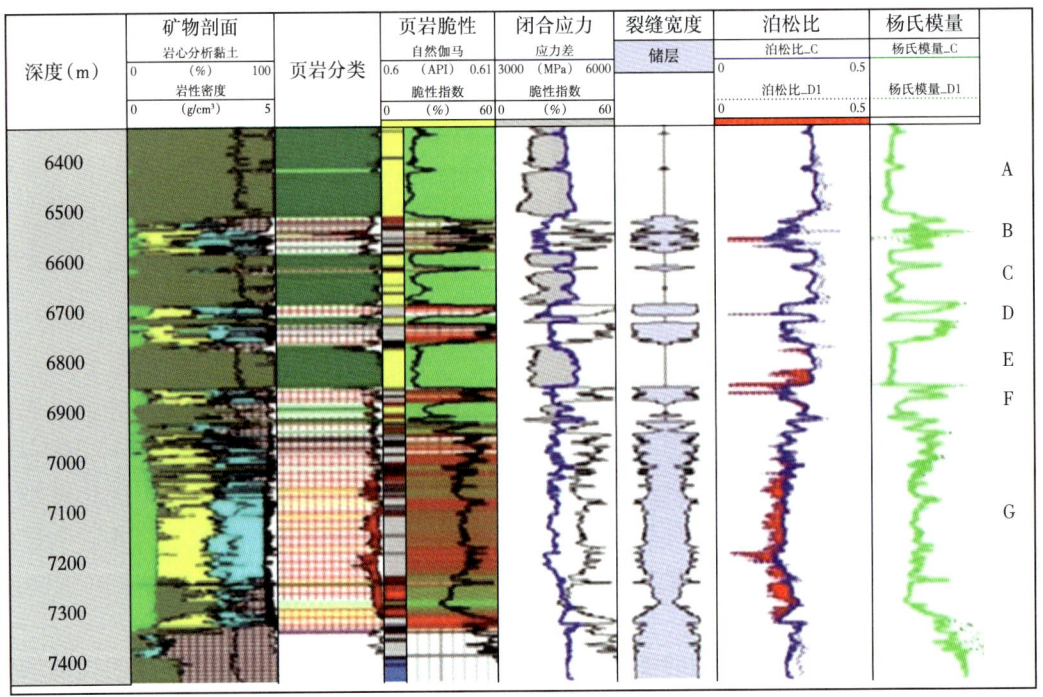

图 4-2-22　测井评价岩石力学参数（据 Rickman et al., 2008）

表 4-2-1　基于上图数据的压裂设计（据 Rickman et al., 2008）

压裂段	脆性指数（%）	厚度（m）	闭合应力（MPa）	裂缝遮挡	15.9m³/min 条件下裂缝宽度（cm）	建议 压裂液类型	支撑剂尺寸（in/目）	支撑剂类型	压裂
A	15.3	121.9	42.3	Y	0	—	—	—	N
B	56	25.0	32.1	N	0.125	滑溜水	30/50	石英砂	Y
C	18	31.4	43.2	Y	0	—	—	—	N
D	59	27.7	35.5	N	0.125	滑溜水	30/50	石英砂	Y
E	18	25.9	43.8	Y	0	—	—	—	N
F	22	12.2	41.6	Y	0	—	—	—	N
G	45	106.7	38.6	N	0.125	滑溜水	30/50	石英砂	Y

注：Y 表示是，N 表示否。

3.地应力评价

页岩具有低孔、特低渗、水平页理发育的特点，多数井需要水力压裂才能获得工业产能。地应力的预测是优化压裂设计的有效途径，针对页岩的地质特点，基于横向各向同性（Transverse Isotropy，TI）模型的地应力计算结果能够更准确地反映实际地层情况，应力—应变关系服从广义虎克定律，可表示为：

$$\sigma_{ij} = C_{ijkl}\varepsilon_{kl} \quad (i, j, k, l=1, 2, 3) \quad (4\text{-}2\text{-}13)$$

式中：σ_{ij} 为应力，MPa；ε_{kl} 为应变；C_{ijkl} 为刚性系数张量。

应用 Voigt 标记法，四阶刚性张量矩阵可转换为 6×6 二阶张量矩阵，根据对称性刚度张量 C 可表示为：

$$C = \begin{pmatrix} C_{11} & C_{12} & C_{13} & & & \\ C_{12} & C_{11} & C_{13} & & & \\ C_{13} & C_{13} & C_{33} & & & \\ & & & C_{44} & & \\ & & & & C_{44} & \\ & & & & & C_{66} \end{pmatrix} \quad (4\text{-}2\text{-}14)$$

基于横向各向同性模型进行测井地应力计算时需要确定 C_{11}、C_{33}、C_{44}、C_{66} 和 C_{13} 五个弹性参数，而利用测井资料无法直接得到弹性参数 C_{11}、C_{66}，需要利用不同刚性系数之间的转换规律来实现测井表征。

前人针对北美非常规页岩储层在 ANNIE 模型的基础上进行了很多探索和尝试，通过分析总结刚性系数的转换规律，提高了 C_{11} 的预测精度（Suarez-Rivera et al; 2009, Quirein et al., 2014; Murphy E et al., 2015）。而 C_{66} 一般需要斯通利波反演计算。对北美非常规页岩储层开展各向异性弹性模量刻画，提高了刚度系数和弹性模量预测值，进而提高了最小水平主应力预测精度。

针对我国陆相页岩地层弹性各向异性特点，通过配套声学各向异性实验测量与分析，建立了针对性强、适用性好的刚性系数转换规律，实现了基于各向异性模型的地应力准确评价。

第三节　页岩油储层测井解释评价

我国典型探区的陆相页岩油可分为致密油型页岩油、纯正型页岩油和过渡型页岩油三种类型，梳理分析这三类典型页岩油地层测井响应特征，吸收借鉴国外页岩油测井评价思路及先进技术，形成中国陆相页岩油测井评价技术系列，主要包括烃源岩品质评价、储层品质评价、工程品质评价与页岩油富集段综合判识技术等。

一、页岩油测井响应特征

鄂尔多斯盆地长 7 段致密油型页岩油甜点主要富集于与烃源岩间互的致密砂岩中，烃源岩与储层的测井响应特征差异明显。图 4-3-1 为 C96 井的长 7 段页岩油测井资料综合成果图，在2063~2072.8m烃源岩发育，具有较高的总有机碳含量，测井响应上具有高自然伽马（236.1~706.8API）、高声波时差（277.8~371.6μs/m）、高中子（24.6%~51.9%）、低密度（2~2.45g/cm³）、高电阻率（71.4~308.01Ω·m）的特征。另外，在核磁共振T_2谱上，一般呈靠左侧的单峰特征。在烃源岩附近及其内部（如2060~2063m井段、2072.8~2079.2m井段、2083.4~2085.0m井段），发育重力流成因的致密砂岩，为页岩油富集段。对2075~2080m压裂后获工业油流，其自然伽马值为77~165API、声波时差为225~276μs/m、中子为17.3%~26.3%、密度为2.45~2.53g/cm³、电阻率为86.9~125.6Ω·m，其核磁共振T_2谱一般呈双峰特征，反映其具有相对较好的孔隙结构；压裂段黏土含量相对较低，总孔隙度为7%，含油饱和度为53%~76%，脆性指数为40%~50%。

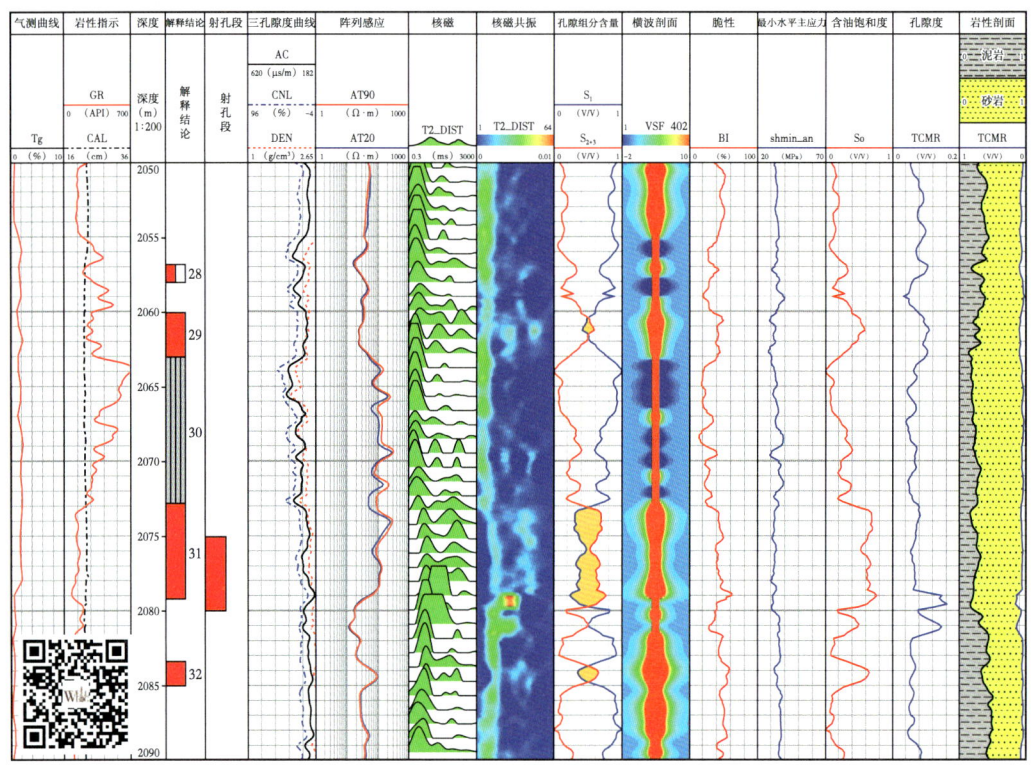

图4-3-1 鄂尔多斯盆地C96井长7段页岩油测井综合成果图

松辽盆地北部古龙青山口组纯正型页岩油，主要存在于由黏土颗粒和无机矿物及有机质降解形成的微纳米级孔隙中。地层具有相对较高的黏土矿物含量，纹层很发育，源储一体。图4-3-2为一口井的青一段、青二段页岩油测井资料综合成果图，2452~2584m井段压裂后获油流，日产油1.42t。从岩心及电成像测井资料均能明显看出，青山口组薄互层十分发育，自然伽马、声波时差、中子、密度及电阻率曲线呈锯齿状，核磁共振T_2谱一般呈位置偏左侧的单峰特征，反映储层孔隙结构较差。压裂段依据岩性扫描测井获得的TOC平均值为2%，自然伽马平均值为132.8gAPI、声波为101.8μs/m、中子为21.3%、密度为2.46g/cm³、电阻率为4.7Ω·m，黏土矿物含量为31.8%，总孔隙度为10.1%，有效孔隙度为3.9%，含油饱和度为46.5%，脆性指数为31.3%。

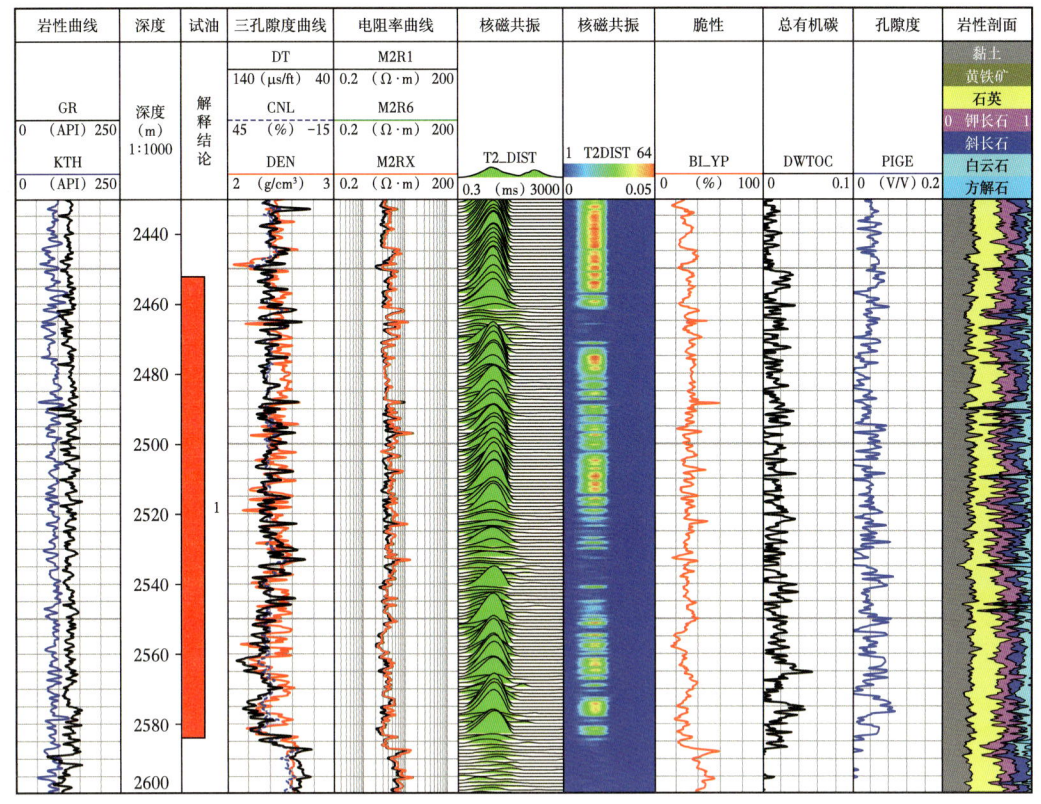

图 4-3-2 GY1 井青一段、青二段页岩油测井综合成果图

过渡型页岩油以吉木萨尔芦草沟组和渤海湾沧东凹陷孔二段为代表，地层岩性较为复杂，长英质与碳酸盐矿物组分混积，烃源岩与储层互层发育。图 4-3-3 为吉木萨尔一口井的芦草沟组页岩油测井资料综合成果图，3475~3479.3m 井段、3480.2~3481.6m 井段、3491~3493.9m 井段烃源岩发育，具有较高声波时差（231~356μs/m）与电阻率（202~549Ω·m），页岩油甜点主要富集于紧邻烃源岩的储层中（29#：3472.4~3475m 井段，34#：3481.6~3487m 井段，37#：3493.9~3498m 井段，39#：3500.1~3504.3m 井段），受矿物组分复杂等因素影响，储层自然伽马、电阻率等常规测井响应差异较大（本例电阻率变化范围为 20.9~382.1Ω·m，一般由云质含量高时，电阻率较高，长英质含量高时，电阻率相对较低），难以直接根据其高低识别甜点发育段，但甜点段的核磁共振 T_2 谱一般具有明显的双峰或偏中间及右侧的单峰特征，可利用这一特征来识别评价甜点，效果比较理想。本例中，页岩油甜点段黏土含量为 8%~19%，总孔隙度为 12%~18%，含油饱和度为 64%~84%，脆性指数为 40%~60%。图 4-3-4 为大港油田沧东凹陷一口井的孔二段页岩油测井资料综合成果图，该段与芦草沟组地层特征相似，岩性较为复杂，源储呈互层分布，三孔隙度及电阻率测井曲线在页岩油分布段呈锯齿状频繁波动，难以直接根据电阻率高低识别甜点发育段，但甜点段的核磁共振 T_2 谱具有明显的双峰特征，左侧峰是黏土束缚水的响应，右侧峰是页岩油体积弛豫的响应。其中，3196~3236m 井段压裂后获工业油流，黏土含量为 7%~37%，总孔隙度为 5.9%~19.1%，含油饱和度为 20%~40%，脆性指数为 35%。

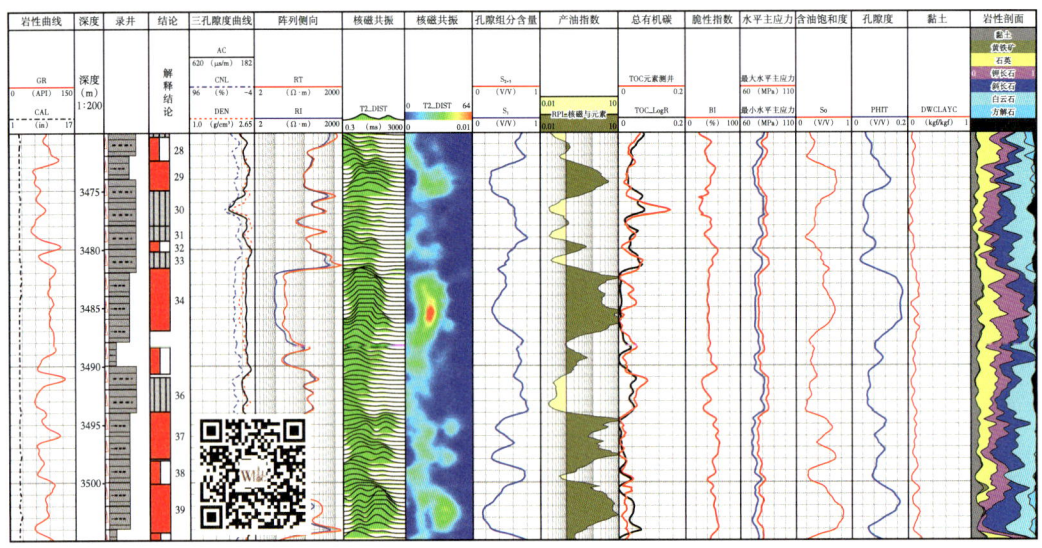

图 4-3-3　吉木萨尔芦草沟组 J10024 井页岩油测井综合成果图

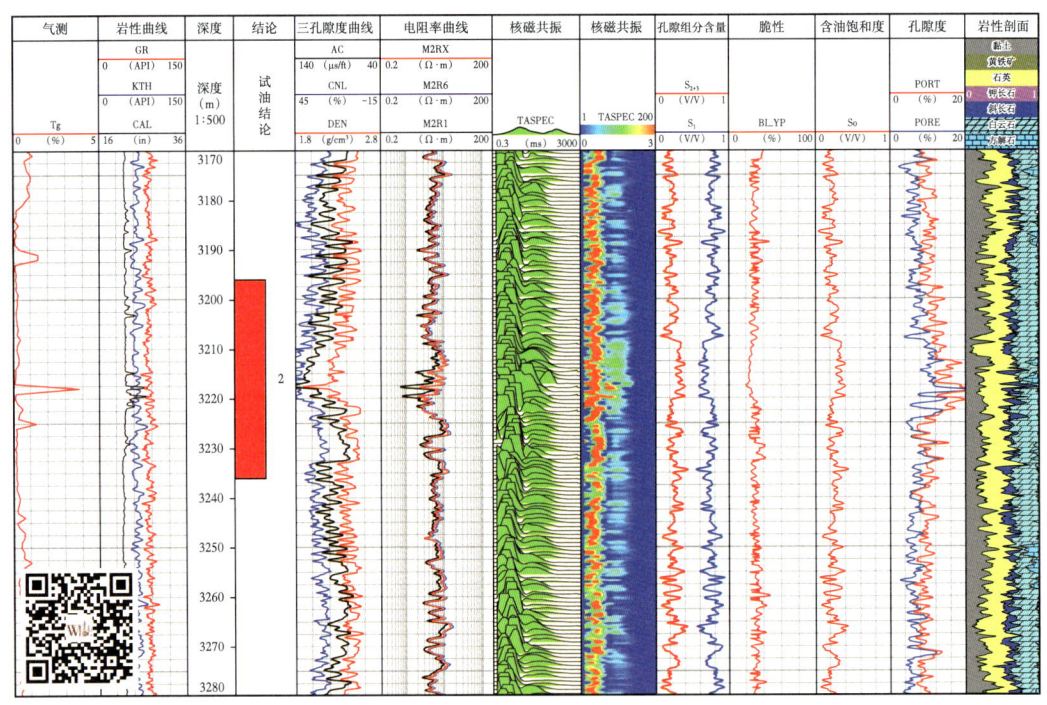

图 4-3-4　大港油田沧东凹陷 G108-8 井孔二段页岩油测井综合成果图

二、页岩油烃源岩品质测井评价技术

页岩油烃源岩品质测井评价包括总有机碳含量、镜质体反射率、游离烃含量等参数的测井评价。其中总有机碳含量、镜质体反射率的测井评价方法参考页岩气测井解释评价中的相关内容，此处不再赘述。研究表明，游离烃含量与镜质体反射率及总有机碳含量密切相关。图 4-3-5 为依据古龙页岩油样品测量结果得到的游离烃含量与总有机碳含量的关系图，整体上游离烃含量与总有机碳含量呈线性正比关系，但镜质体反射率不同，二者的比例关系也不同。图 4-3-6 为同一批古龙页岩油样品 S_1/TOC 与 R_o 的关系图，在利用测井资料准确估算总有机碳含量与镜质体反射率的基础上，利用该图揭示的函数关系，可实现游离烃含量的准确评价。

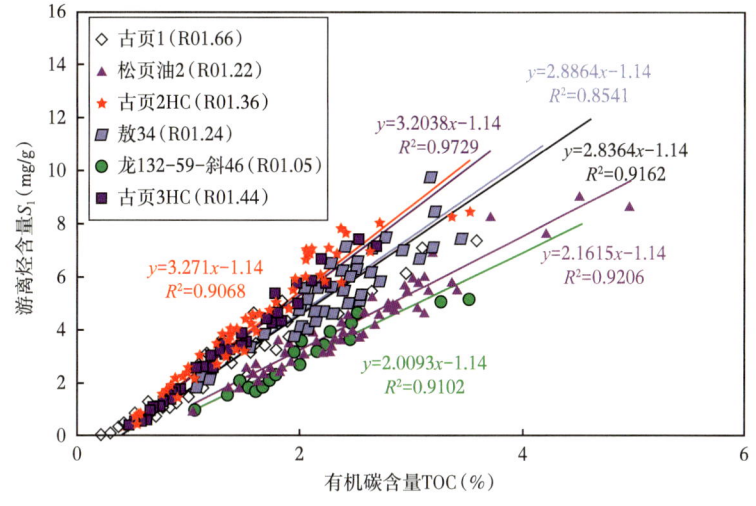

图 4-3-5　S_1 与 TOC 的关系图

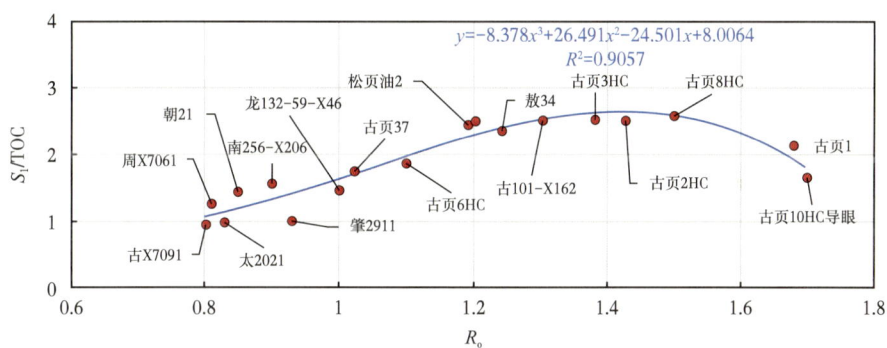

图 4-3-6　S_1/TOC 与镜质体反射率的关系图

三、页岩油储层品质测井评价技术

储层孔隙结构与含油性评价是页岩油储层品质测井评价的两大核心内容。储层孔隙结构指地层孔隙及喉道大小、几何形态与联通性等。在实验室可利用孔渗测量、压汞、核磁共振、铸体薄片、CT 等开展定性观察和定量分析。对连续井段评价时可借助核磁共振测井资料。含油性是反映地层中烃含量的物理量，一般可用含油饱和度或产油指数等参数来表征。含油饱和度是地层含烃总体积与地层总孔隙体积的比值，而产油指数是与油相关的有机碳含量与总有机碳含量的比值。这两个参数均可利用测井资料通过一些处理分析在连续井段范围内获得。

1. 页岩油储层孔隙结构特征

页岩油储层孔隙结构特征一般具有以下特点：一是孔渗关系分散，相近孔隙度条件下对应的渗透率差异较大；二是微纳米级孔隙发育，排驱压力较高，一般大于 1MPa。

图 4-3-7 为鄂尔多斯盆地长 7 段与吉木萨尔芦草沟组页岩油储层孔渗关系图，可见页岩储层孔渗关系复杂，相近孔隙度条件下渗透率差异达 1~2 个数量，且芦草沟组储层比长 7 段更为致密。整体排驱压力大于 1MPa，吉木萨尔部分样品超过 10MPa（图 4-3-8、图 4-3-9）。

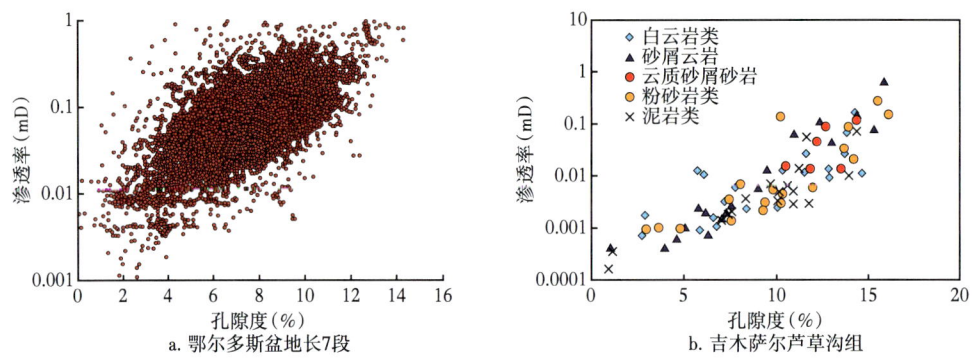

图 4-3-7 鄂尔多斯盆地长 7 段与吉木萨尔芦草沟组页岩油储层孔渗关系图

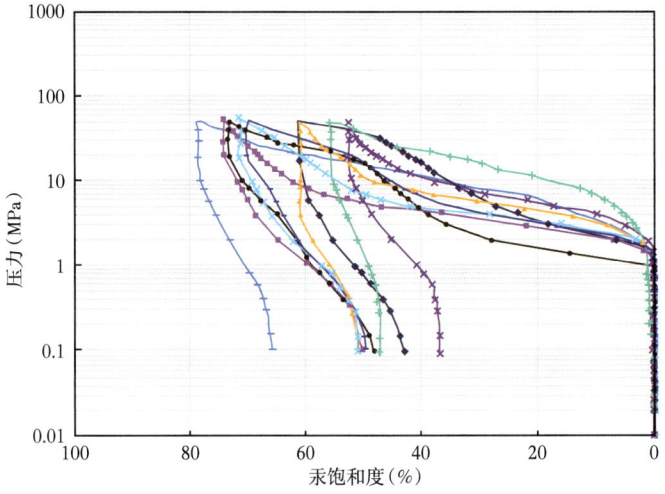

图 4-3-8 鄂尔多斯盆地长 7 段储层压汞曲线

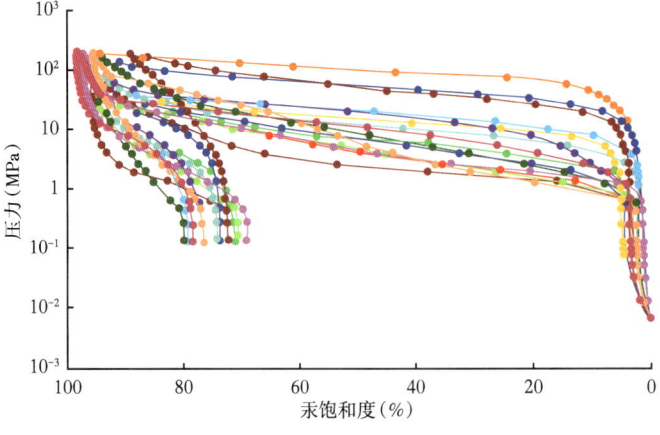

图 4-3-9 吉木萨尔芦草沟组储层压汞曲线

2. 基于核磁共振测井的孔隙结构测井评价方法

核磁共振测井是目前对页岩油储层孔隙结构进行评价最有效的技术之一。由核磁共振测井得到的 T_2 谱能够反映不同大小孔隙的分布，提取其在总孔隙系统中的百分含量，可用于评价储层孔隙结构优劣。该方法最早起源于对低渗透储层孔隙结构主控因素及测井表征方法的研究，被称为三组分百分比孔隙结构分类判别方法。

（1）对具代表性的不同孔隙结构岩心样品进行核磁共振及压汞实验，以压汞曲线形态及排驱压力为依据对岩心孔隙结构进行标定分类。其中孔隙结构最好的定为一级，排驱压力小于 0.1MPa；孔隙结构较好的定为二级，排驱压力为 0.1~0.5MPa；结构较差的列为三级，排驱压力为 0.5~1MPa；四类及以上的最差，排驱压力大于 1MPa。

（2）系统分析不同孔隙结构样品的压汞曲线、核磁共振 T_2 谱及其累计孔隙度曲线，落实控制孔隙结构优劣的关键因素，形成对不同尺寸孔隙在总孔隙中所占百分量的表述。

（3）从核磁共振实验数据中提取小、中等与大尺寸孔隙在总孔隙中的百分比，以 S_1、S_2 和 S_3 示之。S_1、S_2、S_3 求取可在核磁共振 T_2 谱中，X_1（ms）以下的孔隙组分在总孔隙中的百分含量为 S_1；X_1~X_2（ms）得到的孔隙组分百分数为 S_2，X_2（ms）以上的孔隙组分在总孔隙中的百分比定为 S_3。应该指出，X_1、X_2 的具体取值因地区而异，一般 $X_1 < 15\text{ms}$、$15\text{ms} < X_2 < 100\text{ms}$。

（4）确定不同孔隙结构类型的 S_1、S_2 及 S_3 之间相对变化规律，形成判断孔隙结构类型的标准。对于低渗透储层而言，判别标准见表 4-3-1。当 S_3 最大时孔隙结构最优，为 I 类；当 S_1 最大时孔隙结构最差，为 IV 类；当 S_2 最大且 S_3 大于 S_1 时，孔隙结构较好，为 II 类；当 S_2 最大且 S_1 大于 S_3 时，孔隙结构较差，为 III 类。

表 4-3-1 基于核磁共振测井的低渗透储层孔隙结构类型判别准则

储层分类	S_1	S_2	S_3	排驱压力（MPa）
I 类	小	小	大	< 0.1
II 类	小	大	中	0.1~0.5
III 类	中	大	小	0.5~1
IV 类	大	小	小	> 1

对于页岩油储层，通常 S_1 占绝对优势，无法直接沿用上述标准，为此将判别标准调整为：当 S_2+S_3（简记为 S_{23}）大于 S_1 时，孔隙结构相对较好，通过压裂一般可获得工业油流；当 S_1 大于 S_{23} 时，孔隙结构差，压裂获得工业产量的难度很大。

（5）利用从核磁共振测井数据中提取 S_1、S_2 和 S_3，按照已经确定的标准实现对评价层段孔隙结构的快速评价和分类。

3. 页岩油储层含油性测井评价方法

页岩油储层含油性评价可以用总含油饱和度来表征，该参数可基于核磁共振测井资料按如下公式计算得到：

$$S_{总油} = 1 - S_{wi} \tag{4-3-1}$$

式中：$S_{总油}$ 为总含油饱和度；S_{wi} 为束缚水饱和度，可由核磁共振测井资料得到。

另外，页岩油储层含油性还可以用产油指数来表征，将一维核磁共振测井与元素或常规测井相结合，按如下公式计算产油指数，从而实现对含油性优劣评价：

$$RPI = 100 \cdot \frac{[W_{C\_oil}]^2}{TOC} \qquad (4-3-2)$$

式中：RPI 为产油指数；W_{C_oil} 为可动油中碳元素含量（质量分数），可从一维核磁共振测井得到；TOC 为总有机碳含量（质量分数），可从元素测井或常规测井得到。

图 4-3-10 为吉木萨尔芦草沟组页岩油压裂层段孔隙结构及含油性测井评价成果图。射孔段所在深度大尺寸孔隙组分 S_{23} 占绝对优势，孔隙结构较好，含油饱和度 60%，RPI 大于 0.1，试油获得工业油流，日产油 3.54m³。图 4-3-11 为吉木萨尔页岩油压裂干层段

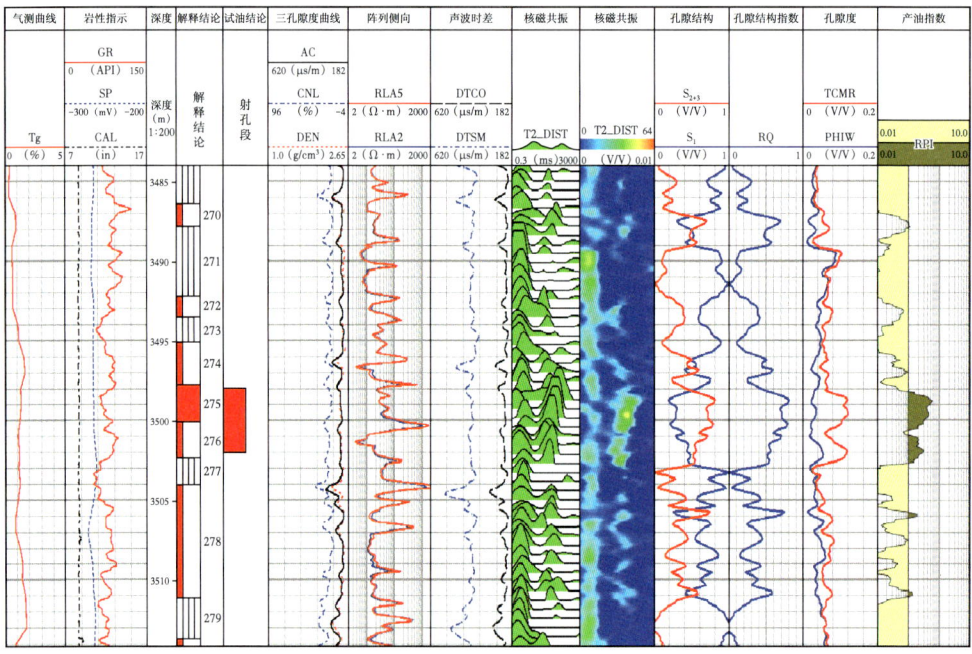

图 4-3-10　压裂油层段孔隙结构及含油性测井评价成果图

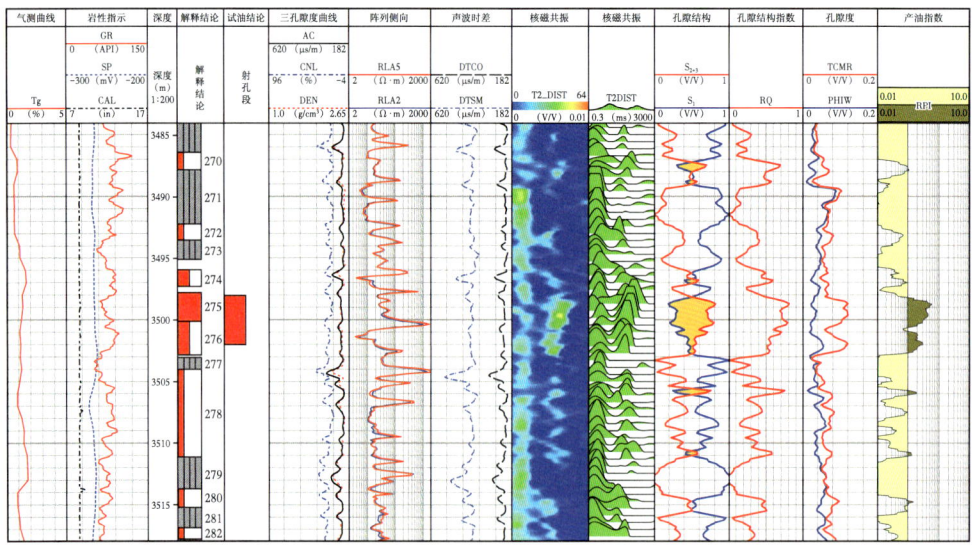

图 4-3-11　压裂干层段孔隙结构及含油性测井评价成果图

孔隙结构及含油性测井评价成果图。射孔段所在深度小尺寸孔隙组分 S_1 占优势，孔隙结构较差，含油饱和度小于 40%，RPI 小于 0.1，压裂未获工业油流。

四、页岩油储层工程品质测井评价技术

页岩油储层工程品质测井评价内容主要包括脆性指数、孔隙压力与地应力等。利用测井资料准确获取相关参数对于优选压裂试油层段、优化试油完井方案、提高试油成功率等都具有重要意义。

1. 脆性指数测井评价方法

岩石脆性与其矿物组分、力学弹性参数及其所受应力环境等因素相关，常以脆性指数度量其大小，是评价常规储层可压裂性的一个重要指标。除了采用矿物组分法及弹性模量法评价地层脆性外，当地层岩性和应力环境复杂，弹性模量法难以准确判别脆性好坏时，可从阵列声波测井中提取纵波速度、横波速度径向剖面，利用速度发生衰减的径向位置变化，判断地层的脆性特征。钻头钻遇脆性较高地层时，由于机械破坏作用在近井壁附近形成微裂隙，纵波、横波在径向方向会产生明显的速度衰减。因此纵波速度、横波速度衰减所对应的径向位置与井筒中心线的距离越远，地层脆性越高。

图 4-3-12 为鄂尔多斯盆地长 7 段页岩油井的脆性指数评价成果图。本例中两种方法有较好的一致性。整个井段可以分为两段，2040m 以浅，自然伽马较小，孔隙结构较好，脆性指数较高（60%）；2040m 以深，自然伽马逐渐增加，孔隙结构变差，脆性指数

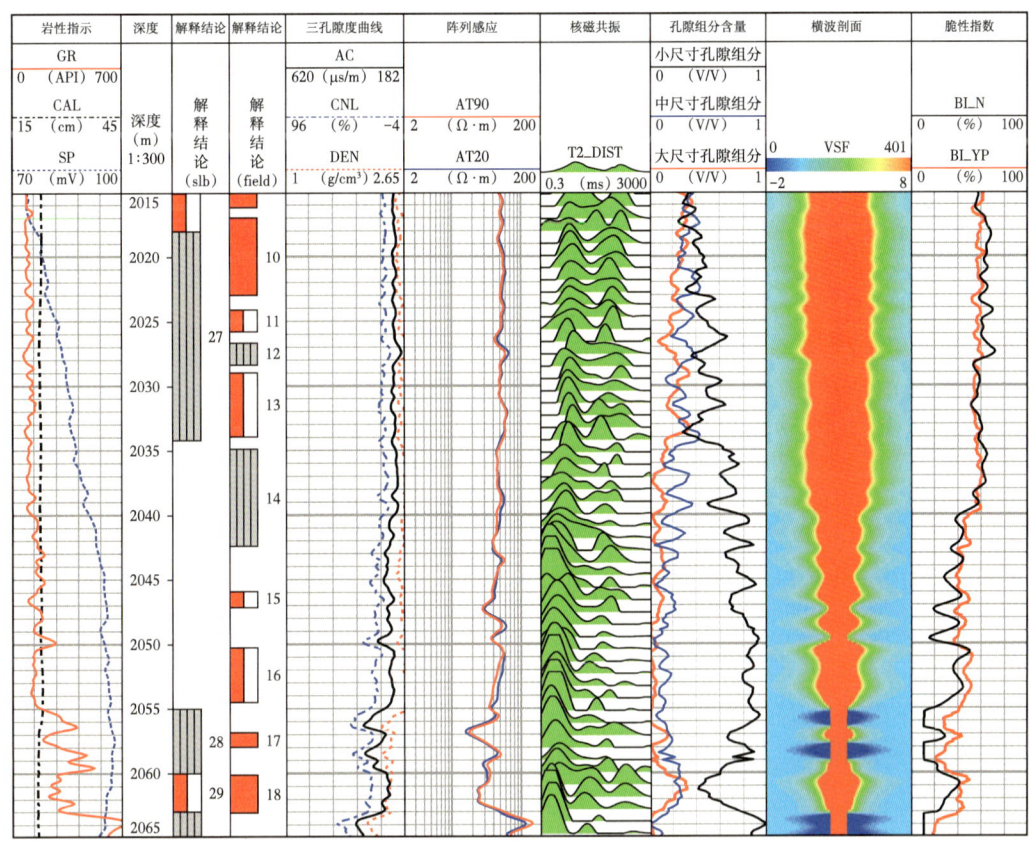

图 4-3-12　弹性模量法及速度径向剖面法评价脆性指数成果图

较小（平均值 40%），表明地层自上而下逐渐从高脆性储层过渡为低脆性偏塑性的层段，对应于致密烃源岩发育段。

2. 孔隙压力测井评价方法

受欠压实作用或生烃增压作用影响，非常规（含页岩油）储层往往存在异常超压现象，准确计算地层孔隙压力，对于定量评价地层的工程品质具有重要意义。

针对欠压实引起的孔隙压力异常，利用 Eaton 方法计算地层孔隙压力，计算方法如下：

$$p_\mathrm{p} = \sigma_\mathrm{v} - \left(\sigma_\mathrm{v} - p_\mathrm{pnorm}\right) \times \alpha \times \left(\frac{\Delta t}{\Delta t_\mathrm{norm}}\right)^n \quad (4\text{-}3\text{-}3)$$

式中：p_p 为地层孔隙压力，MPa；σ_v 为地层上覆压力，MPa；p_pnorm 为当前深度的净水压力，MPa；Δt 为当前深度的声波时差，μs/m；Δt_norm 为正常压实条件当前深度的理论声波时差值，μs/m；α 为 Eaton 系数；n 为 Eaton 指数。

针对生烃增压引起的孔隙压力异常，利用 Bowers 方法计算地层孔隙压力，计算方法如下：

$$p_\mathrm{p} = \sigma_\mathrm{v} - \left(\frac{v_\mathrm{MAX} - 5000}{A}\right)^{1/B} \left(\frac{v - 5000}{v_\mathrm{MAX} - 5000}\right)^{U/B} \quad (4\text{-}3\text{-}4)$$

式中：p_p 为孔隙压力，MPa；σ_v 为地层上覆压力，MPa；v_MAX 为正常压实段地层波速与有效应力关系曲线与异常压力段地层波速与有效应力关系曲线的交点所对应的地层波速，ft/s；v 为地层波速，ft/s；A、B 为正常压实段地层波速与有效应力的函数关系中的经验系数，取决于实际情况。

3. 水平主应力测井评价方法

地应力是最重要的工程参数之一，其大小与方位在三维空间内的差异与变化是控制油气富集区分布、水力压裂缝网扩展、地层破裂压力和坍塌压力大小的重要因素，对油气开发方案编制及油井工程设计等具有重要意义。

页岩油地层由于薄互层发育，具明显的弹性各向异性，需要采用基于各向异性模型的方法来评价最小水平主应力分布，公式如下：

$$\sigma_\mathrm{h} = \frac{E_\mathrm{h}}{E_\mathrm{v}} \frac{v_\mathrm{v}}{1-v_\mathrm{h}}\left(\sigma_\mathrm{v} - \alpha p_\mathrm{p}\right) + \frac{E_\mathrm{h}}{1-\mu_\mathrm{h}^2}\varepsilon_\mathrm{h} + \frac{E_\mathrm{h} v_\mathrm{h}}{1-v_\mathrm{h}^2}\varepsilon_\mathrm{h} + \alpha p_\mathrm{p} \quad (4\text{-}3\text{-}5)$$

式中：σ_h 为最小水平主应力，MPa；α 为 Biot 系数；p_p 为地层孔隙压力，MPa；σ_v 为垂向应力，MPa；ε_h、ε_v 分别为水平和垂向上构造压力系数；E_h、E_v 分别为水平和垂向上的杨氏模量，GPa；v_h、v_v 分别为水平和垂向上的泊松比。

E_v 的计算公式为：

$$E_\mathrm{v} = C_{33} - \frac{2C_{13}^2}{C_{11} + C_{12}} \quad (4\text{-}3\text{-}6)$$

E_h 的计算公式为

$$E_h = \frac{(C_{11}-C_{12})(C_{11}C_{33}-2C_{13}^2+C_{12}C_{33})}{C_{11}C_{33}-C_{13}^2} \qquad (4\text{-}3\text{-}7)$$

v_v 的计算公式为

$$v_v = \frac{C_{13}}{C_{11}+C_{12}} \qquad (4\text{-}3\text{-}8)$$

v_h 的计算公式为

$$v_h = \frac{C_{12}C_{33}-C_{13}^2}{C_{11}C_{33}-C_{13}^2} \qquad (4\text{-}3\text{-}9)$$

式中：C_{11}、C_{33}、C_{12} 和 C_{13} 是表征应力与应变关系的刚性系数。

C_{12} 可由刚性系数 C_{11} 和 C_{66} 得：

$$C_{12} = C_{11} - 2C_{66} \qquad (4\text{-}3\text{-}10)$$

上述一系列刚性系数由纵横波时差、密度曲线及刚性系数转换规律确定。其中 C_{66} 较为关键，国外一般通过斯通利波反演得到水平横波速度来求取，该方法一般只适用于慢地层。我国陆相页岩油压裂层段绝大部分都集中在快地层中，通过配套声学各向异性实验及规律分析后，在快地层中，C_{66} 可通过纵横波各向异性系数与黏土含量关系来求得。因此在计算最小主应力过程中需要注意地层的快慢属性。

图 4-3-13 为一口鄂尔多斯盆地长 7 段页岩油井的综合成果图。图中 X08~X24 井段，VSF 显示为快地层，近井壁地层的横波速度小于远端地层的横波速度，脆性指数 BI 为 58%。黏土矿物含量 VCL 为 24%（由元素俘获测井得到），从斯通利波反演得到的水平横波速度接近垂直横波速度，由此计算的横波各向异性系数接近于 0。采用基于水平

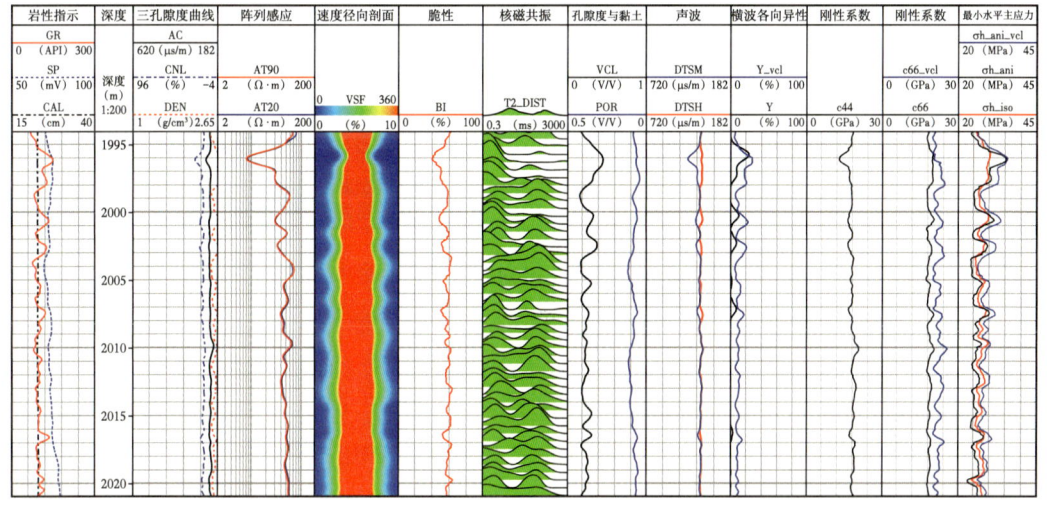

图 4-3-13　长庆油田页岩油井水平主应力测井综合评价成果图

横波速度的方法计算刚性系数 C_{66} 并由此最终计算得到的最小水平主应力（25.99MPa）与基于各向同性模型的计算结果（25.2MPa）十分相近，与实际测试资料得到的结果（30.33MPa）差距较大，相对误差达 14.3%；而采用基于黏土含量的方法计算得到刚性系数 C_{66} 并由此最终计算得到的最小水平主应力（28.73MPa）与实际测试资料得到的结果较接近，相对误差 5.3%。

图 4-3-14 为同一口井在 X10~X12m 井段的电成像成果图。可以清晰看出，在 1m 深度间隔内，黏土矿物含量呈交替变化，显示明显的互层状特点，属于典型的 TI 地层。

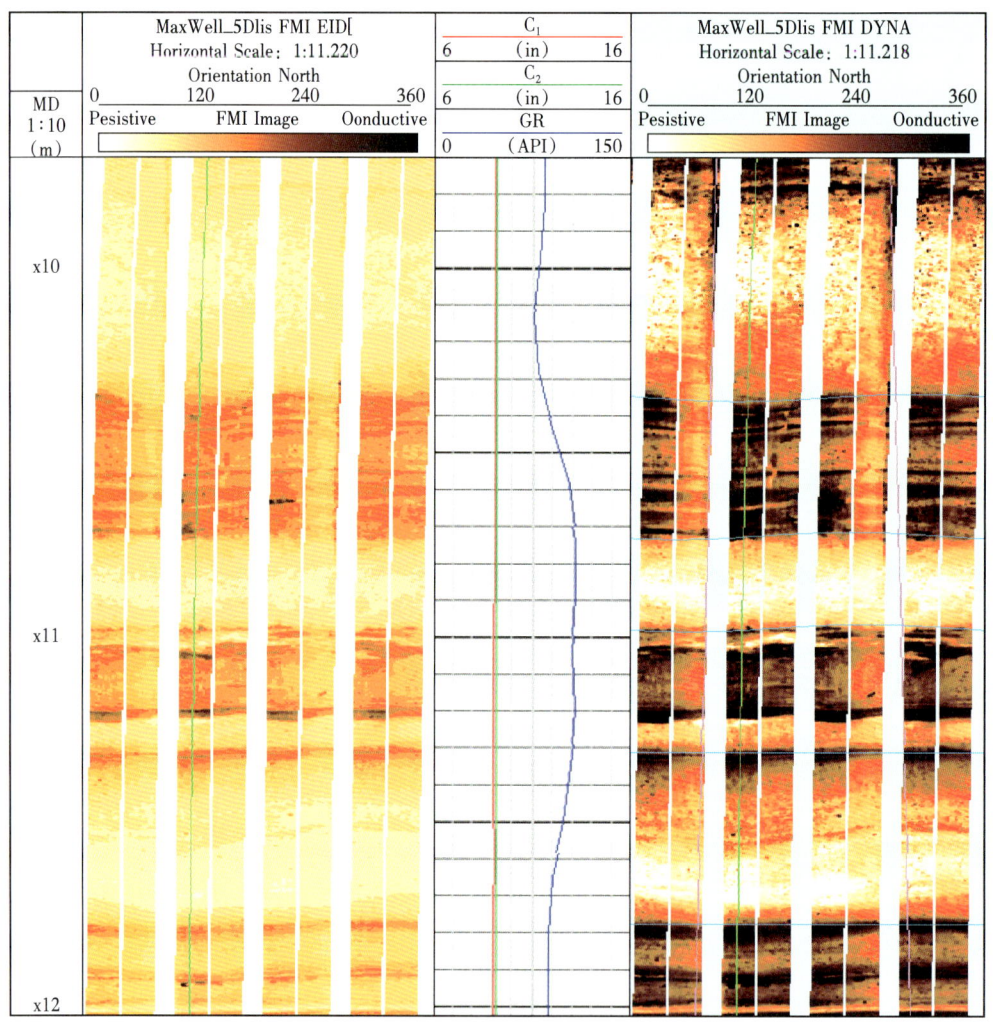

图 4-3-14 鄂尔多斯盆地长 7 段页岩系统典型油井电成像成果图

图 4-3-15 为吉木萨尔芦草沟组页岩油储层压裂试油井段的水平主应力测井评价成果图。该井最终射孔段位于 3498~3502m 井段，计算的最小水平主应力平均值为 74.2MPa，相对误差 8.6%；该段下部隔挡层最小水平主应力平均值比其上部地层高 3~5MPa，压裂缝更容易向上延伸。通过压裂井段裸眼和压裂后各向异性大小、速度径向剖面的综合分析结果表明，本井段压裂后，压裂缝向上延伸 31m，向下延伸 8m，压裂缝向上延伸更显著，与地应力评价结果十分吻合。

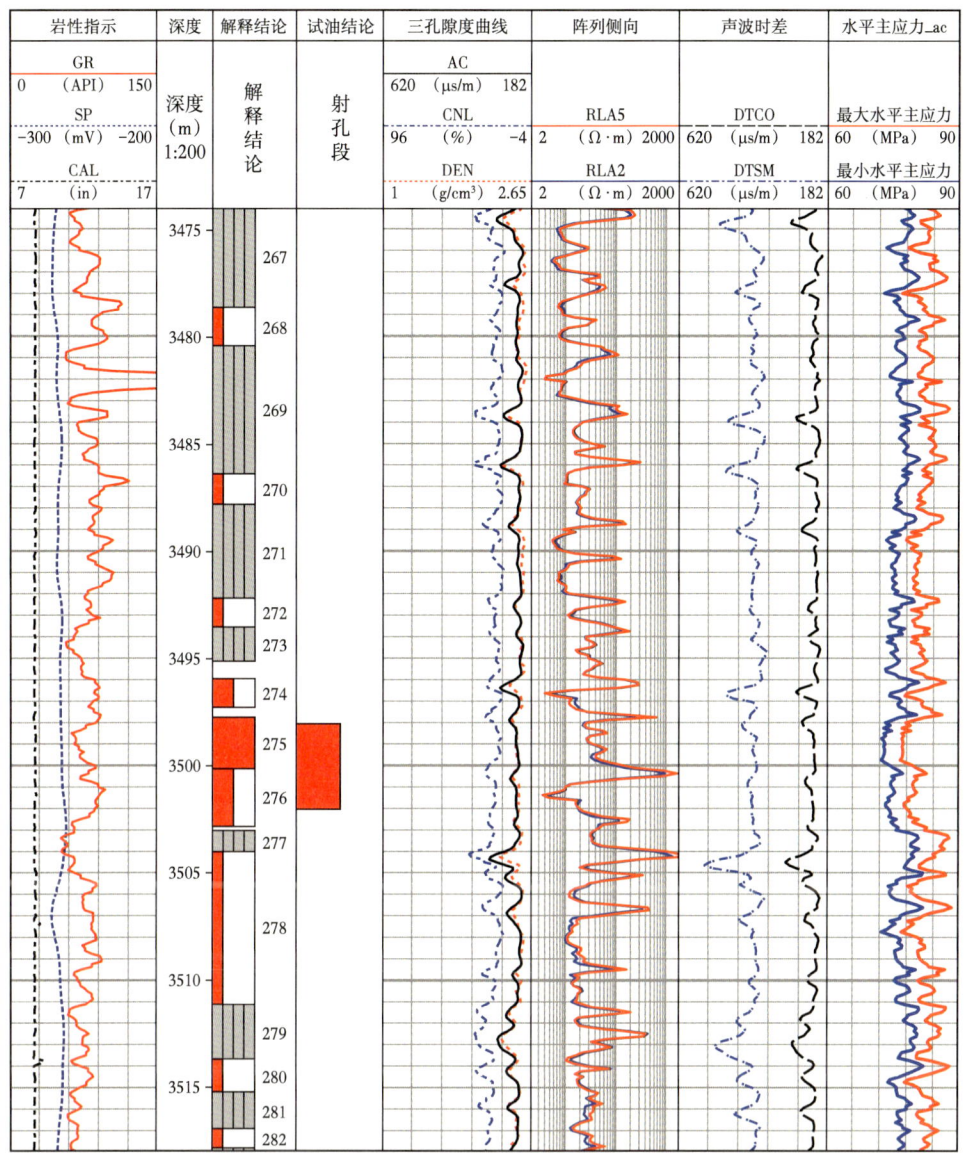

图 4-3-15 吉木萨尔凹陷芦草沟组页岩系统典型油井水平主应力测井评价成果图

第四节 水合物测井解释评价

水合物储层具有埋深浅、未成岩、胶结性差的特点，存在形式复杂（可呈分散状、层状、脉状和块状等），其定量评价和安全开采两方面都面临巨大挑战。近些年中国在水合物实验模拟、地球物理探测研究以及开发技术等方面均取得快速发展。中国地质调查局青岛海洋地质研究所水合物实验室、中国科学院广州能源研究所天然气水合物研究中心建立了天然气水合物地球物理模拟实验装置，较早开展了含水合物沉积物的声学特性及水合物饱和度研究。周守为院士研究团队研究了南海深水天然气水合物的赋存状态及成藏特点，发明了一种全新的天然气水合物开采方法——固态流化开采法，在海底天然气水合物试采方面取得重要突破。

作为重要的地球物理勘探技术之一，测井无疑是定性识别和定量评价水合物储层的有效手段，国内外许多学者近年来对水合物测井解释评价进行了研究探索。Collett 等、Manabu Tanahashi 等研究了水合物在电阻率、声波、自然伽马等测井曲线上的响应特征。田贵发等通过对祁连山冻土区水合物科学试验孔的测井资料研究，建立了富冰型、煤层自生自储型、孔隙型、层理型等多种水合物储集模式测井曲线典型特征图。王秀娟等根据电阻率测井利用阿奇公式计算了神狐海域 SH2 站位的水合物饱和度，并讨论了电性参数 a、m 及 n 取不同数值时饱和度的计算误差。Hesse R 等、Schulz 等提出了利用氯离子质量浓度异常识别水合物储层、计算水合物饱和度的方法。Lee 等利用阿拉斯加北部陆坡水合物测井及岩心资料，开展了利用核磁共振、电阻率及地层水盐度等进行水合物饱和度计算的方法研究，并比较了不同方法饱和度计算结果的差异。莫修文等进一步发展了基于氯离子浓度的水合物饱和度计算方法，提出了首先利用阿奇公式计算视地层水电阻率，然后利用视地层水电阻率反算地层水氯离子质量浓度，最后根据氯离子浓度计算水合物饱和度的方法。马龙等用数字岩心技术模拟研究了水合物饱和度模型参数的变化规律。陈玉凤等利用广州能源研究所自主设计的水合物合成及电阻率测量系统，通过实验研究了水合物的电学特性，发现水合物沉积物饱和度实验结果呈明显非阿奇现象。陈玉凤等进一步利用分形孔隙模型通过数值模拟研究了含天然气水合物沉积物的电阻率特性。唐叶叶选取祁连山冻土区岩石样品和人造岩心，在水合物合成实验基础之上进行了电阻率特性研究。林霖、赵军等探讨了利用声波数据计算天然气饱和度的可靠性。Yang 等在水合物饱和度定量计算中也采用了相同的方法。Xie 等结合核磁共振资料分析了不同孔隙中天然气水合物的形成模式，并选用印度尼西亚公式定量计算水合物饱和度。

分析目前国内外水合物饱和度研究现状，得出两点认识：（1）虽然形成了基于氯离子浓度、电阻率及核磁共振测井等不同的水合物饱和度计算方法，但基于电阻率测井曲线的水合物饱和度评价还是最为基础和应用最多的方法；（2）岩心实验、数值模拟及理论分析均表明，由于水合物在储层中赋存状态、空间分布的复杂性，其电性特征在多数情况下呈现显著的非阿奇特性。因此，充分考虑水合物的非阿奇特征，确定更加精确的饱和度计算模型和参数，是提高水合物饱和度测井评价精度的关键。

李宁等很早就开展了水合物饱和度测井评价方法的研究，相关研究结果"一种测定天然气水合物储层饱和度的方法及设备"申报并获得国家发明专利授权。同时在 2013 年美国石油地质家协会（AAPG）"细颗粒沉积系统及非常规资源国际学术研讨会"上做了题为《水合物饱和度模型确定及测井定量评价新方法》的报告，并将研究结果以摘要形式发布。为使提出的理论方法更加完善，又从水合物储层导电机理、实验数据分析及解释评价方法等方面做了进一步深入研究。研究结果不仅给出了适合各类不同赋存方式水合物饱和度的定量评价方法，有效提高了测井解释精度和对水合物储量规模的预测精度；而且通过新公式和阿奇等传统公式计算结果的差异分析，可以准确判别水合物的赋存状态，为确定"周氏固态流化开采法"的有利实施条件（层状、脉状水合物沉积）提供了测井分析依据。

一、实验及数据分析

众所周知，含油气饱和度即油气占孔隙体积的百分比，直接决定油气储量规模，是测井评价的核心参数之一。对于一般沉积岩（碎屑岩、碳酸盐岩和页岩）和岩浆岩（火山岩、火成岩）油气层，确定饱和度的实验过程是：岩心被完全饱和地层水后加压用油气驱替，电阻增大率随油气饱和度增加而增大。实际解释评价饱和度是其反过程，即依据测井得到的地层电阻增大率来计算饱和度。当水合物存在于固结成型的砂岩地层孔隙中时，水合物饱和度即水合物占孔隙体积的百分比，与常规油气饱和度一致。但大多数情况下，尤其在海底地层沉积中形成的水合物一般具有埋深浅、未成岩、胶结性差的特点，并以分散状、层状、脉状和块状多种形态赋存。通过对现场取得的水合物样品进行分析，可以初步判定水合物在储层中的分布与常规油气有很大不同，主要差异是油气完全赋存在地层岩石孔隙当中，但水合物却可以堆积形成地层的"岩石骨架"。

研究水合物饱和度的最大难点是水合物样品在地面会迅速气化分解，无法用传统的室内驱替法确定电阻增大率与水合物饱和度之间的实验关系。近年来，不少学者先后提出新的实验思路，设计出能够模拟低温高压环境下水合物饱和度生成及电阻率相对变化的测量装置。上述装置一般由反应系统、温度控制系统、压力控制系统和测量系统等构成（图4-4-1）。反应系统主体为高压容器，内置沉积物样品；温度控制系统用于提供水合物实验所需的温度环境；压力控制系统维持反应系统的压力恒定，由压力泵、压力表及安全阀等部件组成；测量系统实时采集水合物的电阻率及温度、压力等参数，含控制电脑、数字电桥、温压传感器等主要部件。利用此类装置可以测量水合物不同生长阶段的电阻率变化，从而得到不同水合物饱和度的电阻增大率。这类装置的意义还在于通过它可以清晰地观察到水合物的生成规律、在储层中的分布形式及其导致的电阻率由小增大的变化过程。

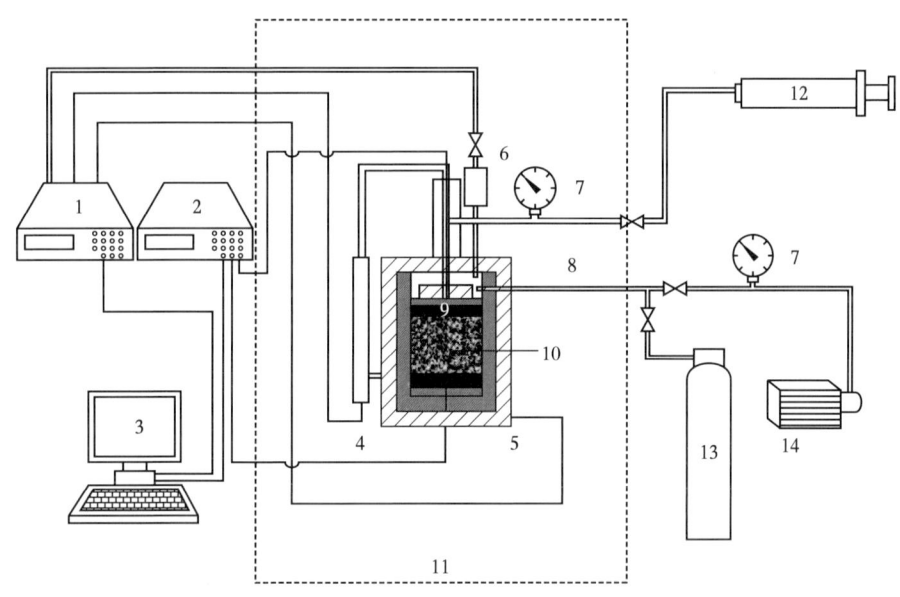

图4-4-1 模拟低温高压环境下水合物生成及电阻率测量装置示意图

1—数据采集系统；2—数字交流电桥；3—电脑；4—位移传感器；5—热电偶；6—压力传感器；7—压力表；8—进气口；9—反应釜；10—沉积物样品；11—恒温箱；12—手压泵；13—CH_4；14—泵

依据取心观察和对上述实验装置测量结果的分析发现,不同饱和度情况下水合物在地层中的分布状态如图4-4-2所示:(1)当水合物开始在地层中形成时,由于其饱和度较小,此时水合物像油气一样呈分散状充填在孔隙空间中(图4-4-2a);(2)随着水合物的不断生成,其饱和度逐渐增大,水合物颗粒变大,开始在某些部位以颗粒的形式形成支撑骨架(图4-4-2b);(3)当水合物充分生成、饱和度增大到一定程度后,水合物会单独堆积成层,变成地层骨架的一部分,与骨架颗粒一起承担上覆压力(图4-4-2c)。需要特别说明的是,鉴于水合物是固态,当它以支撑骨架的颗粒状或成层状存在时,它的体积可等同于相同大小的孔隙体积,因此饱和度的定义依然是水合物在孔隙体积中所占的百分比。当水合物饱和度由小增大时,其电阻率测量值变化的实验规律如图4-4-3所示,即

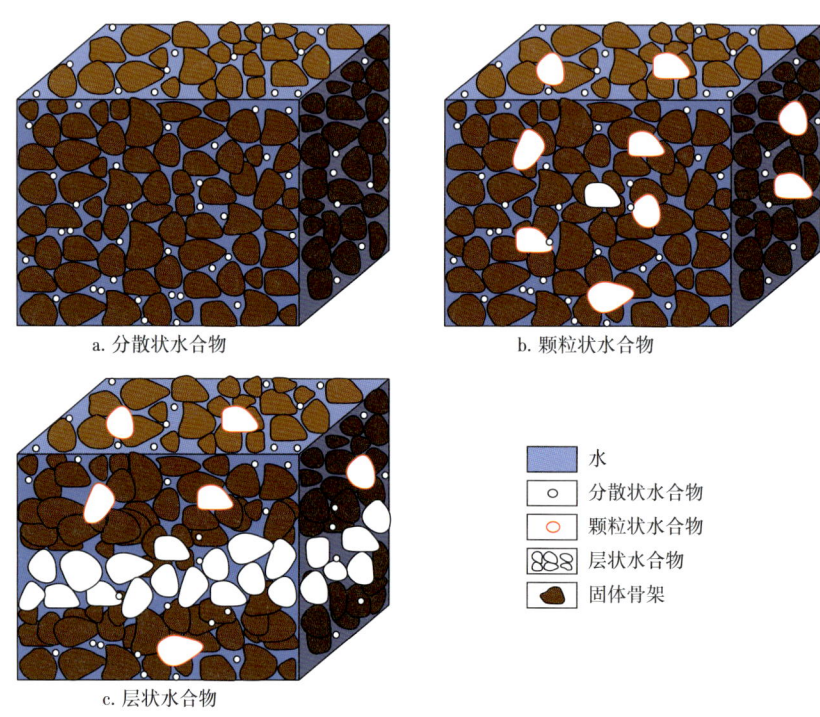

图4-4-2 不同饱和度情况下水合物在地层中的分布示意图

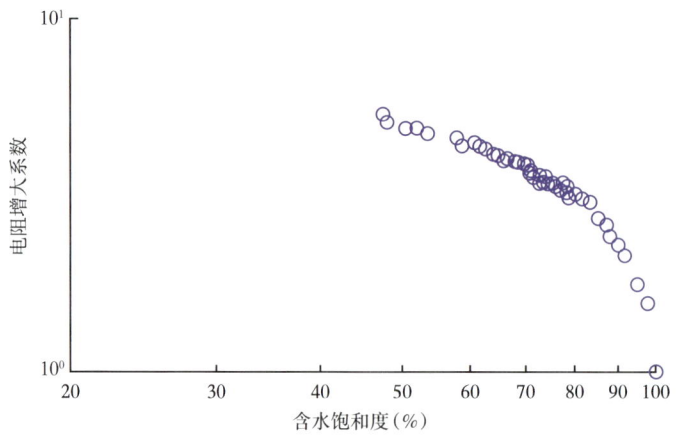

图4-4-3 水合物含水饱和度—电阻增大系数实验关系

在双对数坐标下随着水合物饱和度增高呈单调递增形态。为了和传统的表示方法一致，图 4-4-3 横坐标仍采用含水饱和度，与水合物饱和度 S_h 的关系是 $S_h=1-S_w$。

二、饱和度模型及其物理意义

1. 饱和度方程推导

1989 年，李宁首次提出非均匀各向异性测井解释体积模型（图 4-4-4），并据此推导出电阻增大系数—含油（气）饱和度的一般形式。

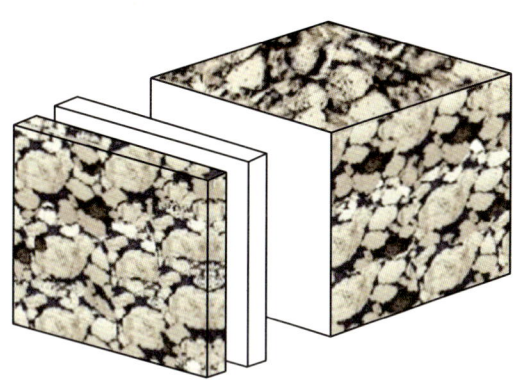

图 4-4-4 非均匀各向异性测井解释体积模型

为便于理解，可将上述一般形式视为电阻增大率与含油（气）饱和度的广义"通解方程"，其不同的截短方式可视为"通解方程"的各个"特解"：

$$I = \frac{p_1}{S_w^{\theta_{11}}} \qquad I = \frac{p_1}{h_{11}S_w^{\theta_{11}} + h_{12}} \qquad I = \frac{p_1}{h_{11}S_w^{\theta_{11}} + h_{12}S_w^{\theta_{12}}} \qquad I = \frac{p_1}{h_{11}S_w^{\theta_{11}} + h_{12}S_w^{\theta_{12}} + h_{13}}$$

$$I = \frac{p_1}{S_w^{\theta_{11}}} + p_2 \qquad I = \cdots \qquad I = \cdots \qquad I = \cdots$$

$$I = \frac{p_1}{S_w^{\theta_{11}}} + \frac{p_2}{S_w^{\theta_{21}}} \qquad I = \cdots \qquad I = \cdots \qquad I = \cdots$$

$$I = \frac{p_1}{S_w^{\theta_{11}}} + \frac{p_2}{S_w^{\theta_{21}}} + p_3 \qquad I = \cdots \qquad I = \cdots \qquad I = \cdots$$

（4-4-1）

针对图 4-4-3 给出的水合物饱和度—电阻增大率实验关系，研究表明：在双对数坐标中，直线 $I = \frac{p_1}{S_w^{\theta_{11}}}$（图 4-4-5a）+ 直线 $I = \frac{p_2}{S_w^{\theta_{21}}}$（图 4-4-5b）+ 直线 $I=p_3$（图 4-4-5c）就得到与实验点完全重合的曲线（图 4-4-5d 中红色曲线），即一般形式的如下截短（亦即"通解方程"的如下"特解"）：

$$I = \frac{p_1}{S_w^{\theta_{11}}} + \frac{p_2}{S_w^{\theta_{21}}} + p_3 \tag{4-4-2}$$

式（4-4-2）涵盖了常见水合物赋存形态，可作为用电阻增大系数计算水合物饱和度的基本方程。Xie 等（2022）在水合物饱和度定量计算中采用了印度尼西亚公式，即：

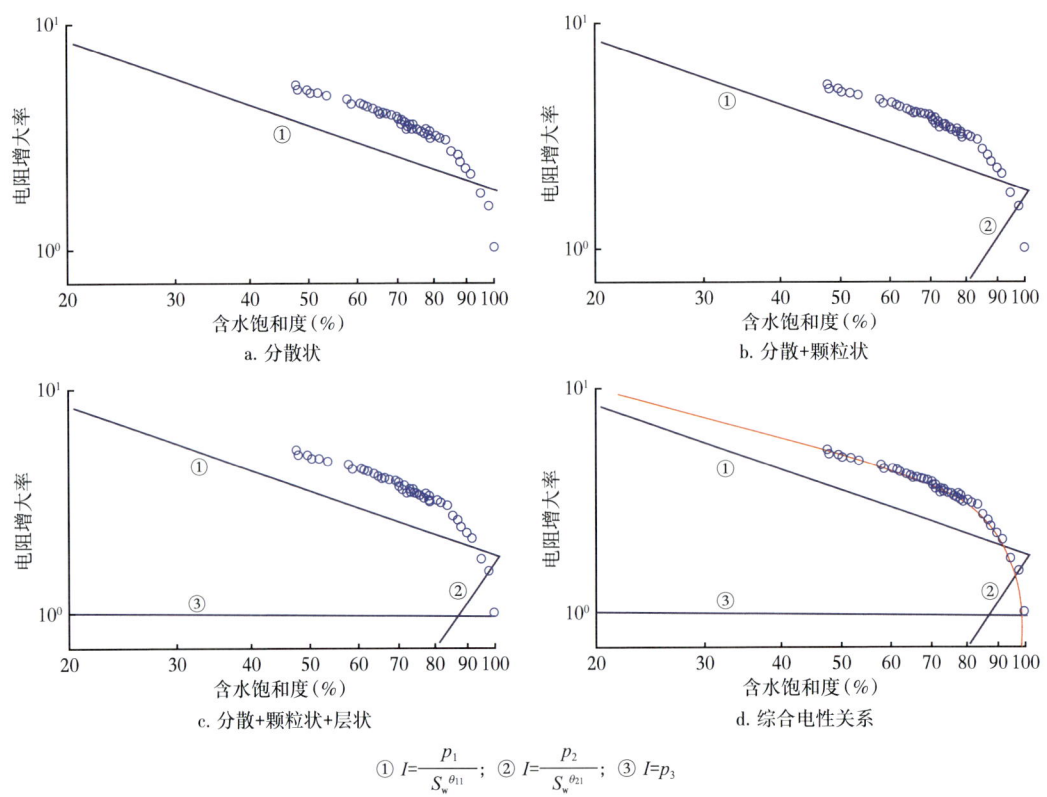

图 4-4-5　不同赋存状态水合物饱和度与电阻增大率关系

$$S_w = \left[\frac{V_{sh}^{1-0.5V_{sh}}}{\left(\frac{R_{sh}}{R_t}\right)^{0.5}} + \left(\frac{R_t \phi^m}{aR_w}\right)^{0.5}\right]^{\frac{2}{n}} \tag{4-4-3}$$

$$I = \frac{1}{S_w^n \left[1 + \frac{R_0}{R_{sh}} V_{sh}^{2d} + 2V_{sh}^d \sqrt{\frac{R_0}{R_{sh}}}\right]} \tag{4-4-4}$$

式（4-4-4）是由式（4-4-3）变型而来。

式中：V_{sh} 为泥岩体积；R_{sh} 为泥岩电阻率，$\Omega \cdot m$；d 为系数。

尽管式（4-4-3）与 Poupon 等（1971）印度尼西亚公式在形式上存在差异，但二者实质是一样的。

对比前文给出的电阻增大系数—含油（气）饱和度一般形式的几种不同截短形式，可以看出式（4-4-4）为一般形式右侧分母中取两项的结果，即印度尼西亚公式是一般形式在泥质含量较高时饱和度方程的特例。

2. 式（4-4-2）的物理意义

式（4-4-2）由三部分构成（图 4-4-6）。研究表明：（1）当水合物颗粒完全分布于地层岩石孔隙中时，类似于常规孔隙性砂岩储层的油气饱和度计算，水合物饱和度计算公式（4-4-2）可简化为阿奇公式，即式（4-4-2）中的第一部分 $I = \frac{p_1}{S_w^{\theta_{11}}}$；（2）当水合物颗粒不仅分布于地层岩石孔隙中而且以颗粒方式支撑时，水合物饱和度计算在阿奇公式上要加一项，即式（4-4-2）中的第二部分 $I=\dfrac{p_2}{S_w^{\theta_{21}}}$；（3）当水合物颗粒不仅以颗粒方式支撑分布于地层岩石孔隙中，而且多到单独成层时，其饱和度计算在阿奇公式上需要再加一项，即式（4-4-2）中的第三部分 $I=p_3$。

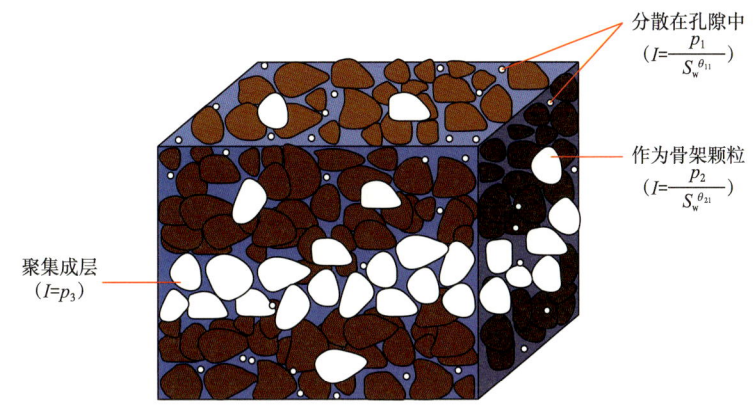

图 4-4-6　式（4-4-2）在地层中的分布示意图

非常规储层类型的精确评价对该类储层的高效开发具有重要意义。依据典型的天然气水合物沉积储层分类（图 4-1-1），结合本书给出的水合物饱和度计算式（4-4-2），可以用测井方法识别水合物沉积储层的类型，具体分为 4 种情况：（1）如果式（4-4-2）中仅保留阿奇项，就能准确计算水合物饱和度，则此水合物储层类型应该是"极地砂岩储层"或"海洋砂岩储层"；（2）如果式（4-4-2）中仅保留第三项，就能准确计算水合物饱和度，则此水合物储层类型应该是"脉状块状水合物"储层；（3）如果式（4-4-2）中必须同时用到前两项，才能准确计算水合物饱和度，则此水合物储层类型应该是"海洋非砂岩储层"；（4）如果式（4-4-2）中三项都必须采用，才能准确计算水合物饱和度，则此水合物储层类型应该是"细粒沉积物储层"。

图 4-4-7 是南海某井水合物样品实测饱和度和测井计算饱和度结果的对比图。第 1 道为井眼情况；第 2 道为井径曲线和自然伽马曲线；第 3 道是深度道；第 4 道是电阻率曲线；第 5 道是孔隙度曲线；第 6 道为孔隙度计算结果和岩心分析孔隙度的对比；第 7 道是传统阿奇公式处理得到的地层水合物饱和度、式（4-4-2）计算得到的地层水合物饱和度以及与取心结果的对比曲线；第 8 道显示传统阿奇公式处理得到的地层水合物饱和度与式（4-4-2）计算得到的地层水合物饱和度的差异。图中各道中横线和圆点符号表示相应的岩心分析结果。研究表明，水合物储层段（300~315m 井段）与正常地层测井响应具有显著差异，随着水合物含量的逐渐增加，地层电阻率逐渐升高，同时由于固态水合物逐渐替代原含水孔隙部分，地层声波速度增大，声波时差值明显降低。从不同方法饱和度计算对比结果可以看到，传统阿奇模型处理得到的水合物饱和度值偏低，本书方法处理得到的水合物饱和度与取心结果更为吻合，二者计算水合物饱和度相差约 10%。通过对比主要深度点的阿奇模型饱和度计算结果、最优饱和度模型计算结果及取心饱和度分析结果可知，优化模型计算的饱和度数值分布在取心饱和度的两侧，相对误

差有正有负,主要分布范围为 -10%~10%,而阿奇模型计算的饱和度数值均小于取心分析的饱和度,相对误差均为负,主要分布范围为 -50%~-40%。

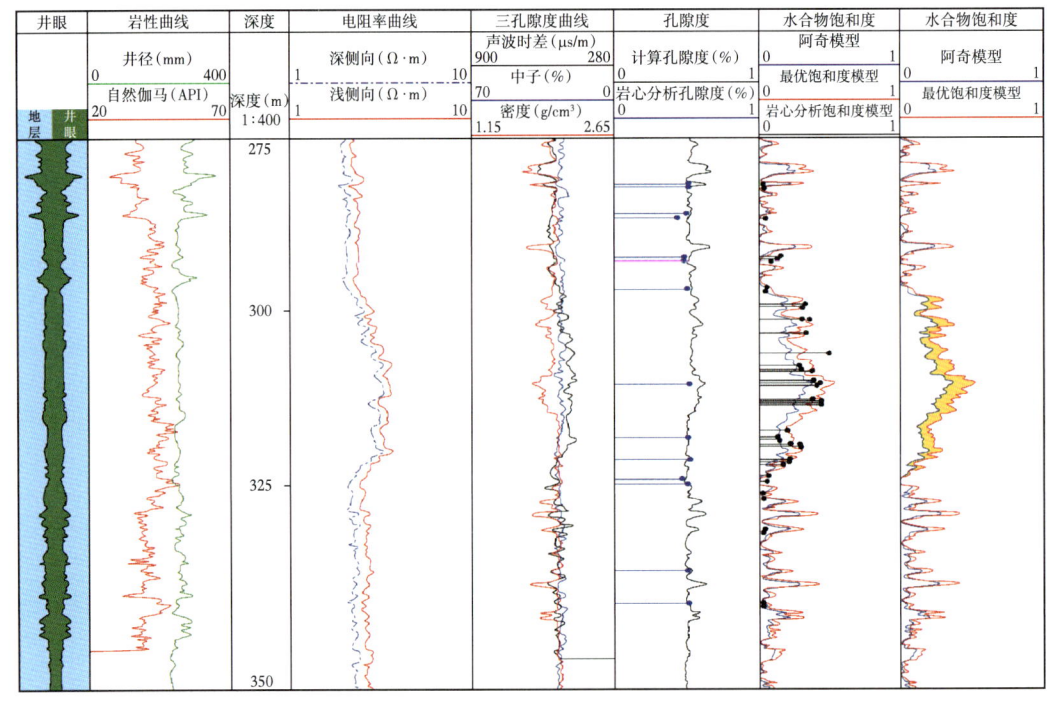

图 4-4-7 南海某井水合物饱和度测井计算结果与岩心分析结果对比图

按照储层有效厚度 20m、孔隙度 50% 计算,假设水合物有利勘探面积为 10km^2,饱和度相差 10% 时对应 $10×10^6$m^3 油气储量,饱和度计算结果的可靠性将对整个区域水合物资源评价及开发方案设计产生重要的影响。

综上,电阻率—含油(气)饱和度关系一般形式准确描述了非均质储层电阻率变化规律,该一般形式不仅适用于含油气储层,同样适用于水合物饱和度定量计算。对于天然气水合物储层,一般形式中保留三项即可满足饱和度评价需要,其物理意义分别代表了水合物颗粒完全分布于地层岩石孔隙中、以颗粒方式支撑、以层状存在时的电阻增大率。针对海洋水合物沉积储层分类,当式(4-4-2)中仅保留第一项(即阿奇公式)时,可以用于"极地砂岩"或"海洋砂岩"两类天然气水合物储层饱和度定量计算;仅保留第三项时用于"脉状块状水合物"储层;同时保留前两项用于"海洋非砂岩"储层;而同时保留三项则用于"细粒沉积物"储层。这一规律亦可反过来判断天然气水合物储层类型。

第五节 煤层气测井解释评价

针对煤层气储层评价难点,开展了煤层气储层测井综合评价技术攻关,形成了考虑破坏作用的煤层含气量评价技术、煤体结构测井精细描述技术、煤层及顶底板含水性测井综合评价技术、煤层割理孔隙表征和渗透率评价技术等创新技术,基本形成了一套适用于煤层气储层的测井综合评价技术系列,有效解决了煤层气勘探开发过程中的测井评价关键技术问题,为煤层气储层有利区预测、射孔层位优选和储层改造提供技术支持。

一、煤体结构测井识别与划分

不同结构煤体发育不同的裂隙系统,直接影响煤层渗透率、含气量及煤粉产出等因素。精细评价煤体结构,对于射孔层位的选取、压裂规模和方式的确定以及后期产气量预测等具有指导意义。

1. 典型煤体结构测井响应特征

依据 GB/T 30050—2013《煤体结构分类》,从瓦斯地质角度,煤体宏观和微观结构特征,把煤体结构划分为 4 种类型,即原生结构煤、碎裂煤、碎粒煤和糜棱煤,见表 4-5-1。

表 4-5-1 煤体结构划分类型

编号	类型	赋存状态和分层特点	光泽和层理	煤体破碎程度	裂隙、揉皱发育程度	手试强度	典型照片
I	原生结构煤	层状、似层状,与上下分层整合接触	煤岩类型界限清晰,原生条带状结构明显	呈现较大的保持棱角的块体,块体间无相对位移	内、外生裂隙均可辨认,未见揉皱镜面	捏不动或成厘米级碎块	
II	碎裂煤	层状、似层状、透镜状,与上下分层整合接触	煤岩类型界限清晰,原生条带状结构断续可见	呈现棱角状块体,但块体间已有相对位移	煤体被多组相互交切的裂隙切割,未见揉皱镜面	可捻搓成厘米、毫米级碎粒	
III	碎粒煤	透镜状、团块状,与上下分层呈构造不整合接触	光泽黯淡,原生结构遭到破坏	煤被揉搓捻碎、主要粒级在1mm以上	构造镜面发育	易捻搓成毫米级碎粒或煤粉	
IV	糜棱煤	透镜状、团块状,与上下分层呈构造不整合接触	光泽黯淡,原生结构遭到破坏	煤被揉搓捻碎的更细小,主要粒级在1mm以下	构造、揉皱镜面发育	极易捻搓成粉末或粉尘	

四种典型煤体结构测井响应如图 4-5-1 所示,第 1 道为岩性指示道,包括自然伽马 GR、自然电位 SP、双井径 CALX 和 CALY;第 2 道为电阻率道,包括深电阻率曲线 RD、浅电阻率曲线 RS、微球形聚焦曲线 MSFL;第 3 道为三孔隙度曲线,包括体积密度 DEN、补偿中子 CNL、声波时差 DT。

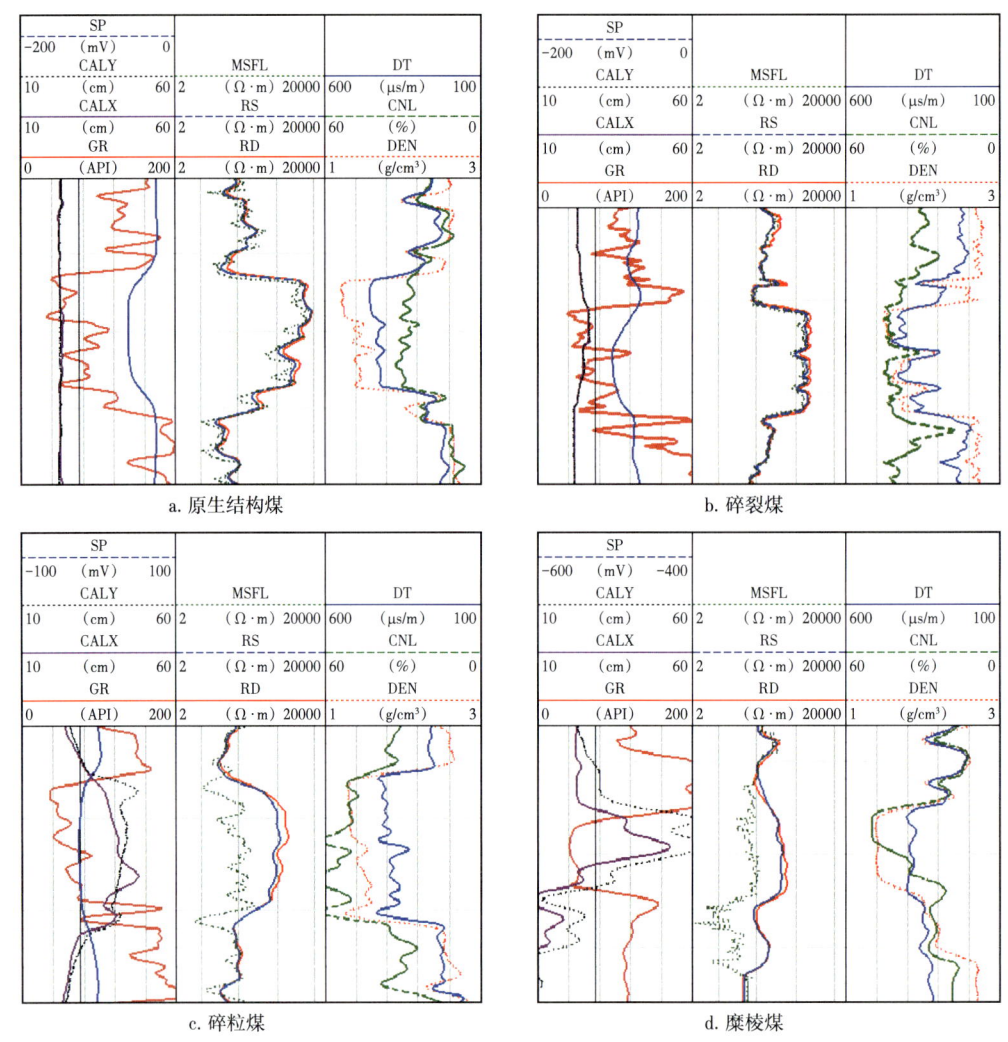

图 4-5-1 不同煤体结构测井响应图

原生结构煤井眼完整，基本不扩径，自然伽马曲线低，电阻率曲线比较高，普遍超过 $5000\Omega\cdot m$，体积密度低，声波时差高，补偿中子高。从取心照片上来看，煤心呈柱状和块状。

碎裂煤井眼基本完整，少量扩径，自然伽马曲线低，电阻率曲线大于 $3000\Omega\cdot m$，体积密度低，声波时差高，补偿中子高。从取心照片上来看，煤心呈块状特点。

碎粒煤井眼不完整，存在明显扩径，自然伽马曲线低，电阻率曲线中等，三孔隙度曲线受经验扩径影响严重。从取心照片上来看，煤心破碎严重。

糜棱煤井眼不完整，严重扩径，自然伽马曲线低，电阻率曲线普遍低于 $1000\Omega\cdot m$，三孔隙度曲线受经验扩径影响严重。从取心照片上来看，煤呈粉末状。

2. 煤体结构判别因子

由不同煤体结构典型测井响应特征可知，随着煤体结构越破碎，井径扩径越严重，深电阻率逐渐降低。同时，不同煤体结构煤层自然伽马也会有不同影响。综合自然伽马、井径、深电阻率和密度曲线，建立煤体结构判别因子，对煤体结构进行识别和划分。煤体结构判别因子 CS 表达式为：

$$CS = f(GR, CAL, RT, DEN) \quad (4\text{-}5\text{-}1)$$

式中：GR 为自然伽马，API；CAL 为井径，cm；RT 为深电阻率，Ω·m；DEN 为体积密度，g/cm³。

结合具体区块测井响应，形成煤体结构测井评价标准，见表 4-5-2。以鄂尔多斯盆地东缘韩城区块为例，煤体结构因子判别标准为：$CS_1=0.54$，$CS_2=0.77$，$CS_3=1.05$。具体效果如图 4-5-2 所示，基本能够有效判别煤层煤体结构类型。

表 4-5-2 煤体结构判别标准

煤体结构	符号	标准区间
原生结构煤	MJ-Ⅰ	0~CS_1
碎裂煤	MJ-Ⅱ	CS_1~CS_2
碎粒煤	MJ-Ⅲ	CS_2~CS_3
糜棱煤	MJ-Ⅳ	>CS_3

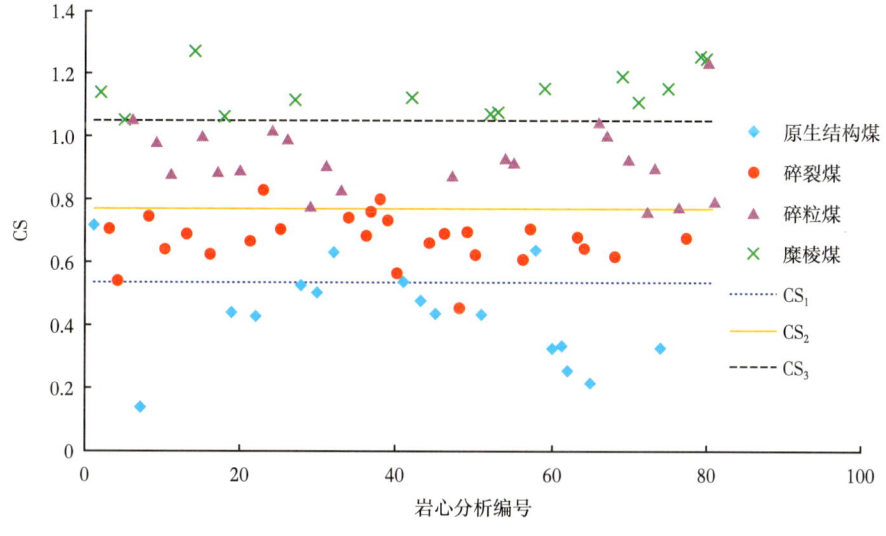

图 4-5-2 煤体结构判别因子划分效果图

3. 识别与划分

通过上述煤体结构判别因子对鄂尔多斯盆地东缘韩城区块 B 井进行了识别与划分，如图 4-5-3 所示，第 1 道为岩性指示道，主要有自然伽马曲线、自然电位曲线、井径曲线；第 2 道为电阻率道，主要有深电阻率曲线、浅电阻率曲线、微球形聚焦曲线；第 3 道为三孔隙度曲线，主要有体积密度曲线、补偿中子曲线、声波时差曲线；第 5 道为岩性剖面道；第 6 道为煤体结构测井判别道。从图中可知，该煤层主要为原生结构煤和碎裂煤，中间夹少量碎粒煤。

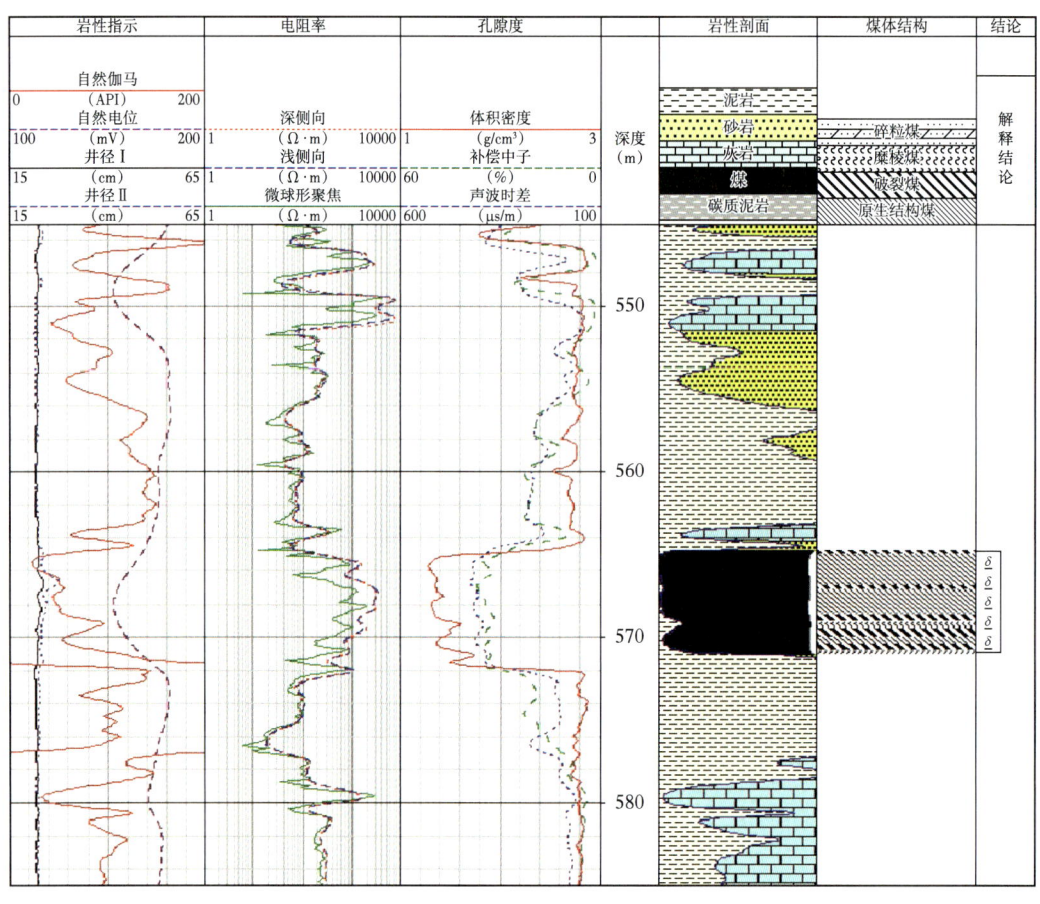

图 4-5-3 B 井煤体结构划分效果图

二、基于破坏作用的含气量评价

煤层含气量是煤层气储层评价的关键参数之一。国内外诸多学者在煤层含气量评价方面形成了大量成果,包括岩心刻度测井的煤层含气量计算方法,多参数计算的煤层含气量计算方法以及神经网络等智能算法的煤层含气量计算方法。煤层气是一种自生自储的非常规天然气,气体主要以吸附态存在于煤颗粒表面,对测井评价提出了极大挑战。通过深入分析煤层气测井响应特点,结合煤层气自生自储的特点,综合地质、水动力以及构造等因素,首次提出了考虑破坏作用的煤层含气量评价方法。

度量煤层中含甲烷多少的指标是"含气量",用单位质量煤的可燃质所含甲烷在标准状态(1个大气压,0℃)下的体积来表示,单位为 m^3/t。密度测井作为一种常用测井方法在煤层评价过程中应用广泛,煤层含气量的低丰度对密度测井测量精度提出了挑战。前人在理论上分析了煤层含气在密度测井上的响应(高绪晨,1999),假设煤层气成分为甲烷,甲烷含气量在密度响应上的增量见表 4-5-3。

表 4-5-3 不同甲烷含气量在密度响应上的增量(据高绪晨,1999)

甲烷含气量(m^3/t)	5	10	15	20	25	30	35
密度增量(g/cm^3)	0.004	0.007	0.011	0.014	0.018	0.021	0.025

国内煤层含气量普遍低于25m³/t，部分煤层甚至低于10m³/t，目前国内密度测井仪测量精度普遍为0.03g/cm³，中国石油集团测井有限公司最新研制的高精度岩性密度测井仪器精度可达到0.015g/cm³，从表4-5-3可知，国内煤田含气量导致密度响应的增量在仪器误差范围内，难以利用现有密度测井仪来准确计算煤层含气量。

煤层现今含气量是其在演化过程中，煤层生气储存、逸散后的剩余量，即是指现今在标准温度和标准压力条件下单位质量煤中所含甲烷气体的体积。一般来说，煤层含气量高，则气体富集程度好，越有利于煤层气开发。本书根据测井对煤质的响应加上含气量的测井敏感因素建立煤层理论吸附气量模型，精确得出煤层理论吸附气量，再考虑工区构造、水动力、目的层封盖性得到煤层现今含气量（图4-5-4）。煤层现今含气量能更准确地反映煤层目前含气量的真实情况，能更好更经济地指导生产开发。

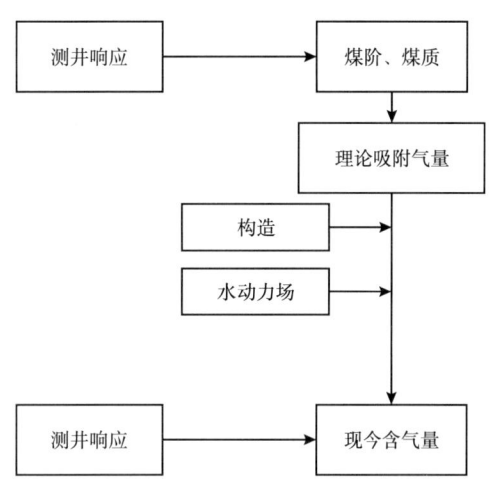

图4-5-4　考虑破坏作用的含气量评价新思路和流程

1. 理论吸附气量评价

含气量的方法主要有两种：一种是统计法，利用煤质参数和测井参数多元拟合计算含气量，另一种是吸附等温线法，主要是利用兰氏方程计算含气量。

统计法主要是运用数学统计原理，寻找含气量与测井曲线或者工业组分之间的关系，建立预测含气量的数学模型：

$$V_{ga} = f(AC, DEN, CNL, GR, RT) \tag{4-5-2}$$

等温吸附法主要利用等温吸附曲线来计算煤层含气量。普遍认为煤对甲烷的吸附属于物理吸附，并且采用等温吸附模型来表征。等温吸附模型通常采用兰氏方程来描述，其中兰氏体积与兰氏压力与工业组分存在一定的关系，在确定工业组分后，可通过压力得到含气量。目前，在兰氏方程的基础上发展了多种改进方法，通过引入灰分、固定碳以及地层温度等因素来修正兰氏方程，使计算结果更加符合实际地层。

煤层的吸附等温线符合兰氏吸附等温式，其数学表达式可表示成如下形式：

$$V_{ga} = (1 - A_{ad} - M_{ad})V_L \frac{p}{p_L + p} \tag{4-5-3}$$

$$\lg V_L = 0.3832 \lg(V_{FC}/V_{VM}) + 1.159 \tag{4-5-4}$$

$$\lg P_L = 0.8 \lg(V_{FC}/V_{VM}) - 0.46 \tag{4-5-5}$$

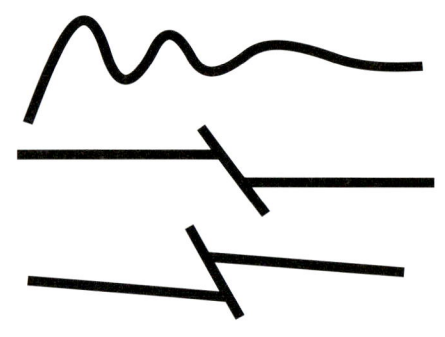

式中：V_{ga} 为吸附气含量，m³/t；V_L 为吸附达到饱和时所吸附的气量，又称兰氏体积；p_L 吸附量达到饱和吸附量一半时的压力，又称兰氏压力；A_{ad} 为灰分体积分数，%；M_{ad} 为空气干燥基水分体积分数，%；V_{FC} 为固定碳体积分数；V_{VM} 为挥发伤体积分数。

2. 破坏作用定量表征

岩层受到构造应力挤压时，必然会发生弯曲或者变形（图 4-5-5）。地层变形程度可以反映构造活动的强弱，其中地层曲率可以定量化表征地层变形程度。

图 4-5-5 地层变化示意图

假设煤层顶面标高等值线趋势面拟合方程为：

$$f(x,y) = ax^2 + by^2 + cxy + dy + ey + f \quad (4\text{-}5\text{-}6)$$

则曲率计算公式为：

$$K_m = \frac{a(1+e^2) + b(1+d^2) - cde}{(1+d^2+e^2)^{1.5}} \quad (4\text{-}5\text{-}7)$$

在水动力方面：当地层不受地表水影响时，地层水矿化度普遍较高。可以利用地层水矿化度来定量表征研究区块水动力强度。

3. 现今含气量计算

利用数据分析软件考虑灰分、密度、地层水矿化度、曲率回归建立现今含气量模型：

$$V_{Gt} = f(A_{ad}, \text{DEN}, K_m, C_w) \quad (4\text{-}5\text{-}8)$$

式中，V_{Gt} 为总含气量，m³/t；C_w 为地层水矿化度，g/L。

从新方法计算的煤层含气量与岩心测量含气量对比可知（图 4-5-6），新方法计算含气量模型准确率达到 86% 以上，效果显著。对韩城区块 X 井进行了处理解释，计算结果如图 4-5-7 所示，与岩心分析结果基本一致。

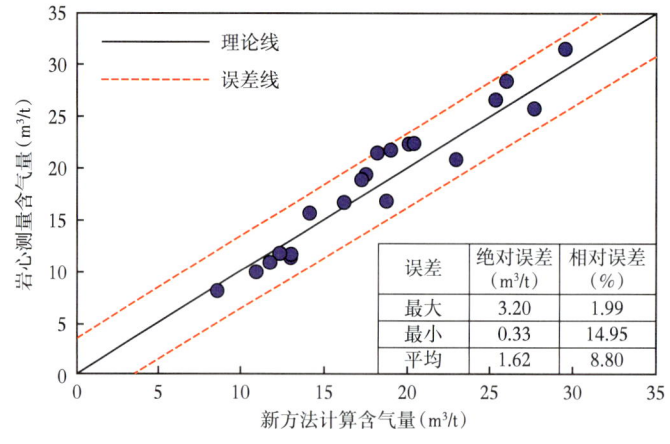

图 4-5-6 测井计算含气量与实验测量含气量比较

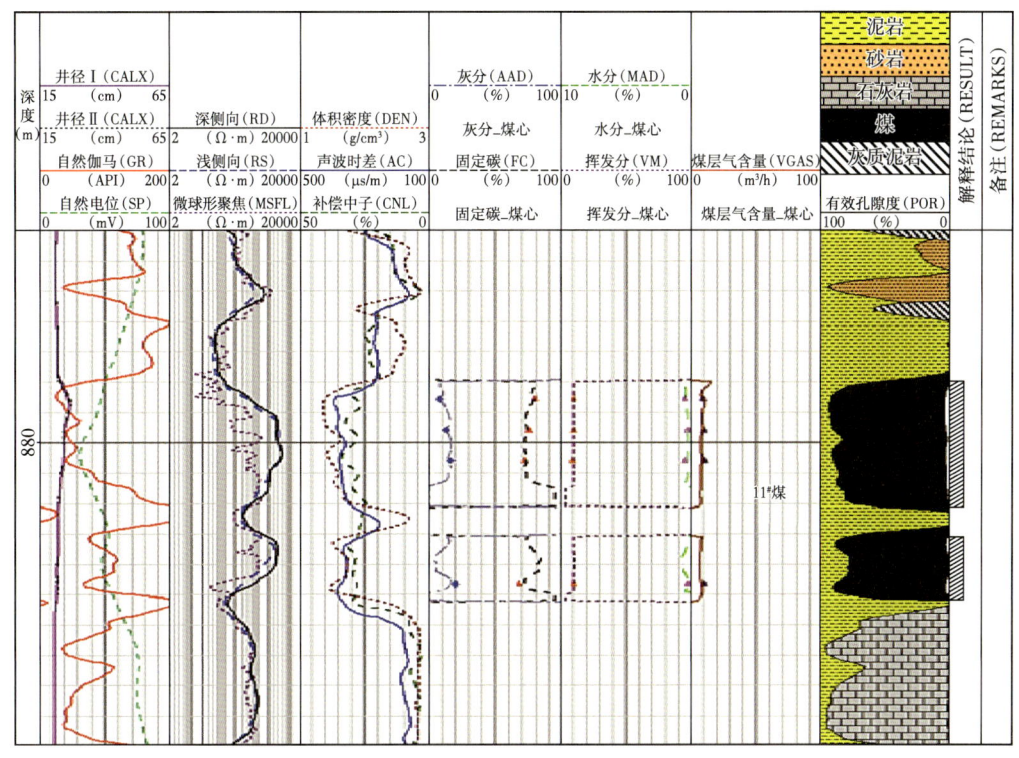

图 4-5-7 韩城区块 X 井测井解释成果图

三、煤层割理孔隙表征与渗透率计算

煤层基质孔隙表面主要吸附煤层气，割理孔隙是主要的渗流通道，由于基质渗透率相对割理渗透率可以忽略，因此割理渗透率可以直接代表煤岩渗透率。

1. 煤心核磁共振 T_2 谱特征分析

岩石核磁共振实验被广泛运用于计算常规砂岩储层渗透率，主要采用 Coates 和 SDR 等两种模型。针对煤岩独特的双重孔隙，充分提取核磁共振 T_2 谱特征参数，利用 T_2 谱定量表征割理孔隙对应的核磁共振区间孔隙度 ϕ_c、割理宽度 d 等参数来定量表征煤层割理孔隙度。

典型煤储层双重孔隙核磁共振 T_2 谱如图 4-5-8 所示。割理孔隙对应的 T_2 谱普遍靠后，存在单独的谱峰。可以通过割理孔隙 T_2 截止值 $T_{2\text{cutoff\_c}}$，通过如下公式计算煤样割理孔隙对应的核磁共振区间孔隙度：

$$\phi_c = \int_{T_{2\text{cutoff\_c}}}^{T_{2\max}} \phi(T_2) \qquad (4\text{-}5\text{-}9)$$

式中：$T_{2\max}$ 为最大 T_2，ms。

确定割理孔隙谱峰对应的横向弛豫时间 T_{2c}，计算割理宽度 d：

$$d = 2\rho T_{2c} \qquad (4\text{-}5\text{-}10)$$

式中：d 为割理宽度，mm；ρ 为煤表面弛豫率，取 1.8×10^{-6} mm/ms；T_{2c} 为谱峰对应的横向弛豫时间，ms。

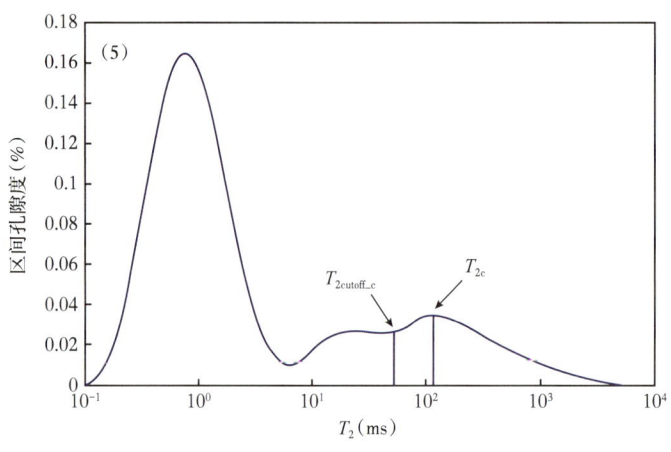

图 4-5-8　煤心核磁共振 T_2 谱

2. 割理孔隙度与渗透率评价方法

割理渗透率 K 即煤层渗透率的计算公式为

$$K = \frac{a\phi_c d^2}{1-\phi_c} \tag{4-5-11}$$

式中：K 为渗透率，mD；a 为系数。

通过对比岩心实验测量结果与计算结果（图 4-5-9），计算结果与实验测量结果基本一致，误差基本控制在一个数量级，计算精度可靠，可以满足现场应用。

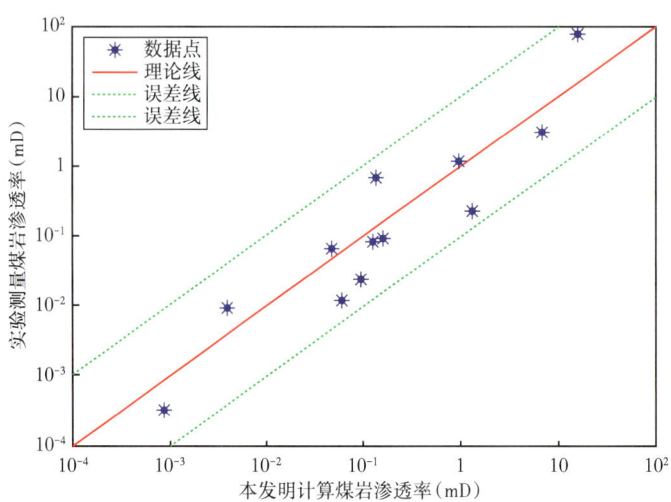

图 4-5-9　计算煤岩渗透率与实验测量煤岩渗透率对比图

四、煤层及顶底板含水性测井综合评价

针对现场煤层气井产水量过大，见气周期变长的问题，引入煤岩体综合强度因子定量评价单井煤层及顶底板含水性，把煤层以及顶底板作为一个系统来评价，建立单井煤层产水预测模型，服务现场排采。

1. 煤岩体综合强度因子

对于一个井田或者小范围区块，煤储层经历的地质发展史近似，演化史相似，某一阶段煤储层所承受的温度、压力、应力接近，且井田或区块内部没有明显边界，煤层本身含水性在径向上没有较大区别；那么井筒的产水更取决于纵向上顶底板岩体与煤层结构变化、连通性等。岩体强度因子反映了统计层段内层状复合岩体的综合强度，可以把它视作为煤岩体综合杨氏模量。当强度因子较大时，岩体容易发生脆性断裂，在相同的泵入总液量前提下，压开裂隙延伸长度越大，使得煤岩体的连通性强，在排采过程中存在越流补给现象，所以煤层产水量就大。

煤岩体强度因子（倪小明，2009）：

$$\mathrm{CE} = \sum h_i \frac{K_i}{s_i} \quad (4\text{-}5\text{-}12)$$

式中：h_i 为统计层段内岩层单层厚度，m；s_i 为岩层中点到煤层中点的距离，m；K_i 为岩层单层相对强度。

不同岩性相对强度见表 4-5-4。

表 4-5-4 岩层单层相对强度（据倪小明，2009）

脆性岩石		韧性岩石		过渡岩石	
石灰岩	1.5	泥岩	0.5	粉砂岩	0.8
砾岩	1.2	碳质泥岩	0.5	泥灰岩	0.7
粗粒砂岩	1.1	煤层	0.3	铝土岩	0.7
中粒砂岩	1				
细砂岩	0.9				

对于多套煤层可以综合两套煤岩体强度因子综合评价。以一个煤岩体系统作为研究对象，定义煤岩体综合强度因子：

$$\mathrm{TCE} = \frac{\sum H_i \mathrm{CE}_i}{H} \quad (4\text{-}5\text{-}13)$$

式中：H 为煤层总厚度，m；H_i 为第 i 套煤层厚度，m；CE_i 为第 i 套煤岩体强度因子；TCE 为煤岩体综合强度因子。

以保德区块 8+9# 煤层为例来计算煤岩体强度因子，如图 4-5-10 所示。可以看出，随着各岩层距目的煤层距离的增大，其单层强度对煤岩体强度因子的影响减弱，当超过一定距离后，其影响将非常有限，参考现场资料压裂裂隙在纵向上延伸 10m 左右，将这一距离设定为 20m。把煤层及顶底板上下 20m 地层按照岩性分别进行划分，根据岩性、地层厚度及与煤层中点的距离来计算该煤岩体强度因子。据钻井录井资料显示该区块煤层顶底板主要是泥岩、细砂岩、粉砂岩和少量碳质泥岩，为了计算方便规定：泥质含量大于 40% 且厚度大于 1m 为泥岩层，泥质含量小于 40% 且厚度大于 1m 为砂岩层，碳质泥岩层按泥岩层处理。各单层厚度、距煤层中点距离及单层相对强度数据统计见表 4-5-5。把相关参数代入式（4-5-13），即可计算出该煤岩体强度因子。

表 4-5-5 保 X 井 8+9# 煤岩层单层统计数据

层号	厚度（m）	距煤层中点距离（m）	单层相对强度
1	5.9	36.55	0.5
2	19.8	30.65	0.8
3	3.7	10.85	0.5
4	1.4	8.55	0.5
5	1.8	10.35	0.8
6	6.5	16.85	0.5
7	1.4	18.25	0.8
8	1.5	19.75	0.5
9	2.8	22.55	0.9
10	5.5	28.05	0.5

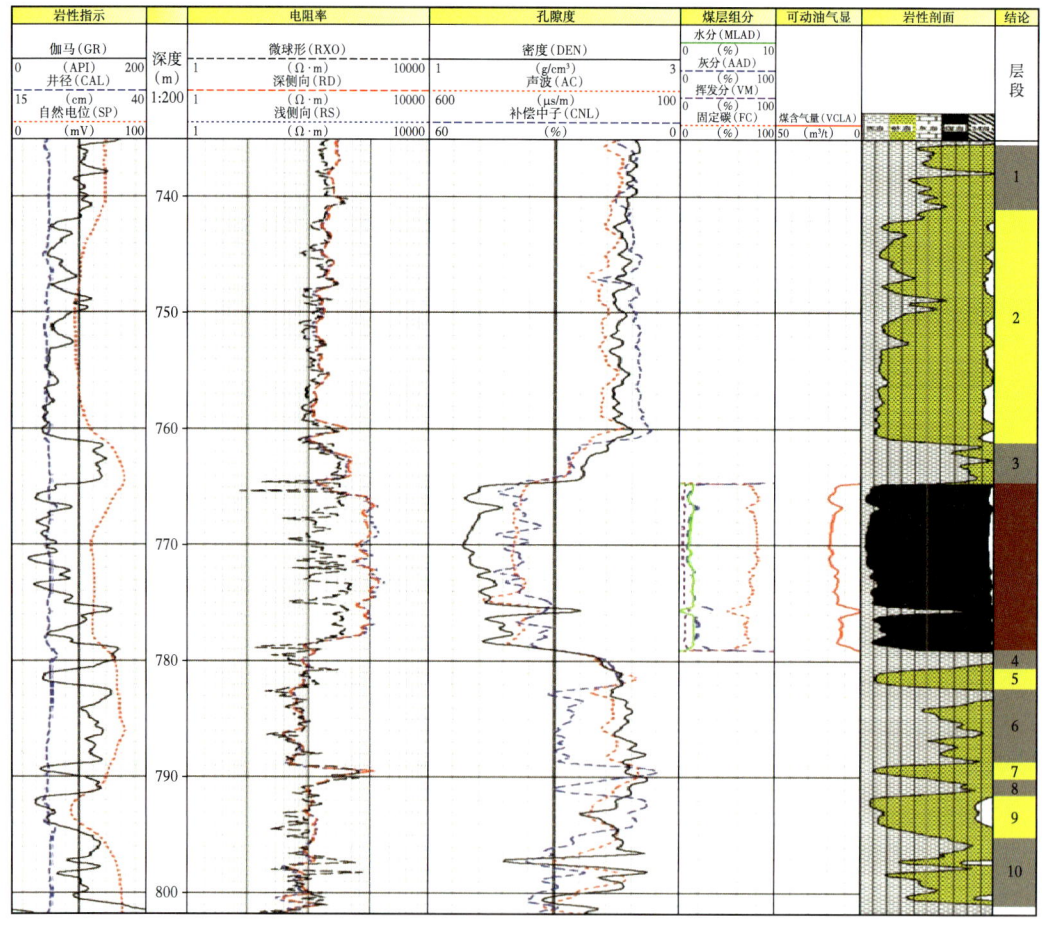

图 4-5-10　保德区块 × 井 8+9 煤煤岩体强度因子计算示意图

将统计数据代入式（4-5-12）计算的 $CE_{8+9}=1.49$，同样方法计算 $CE_{4+5}=1.17$，然后利用式（4-5-13）计算保 X 井 $TCE=1.34$。

2. 产水量预测方法

以鄂尔多斯盆地保德区块为例，该区块横向上煤层与砂体发育比较稳定，也就是说区域水源相似；纵向上井与井之间砂体距煤层距离、砂体厚度、煤层厚度以及砂体与煤层组合关系、力学强度等存在着较大差异，而这种差异性正是导致压裂后井与井之间产水量不同的原因，煤岩体综合强度因子能够很好体现这种差异。

对保德区块 20 口井进行煤岩体综合强度因子计算，建立煤层及顶底板产水量预测模型。具体公式如下：

$$Q_w = a\mathrm{e}^{b\cdot \mathrm{TCE}} \tag{4-5-14}$$

式中：Q_w 为日产水量，m^3；a、b 为常数。

图 4-5-11 为煤岩体综合强度因子与日产水关系图，可以看出井筒日产水量随着煤岩体综合强度因子的增大显现指数增加且相关性好，充分说明压裂对煤层产水起着主导作用。利用井筒产水模型预测了 10 口井的产水情况，图 4-5-12 为实际日产水与预测日产水对比图，从结果来看模型具有很好的实用性。

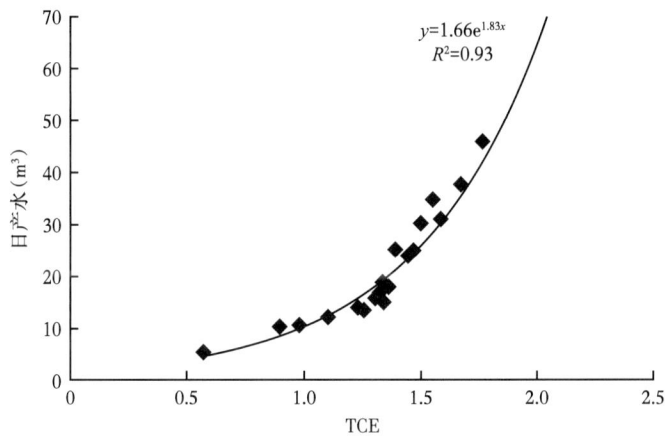

图 4-5-11　煤岩综合体强度因子与日产水关系图

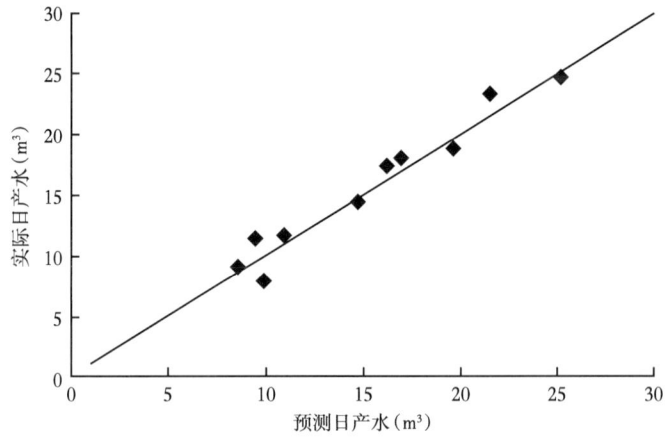

图 4-5-12　预测日产水与实际日产水对比图

针对目前煤层气勘探开发过程中地质工程适用性不够、井间产量差异大、单井产量低等关键问题，煤层气测井评价下一步要围绕煤层气高效开发，以提高单井产量为核心，深化地质工程应用，开展煤系地层地质力学评价、地质工程一体化的综合评价和基于源储配置关系的煤系地层测井综合评价，与现场钻井、射孔、压裂和排采等工程进行结合，建立地质与工程之间的桥梁，提高测井评价应用于地质工程的适用性，满足现场"一井一策"技术需求，进一步提高煤层气勘探开发效益。

第六节　富油煤测井解释评价

富油煤是集煤、油、气属性于一体的煤炭资源，隔绝空气条件下可通过中低温热解生成焦油、煤气和半焦，是一种煤基油气资源。按照《矿产资源工业要求手册（2014修订本）》定义，富油煤是指在格金干馏试验条件下焦油产率为7%~12%的煤岩，而焦油产率小于7%的定义为含油煤，大于12%的称为高油煤。本节主要对富油煤岩石学特征、测井响应特征和评价方法进行介绍。

一、富油煤岩石学特征

富油煤不同于传统的煤岩，其最大特点是煤中富含较多热解可生成油气的富氢结构，富氢结构是影响富油煤中潜在油气属性特点的关键物质结构。

1. 宏观特征

煤作为一种固体可燃有机岩，由有机物质和无机矿物质混合组成，不同的宏观煤岩成分和煤岩类型是由不同的显微煤岩类型所组成的。从宏观煤岩成分来看，富油煤岩样品在成分上以亮煤和镜煤为主，丝炭和暗煤几乎不可见；含油煤则以暗煤为主，少量样品可见亮煤或者丝炭，如图4-6-1所示。

a. 八道湾组富油煤

b. 西山窑组含油煤

图4-6-1　富油煤

八道湾组主要的显微煤岩类型是镜质组，其亚显微结构主要包含结构镜质体和无结构镜质体中的基质镜质体、均质镜质体、团块镜质体等（图4-6-2）。西山窑组煤以惰质组为主，只有少部分镜质组组分，其亚显微结构主要以半丝质体为主，丝质体和基质镜质体次之，还存在少量的碎屑惰质体和孢子体（图4-6-3）。

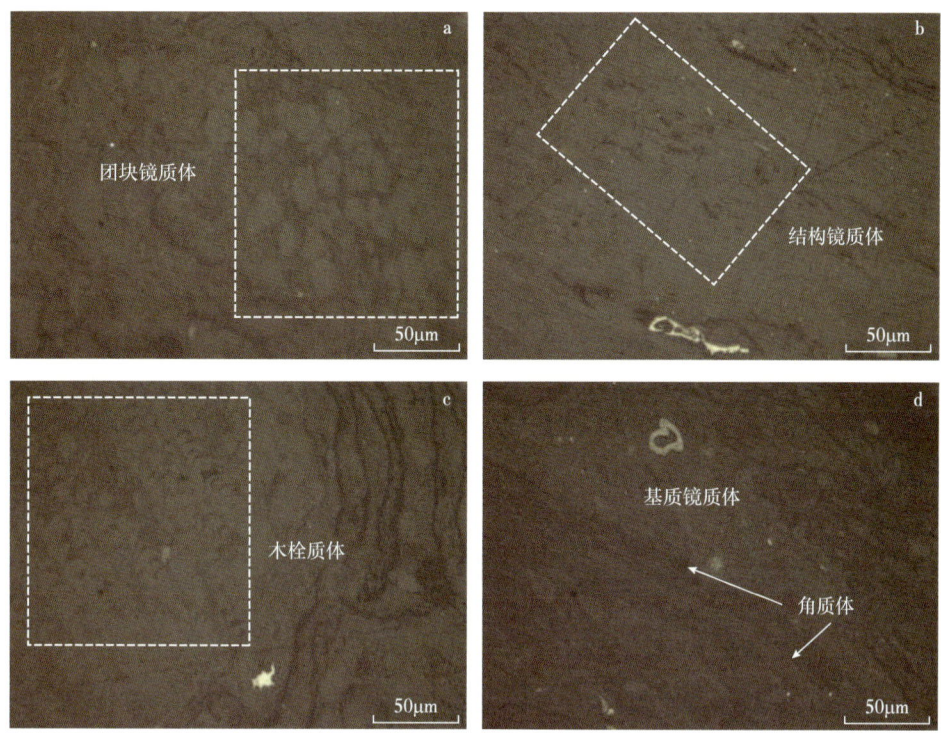

图 4-6-2 八道湾组煤亚显微组分

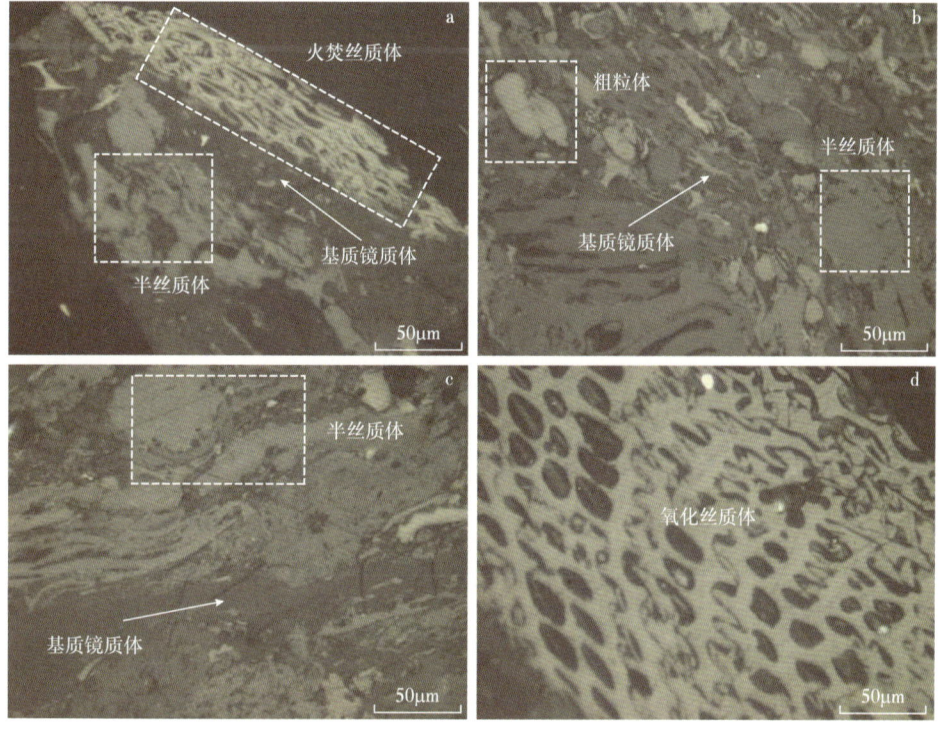

图 4-6-3 西山窑组煤亚显微组分

2.组分特征

煤的工业分析和元素分析是评价煤岩性质的基本指标,工业分析包括煤的水分、灰分、挥发分和固定碳等4个项目的测定。元素分析包括碳、氢、氧、氮、硫,其中碳、氢、氧、氮是反映煤岩基础化学性质的基本指标。

富氢结构物质是形成富油煤的物质基础。由于富油煤中富氢结构物质含量高,相比含油煤,其表现出具有更高的挥发分产率和氢元素含量。图4-6-4为新疆三塘湖盆地八道湾组富油煤和西山窑组含油煤试验测量结果,可以发现,八道湾组富油煤挥发分产率和氢元素含量分别为49.9%和5.97%,而西山窑组挥发分产率和氢元素含量分别为3.88%。

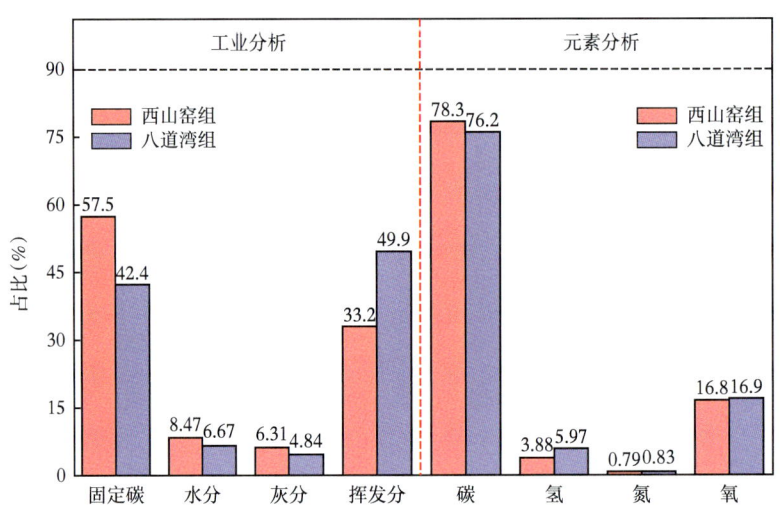

图4-6-4 西山窑和八道湾组煤样工业分析和元素分析

镜质组、惰质组和壳质组是煤三大显微组分。不同的有机显微组分生烃潜力尤其是生油能力存在不同,通常煤中壳质组和镜质组含量越高,煤岩焦油产率越高,而惰质组含量越高时,煤岩焦油产率则越低。表4-6-1为西山窑组和八道湾组煤样显微组分含量,可以发现,八道湾组煤镜质组平均含量为87.33%,壳质组平均含量为11.3%,均远高于西山窑组,惰质组含量平均含量为1.37%,明显低于西山窑组。

表4-6-1 西山窑组和八道湾组煤样显微组分含量

地层	组分含量		
	镜质组(%)	惰质组(%)	壳质组(%)
西山窑组	$\frac{5.63 \sim 51.18}{20.24}$①	$\frac{47.39 \sim 93.9}{78.94}$	$\frac{0.46 \sim 1.42}{0.82}$
八道湾组	$\frac{46.19 \sim 96.67}{87.33}$	$\frac{0.28 \sim 10.04}{1.37}$	$\frac{2.28 \sim 43.77}{11.30}$

注:①横线上面是范围,横线下面是平均值。

通过实测煤岩焦油产率与挥发分产率、壳质组、镜质组和惰质组含量交会分析可以发现,随着挥发分产率增大,煤焦油产率明显增大,两者具有良好的正相关关系(图4-6-5);同理分析发现,煤焦油产率与镜质组、壳质组呈正相关,惰质组与焦油产率呈负相关(图4-6-6)。

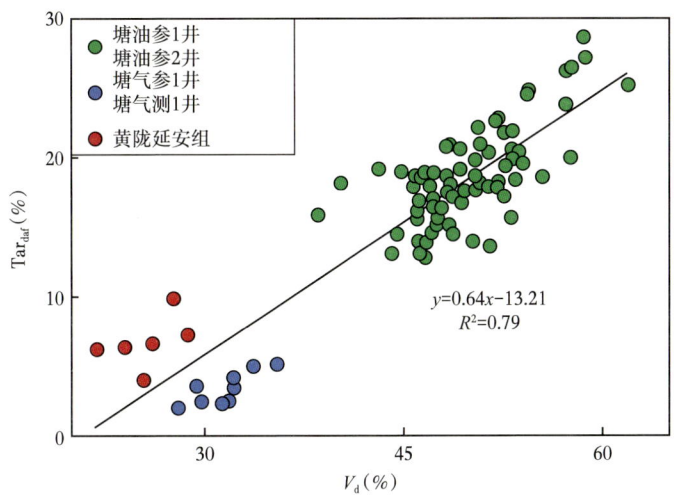

图 4-6-5 挥发分产率与焦油产率关系图

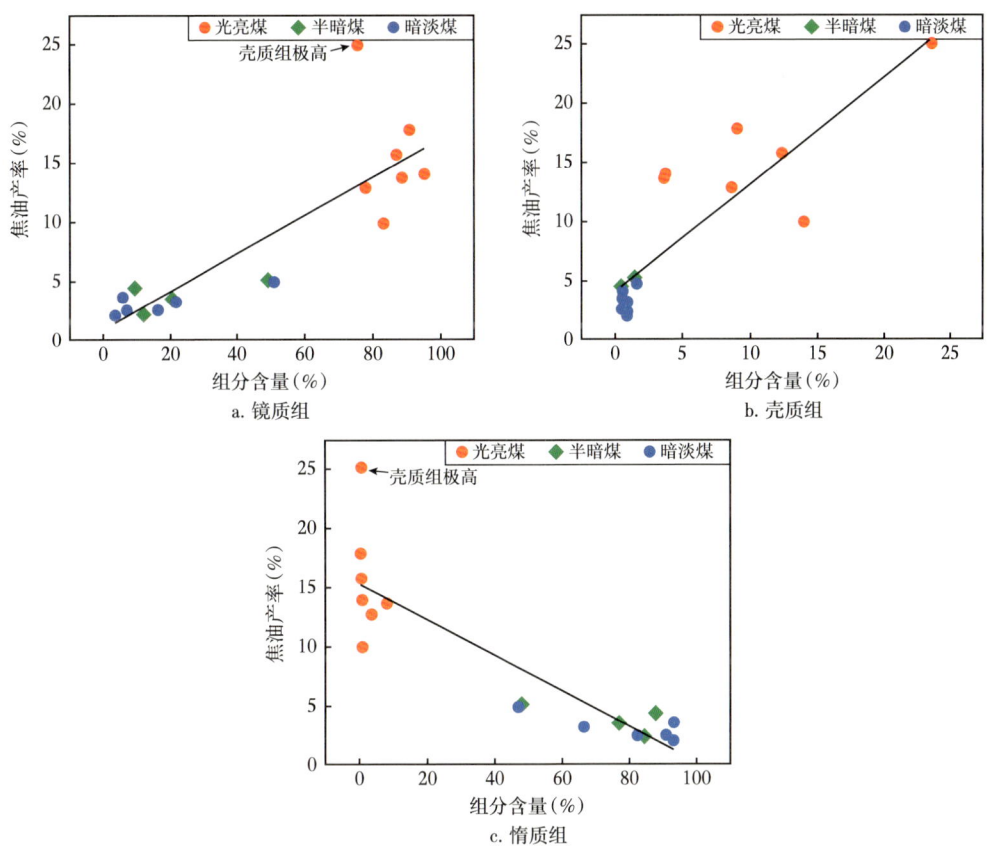

图 4-6-6 镜质组、壳质组、惰质组含量与焦油产率关系图

综上所述可以发现,与含油煤相比,富油煤在煤岩物质组成方面表现为具有高挥发分产率、高氢元素量、高镜质组和高壳质组特征,即"四高"特征。

3. 富氢结构特征

前述富油煤具有含氢结构物质含量高的特点,为此可以利用傅里叶变换红外(Fourier

transforminfrared，FTIR）光谱和固体 ^{13}C 核磁共振测量来明确基本结构单元。对于傅里叶红外光谱测量，波数在 700~900cm^{-1} 位置对应芳香结构吸收带；波数在 1000~1800cm^{-1} 位置对应含氧官能团吸收带；波数在 2800~3000cm^{-1} 位置对应脂肪结构吸收带；波数在 3000~3100cm^{-1} 位置对应芳香 CH 吸收带，波数在 3100~3600cm^{-1} 位置对应羟基结构吸收带，一般通过分峰拟合来半定量识别红外官能团。其中，波数在 2800~3000cm^{-1} 的红外光谱曲线含有两个主峰，主要为脂肪烃 CH$_x$ 伸缩振动区域。官能团类型包括波数在 2850~2870cm^{-1} 的吸收峰为对称脂肪族 CH$_2$，波数在 2870~2900 cm^{-1} 的吸收峰为脂肪族 CH，波数在 2900~2930cm^{-1} 的吸收峰为不对称脂肪族 CH$_2$，波数在 2930~2950cm^{-1} 的吸收峰为脂肪族 CH$_3$；^{13}C-NMR 光谱对煤中碳原子归属反映较为精细，^{13}C-NMR 图谱可分为三部分：0~90μg/g 脂肪族碳，90~165μg/g 芳香族碳，165~220μg/g 是羧基碳和羰基碳。

图 4-6-7 为八道湾组富油煤和西山窑组含油煤傅里叶红外拟合光谱，可以发现二者的脂肪结构吸收带存在明显差异，尤其在脂肪族官能团 CH$_3$ 和 CH$_2$ 对应的吸收峰存在较大差异。

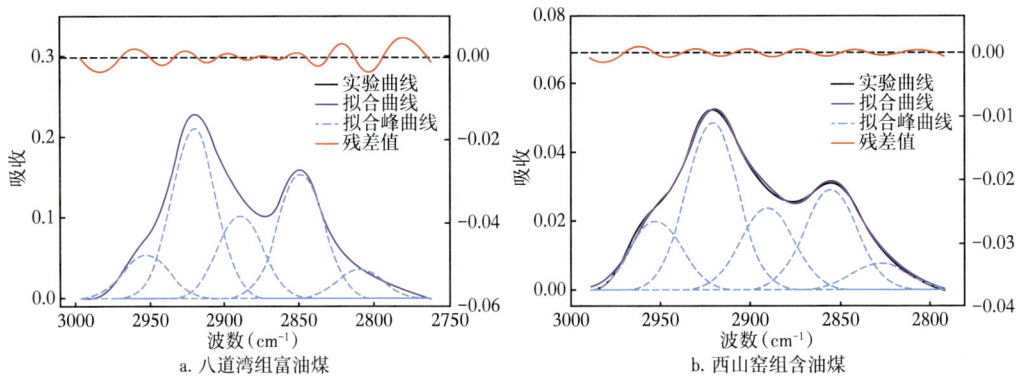

图 4-6-7 八道湾组和西山窑组煤傅里叶红外拟合光谱图

图 4-6-8 为八道湾组富油煤和西山窑组含油煤固体 ^{13}C 核磁共振拟合图，可以发现八道湾组和西山窑组煤之间的拟合图差异明显，最为明显的差异也是脂肪碳和芳香碳吸收峰强度的区别。

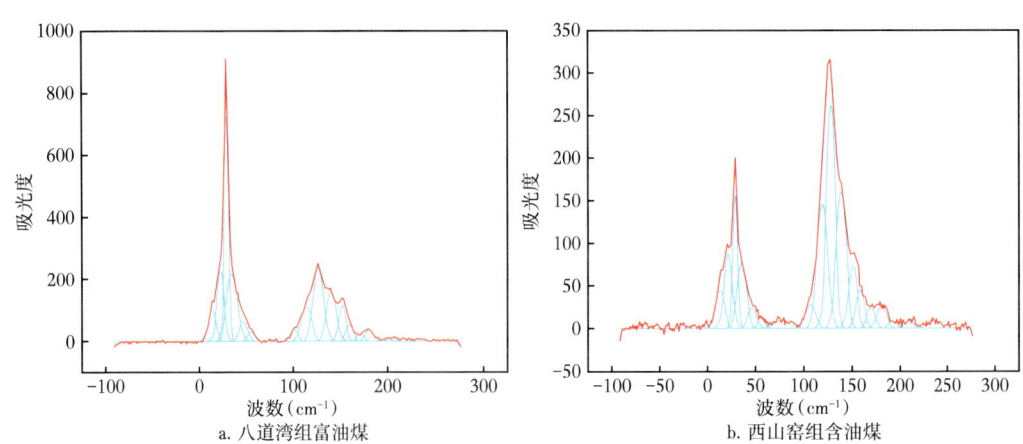

图 4-6-8 八道湾组和西山窑组煤 ^{13}C-NMR 分峰拟合图

整体而言，不论是傅里叶红外光谱还是固体 ^{13}C 核磁共振测量均指示富油煤中富氢结构物质主要为煤中脂肪结构，富油煤往往具有更高的脂肪结构，更低的芳香结构，含油煤则恰好相反。

二、富油煤测井响应特征

煤岩具有典型的"三高两低"测井响应特征，即高电阻率、高中子、高声波时差、低密度和低自然伽马，但对富油煤的测井识别尚处于探索阶段，本次富油煤的测井响应特征主要基于相关岩石物理实验测量和数值模拟所得，旨在为富油煤的测井识别和评价提供理论基础。

1. 常规测井响应特征

对于煤岩的识别，测井已有成熟的技术方法手段，这是因为煤岩与其他沉积岩在测井响应特征上存在明显差异，与其他沉积岩相比，煤岩表现出明显的"三高两低"的特征，即"高电阻率、高声波时差、高补偿中子、低密度和低自然伽马"。

自然伽马测井主要用于测量地层中的自然放射性。这种方法是基于地层中含有的放射性元素（主要是 K、U 和 Th）会自然地发射出伽马射线的原理。在自然伽马测井中，测井工具会在井下连续测量伽马射线的强度，然后将测量结果以曲线的形式记录下来。

密度测井主要用于测量地层视密度值。这种方法是基于伽马射线在地层中的衰减规律来进行测量的。利用伽马射线源（通常使用 Cs-137）放射出能量为 0.66MeV 的伽马射线，伽马射线穿过地层时，与地层中的电子发生康普顿效应，从而吸收部分能量，同时，伽马射线还与原子核的电子层发生光电效应，产生光电子，通过测量伽马射线的强度和光电吸收截面，确定地层的密度和岩性。

中子测井是以中子与地层介质相互作用为基础的测井方法。从中子源发出的高能中子与地层物质的原子核发生各种作用，其结果是高能中子逐步减弱为超热中子和热中子或被原子核吸收发生核反应。探测仪器记录的低能中子的数量或原子核俘获中子发出的伽马射线的强度与地层对中子的减速能力和吸收特性有关。氢核与中子的质量几乎相等，是最强的减速物质。因此，中子测井的结果反映地层的含氢量。

虽说煤岩具有"低自然伽马、低密度、高中子"特征，但不同类型煤岩的测井响应差异尚不清楚。为了进一步明确二者的测井响应特征，分别对两种煤样开展伽马能谱和真密度测量，如图 4-6-9 和图 4-6-10 所示。图 4-6-9 为自然伽马与焦油产率交会图，整体表现为随焦油产率增大，煤岩自然伽马值逐渐降低，即高油煤自然伽马值最小，富油煤次之，含油煤最高，但整体自然伽马值均较低。图 4-6-10 为真密度与焦油产率交会图，可以发现，随着焦油产率增大，煤岩真密度逐渐降低，两者具有很好的线性关系。从图中可以看出，富油煤真密度值明显小于含油煤，整体表现为含油煤真密度值大于 1.4g/cm^3，而富油煤—高油煤真密度值小于 1.4g/cm^3。

从煤岩工业组分来看，西山窑组含油煤灰分含量高于八道湾组富油煤，西山窑组煤岩灰分含量为 2.91%~22.86%，平均为 6.31%；八道湾组煤岩灰分含量为 1.17%~22.86%，平均为 4.84%。前人研究认为，煤岩放射性强弱与煤中灰分含量有关，由于放射性物质主要吸附于灰分表面，灰分含量越高，放射性相应越强，而固定碳的吸附作用相比灰分可忽略不计，从而表现出富油煤自然伽马值低于含油煤。但当煤岩灰分含量整体较低时,自然伽马值的变化也就相对不明显,整体均表现为低伽马值特点。

中子测井对探测地层氢含量具有良好的响应规律,毛志强等通过数值模拟发现,煤的含氢指数随着煤演化程度的加深而降低,相应中子测井值也逐渐减小,而对于相同煤化程度的煤,随着煤岩物质组成不同,氢含量也存在差异。前述分析已知富油煤相比含油煤具有更高的含氢量,富氢结构含量越高,煤岩中子值相应越大,故在不考虑煤含水量和孔隙度的情况下,富油煤的煤岩骨架中子值高于相同情况下的含油煤。

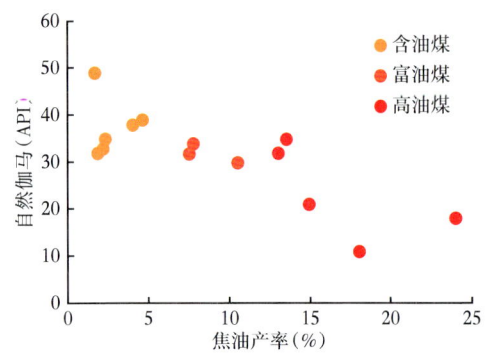 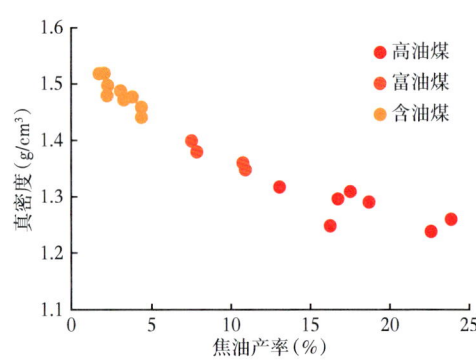

图 4-6-9　自然伽马与焦油产率关系　　　　图 4-6-10　真密度与焦油产率关系

相比碎屑岩,煤岩具有"高声波时差"特征,为了明确不同煤岩类型声波特性,分别选取西山窑组含油煤、鄂尔多斯盆地富油煤和八道湾组高油煤全直径煤样开展纵横波速度测量(图 4-6-11),煤样均在干燥状态下进行测量。基于实验测量结果可以发现,不论是纵波速度还是横波速度,整体表现为:高油煤＞富油煤＞含油煤,其中,高油煤平均纵波速度为 2456m/s,富油煤平均为 2125m/s,含油煤平均为 1429m/s;高油煤平均横波速度为 1144m/s,富油煤平均为 1027m/s,含油煤平均为 820m/s。声波时差与声波速度是倒数关系,故声波时差大小关系刚好相反,即高油煤声波时差最小,富油煤次之,含油煤声波时差最大。

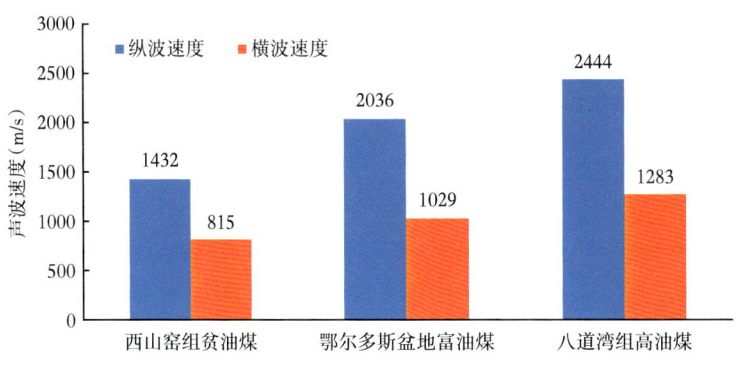

图 4-6-11　不同煤岩声波速度

图 4-6-12 为煤样干燥状态下实测纵横波速度与焦油产率关系。可以发现随着焦油产率的增大,纵波速度、横波速度均逐渐增大,二者呈正相关关系,但当焦油产率大于 12%,声波速度增大不明显,逐渐趋于平稳,纵波速度整体低于 2500m/s,横波速度整体低于 1300m/s,声波速度不会随着焦油产率的升高而一直增大。

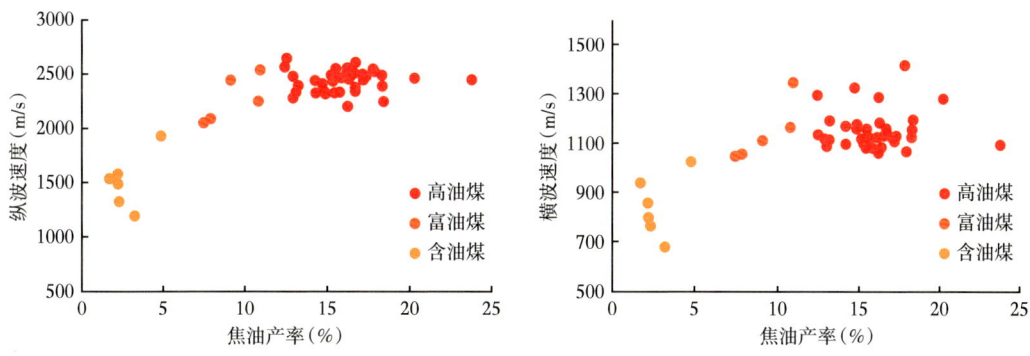

图 4-6-12　纵波速度、横波速度与煤焦油产率关系

电阻率测井是一种以研究介质导电性为物理基础的测井方法。由于不同岩石物质组成不同，其导电性能必然存在差异，相应岩石电阻率值就存在不同，即使是相同的岩石，若岩石孔隙发育程度及孔隙内流体存在不同，电阻率值也会存在差异。在油气勘探领域，通过测量地下岩石电阻率的变化可以分析地下岩石特性，因此往往被用于岩性判断、油水层划分和储层物性评价等方面。

图 4-6-13 为三塘湖盆地塘气参 1 井西山窑组煤层与塘 2 井八道湾组煤层测井响应特征。从图中实测焦油产率数据来看，西山窑组煤层以含油煤为主，少数煤样为富油煤，而八道湾组煤层以高油煤为主，焦油产率整体大于12%。从煤层对应的测井响应特征可以发现，对于煤层电阻率值，相比上下围岩，富油煤与含油煤均表现为高电阻率特征，但是两者仍存在明显差异，西山窑组含油煤层深电阻率值整体小于 300Ω·m，而八道湾组富油煤层深电阻率值整体大于 20000Ω·m，表现出异常高电阻率值，两者电阻率值相差二三个数量级，差异明显。富油煤表现出高电阻率值特征，而含油煤为中—低电阻率值特征。

2. 电成像测井响应特征

成像测井是指在井下采用阵列扫描测量或旋转扫描测量，沿井眼纵向、周向大量采集地层信息，通过图像处理技术得到井壁的二维图像，相比以往的测井曲线表示方式，可以更精确、更直观地反映地层参数的变化特征。以斯伦贝谢公司微电阻率扫描成像测井（FMI）仪器为例，该仪器由四个主极板和四个翼板组成，每个极板上有两排电极，每排有 12 个电极，共计 192 个电极，仪器纵向分辨率为 0.2in，在 8.5in 井眼中可以得到覆盖率接近 80% 的电阻率成像图，可以清晰展示地层结构特征。

图 4-6-14 为三塘湖盆地塘气测 1 井西山窑组煤层测井响应特征，结合实测煤焦油产率值可以发现西山窑组上段为含油煤，下段部分煤层为焦油产率大于 7% 的富油煤，两者电阻率值差异明显，与前述分析认为富油煤为高电阻率，含油煤为低电阻率认识一致。从对应的电成像测井图上，相比上下顶底板泥岩，含油煤和富油煤在静态图像上均表现为亮色特征，表明不论是含油煤还是富油煤，煤层电阻率值均整体高于围岩（泥岩），表现出相对电阻率值高；由于动态图像能清晰反映煤层结构特征，从动态图像来看，煤体结构相似，以块状、层状结构为主，从实际塘气测 1 井西山窑组煤样岩心观察，煤岩以原生结构为主，结构近于均一、条带状。

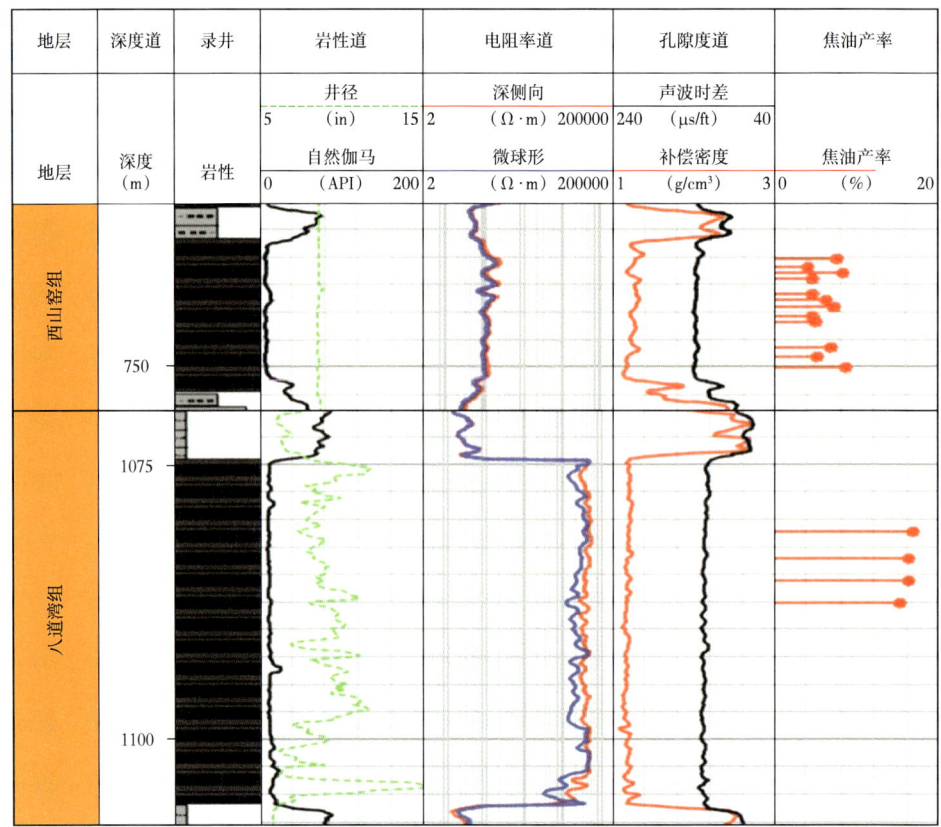

图 4-6-13 西山窑组含油煤与八道湾组富油煤电性特征

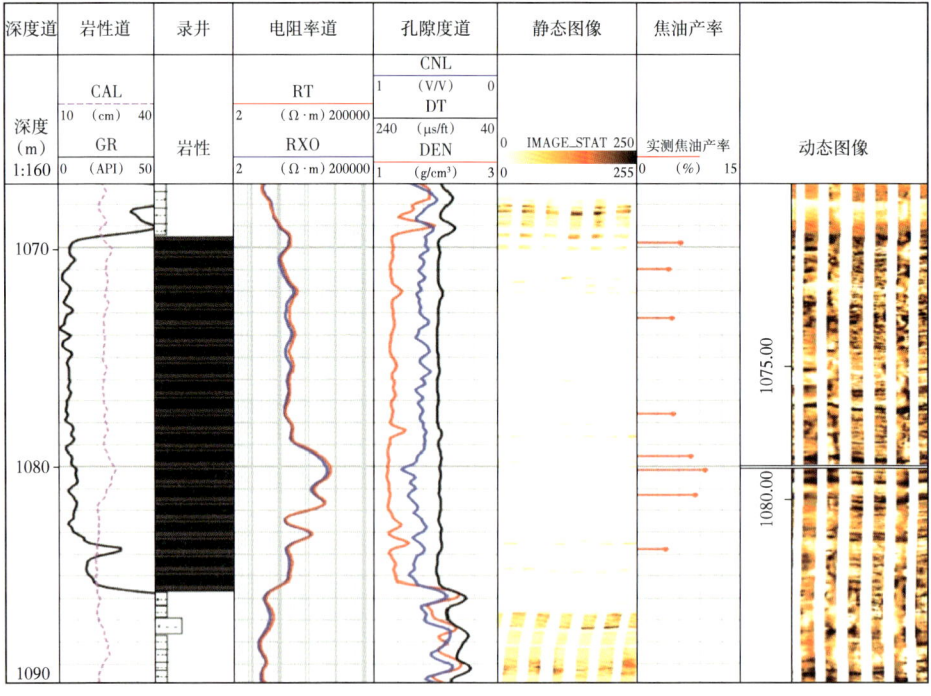

图 4-6-14 塘气测 1 井西山窑组煤层测井特征

电成像测井在处理过程中将电流强度变化转化为不同色彩的图像，对应得到的图像就是动静态图像。其中，静态图像是在较长的深度段范围内，利用一个色标来刻度该深度测量段的电阻率值高低，其中电阻率值高对应白色，电阻率值低对应黑色，因此利用静态图像可以进行纵向地层对比研究，但无法反映图像细节；动态图像则是在一个很小的纵向窗长内，利用色标对该窗长内的电阻率值进行刻度，因此其可以充分反映图像细节变化，是对静态图像的补充。静态图像反映的是地层整体电阻率值的相对高低变化，由于煤层相比顶底板泥岩电阻率值较高，所以表现为亮色块状特征，但对于煤层自身内部电阻率值变化就没能清晰展示，如图 4-6-14 所示，不论是含油煤还是富油煤层均为亮色块状特征，依靠静态图像可以识别出煤岩，但是无法区分富油煤和含油煤，整体来看，研究区含油煤和富油煤均表现为亮色层状—块状结构特征。

3. 核磁测井响应特征

核磁共振测井是以氢核与外加磁场的相互作用为基础，是唯一可以直接测量孔隙流体特征的测井方法，测量结果不受岩石骨架矿物的影响，能提供丰富的地层信息，如地层孔隙度、孔隙结构及渗透率等参数。

核磁共振测井是利用自旋回波 CPMG 脉冲序列，对地层流体中氢核核磁信号进行观测，得到原始回波串数据，然后通过反演得到 T_2 分布谱，经过适当刻度，利用 T_2 谱可以得到总孔隙度和有效孔隙度，包括黏土束缚水、毛细管束缚水和自由流体信息，其核心是测量地层孔隙流体中的氢核及其分布。当地层孔隙中油气与水同时存在时，它们的 T_2 谱信号存在部分重叠，利用 T_2 谱难以区分，为此发展了二维核磁共振测井，二维核磁共振测井是将孔隙流体中氢核分布从 T_2 变量拓展到 2 个变量，充分利用核磁共振测量观测的其他信息，如纵向弛豫时间、流体扩散系数和内部磁场梯度 G，利用横向弛豫时间、纵向弛豫时间和扩散系数两两交会得到的二维图谱，可以实现对不同含氢流体和同一含氢体的不同赋存状态进行识别。

Kausik 等 2015 年针对页岩给出了 T_1—T_2 二维核磁共振流体识别图版（图 4-6-15），从图上可知，对于 2MHz 仪器干酪根信号无法检测，黏土束缚水弛豫速度较快，T_2 较小，T_1/T_2 在 1~2 之间；沥青质弛豫速度较快，T_2 较小，T_1/T_2 在 4~15 之间；有机孔中油弛豫速度较大，T_1/T_2 在 2~6 之间；无机孔中油弛豫速度较小，通常 T_2 大于 10ms，T_1/T_2 在 1~2 之间。由于存在岩性、物性及含油性等差异，不同研究对象的含氢体划分区间存在差异。

为了明确富油煤的核磁共振响应特征，分别针对两种煤样开展了二维核磁共振测量，如图 4-6-16 所示。可以发现，富油煤与含油煤核磁共振 T_1—T_2 谱图存在显著差异。具体表现为：富油煤在核磁共振 T_1—T_2 谱图 B 区域（$T_2 < 1, T_1/T_2 > 30$）具有很强的信号，而含油煤对应区域信号微弱，甚至没有。将 T_1—T_2 谱图映射到对应的 T_1 和 T_2 分布谱上，富油煤具有明显"T_2 分布谱单峰、T_1 分布谱双峰"的核磁共振响应特征，含油煤则表现为"T_2 分布谱弱双峰、T_1 分布谱单峰"核磁响应特征。结合前人对核磁共振 T_1—T_2 谱图不同区域对应流体性质的认识，如 Sun 等（2020）和师庆民等（2022）学者根据 T_1/T_2 比值对煤中的不同流体组分进行初步划分。认为煤中各流体组分均位于 $T_1/T_2=1$ 线左上半部分区域，其中，无机孔中的束缚水主要位于"$1 \leqslant T_1/T_2 < 10, 1 < T_2 < 10$"区域；有机孔中的束缚水主要位于"$1 \leqslant T_1/T_2 < 10, T_2 < 1$"区域，在无机孔束缚水的左下方；有机孔中的束缚油约位于 $T_1/T_2=10$ 附近。认为 A 区域对应煤基质中的束缚水，B 区域对应

煤基质中的束缚油或含氢有机物质。两种煤岩在二维核磁共振 T_1—T_2 图谱上存在明显差异，这为利用二维核磁共振测井开展富油煤识别提供了依据。

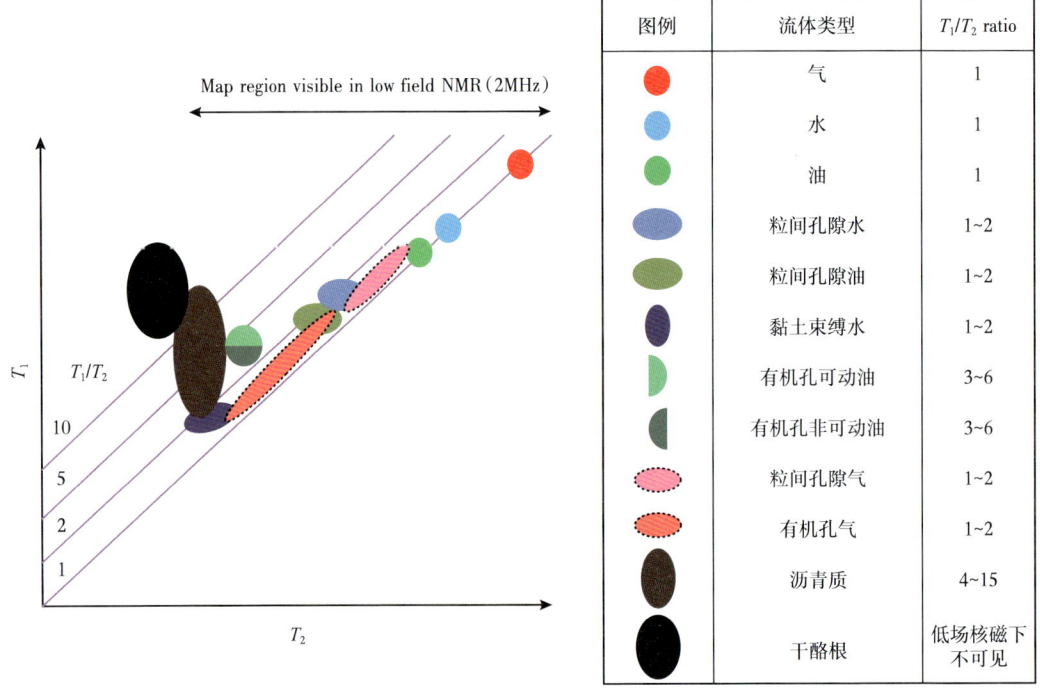

图 4-6-15　T_1—T_2 二维核磁共振流体识别图版（据 Kausik et al，2015）

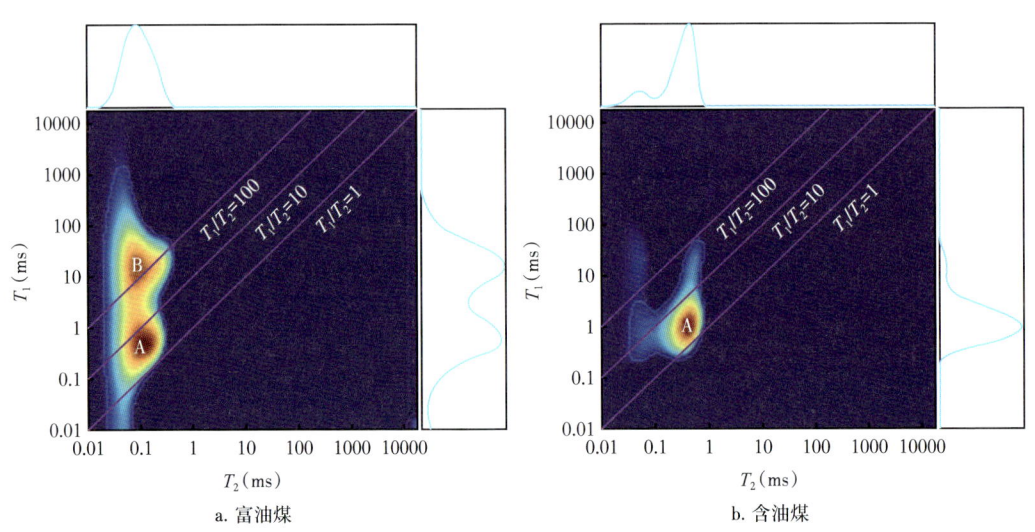

图 4-6-16　富油煤与含油煤二维核磁共振测量结果

综上述研究发现，相比含油煤，富油煤具有"低密度、低纵横波时差、高中子和高电阻率"的常规测井响应特征和"T_1 分布谱双峰，$T_2 < 1$、$T_1/T_2 > 30$ 区域信号强"的核磁共振响应特征。

三、富油煤测井评价方法

目前，对于富油煤的岩石物理响应机理的研究尚处起步阶段，虽然已初步明确了富油煤的测井响应特征，但仍需开展系列岩石物理实验分析，从机理上进一步明确富油煤的电性、声学特性和放射性等方面的响应规律。从富油煤开发角度来看，除了需要准确识别富油煤和准确计算焦油产率外，还须综合考虑煤岩的顶底板和煤层岩石力学特征等问题，为开发方案设计提供技术支撑。

研究表明，影响煤岩焦油产率的影响因素众多，包括煤岩的物质组成、煤化程度和煤岩的沉积环境等，导致目前难以利用单一参数对焦油产率进行准确定量评价。因此，在明确焦油产率主要影响因素的基础上，可以采用影响因素逐步剥离的方法来开展焦油产率的准确计算。

1. 富油煤测井识别

相比含油煤，富油煤具有"低自然伽马、低密度、低声波时差、高中子和高电阻率"常规测井响应特征，不少学者尝试过利用单一测井参数建立焦油产率计算方法，但效果有限，主要原因在于单一参数影响因素较多。如自然伽马值，其高低变化与煤中灰分含量有关，当含油煤和富油煤灰分产率均较低时，均表现为低自然伽马值特征；对于密度值，虽说富油煤相比含油煤具有更低的真密度值，但实际密度测井测量的是岩石视体积密度，其不仅仅受岩石骨架密度影响，还与岩石中孔隙发育程度、孔隙内赋存流体性质密切相关，视密度值的高低不能与真密度值高低等同，同时由于密度测井仪是贴井壁测量，其测量资料质量对井眼状况要求极高，而煤层在钻井过程中往往容易出现垮塌现象，这就导致测井得到的密度曲线失真，无法真实反映煤层特性，从而影响富油煤的准确评价；对于中子值，中子测井测量的是探测范围内地层的总含氢量，除了煤自身的氢元素外，孔裂隙中的水分也影响着中子值，若不剔除煤自身水分含量和含水率影响，单纯的高中子值也不能说明煤中富氢结构含量就高；对于电阻率值，测井测量的电阻率值是在一定地质构造条件下受多种因素综合影响的视电阻率值，如岩石物质组成、孔隙度和孔隙流体等，单纯依靠电阻率值的高低也无法准确识别富油煤层。

虽说单一参数难以准确识别富油煤，但多种参数相结合就可以大大降低多解性。为此，本次研究提出综合利用电阻率和中子 2 个测井参数来开展富油煤识别。这里之所以没有采用密度参数，是因为密度测井对井眼质量要求高，煤层段的扩径会造成密度失真而无法使用。褐煤虽然氢含量较高，中子值很大，但主要是煤中水分含量高引起，而高水分含量会导致褐煤的电阻率值较低；烟煤虽然均表现为高电阻率特点，但是不同类型烟煤的氢含量存在差异，而富油煤具有更高的氢含量，对应的中子值更大，因此综合利用电阻率和中子曲线值，可有效降低多解性，结合富油煤"高电阻率、高中子"特性可开展富油煤识别。

为了降低环境或人为等非客观因素对测井参数值的影响，需要对电阻率和中子曲线值进行归一化处理。由于煤的电阻率值变化范围太大，从几欧姆米到十几万欧姆米均存在，所以先对其取对数后，再做归一化处理，而中子曲线则直接进行归一化处理。将归一化后的电阻率值 A 和中子值 B 相加，得到新参数 Z，并将其命名为富油煤指示因子。由于富油煤具有"高电阻率和高中子"特性，相比含油煤，富油煤的 Z 更大，且富油煤中富氢结构含量越高，Z 就会越大，具体计算方法如下：

$$A = \frac{\lg RT - \lg RT_{min}}{\lg RT_{max} - \lg RT_{min}} \qquad (4\text{-}6\text{-}1)$$

$$B = \frac{CNL - CNL_{min}}{CNL_{max} - CNL_{min}} \qquad (4\text{-}6\text{-}2)$$

$$Z = A + B \qquad (4\text{-}6\text{-}3)$$

式中：RT 为测井深电阻率值，$\Omega \cdot m$；RT_{min} 为煤层段最小深电阻率值，$\Omega \cdot m$；RT_{max} 为煤层段最大深电阻率值，$\Omega \cdot m$；CNL 为测井中子值；CNL_{min} 为煤层段最小中子值；CNL_{max} 为煤层段最大中子值；A 为深电阻率曲线归一化处理结果；B 为中子曲线归一化处理结果；Z 为富油煤指数因子。

如图 4-6-17 所示，为三塘湖盆地 X1 井煤层发育于西山窑组。利用煤层与上下围岩典型测井响应差异，如煤层具有"低自然伽马、高电阻率和低密度"特征，可以快速准确识别出煤层发育段，如图 4-6-17 中第 7 道。该井煤层主要发育在 1069.5~1085.6m 井段处，煤层厚度 16.1m，属于巨厚煤层。在煤层识别的基础上，按照前述方法，分别对深电阻率曲线 RT 和中子曲线 CNL 进行归一化处理，本次归一化处理只针对煤层段的测井曲线，并不涉及全井段或西山窑组。第 8 道为归一化处理后的结果，结合富油煤"高

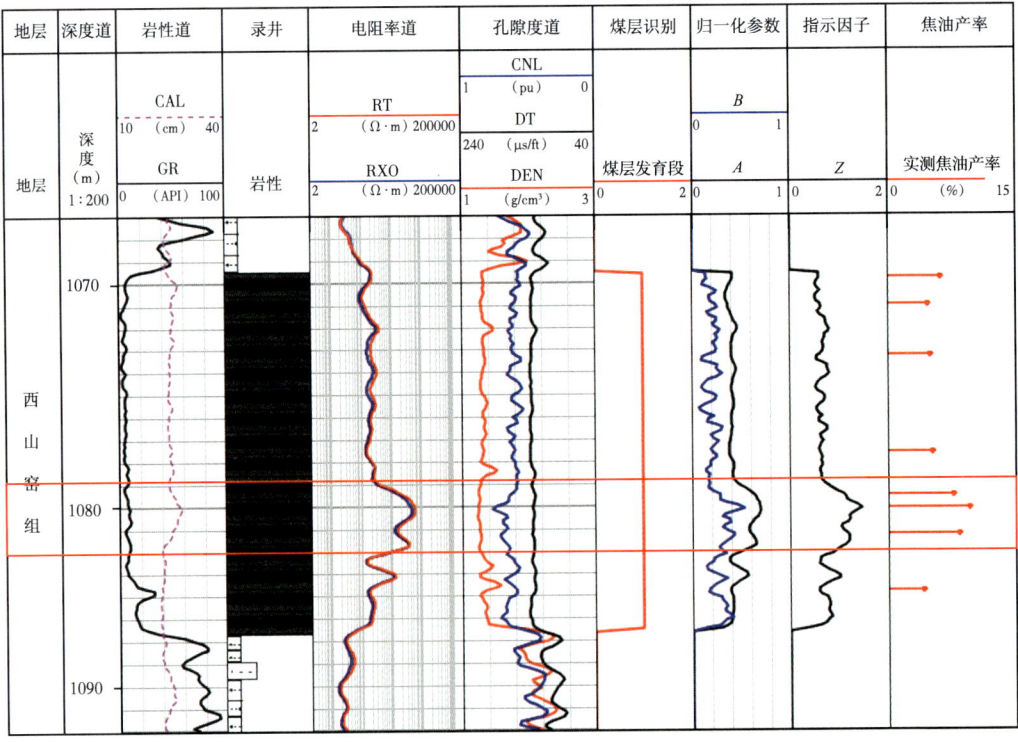

图 4-6-17 三塘湖盆地 X1 井富油煤层识别成果图

电阻率和高中子"特征，可以发现 A 和 B 纵向上存在明显变化，煤层上段 A 在 0.4 左右，B 在 0.2 左右，到井深 1079.25m 时，A 和 B 出现明显增大，A 最高达到 0.7，B 最高达到 0.53；利用归一化处理后的 A 和 B 得到富油煤指示因子 Z，煤层下段 Z 明显大于上段，这表明下段煤层发育富油煤的概率更大，结合该煤层实测焦油产率可以发现，下段 Z 大（Z 大于 1.0）的井段焦油产率明显大于 7% 为富油煤，而 Z 较小的井段焦油产率也较低，为含油煤发育段，证实该方法的可靠性。

富油煤与含油煤在二维核磁共振 T_1—T_2 图谱上具有明显差异，富油煤具有"T_1 分布谱双峰，$T_2 < 1$ms、$T_1/T_2 > 30$ 区域信号强"的核磁共振响应特征，而含油煤相应区域信号不明显。图 4-6-18 分别为原始状态下含油煤和富油煤的二维核磁共振 T_1—T_2 图谱，可以发现，含油煤在二维核磁共振 T_1—T_2 图谱表现为 T_2 分布谱弱双峰、T_1 分布谱单峰特征，其中 "0.1ms $< T_2 < 1$ms、$T_1/T_2 < 10$" 区域信号强烈，T_2 谱主峰位于 0.4ms 处，该区域信号对于煤基质中束缚水，$T_2 < 0.1$ms 区域信号微弱；富油煤在二维核磁共振 T_1—T_2 图谱表现为 T_2 分布谱单峰、T_1 分布谱双峰特征，其中 T_2 主要介于 0~0.5ms，主峰位于 0.08ms 处，T_1 分布谱的主峰分别位于 0.5ms 和 1.5ms 处，其中 $T_2 < 1$ms、$T_1/T_2 < 10$ 区域对应煤基质中束缚水，$T_2 < 1$ms、$T_1/T_2 > 30$ 区域对应煤中富氢结构物质。因此，可以利用二维核磁共振快速直观识别富油煤。

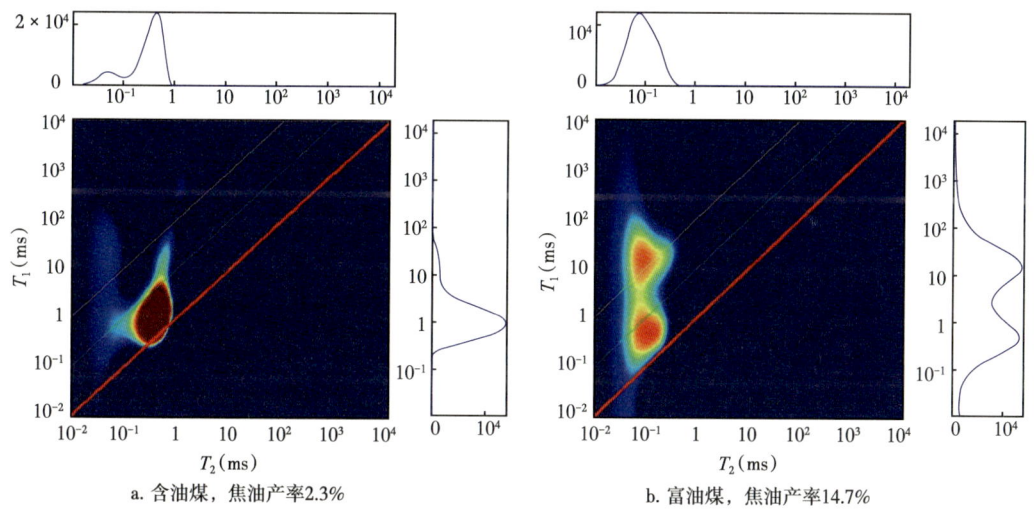

a. 含油煤，焦油产率2.3%   b. 富油煤，焦油产率14.7%

图 4-6-18 含油煤和富油煤二维核磁响应特征

上述介绍的二维核磁共振测量主要是在实验室中完成，但实验室测量需要经历钻井取心、岩心制备和实验测量等多个阶段，耗时周期长，无法准确快速获取地层岩石信息，同时若岩样含有轻烃成分，随着时间的推移可能会发生散失和孔隙结构变化等现象，使得实验室测量结果无法反映地层真实情况。为此可以采用移动式井场核磁测量系统对钻取的岩样快速测量，从而快速识别出富油煤。

图 4-6-19 为移动式井场岩样核磁共振测量系统应用到三塘湖盆地的富油煤识别的实例。第 11 道为全直径煤样二维核磁共振测量结果，二维核磁共振 T_1—T_2 图谱表现为 "T_1 分布谱双峰，$T_2 < 1$ms、$T_1/T_2 > 30$ 区域信号强烈" 的核磁共振响应特征（最后一块样品为煤岩底板），结合前述认识，可以判断该套煤岩为富油煤，最终实测焦油产率

也证实这一观点，652.72m 和 659.44m 处煤岩实测煤样焦油产率分别为 16.2% 和 16.9%，为高油煤。

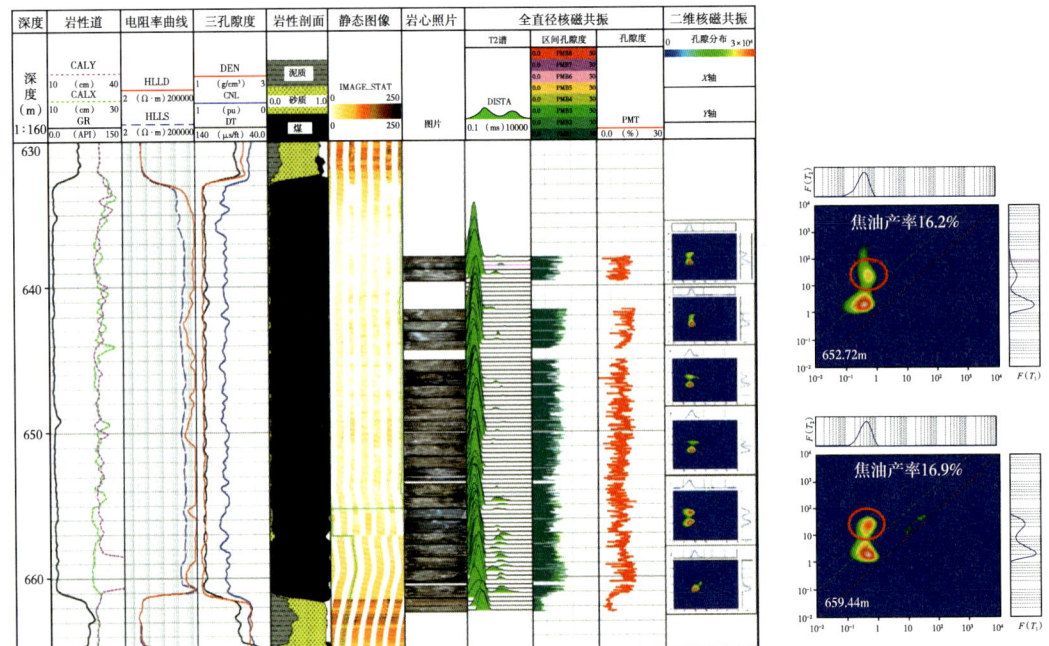

图 4-6-19　井场岩样核磁共振测量系统识别富油煤

2. 富油煤测井评价

焦油产率作为判识富油煤的唯一标准，如何准确计算是富油煤测井评价的关键，目前常用方法就是格金干馏试验。

1）富油煤指示因子法

前述在介绍富油煤测井识别方法中提到了富油煤指示因子 Z，富油煤指示因子越大，反映煤层发育富油煤的可能性越高，可为快速识别富油煤层提供帮助。

结合富油煤测井响应特征可知，煤焦油产率越大，煤岩富氢结构含量就越高，对应的中子值也越大，且富油煤岩物性差，综合导致富油煤指示因子相应增大。为此，在煤焦油产率刻度下，可以建立富油煤指示因子与焦油产率对应关系。

图 4-6-20 为三塘湖盆地煤层焦油产率与 Z 交会图，可以发现二者具有很好相关性，相关系数高达 0.987，利用拟合公式可实现煤焦油产率的快速计算。图 4-6-21 为研究区一口煤层钻井，测井计算焦油产率与煤实测结果具有很好一致性，二者相对误差仅为 3.44%，满足计算精度要求。

2）二维核磁共振测量法

通过前述富油煤和含油煤二维核磁共振 T_1—T_2 图谱分析可知，富油煤具有"T_1 分布谱双峰，$T_2 < 1ms$、$T_1/T_2 > 30$ 区域信号强"的核磁共振测井响应特征，而含油煤相应区域信号微弱或不明显。通过不同焦油产率煤岩的二维核磁共振测量发现，随着煤焦油产率增大，二维核磁共振"$T_2 < 1ms$、$T_1/T_2 > 30$"区域信号强度逐渐增强。由于该区域信号是煤中富氢结构物质的响应，当富氢结构物质含量越多时，该区域信号越强，反之，

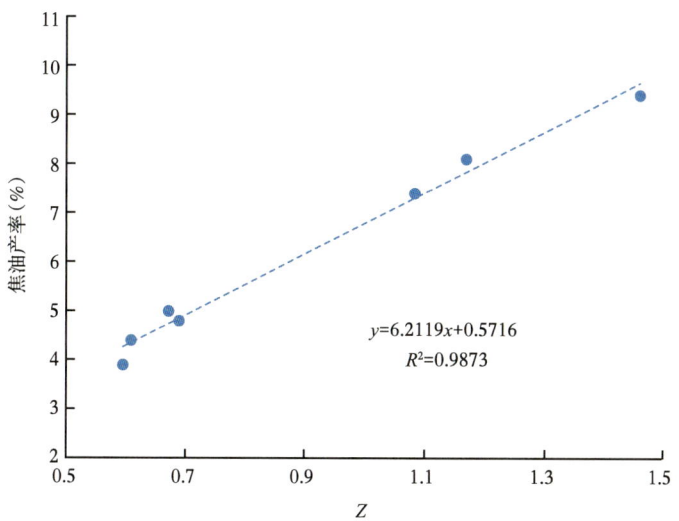

图 4-6-20 焦油产率与富油煤指示因子关系

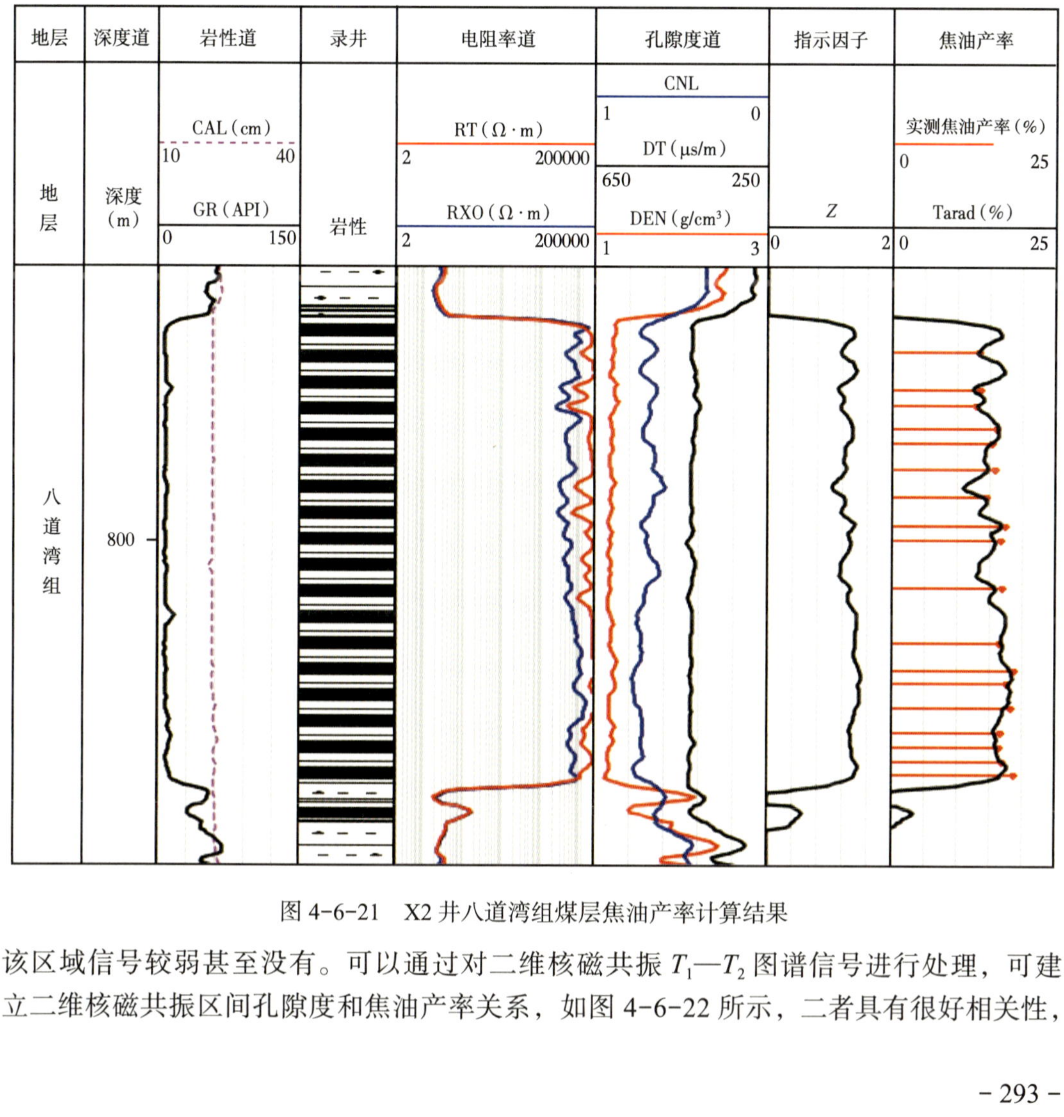

图 4-6-21 X2 井八道湾组煤层焦油产率计算结果

该区域信号较弱甚至没有。可以通过对二维核磁共振 T_1—T_2 图谱信号进行处理，可建立二维核磁共振区间孔隙度和焦油产率关系，如图 4-6-22 所示，二者具有很好相关性，可以通过二维核磁共振测量来定量评价焦油产率。需要强调的是，这里说的区间孔隙度并非煤岩真实孔隙度，该区间孔隙度只是二维核磁共振区间信号强弱的表示。

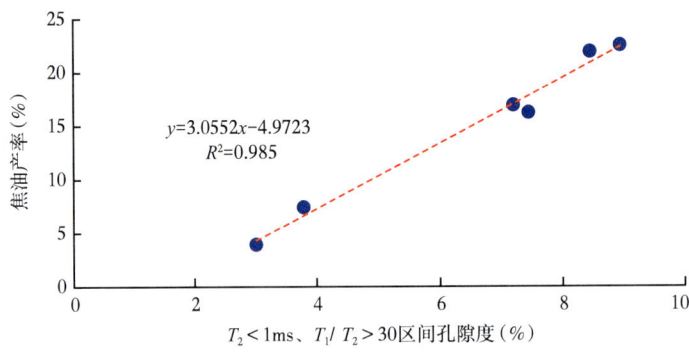

图 4-6-22　焦油产率与区间孔隙度关系

参 考 文 献

陈星，黄卡玛，赵翔，2002. 测井中的非线性数据拟合研究 [J]. 四川大学学报（自然科学版），39（6）：1145-1148.

楚泽涵，高杰，黄隆基，等，2007. 地球物理测井方法与原理 [M]. 北京：石油工业出版社.

方银霞，黎明碧，金翔龙，2001. 东海冲绳海槽天然气水合物的资源前景 [J]. 天然气地球科学，12（6）：33-37.

冯福凯，刘德汉，等，1995. 中国天然气地质 [M]. 北京：地质出版社.

高绪晨，1999. 密度和中子测井对煤层甲烷含气量的响应及解释 [J]. 煤田地质与勘探，27（3）：25-29.

韩双，潘保芝，2010. 孔隙储层胶结指数的确定方法及影响因素 [J]. 油气地球物理，8（1）：43-47.

胡胜福，周灿灿，李霞，等，2017. 测井饱和度解释模型的演化历程分析与思考 [J]. 地球物理学进展，32（5）：1992-1998.

黄烈林，高纯福，张超谟，等，2002. 用测井资料划分变质岩裂缝性储层的方法 [J]. 江汉石油学院学报，24（3）：25-27.

敬荣中，鲍光淑，陈绍裘，2003. 地球物理联合反演研究综述 [J]. 地球物理学进展，18（3）：535-540.

康永尚，郯国庆，宋健兴，2006. 试油层自然产能预测方法及其在塔里木盆地的应用 [J]. 新疆石油地质，27（6）：23-27.

李长喜，李潮流，胡法龙，等，2022. 致密砂岩油气测井评价理论与方法 [M]. 北京：石油工业出版社.

李潮流，胡法龙，侯雨庭，等，2016. 基于有限元的致密砂岩储层电阻率特性模拟 [J]. 石油学报，37（6）：787-795.

李潮流，李长喜，候雨庭，等，2015. 鄂尔多斯盆地延长组长 7 段致密储集层测井评价 [J]. 石油勘探与开发，42（5）：608-614.

李潮流，闫玉明，2005. 辽河东部凹陷火成岩地层测井响应特征研究 [J]. 测井技术，29（6）：531-533.

李潮流，周灿灿，2008. 利用微电阻率扫描成像测井计算岩性剖面 [J]. 测井技术，32（1）：45-48.

李春林，刘立，王丽，2004. 辽河坳陷东部凹陷火山岩构造裂缝形成机制 [J]. 吉林大学学报，34（S1）：46-50.

李华阳，李潮流，周灿灿，等，2014. 致密砂岩储层测井数字岩石物理研究需求、进展与挑战 [J]. 测井技术，38（2）：125-130.

李建忠，郑民，张国生，等，2012. 中国常规与非常规天然气资源潜力及发展前景 [J]. 石油学报，33（S1）：89-98.

李宁，孙文杰，李心童，等，2022. 天然气水合物饱和度测井解释模型及方程 [J]. 石油勘探与开发，49（6）：1073-1078.

李霞，李潮流，李波，等，2020. 致密砂岩岩电响应规律与饱和度评价方法 [J]. 石油勘探与开发，47（1）：202-212.

李先鹏，2008. 胶结指数的控制因素及评价方法 [J]. 岩性油气藏，20（4）：105-108.

廖东良，孙建孟，马建海，等，2004. 阿尔奇公式中 m、n 取值分析 [J]. 新疆石油学院学报，16（3）：15-19.

刘国强，2021. 非常规油气时代测井评价技术的挑战与对策 [J]. 石油勘探与开发，48（5）：1-12.

刘红岐, 夏宏泉, 王拥军, 等, 2001. 地层胶结指数 m 的分形特征研究 [J]. 测井技术, 25（1）: 24-27.

刘晖, 祝有海, 庞守吉, 等, 2019. 青海乌丽地区发现天然气水合物赋存的重要证据 [J]. 中国地质, 46（5）: 1243-1244.

刘向君, 刘洪, 杨超, 2011. 碳酸盐岩气层岩电参数实验 [J]. 石油学报, 32（1）: 131-134.

刘延莉, 樊太亮, 薛艳梅, 等, 2006. 塔里木盆地塔中地区中、上奥陶统生物礁滩特征及储集体预测 [J]. 石油勘探与开发, 33（5）: 562-565.

刘一杉, 东晓虎, 闫林, 等, 2019. 吉木萨尔凹陷芦草沟组孔隙结构定量表征 [J]. 新疆石油地质, 40（3）: 284-289.

刘有霞, 韩城, 2003. 三塘湖盆地马中油田复杂岩性储层测井研究 [J]. 测井技术, 27（1）: 42-46.

刘忠华, 宋连腾, 2017. 各向异性快地层最小水平主应力测井计算方法 [J]. 石油勘探与开发, 44（5）: 745-752.

倪小明, 苏现波, 张小东, 2009. 煤层气开发地质学 [M]. 北京: 化学工业出版社.

彭智, 赵文杰, 张晋言, 等, 2004. 胜利油田基山砂岩体产能预测研究 [J]. 测井技术, 28（5）: 423-427.

邱家骧, 陶奎元, 赵俊磊, 1996. 火山岩 [M]. 北京: 地质出版社.

师庆民, 王双明, 王生全, 等, 2022. 神府南部延安组富油煤多源判识规律 [J]. 煤炭学报, 47（5）: 2057-2066.

史斗, 郑军卫, 1999. 世界天然气水合物研究开发现状和前景 [J]. 地球科学进展, 14（4）: 330-339.

宋连腾, 刘忠华, 2015. 孔隙压力成因测井反演方法研究 [J]. 天然气地球科学, 25（2）: 372-376.

宋延杰, 韩建强, 王瑛, 等, 2010. 考虑黏土连续性影响的低孔隙度低渗透率砂岩储层导电模型研究 [J]. 测井技术, 34（3）: 205-209.

苏丕波, 梁金强, 付少英, 等, 2017. 南海北部天然气水合物成藏地质条件及成因模式探讨 [J]. 中国地质, 44（3）: 415-427.

孙建国, 2007. 阿尔奇（Archie）公式: 提出背景与早期争论 [J]. 地球物理学进展, 22（2）: 472-486.

谭成仟, 马娜蕊, 苏超, 2004. 储层油气产能的预测模型和方法 [J]. 地球科学与环境学报, 26（2）: 42-46.

王德滋, 周新民, 1994. 火山岩石学 [M]. 北京: 科学出版社.

王芳, 温志峰, 钟建华, 等, 2005. 柴达木盆地西部生物礁的识别与测井解释 [J]. 测井技术, 29（2）: 133-136.

王新海, 张冬丽, 江山, 2005. 储层压力敏感表皮系数的计算方法 [J]. 油气井测试, 14（5）: 3-4.

卫平生, 刘全新, 张景廉, 等, 2006. 再论生物礁与大油气田的关系 [J]. 石油学报, 27（2）: 38-42.

魏斌, 陈建文, 李长山, 等, 2003. 徐家围子断陷火山岩岩性的测井识别技术 [J]. 特种油气藏, 10（1）: 73-75.

温志峰, 钟建华, 张跃中, 等, 2005. 柴达木盆地西部生物礁储层的分布特征 [J]. 石油学报, 26（6）: 30-35.

吴青柏, 蒋观利, 张鹏, 等, 2015. 青藏高原昆仑山垭口盆地发现天然气水合物赋存的证据 [J]. 科学通报, 60（1）: 68-74.

吴晓智, 柳庄小雪, 王建, 等, 2022. 我国油气资源潜力、分布及重点勘探领域 [J]. 地学前缘, 29（6）: 146-155.

吴忠维, 2020. 致密油藏压裂井支撑剂分布模拟与产能分析 [D]. 青岛: 中国石油大学（华东）.

肖承文, 朱筱敏, 海川, 等, 2008. 礁滩储集层的测井描述——以塔中1号坡折带为例 [J]. 新疆石油地质, 29（2）：163-165.

谢启超, 2014. 鄂尔多斯盆地姬塬油田长7致密油储层微观孔喉结构分类特征 [J]. 中国石油勘探, 19（5）：73-79.

徐宁, 吴时国, 王秀娟, 等, 2006. 东海冲绳海槽陆坡天然气水合物的地震学研究 [J]. 地球物理学进展, 21（2）：564-571.

徐学祖, 程国栋, 俞祁浩, 1999. 青藏高原多年冻土区天然气水合物的研究前景和建议 [J]. 地球科学进展, 14（2）：201-204

阎桂京, 潘葆芝, 2001. 遗传算法在估计测井解释参数方面的应用 [J]. 物探化探计算技术, 23（1）：43-46.

杨振, 许振强, 2022. 天然气水合物资源发展历程及产业化前景 [J]. 海洋经济, 12（3）：62-69.

姚伯初, 1998. 南海北部陆缘天然气水合物初探 [J]. 海洋地质与第四纪地质, 18（4）：12-19.

雍世和, 张超谟, 2007. 测井数据处理与综合解释 [M]. 东营：中国石油大学出版社.

于兴河, 2002. 碎屑岩油气储层沉积学 [M]. 北京：石油工业出版社.

张洪涛, 张海启, 祝有海, 2007. 中国天然气水合物调查研究现状及其进展 [J]. 中国地质, 34（6）：953-961.

张洪涛, 祝有海, 2011. 中国冻土区天然气水合物调查研究 [J] 地质通报, 30（12）：1809-1815.

赵澄林, 朱筱敏, 2001. 沉积岩石学（第三版）[M]. 北京：石油工业出版社.

赵海玲, 狄永军, 郭美娟, 等, 2004. 辽河断陷盆地坨32井区中生代火山岩储层特征及成因 [J]. 特种油气藏（6）：33-36.

赵辉, 石新, 司马立强, 2012. 裂缝性储层孔隙指数、饱和度及裂缝孔隙度计算研究 [J]. 地球物理学进展, 27（6）：2639-2644.

赵建, 高福红, 2003. 测井资料交会图法在火山岩岩性识别中的应用 [J]. 世界地质, 22（2）：136-140.

赵文智, 胡素云, 侯连华, 等, 2020. 中国陆相页岩油类型、资源潜力及与致密油的边界 [J]. 石油勘探与开发, 47（1）：1-10.

赵文智, 胡素云, 朱如凯, 2022. 陆相页岩油形成与分布 [M]. 北京：石油工业出版社.

周波, 李舟波, 潘保芝, 2005. 火山岩岩性识别方法研究 [J]. 吉林大学学报, 35（3）：394-397.

周灿灿, 李潮流, 王昌学, 等, 2013. 复杂碎屑岩测井岩石物理于处理评价 [M]. 北京：石油工业出版社.

周灿灿, 杨春顶, 2003. 砂岩裂缝的成因及其常规测井资料综合识别技术研究 [J]. 石油地球物理勘探, 38（4）：425-430.

周新源, 王招明, 杨海军, 等, 2006. 中国海相油气田勘探实例之五塔中奥陶系大型凝析气田的勘探和发现 [J]. 海相油气地质, 11（1）：45-51.

周幼吾, 郭东信, 邱国庆, 等, 2000. 中国冻土 [M]. 北京：科学出版社.

祝有海, 庞守吉, 王平康, 等, 2021. 中国天然气水合物资源潜力及试开采进展 [J]. 沉积与特提斯地质, 41（4）：524-528.

祝有海, 张永勤, 文怀军, 等, 2009. 青海祁连山冻土区发现天然气水合物 [J]. 地质学报, 83（11）：1762-1771.

邹才能, 陶士振, 袁选俊, 等, 2009. "连续型"油气藏及其在全球的重要性：成藏、分布与评价 [J]. 石油勘探与开发, 36（6）：669-681.

邹才能，朱如凯，董大忠，等，2022.页岩油气科技进步、发展战略及政策建议[J].石油学报，43（12）：1675-1684.

邹长春，尉中良，柴细元，等，1999.利用遗传算法实现最优化测井解释[J].测井技术，23（5）：361-365.

Ameen M S, Hailwood E A, 2008. A new technology for the characterization of microfractured reservoirs（test case：Unayzah reservoir, Wudayhi field, Saudi Arabia）[J]. AAPG Bulletin, 92（1）：31-52.

Anselmetti F S, Luthi S M, Eberli G P, 1998. Quantitative characterization of carbonate pore systems by digital image analysis[J]. AAPG Bulletin, 82（10）：1815-1836.

Archie G E, 1942. The electrical resistivity log as an aid in determining some reservoir characteristics[J]. Trans.S.I.M.E., 146：54-62.

Bissell H J, Chilingar G V, 1967. Classification of sedimentary carbonate rocks[J].Develop. Sedimentol. 9A：87-168.

Chai H, Li N, Xiao C, et al., 2009. Automatic discrimination of sedimentary facies and lithologies in reef-bank reservoirs using borehole image logs[J]. Applied Geophysics, 6（1）：17-29.

Cheng M L, et al., 1999. Productivity prediction from well logs in variable grain size reservoir cretaceous qishn formation republic of yemen[J].Log Aanalyst, 40（1）：18-31.

Collett T S, 2002. Energy resource potential of natural gas hydrates[J].AAPG Bulletin, 86（11）：1971-1992.

Craddock P R, Richard E L, Jeffrey M, et al., 2019. Thermal maturity-adjusted log interpretation（TMALI）in organic shales//SPWLA 60th Annual Logging Symposium, Woodlands.

Dicman A, Lev V, 2012. Marathon oil corporation, a new petrophysical model for organic shales, Colombia//SPWLA 53rd Annual Logging Symposium, Cartagena.

Dunham R J, 1962. Classification of carbonate rocks according to depositional texture[J]. Memoir- American Association of Petroleum Geologists：108-121.

Fraser D, 1958. A Quantitative study of electric log in oil-wet and fractured reservoirs[D]. Texas：The University of Texas.

Grace L M, Newberry B W, Harper J H, 1999.Fault visualization from borehole images for sidetrack optimization[J]. Geological Society Special Publications, 159：271-281.

Hinz K, Fritsch J, Kempter E H K, 1989.Thrust tectonics along the north-western continental margin of Sabah / Borneo[J]. Geologische Rundschau, 78：705-730.

Huang Z, Williamson M A, 1996.Artificial neural network modeling as an aid to source rock characterization[J]. Marine Petroleum Geology, 13：227-290.

Inwood J, Lovell M, Fishwick S, et al., 2018. Assumptions and uncertainties in petrophysical models for shale gas formations and their effect on resource calculations//SPWLA 59th Annual Logging Symposium, London.

Jodry, R L, 1972. Oil and gas production from carbonate rocks[M]. American Elsevier Publishing Co., Inc., New York .

Kvenvolden K A, 1988. Methane hydrate-a major reservoir of carbon in the shallow geosphere[J]. Chemical Geology, 71：41-51.

Le Maitre R W, 1989. A Classification of igneous rocks and glossary of terms (recommendations of the international union of geological sciences Sub-commission on the systematics of igneous rocks) [M]. Blackwell, Oxford.

Leduc J P, Delhaye-Prat V, Zaugg P, et al., 2002. FMI based sedimentary facies modelling, Surmont Lease (Athabasca, Canada) [C]. CSPG Annual Convention, 1: 1-10.

Liu Z H, Zhou C C, et al., 2007. An innovative method to evaluate formation pore structure using NMR logging data [C]. SPWLA 48th Annual Logging Symposium.

Lu Dawei, Yang Weiying, He Qinyuan, et al., Applying NMR technologies to FTI in the complex low-porosity reservoirs in China[C]. SPE, 64625.

Ma Zhonggao, Xu Jing, Cao Huilan, et al., 2005. Reduction of uncertainty in calculation of porosity and permeability of carbonate rock[J]. PEG, 28 (4): 239-245.

Maiti S, Tiwari R K, 2005. Automatic detection of lithologic boundaries using the Walsh transform: a case study from the KTB borehole[J]. Computers & Geosciences, 31 (8): 949-955.

Marmo R, Amodio S, Tagliaferri R, et al., 2005. Textural identification of carbonate rocks by image processing and neural network: Methodology proposal and examples[J]. Computers & Geosciences, 31(5): 649-659.

Milkov A V, 2004.Global estimates of hydrate-bound gas in marine sediments: how much is really out there?[J].Earth-Science Reviews, 66 (3/4): 183-197.

Obeida T A, Al-Mehairi Y S, Suryanarayana K, 2006. Calculations of fluid saturations from log-derived J-functions in giant complex Middle-East carbonate reservoir[C]. SPE, 95169.

Passey Q, Creaney S, Kulla J, Moretti F, Stroud J, 1990. A practical model for organic richness from porosity and resistivity logs[J].AAPG Bulletin, 74: 1777-1794.

Paul Craddock, Stacy Lynn Reeder, et al., 2016. Assessing reservoir quality in tight oil plays with the downhole reservoir producibility index (RPI) [C]. SPWLA 57th Annual Logging Symposium.

Prosser J, Buck S, Saddler S, et al., 1999. Methodologies for multi-well sequence analysis using borehole image and dipmeter data[J]. Geological Society Special Publications, 159: 91-121.

Qi L, Carr T R, 2006. Neural network prediction of carbonate lithofacies from well logs, Big Bow and Sand Arroyo Creek fields, Southwest Kansas[J]. Computers & Geosciences, 32 (7): 947-964.

Ravinath Kausik, Kamilla Fellah, et al., 2015. NMR Relaxometry in Shale and Implications for Logging [C]. SPWLA 56th Annual Logging Symposium.

Robert Freedman, David Rose, et al., 2018. Novel method for evaluating shale-gas and shale-tight-oil reservoirs using advanced Well-Log Data [J]. Reservoir Evaluation & Engineerin, 126: 109-116.

Sakai H, Gamo T, Kim E S, et al., 1999. Venting of carbon dioxide-rich fluid and hydrate formation in mid-Okinawa Trough back arc basin [J]. Science, 248: 1093-1096.

Schmoker J W, 1979.Determination of organic content of Appalachian Devonian shales from formation-density logs: geologic notes[J].AAPG Bulletin, 63: 1504-1509.

Schmoker J W, 1981.Determination of organic-matter content of Appalachian Devonian shales from gamma-ray logs[J].AAPG Bulletin, 65: 1285-1298.

Schmoker J W, Hester T C, 1983. Organic carbon in bakken formation, United States portion of Williston basin[J].AAPG Bulletin, 67: 2165-2174.

Sibbit A M, Faivre O, 1985.The dual laterolog response in fractured rocks[C].the SPWLA 26th Annual Logging Symposium, Dallas, Texas, June.

Strekeisen A, 1978. IUGS subcommission on the systematics of igneous rocks. Classification and nomenclature of volcanic rocks, lamprophyres, carbonatites and melilite rocks [J]. Neues Jahrbuch für Mineralogie Abhandlungen, 143: 1-14.

Su Y, Zhai C, Xu J Z, et al., 2020.A method for accurate characterization of the pore structure of a coal mass based on two-dimensional nuclear magnetic resonance T1-T2 [J]. Fuel, 262: 116574.

Sun W J, Li N, Wu H L, et al., 2014. Establishment and application of logging saturation interpretation equation in vuggy reservoirs[J]. Applied Geophysics, 3 (1): 257-268.

Swanson B F, 1985.Microporosity in reservoir rocks: its measurement and influence on electrical resistivity[C].the SPWLA 26th Annual Logging Symposium, Dallas, Texas, June.

Tilke P G, Allen D, Gyllensten A, 2006. Quantitative analysis of porosity heterogeneity: application of geostatistics to borehole images[J]. Mathematical Geology, 38 (2): 155-174.

Vivek Anand, Mansoor Rampurawala, et al., 2015. New generation NMR tool for robust, continuous T1 and T2 measurements [C]. SPWLA 56th Annual Logging Symposium.

Winsaure W O, Shearin H M, Masson P H, et al., 1952. Resistivity of brine-saturated sands in relation to pore geometry[J]. Bulletin of the American Association of petroleum Geologisis, 36: 253-277.

Xie Y F, Lu J A, Cai H M, et al., 2022. The in-situ NMR evidence of gas hydrate forming in micro-pores in the Shenhu area, South China Sea[J]. Energy Reports, 8: 2936-2946.

Yang S X, Liang J Q, Lei Y, et al., 2017.GMGS4 Gas hydrate drilling expedition in the south China sea[J]. Fire in the Ice: Methane Hydrate Newsletter, 17 (1): 7-11.

Zhang H Q, Yang S X, Wu N Y, et al., 2007. Successful and surprising results for China's first gas hydrate drilling expedition[J].Fire in the Ice: Methane Hydrate Newsletter, 7 (3): 6-9.

《地球物理测井学》

编辑出版组

总 策 划：雷 平　庞奇伟
组　　 长：庞奇伟
副 组 长：李 中　金平阳　潘玉全
责任编辑：葛智军　林庆咸　沈瞳瞳　刘俊妍　钟思源
　　　　　　张 贺　王长会　王鹤楠　王 瑞　陈子丹
　　　　　　孙 宇　邹杨格　王金凤　何丽萍　冉毅凤
　　　　　　常泽军　张旭东　吴英敏　马晓萱　张 瑞
　　　　　　崔 悦　白云雪　饶 远　陈 荟